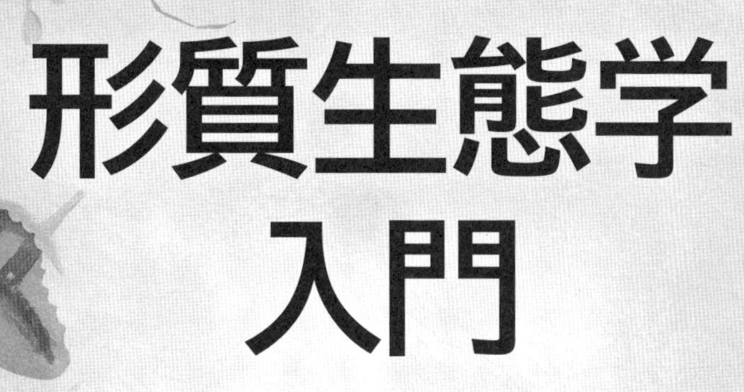

形質生態学入門

種と群集の機能をとらえる理論と*R*による実践

［著］Francesco de Bello
Carlos P. Carmona
André T. C. Dias
Lars Götzenberger
Marco Moretti
Matty P. Berg

［訳］長谷川元洋・松岡俊将

共立出版

訳者まえがき

本書は、de Bello, Carmona, Dias, Götzenberger, Moretti and Berg, *Handbook of Trait-Based Ecology: From Theory to R Tools* (2021) の邦訳である。

地球環境変動や様々な人為撹乱による生物多様性と生態系への影響が懸念されるなかで、こうした環境変動に対して、生物多様性や生態系のはたらき（生態系機能）がどのように応答し、変化するのかを評価・予測することの重要性が高まってきている。従来は、異なる環境において「種」に着目した調査を行うことで、環境と種数や種組成、そして生態系機能の相互関係が評価されることが多かった。近年では、生物の環境応答や生態系機能を、個別の種のもつ生態的・形態的な「形質」と関連づけて評価するというアプローチが注目されてきている。このように形質データを利用した研究分野は生態学の中でも特に「形質生態学（原著では形質ベースの生態学、trait-based ecology と表現されている）」とよばれることがある。本書は、生物多様性や進化、生態系機能など、あらゆる生態学研究において「形質データ」を利用するための理論や研究の歴史、具体的な適用方法が紹介されている。

本書は、そもそも形質データとはどういったもので、どのように計測されるのか、という基本的なところからスタートし、あらゆる生態学研究において形質データを利用するための理論的枠組み、そして実際にデータ解析や可視化を行うための手法とその解釈や留意点が説明されている。さらに、オンラインリソースとして、ウェブ上に本書の内容と連携したRコードが掲載されており（https://digital.csic.es/handle/10261/221270）、本書で紹介されている解析を実際のデータを使用して理解することができる。原著者らが述べている通り、本書は形質生態学に関する初めての書籍ではないが、生態学の概念と形質データ、そしてRツールを結びつけることで、形質生態学の理論から実践までを一貫して学ぶことができる最初の教科書である。生態学分野の中でも、生物多様性に関わる群集生態学の概念は複雑であるうえに、その解析を行う方法やアプローチは日進月歩である。そのため、特に若い生態学者にとっては形質生態学に取り組むハードルが高かったかもしれない。本書が形質生態学の問題に直面している研究者の一助となれば幸いである。

本書で示される種の「形質」とは、Violle ら（2007）の定義によると、「細胞から個体全体に至るまでの個体レベルで計測可能な何らかの形態的、生理的、生物季節（フェノロジー）的特徴」のことを指す。では、なぜ形質に注目するのか？

一つには、「種」に着目して群集集合や生態系機能を理解しようとすると状況依存性がしばしば見られるためであろう。例えば、「温帯の山地の標高に伴う植物の変化」を調べようとしたときに、日本と北米とヨーロッパでは共通種が限られているため、「種」というレベルでは場所ごとに固有の結果になってしまう。一方で、形質に着目すると、異なる種でも同じような形質や機能をもっているため、種に着目したときには見えなかった一般的なパターンを得られる場合がある。例えば、標高が高い山の山頂付近では、低温や強風といった植物に対するストレスがある。このストレス環境では、植物体の高さが低くなるというのが一つの適応形質として挙げられる。つまり、日本と北米とヨーロッパでは、共通種こそいないものの、「標高の高い場所では植物体の高さが低くなる」という共通した形質の環境応答パターンが見られる可能性がある。

そうした意味では、生物の形質のうち機能する形質（つまり機能形質）は、「成長、繁殖、生存への効果を通じて（個体の）適応度に間接的に影響する」必要があるとされる。さらに、機能形質には二つのタイプがある。一つ目は、上記の例のように、生物を特定の環境やストレスに対処できるようにする「応答形質（response trait）」である。二つ目は、被食－捕食や相利共生のような別の栄養段階に影響を与える、あるいは養分循環や花粉媒介や一次生産のような生態系プロセスに影響を与える「効果形質（effect trait）」である。例えば、土壌動物の「落葉を摂食する速度」という形質は、種ごとの戦略の違いを示しているし、同時に落葉の分解速度という生態系機能に影響を与えうるものである。環境変化に対する多様性の変化を知りたい場合は応答形質に着目し、生物が環境や生態系に与える影響を考える場合には効果形質に着目することで、分類学的な意味での「種」に着目するよりも直接的かつ一般的なパターンを検出できる可能性があるだろう。

本書は全 12 章からなる。

第 1 章から第 5 章は、生態学研究で形質を扱うための概念と基礎的な留意事項がまとめられている。この章の解説とウェブ上の R コードを参照することで、群集生態学や生物多様性解析における形質データの利用の基礎が身につくだろう。第 1 章では、形質生態学に不可欠な用語の定義と概念が紹介されている。第 2 章では、形質の選び方と値の標準化について解説される。第 3 章では種間の形質の違いを具体的に数値化する方法を紹介している。ここでは、「種×形質行列」とよばれる行列データの作成法から始まり、行列データから種間の形質の違いを算出する方法、そして形質の特徴から種をグループ分けするというアイデアが説明される。第4章では、応答形質と環境やニッチの関係が解説されている。種のアバンダンスと形質データに環境条件を組み合わせて解析を行う方法や、形質と適応度の関係やニッチに基づく種分布モデリングについて説明される。第5章では、群集レベルでの機能の多様性や構造を記述する方法が解説されている。異なる形質値をもつ複数の種からなる群集に着目し、どのように群集の機能を特徴づけ、そして群集間の機能の違いを評価するのかについて、群集加重平均（Community Weighted Mean, CWM）や機能的多様性という考え、そしてその適用方法を紹介している。

第6章から第10章は、第5章までの内容を踏まえた上での応用編といえるだろう。各章では、いずれも生態学の主要なテーマを扱っており、読者自身の研究の目的はこのいずれかに関連することが多いだろう。第6章では、種内での形質の変動に着目している。形質の種内変動が、種分化、遺伝的多様性、適応、分布といったテーマにどう関係しているのかを解説し、形質の種内変動を定量して機能的多様性に含める方法が説明されている。第7章では、形質と群集集合則の関係を扱っている。集合則とは、群集を構成する種の数や組成がどのように決まっているのかというルールである。どういった要因がどのような群集パターン（種の共存）を生み出しうるのか、形質を用いた集合則の評価方法が紹介される。第8章では、現存の種とその形質について進化の観点からの解説を行なっている。系統的に近い種どうしで形質やニッチがどの程度似ているのかを検証する手段（系統的シグナル）や、種間での形質比較において系統関係を考慮する方法（系統的独立比較）が紹介されている。第9章では、形質と生物多様性と生態系機能の関係について説明されている。形質の群集加重平均や機能的多様性を用いて多様性と機能の関係を説明する方法や、群集内の応答形質と効果形質の関連から生態系プロセスに与えるストレスの影響を推定する枠組みが紹介されている。第10章では、複数栄養段階にまたがる形質の効果が扱われている。種の被食－捕食関係に働く一般的なルールと、それが生物多様性と生態系機能の維持に及ぼす影響を認識することによって、形質生態学のアプローチが、種の相互作用とその結果生じる生態系プロセスとサービスを予測するのにどのように役立つかが解説されている。

第11章では、形質をサンプリングする戦略について議論がなされる。一般に研究対象のすべての生物のすべての形質を計測することは不可能であるため、形質の変動の何らかの側面を犠牲にする（計測しない）というトレードオフがあると考えられる。この章では、ユニークな「ゲーム」を入り口として、形質データの最適なサンプリング戦略を理解できるように構成されている。

第12章では、形質を扱うことで基礎生態学と応用生態学が結びつき、環境問題の解決につながることが説明される。環境変動に対してより回復力があり、望ましい生態系サービスを提供するような新しい群集を復元あるいは創出するには、応答形質と効果形質を考慮する必要がある。また、本書で述べられているような形質生態学に関するリテラシーを高めることが、意思決定者とのコミュニケーションや、形質生態学のアプローチを組み込んだ環境政策の策定に重要であることが述べられている。

翻訳作業はまず、長谷川が全体を通して下訳を行い、その原稿をもとに松岡が修正を行った。松岡が修正した原稿を再度長谷川が確認し、疑問点を二人で議論した上で最終的な翻訳文とした。したがって、翻訳文は訳者間で互いに内容のチェックと検討を行っており、訳者二名が文章全体について等しく貢献している。今回の翻訳では、読みにくい部分、わかりにくい部分や専門用語については、訳注を入れることでできるだけ理解を促すように心がけた。訳に関しては入念な確認を行ったつもりだが、内容や表記についての間違いなどがあれば、それらはすべて訳者らの責任である。ご教示いただけると幸いである。

本書の著者の一人 M. Berg 博士は土壌動物の生態やリターの分解の研究者であり、他の生態学の書籍では触れられることが少ない落葉分解や土壌動物の例が本書の中でもしばしば挙げられている。訳者の一人、長谷川も同様の分野の研究者であり、M. Berg 博士とは本書の刊行以前から学会等で対面する機会があり、こうしたある種の出会いが本書を翻訳する動機づけとなった。

また、本書を出版するにあたり、秦野悠貴氏（同志社大学大学院理工学研究科）と杉山賢子博士（京都大学フィールド科学教育研究センター）には、翻訳原稿に対して貴重なコメントと、丁寧なチェックをしていただいた。共立出版株式会社元取締役の信沢孝一氏と、同編集部の天田友理氏、山内千尋氏、大谷早紀氏には、編集に際して得難い協力をしていただいた。ここに記して、これらの方々に感謝の意を表する。

2025年2月

長谷川元洋、松岡俊将

「最大量の生命は、構造の多様性によって育まれる」という原則は、多くの自然環境下で確かめられている。

Charles Darwin, 1859

目　次

序　文

それはいったいいつ始まったのか？　2007年、我々 Francesco de Bello と Matty P. Berg は Paulo Sousa 博士の招きにより、ポルトガルの美しい中世の街コインブラを訪れた。それは、ヨーロッパ連合が出資するプロジェクトの会議で、互いに会うのは初めてであった。会議の間、形質に基づく手法について、我々は熱い議論を交わした。研究対象として異なる生物――つまり植物（Francesco）と土壌動物（Matty）――を用いているにもかかわらず、お互いが関心をもつ生態学的な問いと、データ解析に適用している手法が非常に似ていることにすぐに気づいた。モンデゴ川のほとりで、我々は機能形質の様々な側面を議論した。これらの議論をもとに、Paulo は我々を招聘して、コインブラ大学の修士、博士課程の学生のために「生態学における形質」の利用についての新たな指導コースを開設させた。このコースは2009年の9月に開始され、以降隔年で開講されている。

数年後に Lars Götzenberger が三人目の講師として加わり、群集集合と系統解析における彼の知見をコースに加えた。一方、Francesco は他の場所で Lars, Carlos Carmona, Marco Moretti, André Dias をはじめとする多くの良き同僚たちと、類似のコースで教え続けていた。こうしたことから、我々の経験を組み合わせて本書を組み立てるという挑戦をするのは必然であった。

学生の指導を通じて、形質生態学の理論と実践を結びつけるハンドブックがないということがよくわかった。そして2017年のコインブラでの指導の翌日、本書を執筆するというアイデアが浮かんだ。それは晴れた日で、Francesco と Matty と Lars は植物園の中にある古い噴水の横の大きなコルクガシの木の下のベンチに座っていた。既存の書籍について議論をし始めたところ、まだ書かれていないが本棚に入るべき本があるのではないかと感じた。修士課程や博士課程の学生に向けて、形質に基づく生態学（形質生態学）の最初のアプローチを学び、そして既知の概念や手法をさらに深く理解するための本を用意することは有益であると考えた。本書はまた、自分の関心のある分野に機能生態学を当てはめる必要のある研究者や実務者も対象となるだろう。本書はこうした議論の成果である。

本書は、形質生態学の理論的側面と方法論的側面について、我々の教育経験に基づいて構成されており、また特にRを用いたツールとアルゴリズムを紹介している。紹介するツールなどには我々の研究室で開発されたものもある。我々が担当したコースは初級と上級の両方の学生に対して、形質生態学の理論的側面と解析ツールの解説や紹介方法を改善するのに役立った。特に、我々の教育経験を通じて、形質生態学のわかりにくい点と、コミュニケーションと演習に特に注意を払う点を明らかにすることができた。したがって、本書の目的は、実験アプローチとデータ解析の双方のツールをどのように適用するかについての指針を示し、包括的なツールボックスを機能生態学者に提供することである。

本書は、形質生態学に関する最初の本ではなく、おそらく最後になるわけでもないだろう。しかし我々は、本書が、生態学の概念と形質データ、そしてRツールを、特に複数栄養段階で完全に結びつけた最初の本であると考えている。Garnier, Navas and Grigulis (2016) による *Plant Functional Diversity* (Oxford University Press) は、植物の形質データの利用における重要な側面を理論的背景とともにうまく集約している。実は、Francesco, Marco, Carlos は、Alison Munson, Eric Garnier, Bill Shipley が主催する植物形質の出張コースに参加している。いくつかの章では、有用な情報を得るためにこの *Plant Functional Diversity* を参照している。一方で、既存の教科書では述べられていないものの、重要性が高まっているテーマもある。それは例えば、栄養段階間の形質解析、表現型の可塑性、種内形質変異の要素を定量するツールなどである。本書はそのようなトピックを取り上げ、また、形質データのサンプリング、計測、欠測データ、あるいはデータの扱い方や解析といった、形質データを扱う際に皆が直面する実際的な項目も扱っている。

最も重要なのは、形質生態学に関連する様々な解析を行うためのRツールを提供し、説明していることである。本書のほとんどの章で、Rの資料を作成し、解析のコツや、既存の書籍の中ではあまり述べられていない問題の解決法を示している。このため、当初本書につけたタイトルは「形質のコツ：機能生態学のRヒッチハイクガイド (Tricks of the traits: a hitchhike-R guide to functional ecology)」であった。これは素晴らしいタイトルだが、最終的にはよりフォーマルなものを選んだ。Rによる形質データの解析に関しては、*Functional and Phylogenetic ecology in R* (Swenson 2014a, Springer) という画期的な書籍を参考にした。この書籍は、生態学において機能的および系統的多様性を調査するための基本的なRツールを最初にまとめたものだ。我々は、これらのツールについて説明し、さらにそれらを拡張し、アップデートも行っている。もう一つの形質生態学の手法についての代表的な書籍は *From plant traits to vegetation structure*（Bill Shipley 2012, Cambridge University Press）である。この本は、傾度に沿った植生変化を生態系機能に結びつける重要なツールを紹介している。この本から、環境傾度に沿った植物の適応と共存の詳しいメカニズムを扱ったいくつかのアイデアを引用した。

本書は 12 章で構成されている。ほとんどの章には、専用のウェブサイト上で（https://digital.csic.es/handle/10261/221270）利用可能な R ツールの説明が付随しており、"Trait-based ecology tools in R" と題してオンライン上で探索もできるようになっている。この資料は、本書の関連する章がすぐにわかるように直感的に構成されている（例えば 'R material Ch3' は第 3 章に付随する資料であり、R マークダウンによる順を追った説明がついている）。本書の概念的・理論的な部分に対して、方法論的・技術的な側面が多くなりすぎないように、R コードと関連する内容はウェブサイトで公開することにした。R の資料は、既存の R 関数とパッケージの使い方の例や、独自に設計した関数を紹介しており、変化の激しいこの分野の現在の動向を反映したアップデートを含んでいる。この R の資料は、存在する中で最も包括的でわかりやすい要約だと考えている。資料が形質データに関する解析の全範囲をカバーできないことは認識しているが、さらなる開発の基盤となると考えている。

本書の執筆にあたり、それぞれの著者は二つの章を主に担当したが、その他の章にも同様に大きく貢献している。主な担当は以下の通りである。Matty は、序章（第 1 章）と種内の形質変動（第 6 章）。Francesco は種間の形質の分化、形質の非類似度、機能の多様性（第 3 章、第 5 章）。Marco は形質の選択、標準化した形質の計測とデータベース（第 2 章）、生態系への形質の効果（第 9 章）。Lars は、環境変動に対する種の応答を予測するのに形質がどのように役立つか（第 4 章）、機能的、系統学的概念とツールをどのように組み合わせるか（第 8 章）。Carlos は群集集合理論と検証（第 7 章）とサンプリング実行のデザイン（第 11 章）。André は、栄養段階間の形質を結びつけ（第 10 章）、応用生態学的文脈において形質をどのように用いることができるのか（第 12 章）。すべての章には、章の重要な側面を描いた美しい図が添えられている。この図は Janine Mariën（アムステルダム自由大学）が、余暇を利用して描いたものである。彼女は本書の表紙や多くの図もデザインしている。また、Luís Gustavo Barretto には様々な章における美しい図を、Javier Puy には第 6 章の素晴らしい図を描いていただいた。

本書を執筆することは楽しい冒険であり、それはオランダの最北部にあるスピールモニコーフという堤浜島に位置するアムステルダム自由大学の野外ステーション'het Groene Glop'（オランダ語で「湿性の小さな落葉広葉樹林」を意味する）での静養でピークに達した。暑い夏の時期、多くの蚊と美しい自然に囲まれたこの場所で、本書は長い時間をかけてほぼ完成した。我々の間の楽しい相互作用が可能であったのは、我々自身が多くの類似した「形質」を共有していた（とりわけ素晴らしいワインとおいしい食事を堪能できた）おかげである。同時に、それぞれの著者は特殊な形質と技術をもっているため、本書が形質フィルタリングと形質の相補性の典型例にもなっている。こうして生まれた本書が、読者に有益なものとなることを願っている。

本書は、多くの研究機関の支援によって作成された。研究機関には、スペイン国立研究協議会（CSIC）、南ボヘミア大学（USB）、チェコ科学アカデミー植物研究所（IBOT）、アムステルダム自由大学、フローニンヘン進化生命科学研究所、タルトゥ大学（UT）、スイス連邦進化生命景観研究所（WSL）、リオデジャネイロ連邦大学（UFRJ）が含まれる。我々の家族と同僚は多くの面で我々を支えてくれた。とりわけ、2007年にこのすべてを開始し、コインブラにおける形質コースの活動を維持してくれたPaulo Sousaに感謝する。ケンブリッジ大学出版局のAleksandra Serocka, Vinithan Sethumadhavan, Jenny van der Meijden と Ken Moxhamは、本書の編纂に対して非常に有益なフィードバックをくれた。多くの同僚は個々の章の友好的なレビューを惜しみなくしてくれた。そこには、Eric Garnier, Norman Mason, Martin Zobel, Margaret Mayfield, Sandra Lavorel, Cecile Albert, Jan Lepš, Daniel García, Jacintha Ellers, Miguel Verdú, Paulo R. Guimarães Jr, Nagore Garcia Medina, Maria Majeková, Fabio R. Scarano, Martin Gossner, Yoann Le Bagousse-Pinguet, Simon Pierceが含まれる。これらの方すべてに心からの感謝を捧げる。Robert Davis, Conor Redmon, Nichola Plowmanは各章の英語を改善する上で、まさにプロの仕事をして助けてくれた。その建設的な批判と非常に有益なコメントによって、テキストはとても明瞭になった。心より感謝する。何年にもわたって我々のコースに参加してくれた学生すべてにも心より感謝する。学生たちは、多くの興味深い質問をし、Rスクリプトを検証し、戸惑いながらも改善の必要がある説明がどこであるのかを示してくれた。

最後に、あなたにとって本書が楽しく仕事に役立つものとなれば幸いである。

2019年8月29日、オランダのスヒールモニコーフにて

Matty P. Berg and Francesco de Bello

1 序 章

生物多様性が環境傾度に沿ってどのように変化するのか、あるいは種の減少が生態系プロセスにどのような影響を与えるのかは、生態学の長年にわたる差し迫った問いである。こうした問いに、生物の機能形質を用いて答えようとする研究が、この数十年の間に爆発的に増加した。また、機能形質は、生態系サービスを管理するための生物指標など、自然保護のための応用ツールの開発にも利用されている。こうした形質生態学（原著では形質ベースの生態学：trait-based ecology、McGill et al. 2006; Cadotte et al. 2011）に関心が集まってきている理由の一つに、地球環境変動の要因が生物多様性に与える影響や、生態系機能に対する形質のフィードバックを予測する手法を求める需要の高まりがある。形質は、生物多様性が高まる（あるいは高まらない）機構の解明とその一般化をうまく行うために不可欠なツールであり、そして種や群集が生態系機能とサービスに与える影響を首尾よく予測できるようにするツールである。このために、生態学者は、

種のみではなく形質にも注目するようになってきており、この流れは「生物多様性の革命」(Cernansky 2017) ともよばれる。

以下の章に登場する形質生態学の様々な理論的および実践的側面を扱うためには、まずは基礎を整える必要がある。本章では、急速に発展している形質生態学を適用する上で不可欠な定義と概念を紹介する。

1.1 一般的な定義

本書では、文献ですでに広く用いられ、議論された定義や概念を引用する。これらの定義によって、以降の章を展開するための舞台を整えることができるだろう。**生物多様性**もしくは生物の多様性は、遺伝子から生態系までのすべてのレベルにおける生物の多様さと、それを支える生態的・進化的プロセス、と定義されている (Gaston 1996)。したがって、生物多様性には、遺伝子型、表現型、個体群、群集、生態系など、様々な要素が含まれる。

生物多様性の構成要素は多岐にわたるために、それを完全に定量することは難しい。生態学の大きな議論の一つは、様々な問いに答える上で、生物多様性のどの側面が重要であるかということである。例えば、群集の形成過程や、あるいは種組成の変化が生態系プロセスにどのように影響するのかを理解するためには、種の豊富さそのものが重要なのか、それとも種の形質がより重要なのか (Hooper et al. 2005) ? といったことが議論されている。形質生態学の大前提は、分類群や場所を超えたパターンを一般化する一つの方法として、種の形質を用いるということである。例えば、似た形質をもつ2種は似た行動をとることが想定される。Cernansky (2017) は、こうした方向性を「生物多様性の革命」とよび、生態学者は生態系の健全性を測るために、種の名前やその数だけではなく、形質にますます注目するようになったと主張している。形質が注目されると、群集集合や生態系プロセスにおいて観察されるパターンを説明する上で、「形質で表現される生物多様性の役割とは何か」、あるいは「種ベースのアプローチと形質ベースのアプローチを組み合わせる場合に、何をどのように測定すべきか」という問いが浮かび上がってくる。形質ベースの生物多様性の様々な要素の相対的重要性に関しては、ある程度のコンセンサスが得られている。それに踏み込む前に、本書で採用している用語の定義を説明しておく。

群集 (*community*) は、同じ場所、同じ時間に生じるすべての種のすべての個体群の集合体である。通常、群集内の種は、競争、栄養相互作用、あるいは促進や共生のような正のフィードバックによって、互いに関連している。こうした相互作用は、様々な時間、空間スケールで生じることがある。例えば、熱帯の着生植物のタンク・ブロメリアの中の食物網は小規模で、個体ごとに互いに離れており、比較的安定している（Armbruster et al. 2002）。一方、サバンナの群集では、脊椎動物の草食動物とその捕食者が広い生息域で相互作用しており、大規模であまり明瞭に区分できない。群集はしばしば境界が明瞭に定義された「閉じた」系として認識されるが、その多くは個体・エネルギー・栄養塩の出入りのある動的で開かれたものである。通常、研究者は限られた栄養段階や生物グループに焦点を当てる。そのため、「群集」という用語は、「維管束植物群集」、「デトリタス食者群集」、「送粉者群集」、「鳥群集」のように、群集全体のうちの一部を示すために使われることが多い。

個体群（*population*）は、（有性の種においては）交配が可能で、同じ地域に生息する単一種のすべての個体から構成されている。ある地域の局所個体群では、潜在的にはどの個体の組み合わせ間でも交配が可能である。個体群内の交配は、他の地域の個体との交雑よりも生じやすい。したがって、個体群内での現象と個体群間での現象を区別できる。一方、個体は分散できるので、個体群や群集は互いにつながり、いわゆるメタ個体群（Hanski & Gaggiotti 2004）やメタ群集（Holyoak et al. 2005）を形成する。

種のアバンダンス（*species abundance*）は、ある生態系におけるある種の個体群サイズを局所的に示したものである。場合によっては、アバンダンスは種に限らずに、食性ギルドや、あるいは分子操作的分類単位（MOTU：近縁種のグループを分類するための分子データを用いること、塩基配列の類似性によって定義されることが多い）のようなより大きな（あるいは同程度の）分類単位に対して示すこともある。アバンダンスは、特に動物の研究では、標本やサンプル内に見られた個体数として測定されることが多い。個体数を測定しにくい場合や、特に植物では、バイオマス、被度、頻度といった別の尺度も考慮されることが多い。本書で紹介される指標[訳注 1-1]の多くは、群集の中の他の種に対する相対的なアバンダンスについて言及することが非常に多い。**種の相対アバンダンス**（*relative species abundance*）は、群集内におけるある種のアバンダンスの割合を示している。状況や環境条件によって、種のアバンダンスは、時間的、空間的に大きく変動しうる。種のアバンダンスの情報から、群集や生態系においてある種がどのように分布しているのか、どの種がどの環境条件に適応しているのかを知ることができる。

種の豊かさ（*species richness*）は、群集内の種の数（もしくは、例えばMOTU

の数）であり、種のアバンダンスの情報は伴わない。アバンダンスを考慮する場合は、**優占度**（*dominance*）もしくは**均等度**（*evenness*）のような種の多様性の指数が用いられる。これらは、種の豊富さと種の相対的アバンダンスの情報を組み合わせて算出され、**種多様性**（*species diversity*）の要素として定義される。例えば、種間の個体数がより均等になればその群集の均等度は増加する。種の豊富さの背景にある基本的な仮定は、すべての種が群集内で同一の重要性をもつということである。本書では、「分類学的多様性」を多くの場合「種多様性」と同義だとみなしている。

種組成（*species composition*）は「群集もしくは生態系において複数の種がどの種に帰属し（identity）、それぞれの種の寄与（contribution）がどれだけであるのか[訳注 1-2]を示すもの」として定義される。種組成は、群集の重要な特性であり、ある場所の種の集まりの特徴を示し、また群集集合（分解）において中心となるものである（第4章と第7章を参照）。種組成は多くの要因の結果として時間的・空間的に変化する。種組成は多様な生態系プロセス（次の段落を参照）の速度に影響するため、生態系プロセスの重要な指標である。ある群集内の種とそのアバンダンスを記述することをインベントリーといい、種組成は通常インベントリーに基づいて評価される（第4章の「種×群集」行列やその他を参照）。

本書では、**生態系機能**（*ecosystem function*）を「生態系内で生じる生物的、物理的、地球化学的プロセス」として定義している。生態系機能はまた、生態系プロセスともよばれる。よく研究されている典型的な生態系機能は、一次生産、リター[訳注 1-3]分解、送粉であるが、他にも多くの機能がある。また、生態系プロセスのうち、人類にとっての恩恵によりフォーカスした定義もよく用いられている。

訳注 1-1. 本書では、indicator, index といった指標、指数に関連する用語が頻繁に登場するが、以下のような基準で翻訳した。なお、表中の太字はおもにその訳語を採用していることを意味する。

英語	日本語	文中での使用状況
indicator	**指標**	具体的な式などが示されていない場合
	指数	具体的な式が示されている場合や単に index の言い換えである場合
index	**指数**	具体的な式が示されている場合
	指標	具体的な式などが示されていない場合
metrics	尺度	最終的な指数や指標となる前の数値としての意味
	距離	上記の意味で違いが強調されている場合
measure	尺度	最終的な指数や指標となる前の数値としての意味

訳注 1-2. つまり、群集内にどの種がどのくらいいるのか。

訳注 1-3. リター（litter）は一般に、枯死した植物体のことを指し、落葉や落枝を示すことが多い。樹木の幹などを粗大リター（coarse litter）とよぶこともある。

このタイプの生態系機能は生態系サービスとよばれ、「直接的、間接的に人類の要求を満たす物品やサービスを提供する自然のプロセスや要素の能力」として定義される（de Groot et al. 2002）。

種の効果（*species effect*）は群集もしくは生態系プロセスの中で種が果たす役割を意味する。多くの場合、種が属する機能グループや食性ギルド（第3章）によってその役割が定義される。例えば、等脚類は葉リターを摂食し、大型デトリタス食者の食性ギルドに属している。リター食者である等脚類は、土壌の肥沃度や生態系内の栄養塩循環に大きく影響するプロセスであるリター分解に重要な役割を果たしている。他の大型デトリタス食者と同様に、等脚類は種によってリターの消費速度が異なる（Zimmer et al. 2002; Vos et al. 2011）。そのため、個々の種のリター分解における効果が異なる可能性がある。種組成の効果は、種の形質の組成の効果とみなすことができ、種の豊かさの効果よりも大きいことが多い。例えば、等脚類、ヤスデ、ミミズのリター分解への影響を様々な組み合わせで調べると、その効果の大小は種の豊かさや分類群の数では説明できず、特定の種の在不在や種の組成、つまり種の効果によって説明される（Heemsbergen et al. 2004）。

機能的多様性（*functional diversity*）は生物多様性の構成要素であり、「群集もしくは生態系内に存在する生物間の機能形質の違い」として定義される（第5章参照）。機能的多様性は、群集の動態や安定性に大きく影響する可能性があるので、多くの生態系プロセスに対して非常に重要である（第7章、第9章参照）。第5章で説明するように、機能的多様性には様々な要素があり、主に**機能の豊かさ、均等度、発散**（*functional richness, evenness, divergence*）などがある。これらは、群集内の個体や種間の形質値の分布の特徴を説明する上で相互に補いあっている。群集と生態系の特徴が機能的多様性によって影響を受ける程度や、その構成要素の相対的な重要性は議論の多いところである。

1.2　種から機能へ

分類群に着目するよりも形質に着目するアプローチの方に利点があることを示唆する研究が増えている。生態学における形質データの利用には長い伝統がある一方（第3章）、1990年代以降の生態学研究は分類群に重点が置かれてきた。例えば、種の多様性や組成が傾度に沿ってどう変化するのか、その変化が生態系機能にどのように影響するのかといったものである（Hooper et al. 2005）。この分類学的アプローチは有用ではあるが、限界もある。種数の少ない生態系のような特殊なケースでは、分類学的アプローチは特に有効であるかもしれない。種数が少なければ、それぞれの種の環境に対する応答を研究し、考えられる種の相互作用のすべてもしくはその多くを理解することが可能ではある。しかし、生態系は一般に複雑で種が豊富なことが多く、すべての種とそのフィードバックを同時に研究することは不可能である。

分類学的アプローチのもう一つの問題は、かなり単純な系においてすら**状況依存性**（*context dependency*）が存在することである（図1.1）。例として、一般的な現代の景観を考えてみよう。かつては広大な森林だった場所が断片化され、農地や管理された半自然的な草原によって囲まれた小さな森林のパッチになったとする。そしてあなたの研究の対象が、これらの森林パッチに生活する動物や植物であるとしよう。すると、攪乱がなく地質や気候の地域的な条件は同じであるこれらの森林パッチ間でさえ、種組成が異なっているだろう。種組成の違いは、森林パッチのサイズ（種の豊かさに関する島の生物地理学の理論の効果を参照：Whittaker & Fernández-Palacios 2007)、回廊による森林パッチと大きな森林との

図1.1 現代の農業景観（かつての連続した森林が農地によって分断化された結果、多くのサイズ・形・結合度の異なる森林パッチに分かれている）。それぞれの森林パッチは同じ生息地タイプ（森林）であるが、正確な種組成は予測できない。なぜなら、パッチのサイズや形、そして周りの生息地が群集組成に影響するからである。したがって、パッチ内の種組成は状況によって異なる。作画：Janine Mariën.

連結性、周りの生息地の違いによって生じる。例えば、サイズと連結性の等しい森林パッチ間であっても、農地に囲まれた場所と半自然的な草原に囲まれた場所では種組成が異なる。同じような条件の森林生息地パッチで、すでに種組成が異なっているとすれば、環境が変化したときにそれぞれの群集組成の変化をどのように予測できるだろうか？　形質生態学では、これらの森林パッチの形質組成の変化は種組成の変化よりも予測しやすいと想定している（Fukami et al. 2005）。

次に、異なる地域にある二つの類似した草原で、植物群集の気候に対する応答を比較するケースを考えてみよう。そもそも、異なる地域間では種プールが異なり、二つの草原の種組成も大きく異なるはずなので、地域間での結果を一般化するのが難しくなるだろう。一方で、例えば、双方の草原において「種の豊かさは乾燥に伴って減少する」といったことはいえるだろう。さらに踏み込んで、単純化しすぎた例ではあるが、乾燥に伴って、「サイズが小さな種が増えることで全体の植食量が減少する」、あるいは「堅い葉をもつ植物の植食ダメージが減少する」と結論づけることができるだろう（Ibanez et al. 2013）。このように、種の生態学的傾向（生態ニッチ）と種の形質を組み合わせて研究することが、環境ストレスに対する群集の反応を予測する上での状況依存性の一つの解決法になりうるだろう。

種の**生態ニッチ**（*ecological niche*）は、「ある種にとって健全な個体群を維持する、すなわち、その生活サイクルをうまく完結するのに必要なすべての資源」によって定義される。生態ニッチはn次元ハイパーボリュームと考えることができる。そこでは、各次元の軸が個体の適応度、つまり個体の存在や分布に影響する非生物的・生物的要因を表している（Chase & Liebold 2003）。資源軸の例として土壌湿度を取り上げてみよう。ある特定の種、例えば、砂地に生育するスゲの仲間 *Carex arenaria* は、その典型的な気候条件において、土壌湿度を示す軸の上では乾燥している方の末端のみで生息していることが観察できる。土壌の水分条件がより湿っている場合にはこの種は生存できないか、湿った条件に適応した他の種によって駆逐されるだろう。このスゲは乾燥した土壌に適応した種であり、乾燥した土壌条件において最も高い適応度を示す。その理由は、このスゲが暖かい、乾燥した、砂地土壌で成長するのに適した生理形質を獲得しているためである。その生理形質が、乾燥という環境条件で生育することを可能にしているといえる。興味深いことに、このスゲの周囲に生えている別の種を研究していくと、この植生タイプに生育するすべての種は、暖かな、乾燥した、砂地の土壌に適応した何らかの生理学的形質をもっていることがわかるだろう。これらの適応の仕方は、同じときもあるし、異なるときもある（第4章参照；Pistón et al. 2019）。資源の乏しい環境で成長するこれらの種は、十分な栄養塩を獲得するための戦略と機能形質を発達させせなければならない。こうした形質の特徴は、湿原に生活する種の機能形質と比較すると、よりはっきりわかるだろう。湿原の種は、定期的な冠水、根圏の嫌気的状態、そして一般的には養分が豊富な状態にさらされるため、砂質土壌の植生に生育する植物とは全く異なる生理的適応が求められる。

同じ環境条件にさらされている生物間の形質（形質値）の収斂（第4章、第7章参照）は、環境が変化するときにどの種のアバンダンスが増加もしくは減少するかを予測するのに役立つ場合がある（Fukami et al. 2005）。特定のタイプの生息地について、種名だけを見てどの種が増加または減少するかを予測することは難しいかもしれない。しかし、環境と形質の関係がわかれば、環境変化後にどの形質値が卓越するのかを予測できるだろう。例えば、多くの植物の種の形質がわかっているのならば、種の形質に基づいて、あるストレス下でどの種が増減するのかを予測できるはずである。同じことが、種の生態系に与える影響についてもいえる。多くの植物種の一次生産に影響する形質がわかれば、その形質に基づいて、種組成の変化が一次生産に与える影響を予測できるはずである。これが、形質生態学の大前提である。

1.3 機能形質とは何か？

用語の統一は、形質と形質生態学の共通理解への第一歩である。従来、生態学者は形質とよばれるものに対して様々な定義やアプローチを用いて研究を行ってきた（これはおそらく、形質の用途が個体から種や生態系まで様々であったためであろう）。こうした多様なアプローチや定義がある程度の一貫性をもち、分野全体が「機能」に重点を置き、曖昧さが減ったのは、Violle ら（2007）による画期的な研究があったからに他ならない。ここでは、Violle ら（2007）の研究に基づいて、形質の定義の重要な側面を紹介し、議論する。

Violle らによると、**形質**（*trait*）は、「**細胞から個体全体に至るまでの個体レベルで計測可能な何らかの形態的、生理的、生物季節（フェノロジー）的特徴**」と定義される。彼らの論文は、概して植物について述べられている。しかし、定義自体は必ずしも植物に限定されるわけではなく、動物生態学の重要な要素である「行動」も含めることで、動物にも当てはまるだろう。この定義によれば単一の生物において計測できるものはすべて形質である。例えば、時間をかければ個体ごとの、植物の高さ、体長、成熟年齢、窒素固定能力、口器の形態などを評価することができる。さらに、形質は遺伝的、あるいはエピジェネティックに引き継がれるものであることが重視されているが、この点を定義に明示的に含める研究者もいれば（Garnier et al. 2016)、定義の中に暗黙のうちに含まれていると考える研究者もいる。我々は、形質の遺伝的基盤の重要性を念頭に置きながら、簡便のため後者の見方をとる。

我々の行っている教育コースにおいては、個体ごとの形質に着目することが大切だと伝えている。というのも、遺伝は表現型の形質を介して個体に働くものであるため、個体に着目することで、生物の形質を同じような定義で扱う「生態学」と「進化生物学」という二つの分野を結びつけることができるからである。しかし、形質を個体レベルで計測することが厳密には困難な場合もある。例えば、微生物の機能形質は、単一の細胞（個体）では測定できないことが多いし、また社会性昆虫では機能するのはコロニーの単位である。

引き続き、形質の定義に注目してみよう。Violle らによると、形質が真に機能するためには「**成長、繁殖、生存への効果を通じて（個体の）適応度に間接的に影響する**」必要がある。このように、機能する形質を**機能形質**とよぶ。適応度は形質が機能するか否かを決定する要素なので、「適応度」への言及は重要である。例として、クモが乾燥ストレスにさらされているが、気温は許容範囲内に保たれている状況（つまり温度ストレスはない場合）を想定してみよう。この研究で着目すべき機能形質の一つは水分損失速度で（図 1.2)、単位時間あたり単位重量あたりに失われる水の量として表される（Moretti et al. 2017)。クモ個体が乾燥にさらされたとき、水分損失速度が小さいほど生存率が上がり、したがって適応度が高まる。この研究のシステムにおいては、低温ストレス耐性に影響する形質（温度限界の下限）の測定はあまり有効ではない。低温限界は一つの形質であり（単一個体において計測可能)、寒冷な生息地では機能するけれども、クモが極度の乾燥条件にさらされているときには個体の適応度に影響しないので、この場合は機能形質とはいえない。一方、低温限界はクモが霜にさらされる場合にはクモの生存、ひいてはクモの個体の適応度に影響を与えうるが、この寒冷ストレス下では水分損失速度は適応度には影響しない。このように、個体で計測しうるほとんどすべてが形質であるが、形質が「機能するかどうか」は環境条件と研究テーマの双方に大きく依存している。研究者によっては、形質が機能するかどうか（もしくはいつ機能するのか）を判断する際の混乱を避けるために、「機能」という言葉を使わないようにしているものもいる。

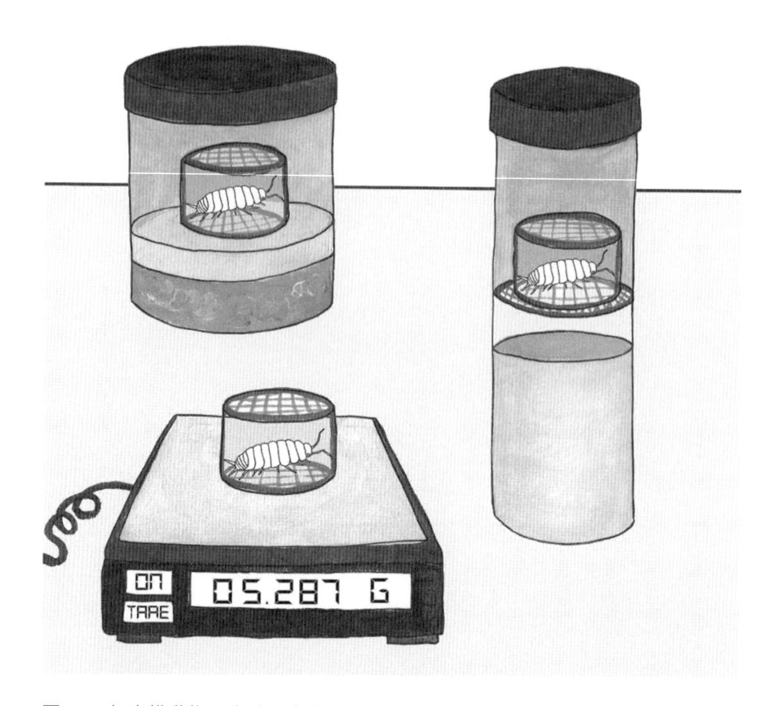

図1.2 無脊椎動物の水分損失速度の計測。大きな容器の中に置かれた開放したチューブ内に標本が入れられている。この容器は、(容器の底の特殊なグリセリンと水の混合物により)一定の相対湿度の熱空間となっている。水分損失は、標本の入ったチューブを天秤に載せ、そこでの経時的な標本の質量減少によって計測される。作画:Janine Mariën.

Violleらによる形質の定義の最後の重要な要素は、「**環境やその他のレベルのあらゆる組織には関係なく**」の部分である。この部分は、多くの学生や生態学者にとっては最もわかりにくい部分のようである。ここまで紹介した形質の定義に従うと、我々が「どの形質を計測するのか」という形質の選択はかなり自由に行える。一方、この部分は形質の選択に制限を付け加えている。具体的には、この部分は、形質が定義されるスケールが個体であることを強調しており、個体群や種のようなより大きなレベルによってのみ定義される情報を形質の定義から除外することを示すものと理解できる。除外すべきものの例は、生息地の幅や生息範囲の大きさなど、環境傾度に沿った種の分布データに基づくもの(Ellenberg指標値など:Box 1.1)が挙げられ、あるいはある種を「森林のスペシャリスト」とよぶことも含まれる。これらは、機能形質とみなすべきではない。なぜなら、これらの値は複数の個体に基づいており(すなわち、多くの個体の分布を観察

Box 1.1 Ellenberg の植物のための指標など、環境と種の関連づけ

Ellenberg の植物のための指標など、環境と種の関連づけを形質として用いることはできるだろうか？ 基本的にそれはできない。Ellenberg の指標値（Ellenberg 1974）は、種が好む環境条件を示しており、一般に自然の傾度に沿って観察された種の分布に基づいている。これらの植物の指標値もしくは類似の動物の指標は——例えば、種の生息範囲の平均温度を示す種温度指数（Thuiller et al. 2005; Hijmans & Graham 2006; Devictor et al. 2008）——、集約されたデータからしか推論することができず、単一の個体に対して計測することはできない。特定の種の生息環境から得られる変数を用いるメリットはあるかもしれないが、それらは種の特性であって個体の特徴ではないので、形質とよぶことはできない。集約されたデータから推察された特性を、Garnier ら（2017）は、「生態学的特性（ecological feature）」もしくは「環境関連性（environmental association）」とよんでいる。それらは、特定の種の個体が観察された場所の環境条件から導き出されることが多い。形質値としての Ellenberg の指標値の信頼性に関する厳密な解析は、例えば Schaffers and Sykora（2000）と Zelený and Schaffers（2012）を参照してほしい。しかし、これらの生態学的形質に基づいて種の分布を予測することの循環性を示した Klaus et al.（2012）と Wildi（2016）も参照するとよい。

する必要がある)、なにより明らかに「環境」の好みに触れているためである。Violle らは、「形質の定義に、環境傾度に沿って観察された種の分布（種のニッチ、または「**生態的形質**（*ecological trait*）」とよばれることもある：上記参照）を使うことはあまり良いやり方ではない」と考えており、本書はその考えに完全に同意する。というのも、観察された種のニッチは非生物的・生物的要因の組み合わせに対する複雑な反応を反映しており、さらに促進や競争といった種のニッチを拡大あるいは縮小する要素を含むかもしれないからである。このため、我々は、生息地の好みを指す際には「形質」という用語を使うことをお勧めしない。繰り返しになるが、生息地の好みは、個体の特徴というより、観察された種の分布によって決まる個体群もしくは種の特徴であり、したがって、個体の適応度に対する選択ではない。さらに、「どの機能形質が傾度に沿った種の分布を決定するのか」という問い（第 4 章）に対しては、循環論に陥ることを考えれば、観察された種の分布から導き出される生息地の好みを用いて答えることはできない。

形質の定義には含まれていないが、一つ補足が必要な点がある。既存の形質プロトコルは、適切な環境条件での個体を用いた計測——例えば、光のよく当たる環境の葉の形質や（Cornelissen et al. 2003 参照)、順化した後の標準的な条件下における動物の水分損失速度（Moretti et al. 2017）——、および、測定場所の野外環境の情報を記録すること（Garnicr ct al. 2016）を推奨している。このような形質測定方法の標準化は、種間または生物間で形質値を比較できるようにするために重要である。例えば、もし種間で形質値を比較したければ、類似したタイプの個体を比較する必要がある。それは、好条件（例えば、その種がよく成長する条件）で成長している成熟個体などである。つまり、形質を計測するときは、何らかの「環境」で行われることが常であるため、計測時にその個体を取り巻く非生物的条件について何かしらの言及が必要になる。これらの形質は、個体に対して計測できるものはすべて「真の形質」であり、さらに、生態学的文脈において個体の適応度と関連する場合には「機能的」と解釈される（上述の乾燥と寒冷適応の例を参照）。したがって、厳密にいえば、形質を計測する際に、環境に言及することが重要である。

先に説明したように、形質が「機能する」とみなされるためには、ある程度、その個体のパフォーマンスに影響する必要がある。個体のパフォーマンスは、成長速度、再生産数、生存という、適応度の主要な三つの特性に依存している（以下参照）。Violle らは、これらを「**パフォーマンス形質**」とよび、パフォーマンス形質の適応度への影響は、「順応性（elasticity）」ともよばれる（Adler et al. 2014）。すでに述べたように、ほとんどの形質は、少なくともある条件では生物の適応度に直接もしくは間接的に影響を与える可能性がある。例えば、陸上等脚類は乾燥にさらされたときに、大型の個体より小型の個体の方が速く水を失うため、この場合は体サイズが（水分損失速度に次いで）機能形質となる（Dias et al. 2013a）。どちらの形質も、乾燥状態で個体の適応度に影響するため機能的ではあるが、水分損失速度は体サイズよりも乾燥状態での生存に強く関連しており、より機能的といえる（図 1.3）。一方、体サイズは生理学的形質である水分損失速度の「代理形質」として用いることができるだろう（しばしば機能マーカーともよばれる、Garnier et al. 2016 参照）。さらに、等脚類では、小型と大型の種では呼吸器組織の形態においても違いがあるため、腹肢の呼吸器官の形態も水分損失速度の代理形質となる（これは直接的に乾燥耐性に関係する：Dias et al. 2013a）。一般に、形質が複雑であるほどその情報は得にくく、また複雑な形質は複数の個体について計測するのが難しいか、労力がかかりすぎるため、代理形質を使わざるを得ないことが多い（Ackerly & Monson 2003）。代理形質には、直接的に種のパフォーマンスに影響するだけでなく、データが不足している機能形質の代替として機能するものもある。代理形質を用いることは有益であるが、より統合的な機能形質と比べるとパフォーマンスとの関連は弱い（Adler et al. 2014）。代理形

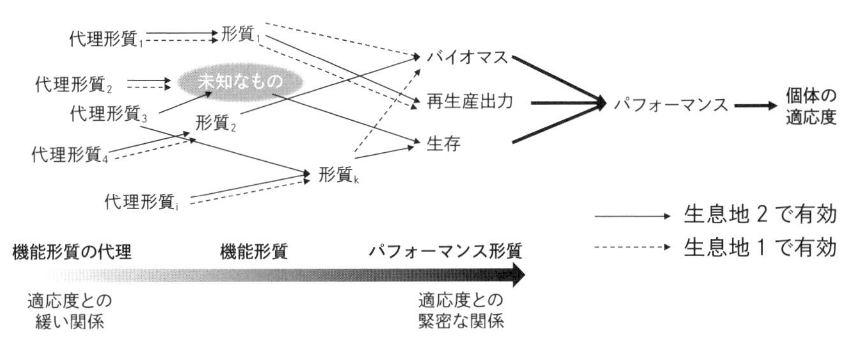

図 1.3　機能形質を個体の適応度に結びつける Arnold (1983) の枠組み。形態的･生物季節的･生理的･行動学的（特に動物）形質を個体で計測可能なすべての生物に対して一般化されている。機能形質（1 から k）は、種のパフォーマンス、つまり成長、繁殖、生存に直接的に影響を与える可能性があり、パフォーマンス形質とよばれる。個体のパフォーマンス形質は最終的にその適応度に影響する。ここでは､代理形質（1 から i）を含めている。代理形質とは､パフォーマンス形質に直接は結びつかないが､パフォーマンス形質に密接に関連する機能形質と相関をもつ形質である。機能形質と機能形質の代理（形質）との間に明確な区別が存在しないことに注意せよ。Wiley の許諾により、Violle et al.（2007）より調整。© OIKOS. Published by John Wiley & Sons Ltd.

質を使う前には目的の機能形質やパフォーマンス形質との相関関係を検証する必要がある（Rosado et al. 2013）。いずれの場合でも、適応度の機能マーカーとしての形質の長所は、研究上の問い、研究している生物、環境条件によって異なる。

どの形質がパフォーマンスの代理形質として働くことができるかを評価するためには、パフォーマンス形質の変化（つまり、環境傾度に沿った生存、成長、再生産）を計測する必要がある（図 1.3、図 1.4）。例えば、種が低温条件にさらされたときの生存率の変動（ある気温でのある暴露時間後においてまだ生存している個体数）は、「生態的パフォーマンス」として定義することができる（Violle et al. 2007）。このように、標準化された実験条件下で計測された「パフォーマンス」を他の形質と比較することで、代理形質を探索することができる。もう一つの方法は、パフォーマンスを自然条件下での種の分布と比べることである。このやり方は予測能力が高い可能性がある。例えば、気温や標高傾度に沿って、各種の生存率を測定した上で、それを各種の凍結耐性（標準化された条件下で種が耐えられる最低の温度）の強さと比較することができる。凍結耐性が、生存率の測定結果（つまり寒冷に対する感受性）と強く相関する場合、標準化された条件下で見られる「凍結耐性」がパフォーマンスの良い代理形質となるかもしれない。これらの理由から、標準化された条件下でのパフォーマンス形質の変動自体を機能形質だとみなす場合もある（例えば Moretti et al. 2017）。

図 1.4 植物と植食者の相互作用。生物の機能の例であり、この場合の機能は、個体のレベルで定義されるイモムシの成長と植物の生存。作画：Janine Mariën.

1.4 応答形質と効果形質

形質は生物の適応度に影響するだけではない。形質には、生態系プロセス（第9章）やその他の栄養段階（第10章、図1.4）を含む「環境に対する生物の効果」を説明できるものもある。例えば、窒素固定は、窒素不足の土壌において植物の生存を促進するが、同時に生態系全体の生物に利用可能な窒素量を増加させ、他の植物種の定着を促進し、適応度を増加させうるというもう一つの側面もある。形質にはこのように異なる二つの側面があり、それぞれ**応答形質**と**効果形質**に分類されている（Lavorel & Garnier 2002; 図1.5）。ここでは、応答形質と機能形質の違いについて、考慮すべき事項を交えながら説明する。

応答形質（*response trait*）は、生物を特定のストレスに対処できるようにするものである。つまり、想定される何らかのストレスがかかった状態もしくは様々な環境条件（生物的・非生物的要因）の下で、生存、成長、再生産を可能にする

図 1.5　応答形質と効果形質の例。植物に対する摂食は、植物の適応度（生存できるかどうか）を高める植物の二次化合物（応答形質）の形成を誘発する。この葉が枯死した後のリター中に植物の二次化合物が存在すると、デトリタス食者にとってのリターの嗜好性に影響する。この例では、植物の二次化合物は応答形質と効果形質の両方にあたる。作画：Luís Gustavo Barretto.

形質である。例えば、ある放牧地において、植物の丈が低くなったり二次化合物を含んだりすることで食べられにくくなり、その植物の生存率が高くなる場合、草丈や二次化合物が、放牧強度勾配に沿った重要な応答形質である。あるいは、著しい熱波の場合、種の生存上限温度（CT_{max}）は、種（もしくは個体）が熱ストレスにさらされたときに種が生き残れるかどうかを制御することにより、その種が極端な高温に対処できるかを決定する。種によって CT_{max} は明らかに異なり (Franken et al. 2018)、高い CT_{max} をもつ種と比べると低い値をもつ種は熱波に対してより敏感になる。もし強い熱波が発生した場合、低い CT_{max} をもつ種が「フィルタリング」されて（第 4 章参照）高い CT_{max} をもつ種が生き残るために、群集の平均の CT_{max} は、高い値にシフトするだろう。つまり、群集のメンバー、あるいは（準）優占種の CT_{max} の値がわかれば、原理的には、熱波にさらされたときにどの種が危険であるかを予測することができ、そして CT_{max} を群集の応答の予測因子として利用できる。注意すべきは、機能形質は定義上、応答形質であるが、その逆は必ずしも当てはまらない点である。特定のストレスに応答して変化するすべての形質は、機能形質の代理形質でさえ、予測因子として利用することができる。しかし、可能な限り、代理形質ではなく機能形質を選ぶよう努めるべきである。なぜなら、機能形質は形質とストレスの間の因果関係やそのメカニズムについての知見を提供するからである。

効果形質（*effect trait*）は、被食－捕食や相利共生のような別の栄養段階に影響を与える形質、あるいは養分循環や花粉媒介や一次生産のような生態プロセスに影響を与える形質である（Lavorel & Garnier 2002）。基本的に、別種や生態系プロセスに大きく影響する形質は、すべてが効果形質として作用しうる。例として、リター分解を見てみよう。リター分解は生態系の養分循環を駆動する重要な土壌プロセスである。シロアリ、等脚類、ヤスデのような大型デトリタス食者は、リターの分解速度に影響を与える。具体的には、リター食の陸上等脚類の消費速度はリター分解に影響を与える（Hättenschwiler & Gasser 2005）。これは、高い消費速度をもつ種はより多くのリターを同化して、一般に多くの糞を生産し、そしてリターの破砕により主要な分解生物である微生物に対してリターの表面積を拡大するためである。大型デトリタス食者と微生物のこれらの活動が組み合わさることで、リターの分解が速くなる。仮に、群集の中で高い摂食速度をもつ種（もしくは個体）が増えて、平均消費速度がより高い値にシフトとしたなら、リター分解は速くなる。つまり、群集内の種組成の変化、それに伴う群集内の効果形質の平均値の変化が、次の栄養段階への影響を介して間接的に、またはプロセスの速度に影響することで直接的に、生態系プロセスに影響を与える。したがって、リター消費は重要な効果形質であり、群集内の種の形質値を利用することで、生態系プロセスが環境傾度に沿ってどう変化するかを予測できる。

（特に動物では）生態系に影響するすべての形質が必ずしも種のパフォーマンスや適応度にプラスの効果をもたらすわけではない。また逆に、すべての機能形質（適応度に影響する形質）が生態系機能に影響するわけでもない。つまり、すべての応答形質は効果形質とは限らず、その逆もそうとは限らない。例えば、動物の水分損失速度は、土壌水分条件の変動する環境下での適応度に影響するが、リター分解や養分無機化のような生態系プロセスには影響しない。また、リター消費速度は分解に影響する（つまり効果形質として働く）が、デトリタス食者が乾燥などの環境のストレスに耐えられるようにはできない（すなわち応答形質ではない）。機能形質には、生態系プロセスに影響するものもあるが、それは機能形質の定義には含まれない。機能形質の定義に「種の効果」を含める研究者もいるが、それは概念的に避けるべきだろう。実際、形質は生態系プロセスや関連する生態系サービスに影響を与えうる（de Bello et al. 2010a；第9章）。この場合、機能形質も生態系に影響を与える。炭素、養分、水などの資源循環に対して、植物が応答するのに必要な機能形質の一部も、純一次生産などを通じて生態系に影響を与える（de Bello et al. 2010a）。そうした機能形質には、例えば葉の窒素や乾燥重量が含まれる。したがって、これらの形質は応答形質であり、同時に効果形質でもある（Suding et al. 2008）。しかし、着目する機能形質がすべて効果形質として作用するとは考えられないので、そこは慎重に検証するべきである。応答形質と効果形質のつながりは、機能生態学[訳注1-4]を広く適用していく上での核である（Lavorel & Garnier 2002; Lavorel et al. 2013）。応答形質、効果形質、そしてその相互作用の詳細は第4章と第9章で、またこれらの複数栄養段階における側面は第10章でそれぞれ示している。応答形質と効果形質の系統的側面は第8章で述べている。

1.5　未解決の課題

機能形質の定義には種の適応度との関係が含まれているが、興味深いことに、単一の形質やその相互作用が個体の適応度にどの程度影響するかを評価した研究は多くない（ただし Adler et al. 2014；土壌動物のレビュー Ellers et al. 2018；Pistón et al. 2019 を参照）。多くの形質は「機能する」と仮定されるが、これが明示的に検証されることはあまりない（Ackerly & Monson 2003）。機能形質という用語を正しく使えるのは、ある形質と個体のパフォーマンスの間の（直接的な、もしくは代理形質による間接的な、図1.3）関係がわかっているとき、もしくは検証されているときのみである。それ以外の場合は、単に「形質」とよぶか、ある形質が機能形質の代理形質であるという仮定を明示することをお勧めする。

形質生態学における課題の一つは、種の適応度に影響する形質の組み合わせの選び方と、その適切な検証である。形質が、単独では適応度の構成要素に影響せず、組み合わされたときだけ適応度に影響する可能性がある（図1.3）。多くの生物では、どの形質を優先させるかについてのガイドラインがある（第2章）。さらなる研究への道は、適応度の構成要素を定義する際の形質間の相互作用やその組み合わせを探索することである（Pistón et al. 2019）。ある環境において、異なる形

訳注1-4. 機能生態学（functional ecology）：種が生息する群集や生態系で果たす役割や機能に焦点を当てた生態学の分野。

質の組み合わせが同程度の適応度をもたらす可能性がある。これは選択的デザイン（alternative design）とよばれる（Dias et al. 2020）。例えば乾燥地では、灌木や多肉植物や短命な植物など異なるタイプの植物種が共存しており（図 2.4）、それぞれが様々な形質の組み合わせをもっている。これらの影響を適切な統計ツールを用いて考慮することが科学的課題である（Pistón et al. 2019）。

また、「形質とパフォーマンスの間には（直接的であろうと間接的であろうと、また単一の形質もしくは形質の組み合わせを介したものであろうと）何らかの関係がある」という仮定は、比較機能生態学の一般的な思想を反映している点も重要である（Shipley et al. 2006）。この研究分野は、「それぞれの種が生息する多様な環境条件で全部の種のパフォーマンスを理解することは至難の業である」ということと、「理想的には、一つまたは少数の形質（機能形質もしくはその代理形質）を計測できれば、類似した形質値をもつ別の種のパフォーマンスを予測するのに役立つ」という前提から始まっている。つまり、例えば「地球上のすべての維管束植物の種のパフォーマンスを計測することは非常に困難」だが、「理想的には、いくつかの種について機能形質とパフォーマンスの関係を検証すれば、その形質のみに基づいて、他の種のパフォーマンスを予測することができる」というように考えているということだ。後で説明するように、実際には理想的な目標に到達するにはほど遠い状況ではあるが、それでもこの試みには意味があることを示したい。

様々なタイプの生物の機能形質をどのように計測するかは、もう一つの課題である。複数の分類群や栄養段階、その他の生物学上の集団に対して、特定の形質を個体もしくは群集の全個体に対して計測したり、同じ単位で表現したりするのが困難な場合がある。例えば、リター分解は細菌や菌類から、線虫やトビムシ、大型デトリタス食者に至る幅広い種によって行われる。ほとんどの無脊椎動物において、体サイズは消費速度に関係しており、それがリター分解に影響を与える。この形質はほとんどの節足動物において容易に計測できるが、菌類の種の体サイズはどうやって計測するのだろうか？　同様に、口器の形態は分類群間でのリター消費速度の違いを生み出しうる形質だが、ミミズの口器は等脚類やヤスデのものとは大きく異なる構造をしている。つまり、すべての分類群に対して存在する形質に共通の表現単位を見つけることは非常に難しい。同様に、大型の節足動物において、環境条件への耐性に影響する生理学的形質は多かれ少なかれ容易に定量できるが、線虫のような体サイズの小さい種群の場合はそうはいかない。形質の測定において、標準化されたプロトコルが採用されるためには（第2章）、生物間の形質の違いの定量に注意が必要である。

最後に、生態学者として最も重要な課題の一つは、「環境変動が群集組成の変化を通して生態系プロセスにどのような影響をもたらすか」を予測することである。構成種が経験するストレスと直接的に関連する機能形質から、群集組成の変化を予測できるだろうか（第 4 章、第 7 章）？　そして、群集が特定の生態系プロセスに影響を与える形質がわかっていて、その形質の情報がすべての群集構成者から得られれば、群集組成の変化が生態系プロセスへ与える影響を予測できるだろうか（第 9 章）？　Lavorel and Garnier（2002）は、これらの問いの答えになるかもしれない「応答形質と効果形質の枠組み」を紹介した重要な論文を発表した。応答形質と効果形質の枠組みの中心にあるのは、形質を通じて特定のプロセスを調節もしくは制御する種群を特定するとともに、それらの種群が特定のストレスに耐えるために備える形質を明らかにできれば、特定の環境ストレス下で生態系機能がどのように変化するかを予測できる可能性があるという考えである (Lavorel et al. 2013)。本書の各章では、形質生態学のあらゆる側面を説明し、そして生態学者が形質データの潜在的な用途を理解でき、各自が研究している問いに形質データを組み入れられるように、既存のツールを紹介する。

まとめ

- この数十年で、生態学的研究の焦点は「種組成と種の豊かさ」から「種の機能形質」へと変化してきている。
- 機能形質は、一般に個体レベルで計測可能な、生物の何らかの形質であり、適応度に影響する。これらを「応答形質」とよぶ。同時に、適応度に影響するか否かとは関係なく、生態系機能や他の栄養段階に強い影響を与える形質がある。これらを「効果形質」とよぶ。
- どの形質もしくは形質の組み合わせが機能するのか、つまり、どの形質がどの生息地でどの程度種の適応度に影響するかを検証する研究が不足している。
- 機能形質によって、野外で観察される生態学的パターンのメカニズムの理解が進み、そして種や生態系を超えてパターンを一般化するための概念の形成が促進されるだろう。

2　形質の選び方と標準化

第1章で見たように、生態学者は種の分布や群集構造、生態系機能を理解するために、永らく分類学に基づくアプローチを採用してきた。しかし、分類学以外のアプローチもまた､生態学の幅広いトピックを研究するために用いられている。分類学以外のアプローチには、例えば、ストレスに対する個体の適応（Bijlsma & Loeschcke 2005）、生物的・非生物的要因に対する個体群動態（Umana et al. 2017）や群集の応答（Violle et al. 2007）が含まれる。これらの形質に基づくアプローチは、群集集合プロセスを理解したり、異なる空間スケールにおける種や群集の分布の変化を予測したり（Messier et al. 2010）、生態系プロセスやサービスに対する群集組成の影響を定量したりするために用いられている（Lavorel 2013; Deraison et al. 2015）。他にも形質は、保全の目標に対して管理戦略が有益な効果をもたらすかどうかを評価するための指標としても使用される（Vandewalle et al. 2010; Chown 2012）。

これらの例は他の多くの例とともに（植物に関するまとまった総説である Garnier et al. 2016 も参照）、形質に基づくアプローチが予測モデルを生成する上で非常に強力であることを示している。したがって、現在、形質データが広く用いられていることは驚くべきことではない。しかし、形質データを初めて用いるときには多くの疑問が湧くだろう。第1章ではすでに、形質がどういうものであり、いつ形質が機能するかを説明したので、第2章では、以下のようなよく見る疑問を扱う。

・どのように正しい形質を選ぶのか、そしていくつの形質を選ぶべきか？
・信頼できる形質値はどこで調べることができるのか？
・文献もしくはデータベースで提供されている形質値は自分の研究対象のシステムに適しているのか、それとも自分で形質を計測するべきか？
・欠損した形質値にはどのように対処するべきか？

この章はこれらの疑問に答えることを目指すが、別の章でも改めて触れるつもりである。

2.1　どの形質を選ぶか？

どの形質を選ぶか、何個の形質を選ぶか、そして形質を個別にあるいは組み合わせて解析するのかは、形質生態学において最も重要な検討項目である。これらの項目は形質データを用いた研究の結果に大きな影響を与えるため、熟慮すべき

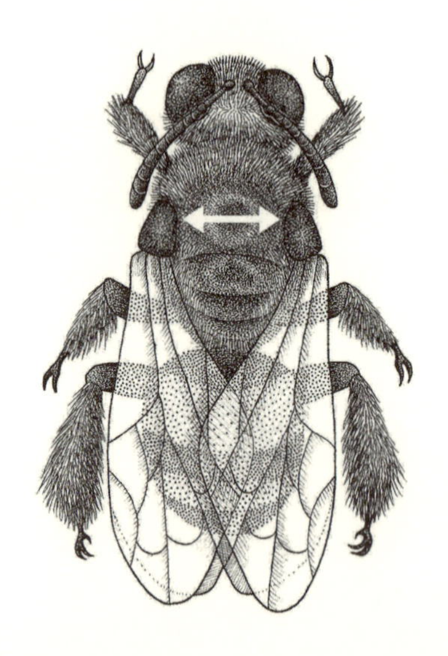

図 2.1　ハナバチの肩板間の距離は、羽の胸部への付着点の間の距離である。この領域の下に羽を動かすのに必要な筋肉組織がある。一般に、肩板間の距離が長いほど、筋肉がより大きくなり、長い距離を飛ぶことができる。作画：Luís Gustavo Barretto.

である。生態学者は、文献から利用可能な形質や容易に計測できるごく限られた形質を安易に選んでしまうことがある。これが残念な結果を生んだり、形質を用いた解析アプローチに対して懐疑的にさせたりする可能性がある。

一般に、候補となる形質と、注目する環境傾度・ストレス要因・生態プロセスの因果関係について、仮説や予測を明確にすることが強く推奨される（Lefcheck et al. 2015）。また、予測は別の研究で検証された観察やパターンに基づく場合もある。例えば、ハナバチの肩板間の距離（図 2.1）は飛行距離を反映することが知られており、これは分散や採餌のような重要な機能と関連している（Greenleaf et al. 2007）。これらの結果に基づいて、送粉の研究ではこの肩板間の距離という形質を考慮することができる。

適切な形質選択のガイドラインとして、Brousseau ら（2018）によって提案された三段階の仮説に基づくアプローチを採用することをお勧めする（図 2.2）。この枠組みは、応答形質と効果形質の違いに基づいており（第 1 章）、形質を選ぶときに従うべきいくつかの手順を簡単に示している。

第 1 段階は、研究対象となるストレス要因や生態系プロセスをできる限り正確に定めることである。これによって、個体の適応度と関連する（選択が働く）機

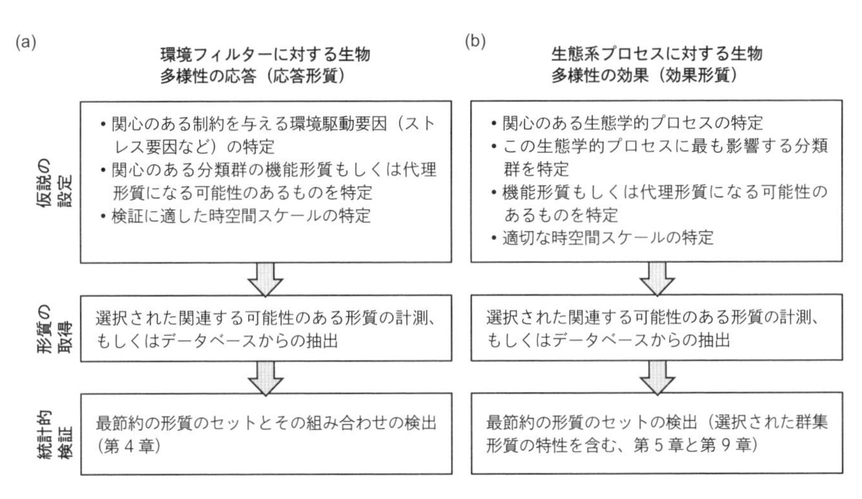

図 2.2　研究目的に応じて適切な形質を選ぶ手順を示す枠組み。(a) 特定のストレス（環境要因）に対する生物の応答、(b) ある生態プロセスに対する種の効果の 2 通りの仮説を示した。この仮説に基づくスクリーニングには、対象とする生態系の詳細な生態学的知識と機能に関する知識が必要になる。これらの仮説に基づいて、形質と種の双方について測定したり、形質情報を抽出したりすることができる。形質情報を取得できれば、予測を最適化するのに必要な最節約な数の形質を統計によって検出することができる。Brousseau et al.（2018）と Díaz et al.（2007）に基づく。© 2018 The Authors. Journal of Animal Ecology © 2018 British Ecological Society.

能形質の候補が決まる。候補となる形質とストレス要因もしくは生態系プロセスの関係についての仮説が明確であるならば、どの形質を選び、その結果をどのように解釈するかに関して正しい判断を下しやすくなる。そのため、選んだ応答形質（図2.2左側と第1章）は、環境条件（湿度レベルや管理施業など、無数に存在）とその環境条件にさらされた個体のパフォーマンス（成長、生存、産子数など）の間の関係性を表すものであるべきである。例えば、ある環境条件において適切な形質値をもつ種は、高いパフォーマンスによってその個体群サイズを増大させるだろう（McGill et al. 2006）。つまり、これらの種は、形質値と環境の関連性が強いということになる。

一方、種が生態系にどのように影響するかについての仮説を検証したい場合は（図2.2右側）、生態系プロセスに対して影響をもつ効果形質に着目する必要がある（Díaz & Cabido 2001）。例えば、植物の生産性に関心がある場合、相対成長速度や窒素固定能力が考慮すべき形質であろう。また、研究対象のシステム内で関心のある生態系プロセスが正確に定義されれば、効果形質を容易に選ぶことができるだろう。例えば、生態系プロセスとして植物の送粉に着目する場合、ハチの頭部や胸部の毛の状態が、送粉に利用できる花粉量を反映する重要な形質であるし（Stavert et al. 2016）、口吻の長さはどのタイプの花が送粉されるかを反映する重要な形質である（Ibanez 2012）（図2.3）。

同様に、リター分解に着目する場合、リター分解の大きな決定要因である等脚類やヤスデが重要な生物となる（例えばPetersen & Luxton 1982）。これらの生物に着目した際、ある時間あたりにより多くの葉リターが消費されれば分解速度は高まるので、個体の「リター消費速度」は適切な効果形質である（Bílá et al.

図2.3　植物の送粉に関与する形質の二つの例：舌長（左図）と頭部の毛（右図）。作画：Luís Gustavo Barretto.

2014)。第10章では、栄養段階間の相互作用をより深く扱う際の形質の選び方に関してこれらのアイデアを拡張する。

形質を選ぶ第2段階は、実用面の問題に対処することである。仮説が出た最初の段階では、有益な形質や評価したい形質をたくさん思いつくだろう。しかし、ほとんどの場合、こうした評価したい形質の情報は、自分のサンプルに含まれる種について、例えば文献や既存のデータベースで入手できないか（この章の後半を参照)、もしくは多くの種について計測するのが大変であるかのどちらかである。また、評価したかった形質が互いに相関している場合もある。したがって、この第2段階では、野心的でありながらも、現実的に適切かつ入手可能な形質の情報を（計測するか、あるいは既存のデータベースから抽出して）取得する必要がある（第11章参照)。

第3段階は、選んだ形質と、対象となる機能（応答）もしくはプロセス（効果）を関連づけることである。これは、応答形質（第4章）と効果形質（第9章）のどちらに焦点を当てるかによって異なる方法で行うことができる。多くの場合、段階的なアプローチによって、目的にかなう最小限の形質のセットを検出することになる。しかし、環境と形質、もしくは形質とプロセスの間の相互作用に関して、既知の情報に基づいた仮説を立てることが難しいこともある。それは例えば、特定の分類群、地域、生態系機能についての情報が不足しているために起きうる。適切な仮説が見つけられないときには、より探索的なアプローチをとるのが正しいやり方である。探索的なアプローチでは、関係する可能性のある形質をいくつか選び、環境勾配に対する応答や生態系プロセスへの影響を評価する。このアプローチのリスクは、誤った関係、あるいはメカニズムが作用していない関係を見つける可能性がある点である。例えば、ある形質（しばしば代理形質）が重要な形質として検出された場合でも、実際には適応度に影響を与える形質とその形質の間に相関があるだけであったり、生態系機能に作用する効果形質であったりする。しかし、考慮すべき形質やそれを測る方法についてほとんどわかっていないとき、探索的なアプローチは多くの分類群において妥当な方法である。

最後に、評価したい形質をリストした後は、形質のタイプ（代理形質もしくは機能形質：第1章)、表現の単位（連続的変数、カテゴリー変数（順序もしくは名義変数)：第3章)、考慮すべき最終的な形質の数（単一もしくは複数）(2.2節参照）などを判断する必要があり、それに伴い、機能の測定基準（第5章)、使用する解析手法（第6章、第7章)、そして結果の解釈が決まっていく。

2.2　形質はいくつ必要か？

これといった前提のない状態で、生態学的な問いに答えるために、どのくらいの数の形質が必要かを定義するのは難しい。ある単一の形質の機能的役割を探ることは、根底にあるメカニズムを調べるための第一歩になりうる。しかし、ほとんどの場合、形質は単独で働くことはなく、単一の形質がそれぞれ独立に機能するわけでもない。複数の形質の複合効果には一般に二つのタイプがある。つまり、(1) 正もしくは負の相関をもつ形質のシンドロームとなるタイプと、(2) 独立した効果をもつタイプである。これらの問題について、ここでは一般的な考え方を紹介するにとどめ、第3章で実践的な対処方法とともに詳しく説明する。

形質の機能的役割は、複数の形質が組み合わさることで生じる場合もあるだろう。また、複数の形質の組み合わせが、同様の適応度を与えながらも異なる戦略を提供する場合には（Pistón et al. 2019)、形質と環境の関係は、個別の形質の相互作用によって変化する可能性がある（de Bello et al. 2005)。例えば、植物種は乾燥耐性をもつか（すなわち、多肉植物になる、もしくは小さく厚い葉をもつ）（図2.4)、あるいは、乾燥を避ける（一年生になる）ことによって乾燥に適応できる。

このように、類似した機能を提供する形質の組み合わせが複数存在する可能性がある。どのような場合でも、単一の形質のみを調べるよりも、複数の形質を調べる方が有益な結果をもたらすはずである（Lefcheck & Duffy 2015)。本書で繰り返し議論するように、複数の形質を調べるというアプローチを使って根底にあ

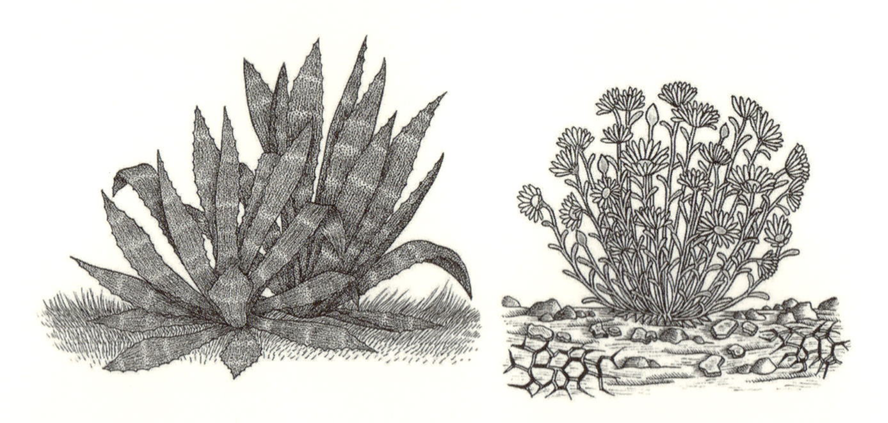

図2.4　乾燥条件に対処する二つの戦略の例：多肉植物のような乾燥耐性植物（アオノリュウゼツラン *Agave americana*, 左図）と、砂漠地域に生育する一年生の短命な乾燥忌避植物（*Xylorhiza tortifolia*, 右図)。作画：Luís Gustavo Barretto.

る機構をあぶり出すことは困難であるが魅力がある。しかし、研究の一般則として、明確な仮説がある形質以外の形質は含まない方がよいだろう。生態学者は複数の形質を複雑に分析することが、明確な仮説がないことをなんとか補うと期待して、複数の形質を用いることがある（Lefcheck & Duffy 2015)。これは、特に「機能していない」形質が含まれてしまった場合に、最適とはいえない状況に陥ることが多い（第1章)。例えば、複数の形質に基づいて機能的多様性指数を計算するときに、関心のない形質が含まれていると、誤解を招くようなわかりにくい結果が生じることがある（Swenson & Enquist 2009; 詳細は第5章参照)。同様に、形質値の情報がない場合、複数形質の多様性の代用として、系統的多様性がよく提案されるが（第8章)、このアプローチは重要な形質の効果を見えなくする可能性がある（Lepš et al. 2006; Swenson & Enquist 2009)。これに関連して、大きな形質セットの中から、どの形質が生物の一般的な機能「戦略」の変動をよく説明するのかを明らかにしようとする最近のアプローチも存在する。この場合、変動を説明しない形質は基本的に破棄することになる（例えば植物では Laughlin 2014a, b; Pistón et al. 2019 を参照)。

2.3　形質値はどこから得るか？

着目する形質を定めたら（図 2.2)、形質値を得るためには基本的に二つの選択肢がある。(1) 文献や既存の形質データベースを調べる、(2) 自分で形質を計測する。では、どのような場合にデータベースの値を信頼して使用できて、どのような場合に自分で形質を測定すべきなのか？　さらに、他の研究と比較できるようにするためには、どのように形質を計測すればよいのか？　ここでは、それぞれのアプローチの長所と短所について議論する。

2.3.1　文献とデータベースから形質情報を得る

研究対象となる分類群、形質、空間スケールによっては、既存の文献やデータベースが形質データの豊富な情報源となるだろう。多くの科学ジャーナルが、データリポジトリやオンライン補足資料としてデータを公開することを著者に求めてきている。また、形質データを含む生物データセットのみを公表するジャーナルも増えている（Klimešová et al. 2017)。最近では、既存のツールを用いることで、これらのソースから容易にデータを抽出することができる（例えば、PDF 文書から表を抽出するソフトもある)。しかし、必要なデータが多数の論文や書籍に分散しており、それぞれが少数の種のデータしか含んでいない場合は、形質データの取得には時間がかかるだろう。文献やデータベースは形質値の重要なソースとなりうるため、必要なデータがすでにデータベースに収納されているかをチェックすることは大切である。様々な分類群の形質データベースがすでに存在しており（表2.1参照）、それらはオンラインで無料公開されていることもあるが、登録した後にアクセスできたり、データベース管理者もしくは所有者にリクエストを送ることによってアクセスできたりする場合もある（以下参照）。ここでは、形質データベースからデータを取得するのに役に立つRツール（'R material Ch2'）をいくつか紹介し、説明する。

文献やデータベースから得た形質情報を自身の研究に使用できるかどうかは重要な問題である。その答えは（1）何のために形質データが必要か、そして（2）これらのデータがどのように、特に地球上のどこで、どのような環境で取得されたのかによって異なる。経験則として、あなたが設定した生態学的問いが局所的かつ状況依存的であるほど、データベースから得られた形質データの有効性は下がるだろう。なぜなら、既存の形質データは別の状況依存的な条件で計測されている可能性が高いからである（第11章）。例えば、施肥に伴う葉のサイズの変化に興味がある場合、一般に、施肥に伴う種内の（第6章）形質の変動と、施肥条件下で計測された形質データの両方が必要になるだろう。しかし、既存のデータベースや論文で公開されている形質値は、複数の個体群や生息地で計測された形質値の平均であることが多い（Cordlandwehr et al. 2013）。これらの形質値が計測された生息地の条件は、自身の研究で調べたい条件とは大きく異なっているかもしれない。このように、自身の研究システムの条件を反映しない生息地で計測された形質値を用いてしまうと、調べたかった形質と環境の関係のパターンが検出できなくなる可能性がある（Cordlandwehr et al. 2013; Kazakou et al. 2014）。例えば、コスモポリタン種を扱う際に、極域で計測された形質値データを熱帯での研究に用いることには懸念を抱くだろう。さらに、種内の形質の変動（第6章、第11章参照）は重要な情報であるが、この情報はしばしばデータベースでは利用できない。統計的な視点からは、異なる条件で計測された形質値を用いると、推定の精度が低くなり（第11章）、解析におけるノイズ（説明できない変動）が生じる可能性がある。生物学的には、それは、対象種の特定の機能を捉えられなくしたり、背景にあるメカニズムについて誤った結論へと導いてしまったりするかもしれない。

データベース上の形質値を使用するとき、種の形質値の大小は一貫していると

表 2.1 様々な分類群（Taxa）の既存の形質データベースと形質値（種ベースのものが多い）の供給元のリスト、およびデータソースと地理的範囲に関する詳細。供給元となる URL は変更される可能性があることに注意してほしい（Schneider ら（2019）等で利用可能な形質データベースを参照）。データベースから形質を抽出する時期と方法の詳細について、さらなる情報は 2.3.1 項を参照されたい。

分類群	データベース	地理的範囲	出典	参考文献
植物				
維管束植物	TRY	Global	www.try-db.org/TryWeb/dp.php	Kattge et al. 2011
維管束植物	LEDA	NW-Europe	www.uni-oldenburg.de/en/landeco/research/projects/LEDA	Kleyer et al. 2008
維管束植物	BiolFlor	Central Europe	www.ufz.de/biolflor/index.jsp	Klotz et al. 2002
維管束植物	TOPIC	Canada	www.nrcan.gc.ca/forests/research-centres/glfc/topic/20303#topic	Aubin et al. 2012
維管束植物	USDA Plants Database	United States	https://plants.usda.gov/characteristics.html	USDA & NRCS 2018
維管束植物	D^3 – Dispersal Diaspore Database	Europe	https://doi.org/10.1016/j.ppees.2013.02.001	Hintze et al. 2013
維管束植物	BROT 2.0: A functional trait database for Mediterranean Basin plants	Mediterranean	https://doi.org/10.6084/m9.figshare.c.3843841.v1	Tavşanoğlu & Pausas 2018
細根	FRED	Global	http://roots.ornl.gov/	Iversen et al. 2017
クローン植物	CLO-PLA	Central Europe	http://clopla.butbn.cas.cz/	Klimešová et al. 2017
菌、コケ、地衣類				
菌	FUNGuild	Global	https://doi.org/10.1016/j.funeco.2015.06.006	Nguyen et al. 2016
菌	Fungaltraits aka funtofun	Global	https://github.com/traitecoevo/fungaltraits	Cornwell & Habacuc 2018
コケ、地衣類	–	Global	Publication	Cornelissen et al. 2007

表 2.1（つづき）

分類群	データベース	地理的範囲	出典	参考文献
無脊椎動物				
アリ	ANT PROFILER	Europe	www.antprofiler.org/	Bertelsmeier et al. 2013
アリ	GlobalAnts	Global	http://globalants.org/	Parr et al. 2017
ハナバチ	–	Europe	Contact the author	Stuart Robert <spmr@msn.com>
甲虫、カメムシ、バッタ類、クモ	–	C-Europe	https://www.nature.com/articles/sdata201513	Gossner et al. 2015
オサムシ科甲虫	Carabid.org	Europe	www.carabids.org	Homburg et al. 2014
オサムシ科甲虫、バッタ、トンボ、チョウ	Fauna Indicativa	Switzerland	www.wsl.ch/de/publikationen/fauna-indicativa.html	Klaiber et al. 2017
管住性ハチ類	–	Europe	http://scales.ckff.si/scaletool/?menu=6&submenu=3	Budrys et al. 2014
カイアシ類	A trait database for marine copepods	Global	https://doi.pangaea.de/10.1594/PANGAEA.862968	Brun et al. 2016
サンゴ	The Coral Trait Database	Global	https://coraltraits.org/	Madin et al. 2016
淡水生物	freshwaterecology.info	Europe	www.freshwaterecology.info/	Schmidt-Kloiber & Hering 2015
腹足類	Excluded aquatic species and slugs	Europe	Publication	Falkner et al. 2001
ヨコバイ亜目	–	Europe	Publication	Nickel & Remane 2002
バッタ類	–	Europe	Contact the author	Frank Dijoze <dziock@htw-dresden.de>
枯死材性甲虫	FRISBEE	France	Contact the author	Bouget et al. 2008; christophe.bouget@irstea.fr
ハナアブ	Syrph The Net	Europe	Contact the author	Speight 2014; "Martin Speight" <speightm@gmail.com>

土壌動物の多様な分類群	BETSI	Europe	http://betsi.cesab.org/	Pey et al. 2014
多様な分類群	CRITTER	Canada	www.nrcan.gc.ca/forests/research-centres/glfc/topic/20303#critter	Handa et al. 2017
多様な分類群(微生物、植物、動物)	Global Biotraits Database (thermal responses of physiological and ecological traits)	Global	https://doi.org/10.1890/12-2060.1	Dell et al. 2013
脊椎動物				
両生類	AmphiBIO	Global	https://doi.org/10.6084/m9.figshare.4644424	Oliveira et al. 2017
両生類	A database oflife-history traits of European amphibians	Europe	https://doi.org/10.3897/BDJ.2.e4123	Trochet et al. 2014
コウモリ	Bat Eco-Interactions	Global	www.batplant.org/	info@batplant.org
鳥類	Bird trait database	Europe	https://doi.org/10.1111/geb.12127	Pearman et al. 2014
鳥類	Avian body size and life history	Global	www.esapubs.org/archive/ecol/E088/096/default.htm	Lislevand et al. 2007
鳥類	Functional Traits in 99 Bird Specie	Germany	https://doi.org/10.3390/data2020012	Renner & van Hoesel 2017
鳥類、哺乳類	EltonTraits 1.0: Species-level foraging attributes	Global	www.esapubs.org/archive/ecol/E095/178/	Wilman et al. 2014
鳥類、哺乳類、爬虫類	Amniote Database	Global	http://esapubs.org/archive/ecol/E096/269/	Myhrvold et al. 2015
魚類	FishBase	Global	www.fishbase.org	Froese & Pauly 2018
哺乳類	YouTHERIA	Global	www.utheria.org/	Kate Jones or Nick Isaac <youtheria@gmail.com>
哺乳類(コウモリを含む)	Atlantic Mammal Traits	S-America	https://doi.org/onlinelibrary.wiley.com/doi/10.1002/ecy.2106/suppinfo	Goncalves et al. 2018
爬虫類	Reptile Trait Database	Europe	https://datadryad.org/stash/dataset/doi:10.5061/dryad.hb4ht	Grimm et al. 2014
多様な分類群	AnAge		http://genomics.senescence.info/species/	Tacutu et al. 2018

いう仮定が満たされる必要がある(Garnier et al. 2001; Mudrák et al. 2019)。例えば、ある種が別の種より大きな形質値をもっている場合、その大小関係はどのような環境においても同じはずだという仮定である。このような関係は、局所で得られたデータをその場所だけで比較するなら多くの形質によく当てはまるだろう。しかし、形質は様々な場所で計測されるわけで、別の場所で使おうとすれば問題が生じる。つまり、測定された場所以外でデータベースの値を使おうとすると、形質値の大小関係の順番が異なる場合が生じうる。上述の特定の圃場における施肥に対する形質の応答のように、一般に、生態学的研究が行われる空間スケールが小さいほど、データベースから得た形質は形質と環境のつながりのすべての側面をカバーできなくなってくる。一方、例えば、アメリカ大陸全域の個体群に与える気候変動の影響のように（Lamanna et al. 2014）研究の空間スケールがより大きな場合は、種内の形質の変動はあまり重要でなくなるので、この点は問題とならない可能性がある（第6章)。データベースによっては（例えばTRY)、ほとんどの形質について種内データが取得可能であり、研究者が自身の研究に適するように生データを選別できるものもある。

重要なことは、標準化されたプロトコル（以下参照）を用いて計測した形質値を含む形質データベースはわずかであり、また、データの詳細情報（データのソースや場所、非生物的条件、種内の形質の変動、計測された個体数、あるいは形質を計測するのに用いた実際のプロトコルなど）を提供するものはさらに少ないということである。そのため、文献やデータベース上の形質値を選ぶ際には、その形質値を利用できるか判断するために、それぞれの形質に対して、形質を計測するのに用いたプロトコル（手法、例えば計測された標本数、空間分布、サンプリングを行った場所の環境条件）についての十分な情報（メタデータ）を得ることを推奨する。まとめると、文献やデータベースから得た形質値を用いるときには限界があることを認識し、それらを賢く使用しようということになる。しかし、容易に入手できる形質値を用いることの強みは、例えば「まずどの形質が重要かを判断し、その後、自身の研究でより正確な方法で計測する」など、探索的な解析に役に立つ場合があることである。

形質データベースの使用を妨げうるもう一つの問題は、種の分類の問題である。種群の改訂、種の分割、新種の発見などによって種名は時間とともに変化し、多くの場合、シノニムが豊富になる。理想的には、データベースが分類学的な「バックボーン」、すなわち、データベースに含まれるすべての種に適用される明確に定義された分類法を使用しているとよい。そうでない場合、研究者が、異なる分類概念に従った独自の種リストを持ち込んで、特定のデータベースを照会してもうまくいかず、種名がデータベースのものと一致しない可能性がある。さらに、種名の不一致は単純なスペルミスやタイプミスが原因で生じることもあり、それは多くの種を研究するときには珍しいことではない。シノニムの使用によって生じる問題は以前から認識されているが、世界規模の形質データベースにおけるこの問題に対処することは、大きな分類群では大変な仕事になるだろう。世界の維管束植物のリスト（www.theplantlist.org/）は、世界レベルの植物種名に対してこの課題を克服するための試みであり、分類学的バックボーンの参照資料としてTRY データベースにすでに実装されている。同様の取り組みは近年、両生類に対しても行われている（http://research.amnh.org/vz/herpetology/amphibia/）。しかし、他の多くの分類群にはこうしたバックボーンとなる参照リストが存在せず、動物学者はこの点を特に注意して対処しなければならない。それは、多くの場合、シノニムやその他の分類学的問題を手作業で解決することを意味し、研究グループの詳細な分類学的知識を必要とする。

2.3.2　形質を計測する

データベース上に存在する形質値を使用することは、環境と形質のつながり、もしくは形質とプロセスの相互作用の予備的な解析には役立つが、自身で形質を計測することが理想的な場合も多い。例えば、対照的な生息地を比較してニッチ分割や競争排除に注目するときのように、局所スケールで働くプロセスを研究する場合には（上記参照）、形質を計測することが推奨される（Cordlandwehr et al. 2013）。さらに、種内の形質の変動が個体群動態や群集集合に大きな役割を果たしているという証拠が増えつつあり（第 6 章参照）、現場での形質の計測が求められる場面も多くなってきている。また、関心のある形質が同種集団内や集団間で異なると予想される場合は特に、形質値の質を高くするために、自身で形質を計測することが望ましいかもしれない（第 11 章）。また、例えば、研究対象の種において多型、性的二型、個体発生的ニッチシフト[訳注 2-1]の程度が大きいとき（Yang & Rudolf 2010）や、図 2.5 で示すように形質の可塑性や局所適応の効果を評価するときには、特に自身で形質を計測するのがいいだろう。

最後に、多くの動物のグループや生物多様性の高い生態系における機能形質の

訳注 2-1. 個体発生に伴ってニッチが変わること。例えば、トンボの幼虫と成虫のように棲息場所が水中から陸上に変化することなどを指す。

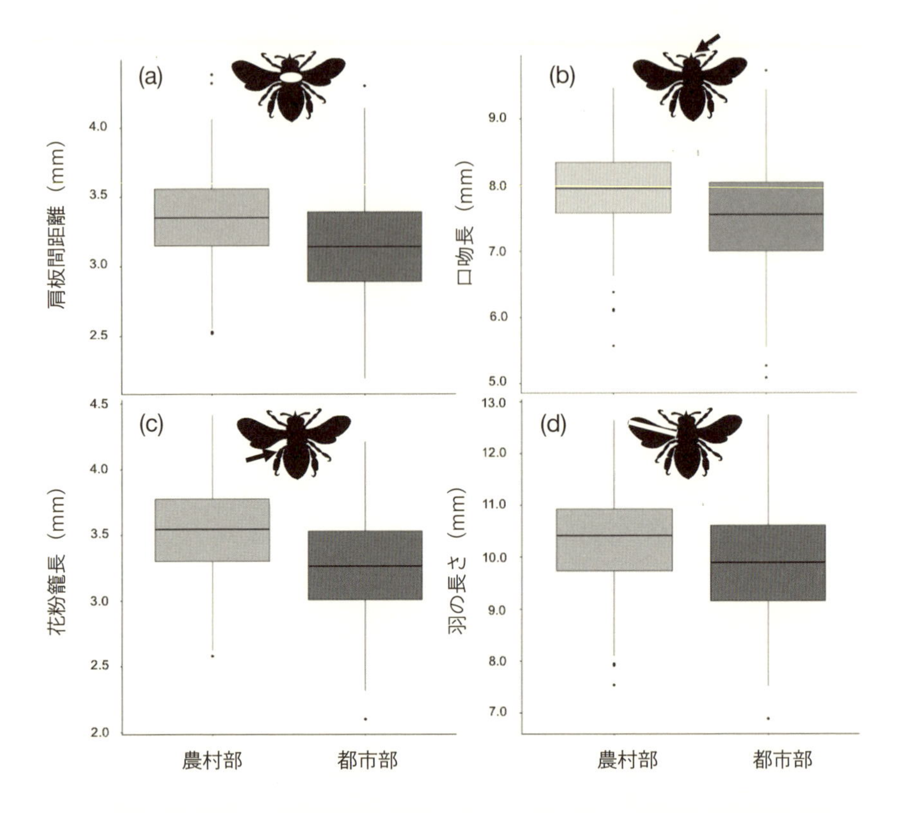

図 2.5　農村部に生息する普通種のマルハナバチの一種（*Bombus pascuorum*）の働きバチは、都市域に住む同種よりも（a）肩板間の距離が長く、（b）口吻が長く、（c）花粉籠が長く、（d）羽が長い傾向がある。しかし、これらの形質には双方の地域内でも大きな変動がある。Wiley の許諾により Eggenberger et al.（2019）より引用。© 2019 The Authors. Journal of Animal Ecology © 2019 British Ecological Society. Published by John Wiley & Sons Ltd.

ように、データベースや文献に形質値の欠損がある場合は、自分で形質を計測する必要があるだろう。形質値の欠損がほんのわずかであれば、系統情報に基づいた値の補完も可能である（Penone et al. 2014、第 8 章と関連する 'R material Ch8' を参照）。

では、何個体の形質値を計測する必要があるのだろうか？　また、ある形質を計測するのにより良い、より標準化された方法があるのだろうか？　ある種の特定の個体群もしくは複数の個体群について、特定の形質の全変動を捉えようとすることもできる。この場合、異なる個体群、季節、群集、生態系の間でつりあう個体数を計測する必要がある（Pakeman & Quested 2007; de Bello et al. 2011;

Violle et al. 2012)。実際の数は、多型、性的二型、発生段階など、どのような要因で種内変動が生じているかによって変化し（Yang & Rudolf 2010; Violle et al. 2012)、特に動物においてはこれらの変動を考慮することが重要である。一般に特定の種に対して計測すべき最小の個体数は、同種集団内もしくは集団間においてどのくらい形質の変動があるかによる。例えば、行動形質の場合、形質の変動が大きくなればなるほど、その種の形質値の信頼できる推定値を得るために計測しなければならない個体数が増える。幸運なことに、一部の生物については、個体を計測する方法と数について標準化されたプロトコルがある（2.6 節参照)。例えば、標準化されたプロトコルでは、変動が大きいと考えられる形質に対して、より多くの個体数を計測するように提案していることがある（植物については、Pérez-Harguindeguy et al. 2013 の補足資料 1 を参照)。第 11 章では、標準化されたプロトコルに基づくサンプリング戦略をデザインする方法を提案する。

2.4　形質値を表現する方法とは？

形質のタイプ、計測手法、研究課題や調査する空間スケールによって、形質は様々な方法で表現できる。例えば、寿命は**定量的**な変数（年数）や**二値**変数（一年生か多年生)、**半定量的**変数（カテゴリー：2 年未満、2 ～ 5 年、5 年以上をそれぞれ 1, 2, 3 と表現するなど）で表現することができる。もちろん、情報が詳しいほど解像度が高くなる。加えて、どのように形質を記述するかが結果に影響する（例えば、第 3 章、第 4 章参照)。大きな空間スケールでの種の分布の調査と、小さな空間スケールでの植物生理学の研究とを比較すると、前者では形質値はより粗いものとなる可能性がある。さらに一般的にまとめると、形質値は他の変数と同じように、カテゴリー変数（名義もしくは順序)、連続変数、比率変数、循環変数といった様々なタイプをとりうる。

名義形質は形態などの名称を指すものであり、定量的に表現することができない。名義／カテゴリー形質の典型例は、植物のクローン器官の種類、生活型、食性タイプ、植物の光合成タイプ（C3, C4, CAM)、分散媒介者などである。二つのカテゴリーしかない場合は、飛翔能力（可／不可）や性別（雄／雌）など、基本的に「yes/no」の二値を示す。

順序形質には値の明確な順番がある。例えば、体サイズが三つのカテゴリー（小、中、大）で与えられているとき、このカテゴリーは 1, 2, 3 という数字に置き換えて考えることができる（ただし、この体サイズの例は連続変数で示すのが最適であろう)。順序に基づく解析において、結果を解釈する際に注意しなければならないのは、たとえ、形質を最小値から最大値に並べたときに隣のカテゴリーとの間の数学的間隔を同じにできたとしても、実際の形質値の間隔はすべてのレベルで同じではない可能性があることである。例えばハナバチの下舌の長さが「短、中、長」で表現されていれば、「1，2，3」と整数を割り振ることもできる。この整数の間隔は常に1であるが、実際には、長い下舌（例えば *Bombus hortorum* は平均±標準偏差が 12.38 mm ± 1.787）は短いもの（例えば *Hylaeus pictipes* は同 0.82 mm ± 0.064：著者らのデータ）の15倍の長さに達することもある。

離散的形質は特定の数値のみをとることができる形質である。例えば、脚の本数や枝あたりの葉の数のようなある項目のセットを数えられる場合に当てはまる。

連続的形質は、形質値が無限の値をとりうる形質である（例えば mm で示す体長や、g で示す体重）。単位のない名義形質や順序形質と異なり、離散的形質と連続的形質は単位（グラム、ミリメートル、本：脚数、枚：葉数など）で表現される。一般に、連続的形質を離散的形質やカテゴリーあるいは比率に変換するのは避けた方がよい。というのは、変換することで生物的情報が失われ、解析の種類によっては統計的検出力も失われるからである。

形質値は、**比率データ**（もしくはパーセント）として示されることもある。例えば、種の食性を調べる場合に、摂食した食物資源の組成の合計を1（すなわち100％）として表すことがある。カケス（*Garrulus glandarius*）の食物は平均で60％が種子、20％が節足動物、20％が脊椎動物で構成される（Bezzel 1985）。この3種の食物（種子、節足動物、脊椎動物）に対して、名義形質のように、三つの異なる列を用いた表現と、それぞれ 0.6，0.2，0.2 と比率を割り振った表現とができる（第3章の例を参照）。形質を比率データで表現することは、同じ種の異なる個体が、形質を構成する異なるカテゴリーに属する場合にも役立つ。これを**ファジーコーディング**とよぶ。第3章において、この詳細と具体例を紹介する。

この他、例えば**生物季節的**形質は、ある種にとっての何らかの生物季節的イベントが起こる日数、週数、月数でよく表現される（ある植物種が開花する期間など）。これらは循環変数であるため、注意して使用しなければならない。例えば、10月（10）は1月（1）の10倍大きいわけではない。また、距離ベースの多様性尺度を計算する場合（第3章参照）、例えば、1月（1）に出現する種は4月（4）より12月（12）により近いことに注意する必要がある。

複数の形質を用いたアプローチの場合、単位や値のタイプが異なる形質を同時に扱うことができるが、これには注意を払い、標準化する必要がある。第3章では、どのようにそれらの情報を結合するかを示し、第5章では、異なる形質を用いたときに、どのように形質の機能的多様性を計算するかについて説明する。

2.5　形質データの欠損

多様なソースから形質データを収集するために最善を尽くしても、一部の種の形質値がまだ欠損していることがある。これらの欠損値は通常、種プール全体にわたってランダムに分布しているわけではない。つまり、希少な種や特定の系統群の種の形質データが不足しているとか、あるいは複数形質アプローチをとる場合に他の形質よりも多くの情報をもっている特定の形質データに対して、ある形質データが過小評価されたりする可能性がある。いくつかのタイプの解析においてよく行うのは、欠損値（NA）をもつ種をデータシート（解析）から除くことである。残念ながら、この方法は、サンプルサイズを減らすだけでなく、誤った結論につながる可能性のあるバイアスを生み出す（Penone et al. 2014; Borgy et al. 2017)。例えば、除去される種が非常に多いなら、それを取り除くことは解析の結果に影響する可能性がある（Pakeman 2014; Majeková et al. 2016a のいくつかの例)。

欠損値を扱うもう一つのアプローチは、系統的に近縁な種の形質値（例えば、同じ属の別種の形質の平均値）を用いることである。この手法では、同様の形質をもつという進化史を共有する種間において、形質値が欠損している種の値を補完するという、より洗練されたアプローチをとることもできる（Penone et al. 2014; Taugourdeau et al. 2014)。このアプローチでは、系統的に類似する種は、欠損している形質情報をもつ種と類似の形質値をもつことを前提としている（第8章と関連する R material を参照)。このアプローチに基づく解析には、形質データのタイプと系統樹上での形質の分布や、研究を行いたい機能形質の指標、空間スケールに応じて、様々な方法がある（Penone et al. 2014; Taugourdeau et al. 2014; Majeková et al. 2016a)。このうちいくつかの手法については、第8章と第11章で説明する。この系統に基づく欠損値の補完は、形質の中でも空間的・時間的に可塑性が少なく、系統的に保存されている形質については、妥当な解決法だろう。ただし解析によっては、このように系統に基づいて値を補完した形質が別の要因と擬似的に相関してしまい、堂々巡りの結果[訳注 2-2]を生じさせるかもし

訳注 2-2．循環論的な結果、あるいはあらゆる変数が互いに相関して解釈ができない結果。

れないことにはよく注意すべきである。こうした理由から、系統情報を用いた欠損値の補完は慎重に行わなければならない。代わりに形質データの収集や、特に可能であれば自分で調査対象種の形質を計測することを推奨する。

2.6　形質の標準化

2.6.1　形質計測の標準化を行う理由と方法

形質の有用性を高めるには、質の高い形質データを利用できる必要がある（例えば McGill et al. 2006）。多くの種では、信頼できる機能形質データが不足しており、分類群内、分類群間での形質の計測を標準化することにより、比較可能なやり方で形質を計測する必要がある。標準化したプロトコルを用いることで、研究間での比較が有意義なものになり、形質データベースの使用から生じるノイズを最小限に抑えることができる（上記参照）。形質の標準化は実際、比較機能生態学（バイオーム間で観察される差異が生じる要因を明らかにすることを目的とする分野、Garnier et al. 2016）の最も重要な側面である（Grime et al. 1988）。したがって、標準化は形質が連続変数もしくはカテゴリー変数を用いて示されているかどうかに関係なく、すべてのタイプの形質にとって重要である。標準化によって、バイオーム内、または異なるバイオーム間や大きな空間スケール間における、様々なタイプの生物で形質を比較することが可能になる。

統一的な形質アプローチのためには、まず優先的に評価すべき形質の基本セット、その定義、そして何よりも、これらの形質が標準化したプロトコルに基づいてどのように計測されるべきかについてのコンセンサスが必要である。現在、機能形質の計測を標準化することを目的とした四つの主要なハンドブックがあり、そこでは、世界中で種の計測に適用できる主要な形質の定義とその測定手法が詳述されている。その四つとは、Cornelissen ら（2003）による植物用のプロトコルと Pérez-Harguindeguy ら（2013）によるそのアップデート版、Moretti ら（2017）の無脊椎動物用のもの、Altermatt ら（2015）の原生生物用のもの、そして最近の Dawson ら（2019）による菌類用のものである。さらに、他の生物群に対する取り組みも進行中である。これらの四つのハンドブックは、標準化した計測技術のプロトコルを紹介しており、形質や手法に応じて、野外および制御した室内条件の両方で利用できる。また、Garnier ら（2017）と Schneider ら（2019）の最近の文献は、分類群全体における形質の標準化と概念や用語の調和に重要な貢献をしている。

形質計測の標準化は、サンプリングにおいて標本を選ぶ段階からすでに始まっている。例えば、何か特別な生態学的な評価項目がない限り、十分発達した健康な個体を優先的に計測することが推奨される。特に種間や個体群間の比較が目的である場合には、成熟個体に主眼が置かれることが多い（ただし下記も参照されたい）。また、形質が計測された環境条件を報告することも不可欠である。例えば、標本が採集された場所の詳細、すなわち緯度、経度、標高、サンプリング時点での平均・最低・最高気温、年間降水量などを形質データとともに記録し、公表する（Moretti et al. 2017 参照）。植物と土壌生物を扱う際には通常、pH、化学特性、物理特性、鉱物の質のような土壌特性もしくは周辺の植生タイプも参照事項としてつける（Garnier et al. 2016 参照）。

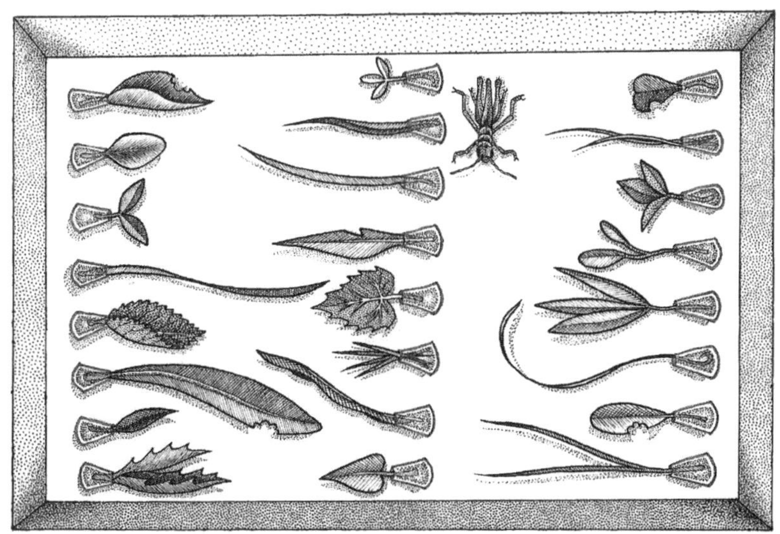

図 2.6　カフェテリア実験における植食者の消費速度の標準化した計測。ここでは、管理条件下における様々な種の葉に対するバッタの摂食嗜好が、葉の食べられた面積によって評価される。作画：Luís Gustavo Barretto.

形質計測の真の標準化を行おうとするなら、同じ「タイプ」の個体を計測するために、同じ環境条件で標本を計測する必要があると考えられる。例えば、無脊椎動物の食性の好みは図2.6に示すような標準化したカフェテリア実験で評価される。植物では、類似した条件における個体や種の比較ができるように、十分な光条件下の個体を選ぶことが提案されている。多くの形質において、特に動物では、標準化条件での順化期間が必要である。これにより、サンプリング地点における局所条件の違いが目的の形質に与える影響が最小限になり、異なる場所から得られた種間の形質値の真の比較が可能になる（Pérez-Harguindeguy et al. 2013; Moretti et al. 2017）。動物では、比較の有効性を高めるために、計測時の発育段階、および可能であれば、性別や社会カースト（当てはまる場合）も記述するべきである。同様に、植物でも、形質値を左右する可能性がある特性、例えば個体の発生段階（植物の実生、苗、成熟段階など）、サンプリング時期、個体の位置（樹上の葉の位置など）についても考慮することが重要である。また、正確な順化の条件、例えば順化期間や温度、相対湿度（RH）、明暗サイクル（L:D）なども、形質値と併せて報告するべきである。これらを行うことによって、種内の形質の変動は環境よりも遺伝的な影響をより強く反映するようになり、種内の形質の変動についての情報が有益なものになる可能性がある。特に植物について、形質計測の標準化の追加情報は、Garnier ら（2016）の書籍の第9章に記載されている。

2.6.2　形質プロトコルとどのように取り組むのか？

植物、動物、微生物が新たな環境ストレスにさらされることで、我々の研究課題は絶えず変化している。そのため、既存の形質ハンドブックは、我々が必要とするすべてのプロトコルを含んでいない可能性があり、新たなプロコトルを作成してハンドブックに含める必要がある。形質のプロトコルは、なぜある形質が重要であるかの理論的根拠を示し、そして種間やバイオーム間での比較を容易にすることを目的とした標準フォーマットによる形質の計測方法を記載すべきである。植物と動物のハンドブックのプロトコル（Pérez-Harguindeguy et al. 2013; Moretti et al. 2017）は微妙に異なっているが、以下の四つの類似したセクションで構成される。

(1) 定義と意義：形質の正式な定義および、ストレス要因への応答と栄養段階の相互作用もしくは生態系プロセスを与える上での役割に基づいて、なぜその特定の形質が生態学的に重要であるのかについて、簡潔な根拠を示す。

このセクションはまた、特定の形質を計測する主要なアプローチも説明する。

(2) 何をどのように計測するか：標準化した手法を説明し、計測の単位と、該当する場合は形質値を計算するための数式を示す。

(3) 追記事項：代替手法がある場合は示す。代替手法は多くの場合、より費用がかかったり困難さを伴ったりし、より詳細な研究課題に取り組む専門性の高い研究グループによって使用される。標準化された形質プロトコルの役割や利点は、これらの方法が世界中で適用できることと、ほとんどの研究グループが手頃な価格で技術を使用できることである。このセクションでは、特定の分類群に対する手法の修正点も示し、想定される注意事項や改善点に注意を向ける。

(4) 参考文献リスト：プロトコルで引用される重要な論文を記している。

形質計測を計画している若い研究者には、ハンドブックで示すこれらのアプローチを採用するように勧める。これにより、形質データベースの質が向上し、形質と環境の関連付けが促進されるだろう。

まとめ

- 形質は、研究課題についての明確な生態学的仮説に基づいて選ぶ必要がある。有用と思われる形質のリストを作った後、それらの形質情報が自身の研究対象種については利用できない場合や、計測するには手間がかかることが多いので、現実的な方法を模索する必要がある。
- ほとんどの生態学的問いに答えるためには、複数の形質が必要なことが多い。形質には様々なタイプ（定量的、カテゴリー、循環など）があり、それは様々な形式で表現される。
- 形質の情報は、形質データベースから取得したり、野外で計測したりすることができる。形質データベースは優れているが、特に、種内の形質の変動や調査地の局所的な条件が重要であるとみなされる場合は、自分で形質を計測する方がよいことが多い。
- 形質データベースを用いるにせよ、野外で形質を計測するにせよ、形質計測の標準化されたプロトコルを参照する必要がある。
- 自分で計測した形質データを提供する場合は、関連する環境条件とともにどのように計測したかを示すメタデータを併せて提供する必要がある。

3 相違の生態学
グループ vs 連続体

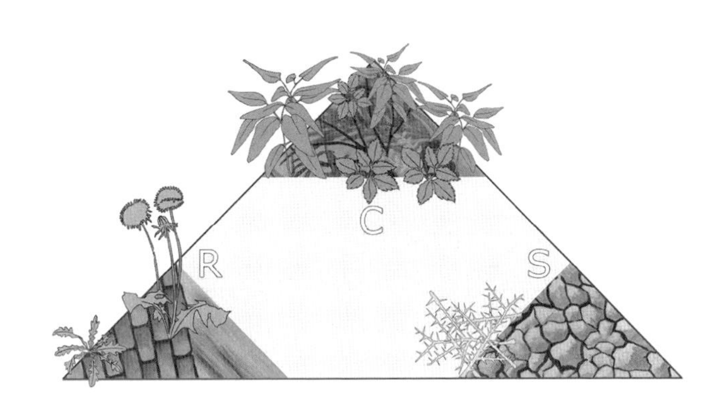

庭や牧草地や森林などあらゆる場所において、我々は生物の形態、ライフサイクル、生活史戦略が互いに異なるというありふれた事実を目にすることができる。野菜畑でさえ、キャベツとニンジンの違いは驚くほど大きいことがわかる。しかし、種間での違いはまた、微妙であることもある（多くのハエやガの種の複合体[訳注 3-1]のように外部生殖器の種間差がわずかな場合や、無関係な種がある形質において「収斂」する擬態種など）。本章では、こうした生物間の形質の違いに対して、概念的・数学的にアプローチする方法を学ぶ。

種間での**形質の相違**は明白なことが多いが、種内にも形質の相違が存在することを忘れてはいけない。サイズ、眼の色、食物の要求性など、種内形質の変動の重要性は、教室内の学生を観察すれば理解できるだろう（'R material Ch3' で学生とともに行う形質ゲームを紹介する）。同時に、種内の相違は一般的に、種間の相違よりも小さい(第 6 章)。これは様々な形質について当てはまるため(Westoby et al. 2002; Siefert et al. 2015)、本章ではまず種間での非類似性に注目する。しかし、実際には例外も珍しくなく、多くの種が種内の形質において大きな変動を示

訳注 3-1. 種の複合体：外見やその他の特徴が非常に似ているため、それらの間の境界が不明瞭であることが多い、近縁な生物のグループを指す。

す。単一の生物の一生の間でも、その形質は劇的に変化することがある。これらの種内の相違については、第6章と第10章で詳しく扱う。

本章ではまず、種間の形質の相違に対して研究者がどのように取り組もうとしたのかについて、歴史的な観点から説明する。生物多様性の複雑さを軽減するために、生物学者は長い間、種をその形質に基づいて様々な「タイプ」にカテゴリー分けしてきた。これは「機能グループ」もしくは「機能タイプ」の発展につながり、種間での形質のトレードオフが発見された。ここでは、最初にこれらの概念を紹介し（3.1節）、次に異なるタイプの形質について、種間での相違を数学的に表現する方法を説明する（3.2節）。本書に付随するR materialでは、こうした課題に関連する実用的な解析をいくつか紹介する。第4章以降では、局所適応、共存、生態系機能に対する、種間および種内の相違の意味についてさらに説明する。本章のタイトルは、Cadotteら（2013）の研究によって触発されたものである。その詳細は、第8章で説明する。

3.1　歴史と概念の概説

3.1.1　機能グループ

共通の形態的特徴をもつ生物を「種のグループ」に分類しようとする試みは生態学において長い伝統がある。人間は物事を分類し、それを「箱」の中に入れることを好む。生物の分類はこの良い例である。紀元前3世紀にはすでに、アリストテレス（Aristotle）の後継者であるギリシアの哲学者Theophrastus（*c.* 371–*c.* 287 BC）が、植物種を樹木、灌木、草本という異なる「タイプ」に分類する考え方を提案している。その後、Alexander von Humboldt（1806）は、形態的特徴の相違によって種をグループに分類した。同様にEugenius Warmingは植物の生活型を異なるグループに分類しようとした。彼の弟子のChristen C. Raunkiær（ラウンケル）（1934）は、Warmingとは意見が合わず、単一の形質に基づいた、より有効な代替案（多年生の植物の成長にとって最も不適な時期における休眠芽の位置に基づいた分類）を提案した。この方法は、**植物の生活型**のシステムとして知られており、種の分布と気候の間にかなりの相関があることが明らかになった（図4.3）。この相関は、現在では環境フィルタリングとよばれており（第4章参照）、種の形と適応の間の関係（いわゆる**形態と機能**の同等性）を浮き彫りにしている。ラウンケルの考え方は、攪乱勾配に沿った植物の分布の基本的な記述を発展させるのにも有効であることが証明されている（de Bello et al. 2005）。こうした理由から、ラウンケルの分類は今日でも広く用いられており、ダーウィンのものとともに、現代の機能生態学の分野の基礎となっている（Hortal et al. 2015）。

ラウンケルの分類以来、種の機能形質に基づいて、生物をグループに割り振ろうという試みが示されてきた。気候変動に関する京都議定書が発行された1997年、*Plant functional types*（Smith et al. 1997）という基礎となる書物において、地球変動の要因に対して同様の応答を示す同様の形質をもつ生物のグループを定義するよう提案がなされた。著者らは、「植物が未来にどう反応するかについて、ほとんど情報がない。この問題を回避するために、そしてより多くの種の情報が蓄積するまで、種の多様性を機能と構造の多様性にまとめていくことにする」と述べた。この呼びかけは、Lavorelら（1997）の影響力のある研究とともに、様々なアプローチや分類の考え方の発展につながった。これらのアプローチは一般に次の原則に基づいている。(1) 多くの種の生態はわかっていない。(2) 比較可能な「ふるまい」に基づき、種を分類できるような、何らかの機能形質が特定できる（例えば、環境の好み、地球変動要因への反応、生態系や別の栄養段階への効果等；以下を参照）。(3) その形質によって種のふるまいを予測することができる。これらの原則を使用すると、例えば、あまり研究されていない種の分布や個体数が環境変動に直面した際に、どのように変化するかを評価することが可能になる。

本章と第4章で示すように、種を形質に基づいて、カテゴリー化やグループ化するための様々なツールが存在する。しかし、まず初めに、機能グループの目的と定義を認識することが重要である。上述のように、二つのグループの定義を考えることができる。一つ目は（i）環境要因への似た応答（すなわち適応）を示す類似の形質を共有する、つまり類似した環境への選好性が生じる種のグループ。二つ目は（ii）類似した形質をもち、生態系に対して類似した効果を与える種のグループ。これらはしばしば、(i)「**機能応答グループ**」と（ii）「**機能効果グループ**」とそれぞれよばれる。両グループの区別については、第1章の応答形質と効果形質の記述も参照せよ。

いくつか例を見ていこう。最初に、「植物が環境変動にいかに応答するか」に関心があるとしよう。植物の短いライフサイクルという形質（すなわち、一年生もしくはラウンケルによるところのtherophyte）が、乾燥した気候、もしくは草食動物による採食圧の増加（de Bello et al. 2005）に関連している場合、一年生植物は気候変動による乾燥の増加や、土地利用の集約化に伴う採食圧の増加に対して、ポジティヴに「応答する」と予測できる。したがって、一年生植物は「機能応答グループ」の一つだとみなせる。なぜなら、一年生植物は、同じ形質（短いライフサイクル）をもつとともに、同じような環境の選好性を示し、このために、環境の変化に対して同じように反応することができるからである。

次に、「植物が生態系でどのような効果をもつか」について関心があるとしよう。窒素固定植物（根系の根粒の中に共生細菌をもつ植物）が野外で窒素利用可能性を増加させることがわかっている。そのため、窒素固定種と非窒素固定種を区別すれば、それぞれのグループに属する種は土壌の養分量に対して異なる影響を与えると予測されるだろう（Scherer-Lorenzen et al. 2003）。つまり、窒素固定能力をもつ種は、同じ形質をもつとともに、土壌特性に対して同じような効果を与えるため、「機能効果グループ」の一つだとみなせる。

種をいくつかの「タイプ」に分けるとき、グループ分けの目的を念頭に置く必要がある。例えば、特定の生態学的条件に応答し、種の分布を決定するような形質（もしくは一連の形質）を検出したい場合（例えば、先の乾燥地域や採食圧が高い条件に適応した一年生植物）、「機能応答グループ」を定義する必要がある。もちろん、考慮する環境条件によって、異なる「応答グループ」が必要になるだろう。一方、種が生態系に対して類似した影響を与えるような形質を検出したい場合は、特定の生態系機能（「機能効果グループ」）に着目する必要がある。機能グループは着目する条件や効果によって異なり、普遍的なグループは存在しない。Theophrastus の定義した樹木、灌木、草本は、それぞれ異なる形質をもつが、これだけでは機能グループを定義することはできない。機能応答グループを作る場合、種のグループの分け方は、どういった条件（乾燥、火事、または汚染など）への適応に着目するか、あるいはどのような環境の「選好性」を決定する形質に着目するかによって変わる。機能効果グループを作る場合は、対象となる生態学的機能（土壌養分循環、水のフラックス、侵食の制御など）と、その機能に関係しうる形質を明確にする必要がある。

3.1.2　形質のトレードオフと r/K 選択

「形質のトレードオフ」という概念は、生物が種分化と局所適応の過程で、様々な形質と生活史戦略を進化させた理由を説明するのに役立つ。生物学における**トレードオフ**とは、ある戦略を採用した場合、それとは別の戦略は低減したり失われることを指す。例えば、植物が大型の種子に投資したとすれば、生産できる種子の数は小さな種子を生産する植物よりも少なくなる（Garnier et al. 2016）。このようなトレードオフは、自然界ではよく見られる。トレードオフは、種が環境の制約や他の種との競争に対処するために、資源の投資先を「選択」しなければならないという「進化のジレンマ」に起因している。言い換えれば、種は万能であることはできず、妥協が必要なのである。例えば、植物はその資源をどこに投資するかについて多くの選択肢をもつ（防御、種子生産、種子貯蔵物質、根の成長、葉の成長への配分など）。実際には、資源は有限であるため、すべての場面で完璧な種は存在しない。ある戦略を採用するにはコストがかかり、その結果、他の機能については他の生物に対してアドバンテージを失うことになる。こうしたトレードオフは種内にも当てはまる。例えば、人間においても短距離と長距離のいずれかを専門とするアスリートはそれぞれ異なるタイプの筋肉をもつ傾向があり、それによって、短距離でより速く走る、またはより遅い速度ではあるが長距離を走ることができるようになる。

トレードオフに基づく最も有名な考え方の中に **r/K 選択理論**がある（図 3.1）。この理論は、生物の形質の選択のうち、子孫の質と量の間のトレードオフで決まる形質に関連している。トレードオフの片方の端では、親からの（子孫一個体あたりの）投資を犠牲にして[訳注 3-2]子孫の数を増加させる戦略をとる（r 戦略者）。もう一端では、親からの投資を増加させる一方で子孫の量を減少させる戦略をとる（K 戦略者）。この二つの正反対の戦略は、それぞれ特定の環境で成功しやすくなることが予測される。つまり、より不安定な（より攪乱された）環境では r 戦略が有効で、安定した環境では K 戦略が有効となる。r/K 選択という用語は、生態学者の Robert MacArthur and E. O. Wilson（1967）による島の生物地理学に関する研究に基づいて作られた。用語は、個体群動態モデルから派生しており、r は成長速度、K は環境収容力である。

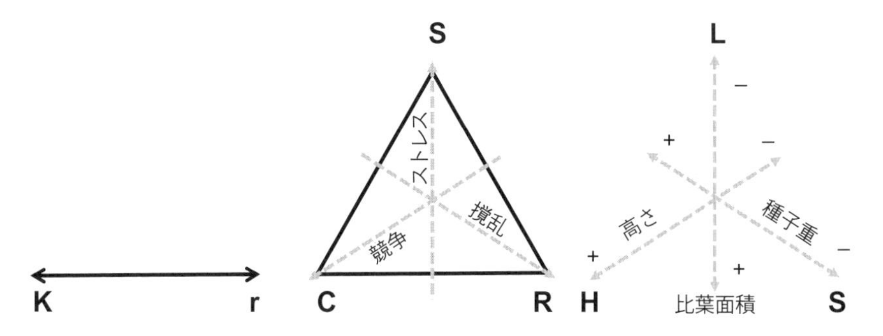

図 3.1　形質間のトレードオフに基づく種の戦略を区別するために提案された三つの有名なシステム：r/K 戦略連続体、C-S-R（方式）三角形、植物の分類における葉－高さ－種子（L-H-S）方式。

訳注 3-2．貯蔵物質を少なくする、子どものサイズを小さくするなど。

r/K 選択の主なトレードオフはいくつかの形質に関係する。**r 選択種**は、成長速度が速く、通常あまり混み合わない生態ニッチを利用し、多くの子孫を生産するが、親まで生き延びる確率は比較的低い。典型的な r 選択種はタンポポ（タンポポ属）である。不安定もしくは予測性の低い環境では、r 選択種は、素早く定着（分散しやすい種子）し、成長し、再生産する（相対成長速度が速い）能力といった形質によって有利になる。このような状況では、環境は再び変化する可能性があるため、「他の生物との競争に強い」という適応にはほとんど利点がない。したがって、r 選択種は通常競争に強い種に見られる形質（大きな体サイズなど）を示さない。r 選択種を特徴づける形質は、高い繁殖力、小さな体サイズ、早い成熟、短い世代時間、高い分散能力である。

対照的に、**K 選択種**は、競争が激しいと予測される密度、つまり環境収容力に近い密度で生活することに関連した形質を示す。そのため、K 選択種（例えば樹木）は通常混み合った条件で競争に強く、少数の子孫に多くの資源を投資し、成熟するまで生き残る可能性が比較的高い。安定した環境や予測性の高い環境では、限られた資源をうまく奪う能力が重要であり、K 選択が優勢になる。こうした環境では、K 選択の生物は、個体数が一定で、環境が支持できる最大値に近い状態になる。K 選択種に特徴的な形質には、大きな体サイズ、長い寿命、比較的少ない子孫の生産で、それには、親からの投資（もしくは動物の場合、世話）が必要となることが多い。K 選択の形質をもつ生物には、ゾウ、ヒト、クジラなどの大型の生物の他に、キョクアジサシ、オウム、ワシなどの小型で寿命の長い生物も含まれる。

r/K で二分割する方法は、アナロジーとして経済学の概念を用いて説明することができる。r 種は資源をより素早く利用すると同時に、それらを素早く放出する（生態系に戻す）が、K 種はその逆でより長時間資源を投資し保持する。明らかに、古い森林の樹木はより撹乱された環境の植物より長く炭素を保持する。重要なことは、純粋に機能グループに基づいたアプローチとは対照的に、r/K 二分割は連続的なスペクトルとしても表現できることである。つまり、種は、r か K のどちらか一つの戦略に属するのではなく、中間的なものや混合した戦略ももちうる。この意味で、r/K 二分割の焦点は、厳密に機能グループ（3.1.1 項と 3.2.3 項を参照）を作り出すことではなく、（半分 r で半分 K の種のような）連続的な変化の中でどういったタイプが広まっているのかを記述することにある。実際、r/K 戦略のようなトレードオフが存在する場合、複数の形質が協調的に分化していることが多い（例えば、r 戦略では、大量の種子の生産、防御構造への少ない投資、速い成長)。これから説明するように、多変量解析を用いて複数の形質にわたる分化の主軸を検出することができ、異なる環境に沿った種間での形質のトレードオフを見つけ出すことができる(以下の記述と'R material Ch3'を参照)。

3.1.3　C-S-R、L-H-S と分化の「スペクトル」

C-S-R 方式による三角形は、種の生態学的戦略を特徴づける最も有名な方式の一つである。これは当初、Phil Grime が植物のために提案したもので(Grime 1979)、その後、他の生物に拡張された(Grime & Pierce 2012)。C-S-R 方式の考え方は形質のトレードオフの概念に基づいており、r/K 選択のような初期に開発されたものからアイデアを得ている。実際、r/K 二分割を基礎として、r 戦略を R(Ruderal:荒れ地)戦略、K 戦略を C(Competition:競争)戦略と S(Stress:ストレス、あるいはストレス耐性ともよばれる)戦略に分割して説明することもできる(図 3.1)。ここでの R 戦略は 3.1.2 項で記述した r 戦略と大まかに一致しており、不安定な攪乱環境に対処できる種を示している。C 戦略は競争力の高い種が示し、そうした種は生産性が高く、資源の豊富な条件において、競争力の弱い種に取って代わることができる。しかし、ストレスの大きい条件、例えば、資源が限られている、高温もしくは低温、毒物などのため好ましくない環境などの条件では、S 戦略が優位になる。3.1.2 項ではキョクアジサシのような小型で寿命の長い生物が K 戦略とみなせることを示した。キョクアジサシはストレスの強い極域の条件に適応しているので、C-S-R 方式ではおそらく S 戦略に分類されるだろう。S 戦略は成長の速度が遅く、防御に多く投資する生物で構成されており、植物においては葉が小さく、常緑になることが多いといった形質をもつ。これらの形質は一般に、資源を節約するあるいは浪費しない戦略につながり、資源が乏しいときに有利になる可能性がある。この戦略は、競争ではなく、資源の乏しい環境によく適応しているため、ストレスの多い条件下で優位に立つはずである。

Phil Grime が提案した C-S-R 方式による三角形は大きな議論を巻き起こした。C-S-R 方式は役に立つ枠組みである一方、攪乱やストレスといっても、そのタイプや条件によって、異なる形質が有利になりうる。例えば、家畜の放牧と火事への適応は、C-S-R 方式の枠組みではどちらも R 戦略となるが、放牧と火事では状況が異なるため、それぞれの条件で適応的な形質は異なる可能性がある(例えば、放牧条件はロゼット種、火事後の条件では再度萌芽した灌木など)。また C-S-R 方式では、例えば体サイズの大きいものが競争に強いと考えられている(Craine 2005)が、こうした競争の概念も広く議論されることが多い。とはいえ、C-S-R

の考え方は間違いなく優れた**伝達力**をもっている。なぜなら、わかりやすい3タイプの生物が存在することがパッと見てわかるので、科学的成果を専門家と非専門家のどちらに伝えるときにも用いることができるためである。これこそがC-S-R方式の最大の価値であろう。C-S-R方式は広く適用されているが（Grime & Pierce 2012）、元来は三つのタイプに沿った種の位置を定義するために多くの形質を計測する必要があったし、当初はイギリスの植物相に適用されたものであった。このアプローチは、Pierceら（2017）のような後の研究において、より少ない形質のセット（ほとんどが葉の形質）を定義することによって簡略化された。

1998年、Mark Westobyは**L-H-S方式**とよばれる興味深い代替手段を提案した。そのアプローチは、理論的に種を分けるのに重要な三つの形質を提案しており、この3形質を世界中の様々な種において計測することで、競争、撹乱、ストレス条件に対処する能力を特徴づけるというものだ。その形質とは、葉（L）の形質、すなわち、比葉面積（specific leaf area（SLA）、葉面積を乾重で割ったもの）と、サイズに関連する形質である植物の高さ（H）と、種子の重さ（S）である。このアプローチの目的はこれら三つの形質のみに研究を限定することではなく、また、三つの形質で植物間の重要な違いすべてをカバーすることはできないことも認識している（Klimešova et al. 2017も参照）。しかし、このアプローチにより、様々な群集、地域、大陸の種の戦略に対して一般的な解釈が可能になる。L-H-S方式もトレードオフの概念に基づいており、これら三つの形質に沿ったトレードオフは、様々な競争、撹乱、ストレス条件への適応を示す。L-H-S方式は、それぞれの種において三つの形質の計測しか必要としないので、適用しやすい。しかし、その結果として、不正確で単純化されすぎている可能性がある。さらに、「植物のタイプ」というわかりやすい概念に即座に言い換えるのは難しいため、研究成果を非専門家に伝えるのは困難になる可能性がある。

多くの研究者がC-S-R方式とL-H-S方式のアプローチに従って植物の形質を計測しており、広範な形質のデータベースが成長し始めている（第2章参照）。これにより、形質の相関関係の解析や、アロメトリー変化とトレードオフの定量が可能になった（例えばDíaz et al. 2004; Wright et al. 2004; Díaz et al. 2016）。複数の量的形質を同時に比較するためには、主成分分析（PCA）などの多変量解析が非常に役立つ（カテゴリー形質には、Rのパッケージ*ade4*の中の関数***dudi.mix***が利用できる）。例えば、主要なウイスキーのタイプを「形質」の違いで特徴づけるのにPCAが用いられている（Wishart 2009）。ウイスキーの味に関する12種類の形質に基づいたPCAの結果、最初の二つの軸が形質の変動の50％を説明した。つまり、12種類の形質、すなわち12次元空間が、ウイスキー間の多くのばらつきを反映したより解釈しやすい2次元空間へ要約できることを意味している。ちなみに、そのPCAの第一軸は風味（ワイン風味vs芳香）、第二軸はその強度(繊細vs濃厚)にそれぞれ関するものである。これらの二つの軸は複数の「形質」に沿った分化の「**スペクトル**」を反映している。

同様に、生物間に存在する主な形質のトレードオフを定量的に調べるために、PCAなどの多変量解析アプローチを用いることができる（図3.2)。PCAアプローチは、C-S-R方式による戦略の実在を支持する証拠として用いられたが、結果はまちまちであった（Grime & Pierce 2012)。確かに、形質に基づく解析により、自然界ではどのようなトレードオフが生じているかがわかり、仮説に基づいた種のグループを作ることが可能になる。例えば、Díazら（2004）とWrightら（2004)

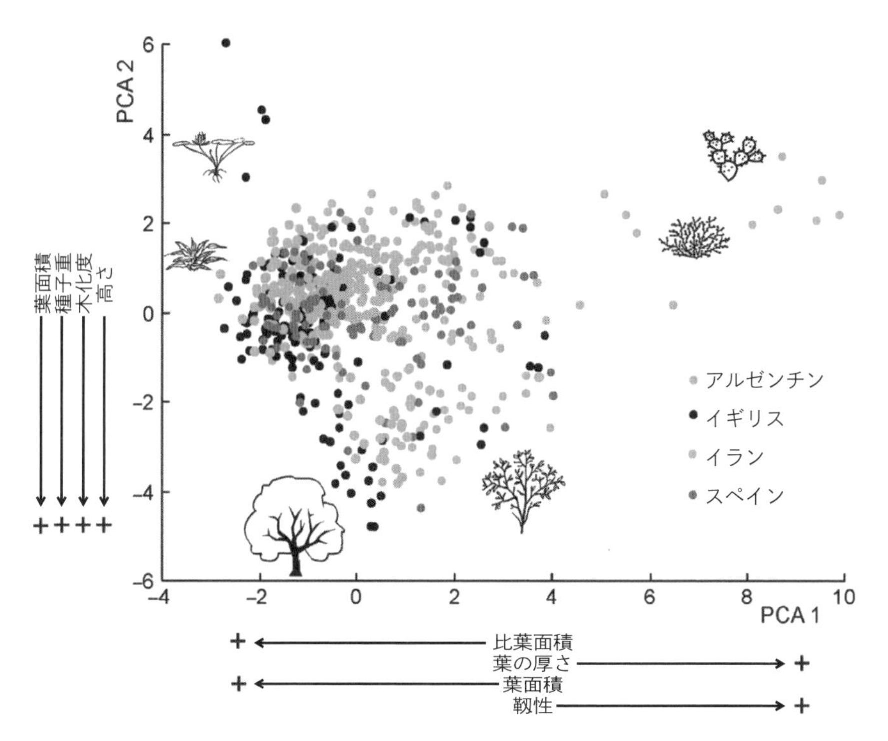

図3.2 世界の四つの地域でサンプリングされた種の形質のPCA。PCA第1軸と第2軸の横に示されている形質は、軸上の種のスコアとよく相関する形質であり（したがって、種の形質のトレードオフにおいて重要な形質）、矢印は正の相関が見られる方向を反映している。Wileyの許諾によりDíaz et al.（2004）より引用。Published by Wiley; © 2004 IAVS – the International Association of Vegetation Science.

は、植物における資源の急速な獲得（すなわち、素早く成長して早く死ぬ）および資源の保存（その逆で、ゆっくりだが徐々に成長する）と関連のある形質について、いわゆる「**葉の経済スペクトル**（*leaf economic spectrum*）」とよばれる、種間の基本的なトレードオフを検出した。特に Díaz ら（2004）は、世界の三つの地域に生息する植物種間の大きな相違は、その種が採集された地域とは関係なく、葉の形質によるものであることを明らかにした（図 3.2）。Garnier ら（2016）は、そのトレードオフの背景にあるメカニズムを、r/K 二元論ですでに議論された「資源投資の経済学的な概念」に照らしてうまく説明している。防衛への大きな投資をせずに、光合成速度が大きく、無機養分と葉の乾燥重量へ投資した資源の回収が速い植物（獲得シンドローム[訳注 3-3]）から、光合成速度が小さく、投資した資源の回収が遅い植物（保存シンドローム）まで、スペクトルは様々である。この保存シンドロームは、植食者に対して組織の防衛力が高く、枯死後の分解が遅いという特徴と関連していることが多い（Cornelissen et al. 1999; Díaz et al. 2004）。

もちろん、生物間で検出される主要なトレードオフは、利用可能な形質データや、対象となる種のタイプによって異なる。例えば、Díaz ら（2016）は、「植物の形態と機能の地球規模のスペクトル」を発見した。特に、PCA 第一軸上のサイズに関連する形質と、第二軸上の葉の形態に関連する形質において、種間で複数の形質のトレードオフが示されている。驚くことではないが、ここでは、樹木と草本の種の間で大きな違いが見られており、二つの明瞭な種のクラスターを形成している。ご存知のように、Theophrastus も二千年以上前に同様の結論に達している（上記参照）。有用な形質のトレードオフ、形質スペクトル、そしてそれに伴う形質の分化の検出は、様々な種や生物のタイプにとって間違いなく未解決の課題といえる。

3.2 理論と数値

前節では、種間の形質の相違を記述し、理解し、解釈するためのいくつかの概念的アプローチについて説明した。本節では、これらの目的を達成するためのツール、技術、コツを説明する。これらの技術の大部分は、「種×形質行列」とよばれる行列データから始まる。そこで、まずはこの行列を紹介することから始めよう。

訳注 3-3.「シンドローム」は、日本語では症候群、連合などと訳されるが、ここでは、ある特徴をもった形質群を示す用語として使用しており、それを指す適切な日本語がないので、英語をそのまま「シンドローム」と表記した。

3.2.1　種×形質行列

種×形質行列データ（表3.1の基本的な例を参照）は機能生態学の多くの解析に必須であり、本書でも何度か扱うことになる。行列には、各種（行）の形質ごと（列）の情報がそれぞれ複数含まれる。一般に、1行が1種に対応し（ただし、以下の記述と第6章の別のオプションを参照）、1列がある特定の形質（ただし、単一の形質を定義するために複数の列を必要とする場合もある）に対応する。表3.1では行列の簡単な例を示す。この例では、7種のデータ（種1、種2など）と7つの形質についての情報（サイズ、重量、ライフサイクル、肉食性、成長タイプ、色、開花期）がある。

種×形質行列を見て最初に気づくのは、機能形質についての情報には様々なタイプの変数が含まれうるということである（第2章）。例えば、サイズと重量という形質は、定量的（量的）な連続変数で定義され、それぞれが異なる単位で表される。「ライフサイクル」という形質は一般に半定量的（**順序**）変数を用いて評価することができる。半定量的変数は、連続スケールが離散クラスに変換される（例えば、0＝短い、1＝中程度、2＝長い）。もちろん、ここでユーザーはスケール内部でより多くのレベル[訳注3-4]を含むこともでき（例えば、0, 0.5, 1, 1.5など）、最小値と最大値は一般に任意である。これらの**量的形質**もしくは半定量的形質においては、多くの場合、列に示される数値の情報は各種の**平均値**もしくは、最も頻繁に検出される値を表している。この場合、それぞれの列は単一の形質を示している。

「肉食性」と「成長タイプ」という形質は**カテゴリー**形質であり、各種は異な

表3.1　一般的なタイプの「種×形質行列」。行はそれぞれの種、列は種ごとの形質についての情報が記載されている。

種	サイズ	重量	ライフサイクル	肉食性	成長タイプ	色タイプA	色タイプB	色タイプC	開花開始日	開花終了日
種1	10	0.2	0	1	イネ科	1	0	0	120	180
種2	20	0.3	1	1	広葉	0	1	0	120	240
種3	30	0.4	0	0	マメ科	0.5	0	0.5	200	220
種4	40	0.5	1	1	イネ科	0	0	1	200	300
種5	50	0.6	2	0	広葉	0.2	0.3	0.5	100	300
種6	60	0.7	0	1	マメ科	0	1	0	20	50
種7	70	0.8	2	0	マメ科	1	0	0	300	20

訳注3-4．本書では、「レベル」という用語を一つの形質の中の様々な値やカテゴリーを総称するものとして使用している。したがって、大小関係が想定できる連続変数、二値変数、あるいは複数の名義変数の場合も「レベル」と表現していることに注意が必要。

るカテゴリーに属している。肉食性は、二つの「レベル」すなわち二つのカテゴリー（yes = 1, no = 0）しかないので、「二値」形質として扱うことができる。ただし、ここでは、中間的な値をもつ形質も考慮することができる。例えば、0.5の場合に「おそらく部分的に肉食を行う種」であることを示すこともできる。さらに、この種の肉食の頻度がわかっているならば、例えば0.2という値を設定し、この種が20％の場合に肉食を行うことを示すこともできる（ファジーコーディングについては以下も参照）。

2番目のカテゴリー形質である「成長タイプ」には三つのレベルがある。「成長タイプ」では、「ライフサイクル」で用いた戦略は使うことができない。なぜなら、三つのカテゴリーの間に意味がある順序を想定できないからである。これらは相互に排他的な三つのカテゴリーであり、方向性のあるスケールの上に置くことができない。つまり、各カテゴリーが独自のものであり、中間的なカテゴリーはなく、より良い、より大きい等といったものもない。したがって、我々にできるのは「ラベル」（R の用語では「factor：要因」）を用いて、それぞれの種が属する形質カテゴリーを定義することだけである。

ここまで紹介した形質は、単一の列のみによって記述されている。これらの形質において、一般に、量的形質の場合は最も頻度の高い値、カテゴリー形質の場合は最も頻度の高いタイプをそれぞれ含む。しかし、場合によっては、単一の形質の情報を示すために複数の列を用いてレベルやカテゴリーを表現する必要がある。例えば、半定量的には扱えないカテゴリー形質の場合や、種が複数のカテゴリーに属するような場合である。典型的な例は、色もしくは食物資源である。この場合、複数のカテゴリーがあり、種は複数のカテゴリーから構成されているか、複数のカテゴリーを利用している。例えば、色は三つの主要な「タイプ」、すなわち三原色から構成されている。それぞれの種は、程度の差こそあれ、原色の三つのタイプすべてを示しているといえる。そして種ごとに、三つの色の独自の組み合わせをもつ。同様に、C-S-R 方式においても、種は部分的に C、また部分的には S という場合があり、この場合は C と S という二つのタイプに属する可能性がある。

もう一つの例は食性である。例えば、肉食性か非肉食性かの区別だけでは十分ではなく、食物の種類（餌）の違いがより微妙な場合がある（例えば、魚や昆虫のジェネラリストの食物など）。この場合、形質内の各カテゴリーが一つの列になる。それぞれの種は、一つのタイプ（例えば、種1の色形質は100％がタイプA）、もしくは複数のタイプ（例えば、種3の色形質は50％がタイプ A、50％がタイプCに属する；また、種5は20％がタイプA、30％がタイプB、50％がタイプCに属する）に割り振られる。こうした形質の示し方は、ファジーコーディングとよばれ、**ダミー変数**とよばれるタイプの情報に用いられる。ダミー変数は、複数の列によって表されるカテゴリー変数で、各列はその変数のカテゴリーを表している。複数列にわたるダミー変数の列の値の合計は1（すなわち100％）でなければならないことに注意が必要である[訳注3-5]。

ここで紹介する最後のタイプの形質は、「**循環**」タイプの形質である。例えば角度（例えば葉や骨の位置）、または花期のような何らかの生物季節的イベントと関連する形質の場合である。循環タイプの形質の場合、純粋に定量的なスケールを用いることは不可能である。なぜなら、値が循環スケール内におかれているためである。例えば、表3.1の種7は、1年の1月1日から300日後に開花が始まり、翌年の1月1日から20日後に花期が終了する。この場合、以下で説明するように、値が循環するので、単純な定量的スケールに従って種間の非類似度を計算することはできない。さらに、開花時間の重なりに着目する可能性もある（第6章も参照）。したがって、種間の非類似度を決定するためには、開花期の開始と終了の両方が必要であり、そのため二つの列が必要になる。

3.2.2 種間の非類似度の計算

ここまで、様々なタイプの形質と、その形質を「種×形質行列」にコーディングする方法を紹介してきた。これで、種間の相違を推定する準備はほぼ整ったといえる。本書で紹介するほとんどの解析を進めるためには、群集内のすべての**種の組み合わせ**の間での相違を定量する必要がある。言い換えれば、単一の形質、または複数の形質に関して、ある二つの種どうしがどの程度異なるかを、あらゆる種の組み合わせで定量する[訳注3-6]。既存のRの関数を用いることで、表3.1のような行列を対象として、一見して簡単に計算を進められるように見える（見かけによらないこともある！）。しかし、いくつかの計算中には潜在的な落とし穴が存在する。ここでは、既存の文献ではあまり示されていないいくつかの落とし穴を紹介する。

「種×形質行列」（表3.1）を用いて、様々な方法で種の組み合わせ（任意の2種）

訳注3-5. 例えば、表3.1の色タイプA, B, Cは一つのダミー変数であり、A, B, Cの合計値が1になる。
訳注3-6. 生態学の分野では、種組成や機能形質の組成が群集や種間でどの程度似ていないかを非類似度として表現することが多い。非類似度は多くの場合、0～1の間の数値に標準化して示され、0の場合は完全に同じで、1に近づくほど異なり、1で全く異なることを示す。

間の機能的非類似度（どのくらい似ていないか）を推定することができる。表 3.1 で説明した三つの形質について、よく用いられる方法で非類似度に変換したものを図 3.3 に示す。着目する形質によって、異なる手法が用いられる。

それぞれの形質について個別に非類似度を計算することからスタートしよう。まずは、二値の形質の例として肉食性 vs 非肉食性の種（形質「肉食性」について、肉食の場合は 1、非肉食の場合は 0 で示される）を扱う。この場合、2 種間の非類似度は単純にそれらが同じ肉食性のレベル／カテゴリーを共有するか否かによって決まる。例えば、種 1 と種 2 がともに肉食性であれば、2 種の間の非類似度は 0（差異はない）である。すなわち $d_{1,2} = 0$（ここで $d_{1,2}$ は、種 1 と種 2 の非類似度を示す）。これは、種 1 と種 2 の形質値（それぞれ 1）の差として単純に計算することができる。つまり、$|1 - 1| = 0$（非類似度は負にはなり得ないので、これを絶対値の差として示していることに注意）。逆に種 1 と種 3 を比べると、種 1 が肉食性で種 3 がそうではないため、完全に異なっている。この場合 $|1 - 0| = 1$ であるので、$d_{1,3} = 1$ となり、これは、種 1 と種 3 が 100％異なることを意味している。

非類似度を計算することにより、二つの鏡面対称／対称**三角行列**で構成されるオブジェクトが生成される（図 3.3）。三角形のそれぞれは、データセットの種の各ペアの非類似度の値を示しており、二つの三角形には、同じ情報が含まれている（そのため多くの R 関数は二つの三角形のうちの一つについてのみ計算する[訳注 3-7]）。ここで形質「肉食性」を 0 か 1 でコーディングすることによって（すなわち no か yes）、すべての種間の非類似度は 0 か 1 に限られる。これは、肉食性という形質において、種が同等（例えば $d_{1,2} = 0$）か、完全に異なるか（$d_{1,3} = 1$ のように）のどちらかであることを示している。このオブジェクトの「**対角線**」は、ほとんどの場合、0 になることに注意してほしい[訳注 3-8]。非類似度を算出するというアプローチにおいては、いずれの種においても自身との非類似度は 0、つまり自身とは同一である（異ならない）ということになる。

次に、**量的**形質である体サイズについて考えてみよう。単純に考えると、身長 180 cm の学生と 170 cm の別の学生の間の非類似度は 10 cm である。同様に、図 3.3 において、種間での体サイズに関する非類似度は、まずは単純に形質値の差で示

訳注 3-7．例えば、種 1 の列を見ると、種 1 から種 7 までの各種との非類似度が 0, 0, 1, 0, 1, 0, 1 と並んでいる。同様に、種 1 の行を見たときも全く同じ順番で情報が並んでいる。これは非類似度行列あるいは、非類似度を距離に見立てて距離行列とよばれる。

訳注 3-8．対角線は、同じ種間（種 1 どうし、あるいは種 2 どうしなど）での非類似度を示している。

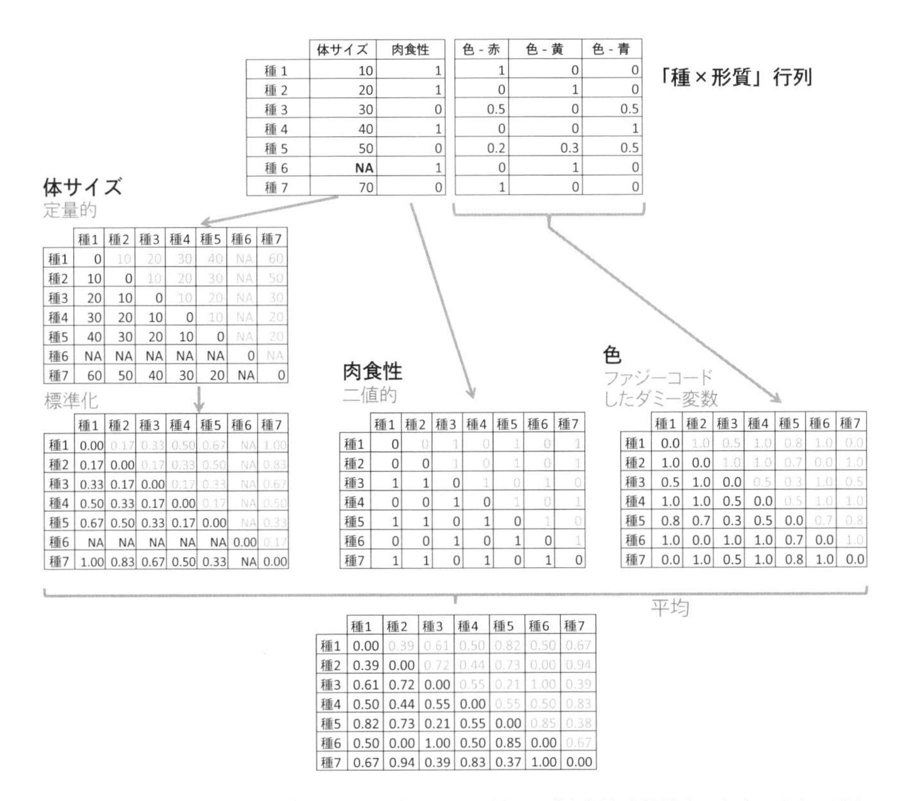

「種×形質」行列

	体サイズ	肉食性	色 - 赤	色 - 黄	色 - 青
種 1	10	1	1	0	0
種 2	20	1	0	1	0
種 3	30	0	0.5	0	0.5
種 4	40	1	0	0	1
種 5	50	0	0.2	0.3	0.5
種 6	**NA**	1	0	1	0
種 7	70	0	1	0	0

体サイズ（定量的）

	種1	種2	種3	種4	種5	種6	種7
種1	0	10	20	30	40	NA	60
種2	10	0	10	20	30	NA	50
種3	20	10	0	10	20	NA	30
種4	30	20	10	0	10	NA	20
種5	40	30	20	10	0	NA	20
種6	NA	NA	NA	NA	NA	0	NA
種7	60	50	40	30	20	NA	0

標準化

	種1	種2	種3	種4	種5	種6	種7
種1	0.00	0.17	0.33	0.50	0.67	NA	1.00
種2	0.17	0.00	0.17	0.33	0.50	NA	0.83
種3	0.33	0.17	0.00	0.17	0.33	NA	0.67
種4	0.50	0.33	0.17	0.00	0.17	NA	0.50
種5	0.67	0.50	0.33	0.17	0.00	NA	0.33
種6	NA	NA	NA	NA	NA	0.00	0.17
種7	1.00	0.83	0.67	0.50	0.33	NA	0.00

肉食性（二値的）

	種1	種2	種3	種4	種5	種6	種7
種1	0	0	1	0	1	0	1
種2	0	0	1	0	1	0	1
種3	1	1	0	1	0	1	0
種4	0	0	1	0	1	0	1
種5	1	1	0	1	0	1	0
種6	0	0	1	0	1	0	1
種7	1	1	0	1	0	1	0

色（ファジーコードしたダミー変数）

	種1	種2	種3	種4	種5	種6	種7
種1	0.0	1.0	0.5	1.0	0.8	1.0	0.0
種2	1.0	0.0	1.0	1.0	0.7	0.0	1.0
種3	0.5	1.0	0.0	0.5	0.3	1.0	0.5
種4	1.0	1.0	0.5	0.0	0.5	1.0	1.0
種5	0.8	0.7	0.3	0.5	0.0	0.7	0.8
種6	1.0	0.0	1.0	1.0	0.7	0.0	1.0
種7	0.0	1.0	0.5	1.0	0.8	1.0	0.0

平均

	種1	種2	種3	種4	種5	種6	種7
種1	0.00	0.39	0.61	0.50	0.82	0.50	0.67
種2	0.39	0.00	0.72	0.44	0.73	0.00	0.94
種3	0.61	0.72	0.00	0.55	0.21	1.00	0.39
種4	0.50	0.44	0.55	0.00	0.55	0.50	0.83
種5	0.82	0.73	0.21	0.55	0.00	0.85	0.38
種6	0.50	0.00	1.00	0.50	0.85	0.00	0.67
種7	0.67	0.94	0.39	0.83	0.37	1.00	0.00

図 3.3　三つの形質についてゴーヴァー距離を用いて種間の非類似度を計算するときの入力、出力データ。詳細は本文を参照せよ。

すことができる。例えば、種 1 と種 2 の間では $d_{1,2} = |10 - 20| = 10$。種 1 と種 3 では $d_{1,3} = |10 - 30| = 20$ などである。しかし、この 10 や 20 という値は大きいのか、あるいは小さいのか、という疑問が生じる。体サイズの非類似度について、他の形質の非類似度、例えば、肉食性の非類似度（0 か 1 で表現される）や、別の単位(例えばグラム)で表される形質と比較するにはどうすればよいだろうか？そのような比較を可能にするには、すべての形質を同様の方法でスケールし、標準化する必要がある。非類似度においては、ほとんどの場合、「肉食性」の場合のように 0 ～ 1 のスケールで表される。つまり、違いが全くない場合は 0、違いが最大の場合は 1 である。定量的な形質でこれを行うために、生じうる最大の非類似度を定義し、これを $d = 1$ となるように対応させる必要がある。

異なる形質の非類似度を標準化するには、**ゴーヴァー距離**（*Gower distance*）

を用いるのが最も一般的である（Gower 1971; Botta-Dukat 2005; Pavoine et al. 2009）。まず、量的形質を標準化するために、データセット内の非類似度の最大値を使用する。図3.3の例では、体サイズの最大の差は、最も大きい種7と最も小さい種1の差、すなわち $|70-10|=60$ である。次に、データセット内の非類似度の最大値（60）ですべての非類似度の値を単純に割ることができる。すなわち、$d_{1,2}=|10-20|/60=0.17$。$d_{1,3}=|10-30|/60=0.33$ といった具合だ。これによって、種間の非類似度の最大値を1に調整することができる。

別のアプローチももちろん可能である。例えば、量的形質値は、種間の非類似度を計算する前に、Rの関数 *scale* を用いて標準化することができる。これにより、種×形質行列内のそれぞれの列（形質値）がセンタリングされて標準化される。具体的には、まず、各形質値から（全種にわたっての）平均の形質値が引かれることで、平均値が0に「センタリング」される。次に、このセンタリングされた値を形質値の標準偏差で割ることによって、スケールを変換する。標準化によって、形質は共通の尺度で示すことができるので（平均値からの標準偏差）、量的形質間では比較がしやすくなる。しかし問題は、この標準化アプローチはカテゴリー形質には適用できないので、量的形質とカテゴリー形質は比較できないことである。したがって、量的形質とカテゴリー形質など異なるタイプの形質がある場合には、非類似度を0から1の間の値にスケーリングする必要が常にある。実際のところ、ゴーヴァー距離の使用が推奨されることもよくある。

二値形質の場合と同様に、量的形質のゴーヴァー距離は、扱う形質データ中の最大値と比較した際の2種間の相対的な違いを示している。例えば、$d_{1,3}=0.33$ は、種1と種3がデータ中の非類似度の最大値（60 cm）の3分の1だけ異なっていることを示している。このアイデアは、単位にかかわらず（例えばメートル vs グラム）形質間でも比較できるという利点がある。同様に、量的形質と別のタイプの形質を比較することもできる（例えば、種1と種2の形質の違いを比較すると、高さは $d_{1,2}=0.17$、肉食性は $d_{1,2}=1$ である）。この特性により、高さと肉食性など二つの非類似度を結合させることが可能になる。ゴーヴァー距離を用いると、これは単純に、二つの非類似度の**平均値**として示される。高さと肉食性の例をとると、算術平均では $(0.17+1)/2=0.58$ となり、幾何平均（ユークリッド距離; Pavoine et al. 2009）では、$\sqrt{(0.17)^2+(1)^2}=1.01$ となる。幾何平均は、必要に応じて0～1の間の数値に変換することも可能である。

次に、**ファジーコードしたダミー変数**の形質の例として、種の色について考えてみよう。順序づけられていない複数の段階をもつ形質をどのように「量的形質」

に変換できるだろうか？　赤は青より大きいのだろうか？　場合によっては、一列のみで色を定義するために、「特定の色素の濃度」のような定量的な近似値を用いることができる。しかし、ほとんどの場合、形質情報は複数のレベルにわたって表現されており、何が小さいか大きいかを判断することは困難である。色の形質の場合、三つの主なレベルがあるといえる（赤、青、黄、すなわち三原色）。そのため、種×形質行列において、色形質の情報は、原色ごとに1列ずつ、合計三つの列を使って要約することができる。ある種について、該当する列に1を入れることで、その種が属するレベルを示すことができる。例えば、種1が赤だとすれば、赤の列に1を入れ、青と黄色の列に0を入れることで、赤色であることを表現する。また、ダミー変数の各行（今回は赤、青、黄の3行）の合計は1にならなければならない。なぜなら、一つの行に1を入れると、その種が100％その色であることを示すからである（種1は100％赤である）。

ダミー変数を用いることによって、複数のレベルにまたがる中間的な形質値をもつ種を評価することが可能になる。例えばオレンジ色の種は、赤の列と黄色の列に0.5ずつを入れることで、赤と黄色の中間としてコードすることができる（すなわち、この種は50％赤、50％黄色で、オレンジ色であることを示す）。また、紫色の種であれば、図3.3の種3のように、赤0.5と青0.5を入力する。これらの中間的なケースは、自然界では頻繁にみられる。実際、この表現方法によって、多くのタイプの可塑性を評価することができる。例えば、食物資源の種内変動について、ある個体は一つのカテゴリー（列）に含め、別のものはもう一つのカテゴリー(列)に含めることで表現できる。また、このファジーコーディングアプローチは、二値形質に用いることもできる。例えば、植物において、単一種内でも一年生と多年生の両方をとる場合もあるし、あるいは、食性においては、肉食性と非肉食性の両方をとる種もいるだろう。これらは、二値形質において、0から1の間の中間的な値を用いることで表現できる。つまり、ある型と別の型が同程度に存在するような種では0.5という値を与えることができる。例えば、あるときは肉食性、あるときはそうでないというような架空の種がいるとする。この種は、「肉食性」の形質に対して0.5という値をコードできるだろう。そして、この種と純粋に肉食性または非肉食性の種（肉食性について1と0の値をそれぞれもつ種）との非類似度は $|1-0.5|$ もしくは $|0-0.5|$、すなわち0.5となる。この0.5の値は、種が50％は異なることを意味している。

次に、3レベル以上もつダミー変数を用いる場合において非類似度を計算する方法を見ていこう。種1と種2の間の色の非類似度はどのくらいだろうか？　種

1と種3の間では？ 種1と種5の間では？ 種3と種5の間では？ 一つの解決策を見てみよう。最初に、例として、黄色と赤が完全に異なると仮定しよう。これは、図3.3のダミー変数を用いることによって暗黙のうちに従っている仮定である。この場合、$d_{1,2} = 1$である。なぜなら、それぞれの種は赤と黄色という異なる形質のカテゴリーに「属する」からである（赤の列、黄色の列それぞれに1として含まれる。つまり、それぞれ100％赤と100％黄色である）。一方、種3は部分的に赤（50％）であるため、$d_{1,3} = 0.5$である。同様に、種1と種5は20％しか重ならないので、$d_{1,5} = 0.8$である。最後に$d_{3,5} = 0.3$であるのは、両種は赤と青を含むが、種5は30％が黄色だからである。

Rでダミー変数を用いる複数レベルを含む形質の場合の距離（非類似度）を計算する方法はいくつかあるが、主流のアルゴリズム（関数 ***gowdis***）では適切な計算結果を得ることができない。我々が知る限り、パッケージ ***ade4*** の中の関数 ***dist.ktab*** が、若干複雑ではあるが、解決法を提供してくれる。'R material Ch3' では、手作業でこの問題を解決する方法と、図3.3などの例に従って3種のタイプの形質を結合させる方法を示す。例えば、一般的に使用される関数 ***gowdis*** を、図3.3の「種×形質」行列に適用しても、適切な非類似度の値は得られない。これは、関数 ***gowdis*** は、種の色を示す三つの列が、色という単一の形質情報を示していることを考慮できないからである。つまり、図3.3の種×形質行列には、三つの形質の情報（体サイズ、肉食、色）が含まれているが、5個の列があるため、関数 ***gowdis*** は五つの形質があると「読み取って」しまう。そのため、関数 ***gowdis*** で全形質の非類似度の平均を計算すると、各列に1/5の重みづけをしてしまう。しかし、実際には三つしか形質はないのだから、各形質の重みは本来は1/3にすべきである（例えば、色の形質は1/3ではなく、3/5と重みづけされるので、形質全体の非類似度に対する色形質の寄与が他の形質に比べて増えてしまう）。もちろん、関数 ***gowdis*** は、ユーザーがそれぞれの形質の加重を変更することができる。しかし、一連のダミー変数を一つの形質として、形質ごとに重みを指定することができない。つまり列ごとに重みを指定するオプションは今回は意味をなさないことになる（少なくともそうするための明確な方法を我々は認識していない）。代わりに、今回の場合、三つの形質それぞれ個別に非類似度を計算し、得られた三つの非類似度を平均する必要がある（図3.3）。これは、Rを使用して様々な方法で実行できる（'R material Ch3' を参照）。あるいは、我々が作ったR関数 ***trova*** を適用することもできる（de Bello et al. 2013a）。関数 ***trova*** では、ダミー変数に加えて、開花の開始時期と終了時期などを表す「循環型」の生物季節的形質も扱うことができる（'R material Ch3' を参照)。また、新しい関数 *gawdis* も同様に使用できる。

図 3.3 の例で示したもう一つの重要なシナリオは、**形質値が欠損している**場合である。種 6 は体サイズに欠損値(すなわち 'NA')が含まれ、この形質については、種 6 と他の種の間の非類似度は計算できない。とはいえ、少なくとも一つの形質値が種 6 と他種との比較に利用可能な場合にのみ、その別の形質を利用することで、全体の非類似度を計算できる。結果として得られる種 6 の非類似度は、単純に NA を含まない形質の平均非類似度、つまり図 3.3 の場合、体サイズを除いた、肉食性と体色のみの非類似度の平均値が得られる。そうすることで、種 6 との比較において、その他の形質による非類似度の結果を引き続き利用して、体サイズ（欠損）情報を捨てることができる。例えば、種 1 と種 6 の間の距離は体色と肉食性の二つの形質に基づいて $d_{1,6} = 0.5$ である（肉食性に基づく距離 0 と体色に基づく距離 1 の平均)。もちろん、NA を回避することもできる。例えば、経験に基づいた形質値の推定値や、種の系統情報に基づいた定量的な推定値を NA に割り当てることができる。第 8 章と第 11 章において NA 値の入力について扱うが、一般には（a）可能な限り NA が出ないようにデータを集める、そして（b）形質の欠損値が多い場合、あまり個体数が多くない種は解析から除外することをおすすめする。

3.2.3 ゴーヴァー距離の見過ごされている点

様々な形質を用いて非類似度を示すというアイデアは生物学的に非常に魅力がある。なぜなら、一般に種は複数の形質において異なると考えられるからである (Petchey & Gaston 2002)。しかし、異なる形質を結合することは、あまり文献では扱われていないような問題を引き起こす可能性がある（3.2.2 項で記したファジーコーディングの問題を含む)。

最初の問題は、複数の形質が相関している可能性があることである。すでに述べたように、多くの形質のトレードオフには、相関する様々な形質が含まれる。例えば、表 3.1 においてサイズと重量という二つの量的形質は明らかに相関しているだろう。生物学的にも、相関した形質は同様の情報を提供している可能性がある（例えば、サイズと重量は、種の「規模」について同じ情報を提供している)。もし、これら相関した形質を独立に扱うならば、形質全体を結合した非類似度において、特定の情報（サイズと重量の場合は「規模」）が大きな加重をもつことになってしまう。

3.1.3項で記述したL-H-S方式の場合、（簡単にできることもあり）生態学者が葉の複数の形質を同時に計測することが多い。高さ、種子重量、葉の五つの形質（合計7形質）のデータがあり、葉の形質は相互に相関をもっている場合を想像してみよう。ゴーヴァー距離を「考えずに」適用すると、計算の過程で七つの形質を結合させて非類似度を計算する際に、同じ加重（すなわち1/7）をもつことになる。というのも、ゴーヴァー距離は、それぞれの形質について単独で計算した非類似度の平均だからである（3.2.2項参照）。つまり、葉の形質の加重が全体の5/7を占めてしまい、他の形質（高さと種子重量）に対して少し不公平になる。この場合、二つの解決策がある。一つ目は、まず葉の五つの形質、高さ、種子の三つの非類似度をそれぞれ独立に計算し、その後、三つの非類似度行列を平均する方法である（図3.3の三つの形質の場合と同様な方法）。

もう一つの方法は、Villégerら（2008）が提案した、多変量解析を用いて形質間の相関関係を考慮することである。もし、欠測値のない量的形質のみを扱うのであれば、単純に主成分分析（PCA）を使うことができる。たとえば3.1.3項で紹介したDíazら（2016）の「植物の形態と機能の地球規模のスペクトル」の分析の場合、最初の二つのPCA軸が生物間の多くの差異を反映していると結論づけることができた。つまり、PCAの第一軸が、植物のサイズ（そして樹木であるかどうか）に関連する複数の相関した形質を反映しており、また第二軸は、上述したいわゆる「葉の経済スペクトル」に関する複数の葉の形質を反映している。このPCAの軸上の種の位置（「スコア」）を利用して、（例えば、多変量座標に基づくユークリッド距離を計算することによって）種間の非類似度を推定できる。PCA軸上の種のスコアを利用することで、すべての形質を公平に示して、種間の主な生態学的差異を要約することができる。しかし、相関する形質をあまりに多く使うと、それらがたとえ生物学的にあまり重要でなくても、PCA第一軸はこれらの形質を反映してしまう。

カテゴリー形質と量的形質の双方を含み、NAがいくつかある場合には、主座標分析（PCoA）を用いることができる[訳注3-9]。この場合、PCoAを用いる前にまず、「種×形質行列」を用いてゴーヴァー距離を計算し、形質の非類似度を求める必要がある。次に、PCoA軸上の種のスコアを利用して、PCAの場合のように種間の主な違いを要約できる。ここでは、種のスコアが「形質」として、ゴーヴァー距離

訳注3-9. PCAでは変数の分布として正規分布を仮定しているため、シンプルな量的形質しか扱えない。したがって、ここではPCoAを採用している。

の計算に用いられる。パッケージ *FD* の中の関数 ***dbFD*** は、主に PCoA のアプローチを用いて、種間の機能の非類似度を計算している。

量的形質を組み合わせて PCA を行うことは確かにエレガントな解決法である。しかし、量的形質とカテゴリー形質を結合させて非類似度行列にする場合には、未解決の問題が存在する（それはどのような PCoA にも影響する可能性がある）。'R material Ch3' では、20 種に二つの形質がある場合の例を示した。形質のうち一つは量的形質（値は 1 から 100 の間でランダムに並んでいる）で、もう一つが 0 と 1 の値をランダムにとる二値形質である。この二つの形質の非類似度を別々に計算し、非類似度の単純な平均値（もしくはユークリッド距離）で結合すると、結果として得られる非類似度は、量的形質よりも二値形質の影響を大きく受ける（詳細は関係する R material を参照）。その理由は、単純に二値形質に基づいた非類似度は「極端な」値（すなわち 0 か 1）しかないためである。この例では、種間の距離の約 50% は $d = 1$ で、残りの 50% が $d = 0$ である（図 3.4）。しかし、量的形質の場合、$d = 1$ なのは一つの種の組み合わせ、つまり、それぞれ最小と最大の形質値をもつ場合のみである（図 3.3 では、上で議論したように $d_{1,7}$ の場合のみである）。その他のすべての値は 1 よりも小さく、一般に種の数が増加すれば非類似度の平均値はより低い値になる。したがって、二つの形質の非類似度は異なる分布をもつことになる（図 3.4 のヒストグラム参照）。これは、二つの形

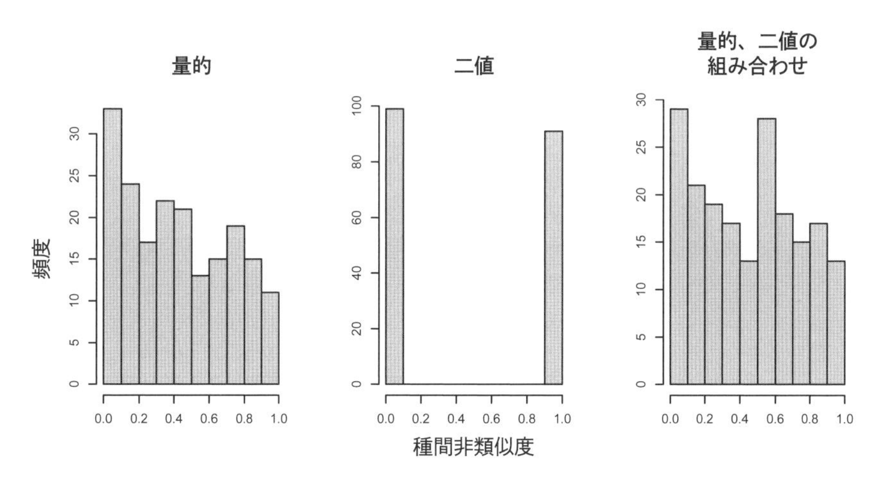

図 3.4 R のシミュレーションで得られた 20 種の非類似度値の分布。量的形質、2 段階のカテゴリー形質（二値形質）、およびそれらの組み合わせによって非類似度を記述。組み合わせた非類似度では二値形質の寄与がはるかに大きくなる（相関関係で約 2 倍、本文参照）。

質の非類似度を平均すると、二値形質は量的形質よりも平均値に大きな影響を与えるということを意味している。この問題は、Pavoine ら（2009）で詳しく議論されているが、基本的に文献の中では見過ごされていた。

複数の形質を組み合わせた非類似度に対し、各単一の形質がどのくらい寄与しているのかは、例えばパッケージ ***ade4*** の関数 ***k.dist.cor*** などで、簡単に計算できる。この関数は、各形質について得られた距離と、すべての形質を結合して得られた全体の距離との相関を調べている。これにより、それぞれの形質が全体の距離にどのくらい寄与しているかを数学的に反映できる。ここで、それぞれの距離を計算するときに公平なアプローチの一つは、様々なタイプの形質を同等に表す非類似度行列を作ることである。その解決策として、例えば、加重平均を使用して、二値係数の寄与の加重を減らす、もしくは量的な形質の加重を増やすことが考えられる（R material の‘`comb.dissim2 <- (dissim.quant*0.7 + dissim.bin*0.3)`’を参照）。この方法は、種間のゴーヴァー距離を計算するいくつかの関数で利用可能であり、最もよく使用されるのはおそらく、パッケージ ***FD*** の ***gowdis*** である。注意点として、加重の減少は PCoA を計算する前に適用する必要がある。

同様の問題は、形質が「**正規**」分布しない場合にも生じる（Pavoine et al. 2009）。植物の高さ、葉面積、種子量などの形質については、種間の差異は、対数スケールで記述するのがよいだろう（Westoby 1998）。もし、これらの形質を解析する際に対数変換を行わなければ、種間の非類似度は大きく歪んだものとなる。例えば、非常に大きな葉のサイズの種は、極端に他種と異なる一方、小さなサイズの葉をもつ種はたとえその中でサイズが異なっていたとしても、非常に似ていると判断される（例えば、2倍のサイズがあっても[訳注 3-10]）。このため、PCA の計算や PCoA に必要な非類似度の計算をする前に、正規分布しない形質は対数変換することが推奨される。

3.2.4　種のグルーピング

物事を異なる「箱」にまとめることは、現実を単純化するために人間が行う典型的なアプローチである。上述のように、目的に応じて、生物を様々な機能グループにまとめることができる（応答グループ vs 効果グループ）。目的が何かによっ

訳注 3-10．大部分の種の葉が 2〜3 センチで、ごく一部が 20 センチ以上だったとする。1 センチの葉と 2 センチの葉は 2 倍のサイズ差があるが、多くの種の葉が小さいサイズ帯にあるため、相対的には似ていると判断される。

て、種×形質行列内においてどの形質に着目するかが変わる。ここでは、Kleyerら（2012）によって広く議論されている、種×形質行列に基づいてグループを形成するための定量的アプローチをいくつか説明する。

Kleyerら（2012）に基づき、機能グループを定義するためによく行われる二つのアプローチ、「**アプリオリ**」アプローチと「**アポステリオリ**」アプローチ（Lavorel et al. 1997も参照）を取り上げる（図3.5）。まず、より一般的な**アプリオリ**アプローチから始めよう。アプリオリアプローチは、取り組む生態学的疑問に対して、重要だと想定される形質（もしくは複数の形質のセット）から始まる。流れとしては仮説駆動型とデータ駆動型の2種類がある[訳注3-11]。まず、仮説駆動型は、水の利用効率にC3とC4という形質が影響しているという仮説を検証するために、C3とC4という二つのグループを作って水利用効率を比較する。これに対し、データ駆動型は、任意の形質セットからまず機能グループのグループ分けを行い、そのグループが水利用効率と関連するかどうかを調べるという手順をとる（Cornelissen et al. 2003）。

データ駆動型のアプリオリアプローチによって種を機能グループに分けるためには、まず、種×形質行列から図3.3で示したような非類似度の行列を計算する必要がある。次のステップでは、通常は特定のクラスタリング手法を用いてグループを作成する（図3.5参照）。非類似度行列をデンドログラムに「変換」するためにはどのようなクラスタリングアプローチがいいのかということや、デンドログラムに基づく離散的なグループの統計的定義については、すでに数多くの文献で解説されている（Mouchet et al. 2008; Kleyer et al. 2012）。'R material Ch3' ではいくつかの手法を示しているが、これらの技術の詳しい説明は本書では行わない（Kleyer et al. 2012のRの補足も役に立つ）。

クラスタリングの段階では、考慮すべき重要な問題がいくつかある。まず一つ目の問題は、クラスタリング手法をわずかでも変更すると、同じ形質のセットを用いた場合でさえ、グループ化の結果が劇的に変わる可能性があるということだ。言い換えれば、クラスタリングとグループ識別に使用されるアルゴリズムは、グループ化のアウトプットに大きな影響を与えるということである。これを踏まえ、Mouchetら（2008）は解決法として、複数のデンドログラムに基づいて、コンセンサスを得るというアイデアを提案した。ここでの重要なメッセージは、種を特

訳注3-11. 仮説駆動型は、ある仮説を事前に設定し、その仮説を検証することで実験を進める手法のことを指し、データ駆動型は事前の仮説（バイアス）なしに対象を観察したり、データを取得したりし、それらの結果から何がいえるのかを考える手法のことを示している。

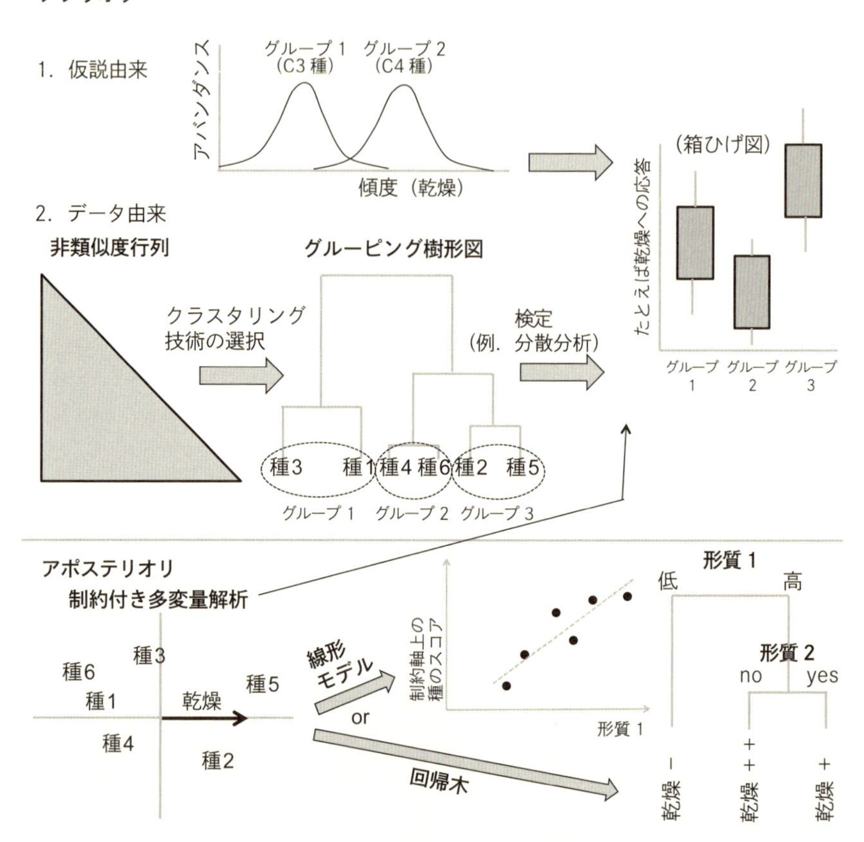

図 3.5　種の機能グループを定義するために使用される一般的な戦略の概略図。「アプリオリな機能グループ」のアプローチでは、生態学的仮説（例えば、C4 種は C3 種よりも乾燥耐性が高いなどの、仮説由来のアプローチ）由来のグループ、あるいはデータ由来のグループから解析を始める。データ由来のときは、形質の非類似度行列をもとにクラスタリング手法を用いてデンドログラムを作成し、次に形質の類似度に基づいてグループを定義する。次に、こうしたグループを検証する（例えば、グループによって種の環境の好みを予測できるかどうか）。「アポステリオリな機能グループ」では、例えば、最初に、制約付きの多変量解析を用いて種の環境の好みを定義する。次に、その種の好みを形質データから予測する。そのため、予測子は（グループではなく）形質そのものになる。これは、線形モデルもしくは回帰木を用いて実行できる（回帰木の場合、いくつかのグループを特定できる）。種の環境の好みは、「アプリオリ」アプローチで行ったのと同様に「アポステリオリ」アプローチでも計算できる。制約軸上の種のスコアは、一般に種の環境応答を定義する従属変数として使用される。回帰木においても同様に、ここでの結果（図中では「乾燥」++ もしくは + もしくは − と要約されている）は通常、応答変数とみなされる。

定のグループに配置するのは非常に「不安定」であり、生物学的情報ではなく、解析の手法によって全く異なった結果になる可能性があるということだ。このため、種のグループ化（図 3.5）は、細心の注意を払い、疑いの心をもって行うべきであると考えている。この意味において、仮説駆動型のアプローチを用いた後に検証を行うことを強く推奨する[訳注 3-12]。

二つ目の問題は、グループ化の目的と戦略についての問題である。図 3.5 に示された**アプリオリ**なアプローチは、作成者が形質の（非）類似度に基づいて種のグループを定義し、そのグループ間で環境の好み、生態系に対する影響、適応度が異なるのかを検証する場合に必要である。これらの「**アプリオリ**な機能グループ」は形質の類似度のみに基づいており、その種が類似した／異なった環境の好みを示すかどうか、もしくは生態系に対して類似した／異なった影響を与えるかどうかはグループ分けには考慮されていない。グループ分けを行った後に、作成者は、各「**アプリオリ**」なグループが異なった環境の好みを示すかどうか、または生態系に異なった影響を与えるかどうかを確認できる。これは、できあがったグループを特定の種の機能の予測因子とするようなモデルを作成することで実行できる。こうしたアプリオリなグループ分けを行うには、目的に応じて事前に適切な形質を選択する必要がある。放牧や火事や乾燥に対して異なる応答を示す植物のグループに注目したい場合は、それらに関連性の高い形質（例えば、放牧に対する食べられやすさ、火事に対する萌芽再生能力、乾燥に対する多肉性など）に着目する必要がある。あるいは、養分循環や水利用などの生態系に異なる影響を与えるグループに注目する場合には、それぞれに対応した形質（例えば、窒素固定能力、水利用効率など）を考慮するだろう。また、機能の冗長性の指数を定義する場合など（Mouillot et al. 2013a や Laliberté et al. 2010、第 5 章も参照）、解析によっては、応答形質と効果形質の両方が必要な場合もある。例えば、Laliberté ら（2010）のアプローチでは、応答形質と効果形質のそれぞれに基づく二つのグループ化が必要であるが、これらを分けることは必ずしも簡単ではない。

「**アプリオリ**」な機能グループに代わるものは、「**アポステリオリ**」な機能グループである。**アポステリオリアプローチ**の場合、最初のステップは、種の形質の類似度／非類似度を見ることではなく、例えば種の環境の好みを見ることである。人工もしくは自然の勾配に沿った群集の種組成のデータを利用し、制約付き

訳注 3-12．図 3.5 では、デンドログラムによって得られた種のグループに対して、環境要因の影響が認められるかどうかの検証を行なっている。

の多変量解析を用いることで、勾配に沿った種の好みを定義することができる(de Bello et al. 2005; Kleyer et al. 2012)。このアプローチは、例えば放牧（Díaz et al. 2001）や火事などの環境の勾配に従ってどの種が増加あるいは減少するかを定義しようとする試みを反映している。(例えば、制約付きの多変量軸上の種のスコア用いて）種の環境の好みが定義されると、その好みを予測する（つまり関連しそうな)形質を推定することができる。予測は、単純な線形モデルや回帰樹によって行われる（de Bello et al. 2005; Kleyer et al. 2012)。種のふるまい（環境の好み）を予測する形質がわかれば、その形質に基づいて、種を事後クラスタリング（すなわちグループ化）できる。回帰樹（と増幅回帰樹；Pistón et al. 2019）の利点は、種間の非加算的影響を考慮できることにある（第9章参照)。これにより、異なる形質の組み合わせが、種の適応度、もしくは生態系に対する種の影響に類似の効果をもたらすといった状況を考慮することができる。これは、「代替デザイン」とよばれることもある（すなわち、様々なタイプの種が、ある環境条件に異なるやり方で適応している；図2.4)。例えばde Belloら(2005)は、いくつかのバイオームにおいて、放牧または非放牧の条件に対する種の好みを予測する上では、種を一年生と多年生に区別することが重要であることを示した。そこでは、一年生の種においてのみ、異なる放牧条件に対する好みを示す種のグループを、開花期によってさらに区別することができた。そのような形質間の相互作用は、頑健な形質予測を構築するために使用できる形質シンドロームを定義するために重要かもしれない（Pistón et al. 2019)。

一般的にいえば、**アポステリオリ**なアプローチは、より中立的なアプローチであると考えられる。なぜなら、アポステリオリな形質の選択は、種のふるまいを区別する上で、どの形質が統計的に重要かに基づいているからである。一方、**アプリオリ**な形質の選択は、厳密な仮説に基づいていない場合は恣意的になってしまう可能性がある。しかし、アポステリオリな選択には一つの大きな欠点がある。それは、形質とグループの間に因果関係に基づかない関連付けをしてしまう可能性があることである。これは、最初に種の応答（もしくは効果）に応じて種を特徴づけ、次にその違いを説明しうる形質の「発掘」を始めるためである。その意味で、アポステリオリな選択はより探索的なアプローチであり、システムについての事前情報が不十分で種の応答もしくは機能を形質と結びつける仮説を出せない場合にのみ用いるべきであるといえる。

まとめ

- 種を大まかにいくつかのタイプに分類することは、生態学的パターンを解釈したり非専門家に情報を伝えたりする上で役に立つことが多い。ほとんどの場合、機能の分化というのは連続的に（分化の軸に沿って）生じているが、対照的な戦略をもつグループが認められることもある。
- 一律の基準に基づいたグループ分けは、有効性や頑健性に欠ける可能性がある。代わりに、研究目的の機能（例えば、放牧や乾燥への反応、土壌養分への影響）に関連する形質とグループ（応答グループ vs 効果グループ）を選ぶことに重点を置くという手法が考えられる。機能グループを決定するには、応答形質の類似性または効果形質の類似性に注目するという二つの方法がある。次に、アプリオリ（データ駆動と仮説駆動）あるいはアポステリオリなアプローチで機能グループを定義することができる（図 3.5)。また、形質間の相関関係が誤った結果を導くのを避けるために、解析に用いる形質を注意深く選ぶのが重要である。
- 形質間のトレードオフは、相関を示した、あるいは座標づけされた形質の軸に沿って、生態学的戦略の違いを生み出している。伝統的に、種間の進化的トレードオフを定義する方法がいくつも存在し、その結果、現在ではトレードオフを評価する複数の方式（図 3.1）や解析が生み出された。多変量解析のような技術は生物間の形質の分化の主な「スペクトル」を特定することができるが、それは形質の選び方に依存している。
- 生物間の形質の分化は間違いなく、進化における何らかの不連続性をもたらしている（例えば、植物の木質性や、C3 vs C4 光合成戦略など)。したがって、一般にカテゴリー形質は、このような種間の不連続な形質のトレードオフを反映している。一方、量的形質は、より連続的な形質のトレードオフの検出に関連づけられることが多い。
- ゴーヴァー距離は、複数のタイプの形質に関して生物間の違いを記述する上で有用である。しかし、カテゴリー形質と量的形質が混在する場合や、同じ機能を「カバー」する多くの相関する形質を扱う場合は注意する必要がある。

4　応答形質とフィルタリングの意義

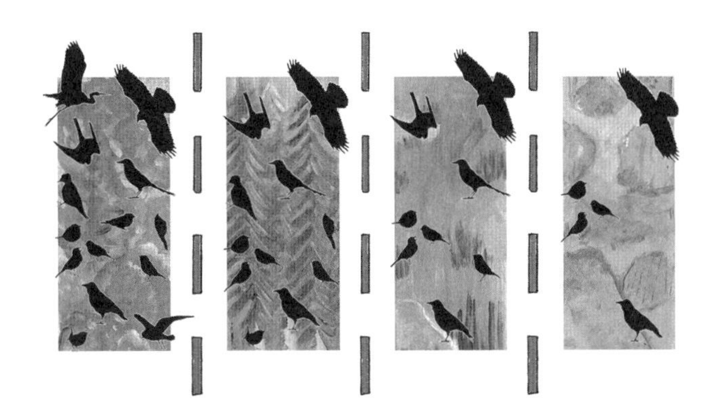

環境との相互作用によって種の分布を説明することは、生態学研究の中心となっている。環境が生物の存在できる場所を制限するというアイデアは、ギリシャの偉大な哲学者アリストテレス（Aristotle, 384-322 BC）の時代にまで遡る。そのため、本章ではまず、形質と環境の関係の科学的な研究について、歴史的な観点から解説を始める。続いて、形質と環境の関係を研究する際に不可欠な理論的概念であるニッチの重要性を説明する。また、研究者の間で、「環境条件の違いが種の分布に与える制約」を、どの種がどの場所で生息できるかを選択する「フィルター」として捉えることが提案され、このフィルタリングの枠組みが今日までに広く普及している。この枠組みを紹介するにあたり、まず普段扱っている環境傾度がどのようなもので、どのように分類できるかについて詳しく説明する。本章の後半では、より方法論的な視点から、環境傾度と機能形質の関係の研究に用いることができる解析をいくつか説明する（‘R material Ch4’でさらに詳述する）。最後に、形質と環境の関係のいわゆる種レベルの解析に注目した重要なアプリケーションをいくつか示す。

4.1　初期の生物地理学から形質と環境の関係への流れ

18世紀から19世紀にかけて、Georges-Louis Buffon, Alexander von Humboldt, Augustine de Candolleや彼の息子Alphonse de Candolleといった博物学者の仕事によって、現在の生物地理学とよばれるものが誕生し、「ある種がどこに、なぜ存在できるか」といった問いに対して、科学的に取り組まれ始めた。これらの傑出した学者たちは、様々な場所に生息する植物相や動物相をその物理的・化学的環境と結びつけることによって自然史研究の基礎を築いた。それとほぼ同じ時期に、**「形は機能と一致する」**というアイデア、すなわち、生物の形態形質が様々な生態学的条件への適応を反映しうるという考え方が示されるようになった。「形と機能の一致」は、Lamarck, Wallace, Darwinによる初期の、そしてその後の進化概念の中心を形作る要素の一つであった。生物地理学的観察は、進化理論の発展において非常に重要な役割を果たしたが、これらの観察の最終的な焦点は、生存競争における選択の理解にあった。

特定の生物がある条件において生存する理由を理解するためには形態的・生理的な必要条件が基礎になるという考えは、進化論の発展よりわずかに先行していた（Schouw 1823; Liebig 1842; Watson 1847–1859）。19世紀の終わりに向かい、この考えはさらに追究され、今日では、実験生理学と進化の両側面が組み込まれている。Schimper（1903）とWarming（1909）は植物についてのこの時代の二つの重要な研究であり、植物の分布に影響を与える要因と、これらの要因がどのように形態的・生理学的適応に結びつくのかについて詳しく説明している。動物界においては、Semper（1881）が同様に重要である。

さらに、群集（community）もしくは、Möbius（1877）が名付けた**生物群集**（*biocoenosis*）[訳注4-1]という概念も重要な意味をもつようになる。この概念は後に、生態学の研究を、より厳密に「個」生態学（autecology：個体もしくは同じ種の個体群とその環境との関係を扱う）と、**「群」生態学**（*synecology*：同じ場所に出現する複数種がそれぞれどのように環境と――そして種の間で相互作用を示しつつ――関連をもつのかについて研究する生態学の一分野）に分割することになった。現在では、「群生態学synecology」という用語はほとんど使われておらず、代わりに「群集生態学community ecology」が同じような意味で用いられている。

訳注4-1．定まった訳はないが、「生命の集合体」というニュアンスの用語である。

4.1.1 種内の形質変動

Clausen, Keck and Hiesey は、環境傾度に対する単一種の**個体群の応答**を考慮して、セイヨウノコギリソウ（*Achillea lanulosa*、現在は *Achillea millefolium*）の地理的変動を示す重要なモノグラフを出版した（Clausen et al. 1948）。彼らは、セイヨウノコギリソウの地理的範囲全体で生じる形態的・生理的適応を詳述した。なかでも、シエラネバダ山脈の標高トランセクトに沿ったセイヨウノコギリソウの個体群の草丈と成長型に着目した図は、種内の地理的変動を示す教科書的な例となった（図 4.1）。さらに、彼らは「共通圃場（コモンガーデン）」実験とよばれる実験アプローチを開拓したことも重要である。この実験アプローチでは、同じ環境条件で異なる起源の生物を発生・成長させることで、表現型の変動（第 6 章、Box 6.1 も参照）に対する遺伝的な原因と環境的な原因を分離することができる。

個体群間の地理的変動を研究するその後の仕事の多くは、主に進化的視点から、遺伝的手法を用いて行われている。これまでに行われている研究の蓄積は、生物の系統を広くカバーしている。例えば、真核生物アカパンカビ（*Neurospora crassa*）の温度由来の成長速度の分化（Ellison et al. 2011）から、サンジソウ属

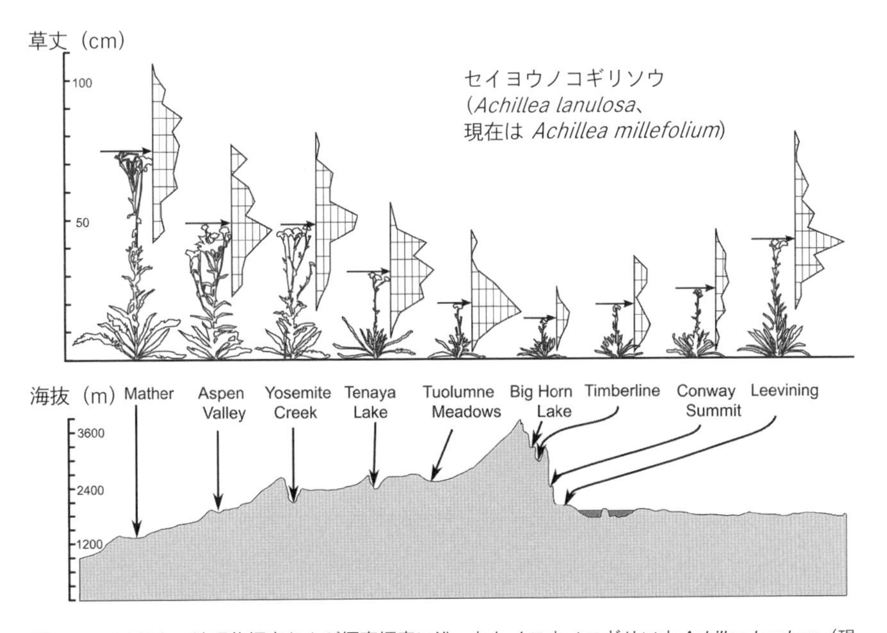

図 4.1 アメリカの地理的傾度および標高傾度に沿ったセイヨウノコギリソウ *Achillea lanulosa*（現在は *Achillea millefolium*）の個体群全体の草丈の分布の変動。Carnegie Institution for Science の許諾により、Clausen et al.（1948）から引用し、再作画した。

の植物（*Clarkia unguiculate*）の複数の形質の緯度・標高変動（Jonas & Geber 1999）、ショウジョウバエ（*Drosophila subobscurato*）の緯度による体の大きさの変化（Gilchrist et al. 2001）、ダーウィンフィンチのくちばしと体の形態の競争由来の変動（Bowman 1961）、紫外線放射への反応としてのヒトの肌の色の変動（Jablonski & Chaplin 2010）などがある。

これら一連の研究の多くにおける根本的な問題は、地理的範囲（もしくはその範囲の一部）にわたる種内の表現型の変動が、個体群間の遺伝的変異によるのか、もしくは、これらの個体群全体で生じる環境の変動によるのかということである。多くの場合、双方ともに役割があるだろう。重要な違いは、遺伝的相違は局所適応につながり､結果として新種を形成する可能性があることである。また、これらの遺伝的効果とは別に、最近では親世代の個体が経験した環境効果によって、その子個体のパフォーマンスが変化する可能性があることもわかってきており、エピジェネティクスという新たな研究分野が生まれている（例えば Bossdorf et al. 2008）。これらの問題は、種内の表現型の変動の要因に注目して第6章でさらに議論する。

4.1.2 種間の形質変動

Robert H. Whittaker は、複数の種が同じ環境傾度に対して同時に反応することに着目し、南アパラチアのグレートスモーキー山脈の標高に沿って、共存する複数の樹種のアバンダンスがどのように変化するのかを調べた（Whittaker 1956）。彼は、樹種ごとのアバンダンスは水分傾度に沿って連続的に変化し（丸型もしくは**ベル型パターン**）、ある種のアバンダンス曲線のピークと境界が他の種のものとほとんど重なることがなく、水分傾度全体でかなり散らばっていることを発見した（図 4.2）。彼は、自身の研究と同じアプローチで植生を研究した仲間の研究に基づいて、植生研究の方法を見直し、**傾度分析**とよばれる植生研究の手法を示した。時が流れ、植生と環境の関係を解析する統計手法はより洗練され、いわゆる座標付け手法が数多く開発された。座標付け手法の一般的な原則は、複数の傾度に沿って種を座標付けする（並べる）ことである。座標付けの一つの重要な役割は、複数のサンプル（例えば植生プロット、昆虫採集トラップ）によって得られた多変量の情報を、2次元のグラフなどのより簡単な方法で要約して示すことである。理想的には、この座標付け結果は、群集組成の変化の原因となる環境傾度を反映するものである。生態学における座標付け分析のための統計ツールは、多くは植生生態学者によって作り出され、現在では生態学全体に普及している

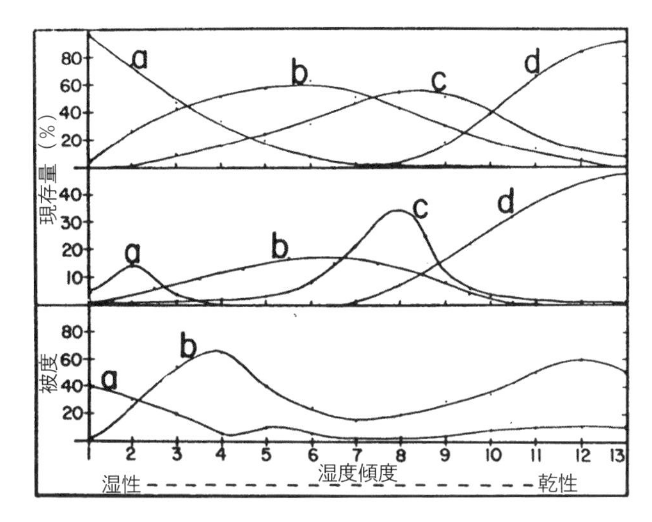

図 4.2 アメリカロッキー山脈の湿度傾度に沿った四つの種のクラス（上図；a = 湿性、b = 半湿性、c = 半乾性、d = 乾性)、4 種の樹木（中図；a = *Betula allegheniensis*, b = *Cornus florida*, c = *Quercus prinus*, d = *Pinus virginiana*)、二つの生育型（下図；a = 草本、b = 灌木）のアバンダンスの分布。Wiley の許諾により、Whittaker（1956）より引用。Ecological Monographs © 1956 Wiley.

(Šmilauer & Lepš 2014; Paliy & Shankar 2016)。

概念的な話題の最後は、環境傾度に沿った環境条件の変化と形質と種のアバンダンス／出現を結びつけることである。ここでは、Clausen ら（1948）とWhittaker（1956）の双方の先駆的な研究とデンマークの植物学者 Carl Hansen Ostenfeld の研究をつなぎ合わせる。Ostenfeld は、三つの気候的に離れた地域の種の出現と形質情報を組み合わせることで、形質と気候の関係を研究した(Ostenfeld 1908)。彼は形質として、ラウンケルの植物の生活型に着目し、特定の生活型タイプに属する種の割合を用いて、この形質の重要性を示した（図 4.3)。ラウンケルの植物の生活型（Raunkiær 1934）は、植物の機能群を考慮する簡単な方法の一つで（第 3 章参照)、不適な条件下での休眠芽の位置に基づいて植物をタイプ分けしている。特に、植物がその芽（あるいは種子）を土壌表面の近くや地下につけることによって、凍結にさらされるのを避けることができれば、その植物の冬の寒冷な気候に耐えるチャンスが増加する。結果として、より暖かい気候（カリブ諸島）では、土壌表面よりも十分高い位置に更新のための芽をもつ種の割合が高くなるが、冬に凍結するような、より寒い気候では（フェロー諸島やデンマーク)、土壌近くや地下に芽をつけることによって寒さから芽を守る種

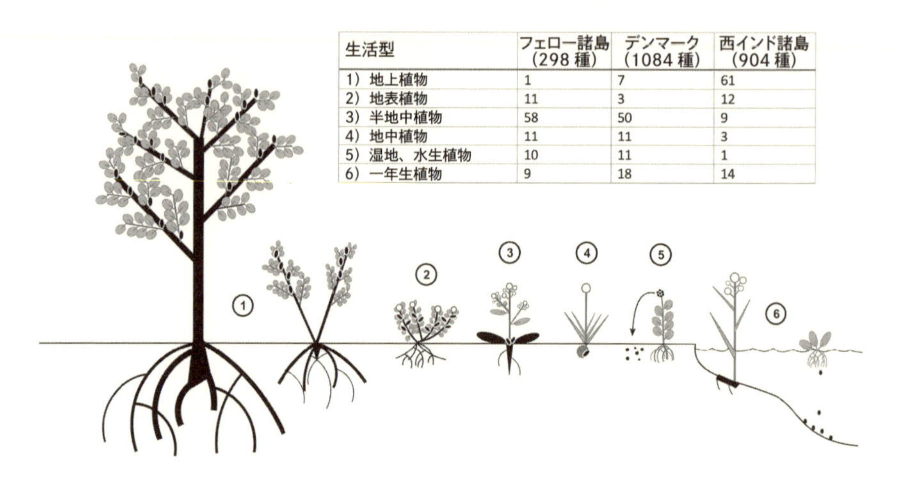

生活型	フェロー諸島（298種）	デンマーク（1084種）	西インド諸島（904種）
1）地上植物	1	7	61
2）地表植物	11	3	12
3）半地中植物	58	50	9
4）地中植物	11	11	3
5）湿地、水生植物	10	11	1
6）一年生植物	9	18	14

図 4.3　ラウンケルの生活型が芽や種子の位置とともに示されている。生活型によって、種子や芽は土壌（もしくは水）の表面に対して異なる高さに位置しており、植物種が生育に不適な時期、特に凍結期間をどう生き延びるかに関係している。添付の表のデータは Ostenfeld（1908）によるもので、気候の異なる三つの地域における植物のラウンケル生活型の割合を示している。簡単のために、Ostenfeld のデータから着生植物（Epiphytes）と多肉植物の数は省略し、地上植物（Phanerophytes）をまとめて示した。

の割合が高くなる。

図 4.3 の表から、類似した形質をもつ種群――図 4.3 の場合 1)～6）および①～⑥で記述された生活型――は、類似した環境条件に住む傾向があると結論づけることができる（第3章では「応答グループ」として定義した）。類似の研究として、Grime（1979）は、様々な群集において、植物の C-S-R 方式による戦略（第3章参照）のそれぞれの割合を計算し、この割合が攪乱やストレス傾度に沿ってどのように変化するかを調べた。また、Whittaker は、先に挙げた例の水分傾度に沿った植物のアバンダンスの変化について、単一の種のアバンダンスの変化だけではなく、同じ成長形態の種をプールした評価も行っている。これにより、例えば、広葉草本は湿った場所で顕著になるが、灌木は乾燥した場所でよりアバンダンスが増えることが示された。この結果は、灌木がその深い根系によって、土壌の深い水源を利用するのに適応していることを示唆していると思われる。これらのアプローチは、アプリオリな仮説ベースの機能グループの定義に対応している（図 3.5 参照）。次節では環境傾度を利用した解析を理解するための別の方法について議論する。

4.2　環境傾度

前節では、標高傾度（図 4.1)、水分傾度（図 4.2)、そして気候の異なる国間での形質の変化（図 4.3）の例を説明した。これらの例から、環境傾度が一般にどのようなものを含むかを少なくともおぼろげながら理解してもらえただろう。本節では、環境傾度の構成要素についての正確な定義と、生態学で扱う様々な傾度はどのように分類（カテゴリー化）できるのかを示す。本書では、Garnier ら (2016）による定義に従い、環境傾度を「空間もしくは時間による特定の生物的もしくは非生物的環境要因の漸進的な変化」と捉えよう。これは、多くのタイプの傾度に当てはまる非常に一般的な定義である。また、一般的な傾度は、資源傾度、直接傾度、間接傾度の三つのタイプに分類できるという文献に従う（Austin & Smith 1989; Guisan & Zimmermann 2000)。

- **資源傾度**：生物が代謝のために必要な有機物、無機物の供給源を構成する変数を示している。この定義では、資源は少なくとも部分的には生物によって消費される。

- **直接傾度**：生物の生理学的パフォーマンスに対して直接的な影響を与え、かつ「使い果たす」もしくは消費することがない変数に基づく傾度。例えば、土壌 pH、温度など生物が経験する物理的・化学的環境を記述する。

- **間接傾度**：単一もしくは複数の直接傾度もしくは資源傾度の近似である。例えば、気候傾度は標高によって近似できる。間接傾度は直接傾度より評価しやすいこともよくある。間接傾度を用いるリスクは、その傾度の根拠となる直接傾度が何かということについて、間違った仮定を置くことである。例えば、気温と降水量は標高と相関をもつが、人為攪乱のような認識されていない要因も同時に相関している可能性がある（例えば、低標高の場所では家畜による採食圧が比較的高い)。ある間接傾度に、複数の直接傾度の効果が複雑に反映されている場合、各直接傾度の影響を分離できないことが多い。

Box 4.1　環境の好みと種のニッチ

この章で説明するいくつかの解析では、(明示的にもしくは暗示的に) 種の環境選好を傾度に沿って推定することが必要である。図 4.2 に従えば、多くの種は特定の傾度に沿って、いわゆる一山型のアバンダンスの分布を示すと予測することができる。一般に、この分布の最大値は、その傾度に沿った種の**最適値**とよばれる。そしてこの分布の広がり (幅) は、一般に研究対象の傾度において特定の種がどの程度スペシャリストであるか (狭い分布) あるいはゼネラリストであるか (広い分布) を示している。基本的に、最適値と幅によって特徴づけられた傾度に沿った種の分布の形は、**種のニッチ**を特徴づける (第1章も参照)。一般に、種のアバンダンスは複数の傾度に応じて変化するだけでなく、存在する他の種にも反応して変動するという事実を考慮すると、多変量解析を用いてそのようなニッチを定義することができる。例えば、制約のある (constrained) 多変量解析 (冗長分析：RDA もしくは、正準対応分析：CCA) は通常、検討対象の傾度に沿った種のスコアを提供する。そのスコアは、これらの傾度に沿った種の最適値の指標として利用できる (図 3.5 も参照)。RDA は、種のアバンダンスと傾度の間に線形関係があると想定していることに注意が必要であり、考慮する傾度の範囲があまり広くないときに有効である。また、CCA は一山型の関係 (すなわち、図 4.2 で表現されるような関係；多変量解析についての示唆は、Šmilauer & Lepš 2014 も参照) を想定していることに注意する必要がある。

前述したように、傾度に沿って観察された種のアバンダンスの分布は、傾度が種の成長する能力に与える直接的効果と、他の種との相互作用の効果の両方を反映している。このため、観察されたニッチは、「**実現ニッチ** (*realized niche*)」ともよばれる。これは、一般に種の**基本ニッチ** (*fundamental niche*) とは異なる。種の基本ニッチは、生物的相互作用を考慮せずに種がその個体群を維持し、成長させることができる環境条件のみを反映する。実現ニッチは、基本ニッチよりは小さいと想定されることが多いが、それはより強い競争力のある種の効果を反映している。しかし、実現ニッチの概念を補完する別の考えが提唱されている。そこでは、種の実現ニッチが、例えば促進効果を通じて共存種によって拡大される (Bruno et al. 2003)。一つの例として、放牧に敏感な植物の種を挙げることができる。このような植物種は、単独で生育するときにはパフォーマンスが低下するが (小さな基本ニッチ)、トゲのある植物種と共存することによって植食者から防御されるときには実現ニッチが拡大する。ニッチの拡大は、他の栄養段階との直接的な相互作用が存在する場合にも考えられる。それは、例えば菌根菌と植物の間の共生のような場合である (Peay 2016)。

実現ニッチは、異なる環境条件にわたるニッチを反映するという事実と関連して、「ベータニッチ」(Silvertown et al. 2006a) とよばれることもある。一方、アルファニッチ (Pickett & Bazzaz 1978) は一般に、局所群集内の異なる種が使用する資源タイプ間の違いを反映する。群集内のニッチ分化のこの側面については第7章で取り上げる。

一般に、これらの傾度は種の環境の好み、すなわち種の最適値（Box 4.1 参照）を定義するのに用いられる。そして、これらの最適値は種の形質と明確に、もしくは暗示的に関連づけることができる（図3.5と本章）。4.4節で詳しく説明するが、このような検証は「傾度に沿った種のアバンダンスの変化は、傾度自体の影響で生み出されている」という重要な仮定に基づいている。この仮定に従うと、ある種と他の種の生物間相互作用の影響（第7章）は傾度に沿って示され、種のアバンダンスに反映されると予測される。そのような生物間相互作用には、あらゆる種類の栄養段階内もしくは段階間の相互作用、すなわち、片利共生、相利共生、捕食－被食関係、寄生、競争、促進を含んでいる。そして、傾度に沿って記録された観察データは、非生物的・生物的効果の両方により生み出されており、それらを分離することはしばしば困難である。そのため、ある傾度のみによって種のアバンダンスを予測するのは限界がある。種の分布における非生物的効果と生物的効果の分離の議論は重要であるが、本書の範囲外である。しかし、検定に関連する重要な情報を本書の Box 4.1、4.3 節、4.4 節、第 7 章に記している。明らかなことは、傾度に沿って観察されたデータは、非生物的・生物的効果の両者の産物であり、要因を分離することはしばしば困難であるということである。これを分離するには、研究したい説明変数をより正確にコントロールできる実験的アプローチを用いることができる。さらに、国内の様々な地域もしくは地球スケールで実験フィールドサイトを設定するイニシアチブが作られ、仮説に基づく関係が、異なる地域のサイトでも見られるかどうかを調査できるようになった。したがって、より一般的な結論を導ける可能性が高くなっている（例. Nutrient Network, www.nutnet.org; Biodiversity Exploratories, www.bidiversity-exploratories.de）。

最後に、ある傾度が変化する地理的・時間的スケールを特定することが重要である。スケールは数 mm から数 km、数時間から数年と様々である。年平均気温は 10 km 離れた二地点では非常に似た値をとると考えられるが、土壌特性は 1 m 以内の 2 点でも大きく異なることがある。生態学的条件は、非常に短い空間的・時間的間隔で変化することがある。これが、そこに住む種や群集の組成を分類学的・機能的に変化させることになる。例えば、土壌の垂直断面に沿って選択される土壌生物とその形質は、2 ～ 3 cm 程度の空間スケールで異なり、土壌食物網構造が変化する（Berg & Bengtsson 2007）。一方、同じ場所であっても、水平方向の場合は数 m の範囲でも、食物網構造はほとんど変わらない。こうした、着目する傾度におけるスケールの違いによって、種や群集の形質分布に影響すると予測される地理的・時間的スケールの種類が決まる。

4.3 環境フィルタリングという比喩表現とその意義

形質と環境の関係についての研究は、「**環境フィルタリング（生息場所のフィルタリング）**」とよばれる比喩表現と関連づけられることが多い。環境フィルタリングとは、種がある地域の種プールから、その形質に従って局所的な群集へと「フィルタリングされる（ふるいにかけられる）」という考えに基づいている。これは、Keddy（1992b; Díaz et al. 1998 も参照）によって最初に提案されたものであるが、フィルタリングという用語の使用は少なくとも MacArthur and Wilson (1967) にまで遡る。フィルタリングとは、言い換えれば、ある環境にあまり適応できない形質をもつ種は除外されてしまう。すなわち、その種が存在する確率やその存在量が小さくなるだろうということを意味する。フィルタリングは、多くの非生物的・生物的制約によって生じる。地理的に定義された空間（すなわち、群集 'community' もしくはより一般的には群集 'assemblage'[訳注 4-2]）において、一連の「**階層的なフィルター**」がその場所の条件下でより良いパフォーマンスをもたらす形質、つまりどの種がより存在する可能性が高いかを決める。たとえるなら、徐々にサイズの細かくなるメッシュを用いた一組のふるいで土壌をふるいにかけていくようなイメージである。その結果、小石のようなより大きい土壌粒子は、より上のふるいで捕捉される一方、非常に細かい土壌粒子のみが最後のふるいまで落ちていくことになる。最終のふるいまで到達できる小さい粒子は、サンプル内のすべての土壌粒子のうちの一部である。

生態学の枠組みでは、種プールの中からある場所に分散が可能な種に対して、その場所の環境要因によって、フィルタリングが生じるとされる。ある場所に到達した種が、その場所の環境において生存、成長、再生産するのに適した形質をもっているのならば、その種はフィルターを「通過」することができる。例えば、大陸全体で植物相や鳥類相といった種のグループが存在するが、大陸内の地域ごとに、局所環境がその場所に適応しない種をふるい落としている。この「ふるい／フィルター」というたとえにおける重要な点は、種のフィルタリングはその機

訳注 4-2. いわゆる種の個体群の集合を示す用語として、英語では 'community' と 'assemblage' が用いられることが多い。これらの定義や違いについては，例えば Fauth ら（1996）は、'community' を同じ場所、時間に生じる種の個体群の集合と定義し、'community' のうち、系統分類学的に近縁な種の集まりを 'assemblage' としているが、様々な定義や意見がある。（Fauth ら（1996）の表 A1 を参照。）本書では、明確な意図がある場合を除き、どちらも群集と訳した。

Fauth, J. E., Bernardo, J., Camara, M., Resetarits, W. J., Van Buskirk, J., and McCollum, S. M. (1996) Simplifying the jargon of community ecology: a conceptual approach. *Am. Nat.* 147: 282–286.

能形質に基づいて生じるということである。機能形質は、土壌粒子にたとえるとサイズや形に相当し、ふるいを通り抜けられるかどうかを決定している。種の機能形質によって生息場所に加入できる、あるいは優れた競争力がもたらされる場合、その種はフィルターを通過できるが、そうでなければフィルターを通過できず群集のメンバーにはなれない。これが環境フィルタリングの考え方である。また、環境条件によって生息場所を定義することができるので、「環境フィルタリング」の代わりの用語として「生息場所のフィルタリング」もよく用いられる。

種プールからある地域の群集が成立するまで、どのようなフィルターが、どのように配置されうるかのイメージを図4.4に示した（Zobel 1997; Götzenberger et al. 2012 も参照）。様々なフィルターが様々な空間、時間スケールで働くと考えられる。図4.4で示されているスキームでは、まず進化的な時間スケールで生じる

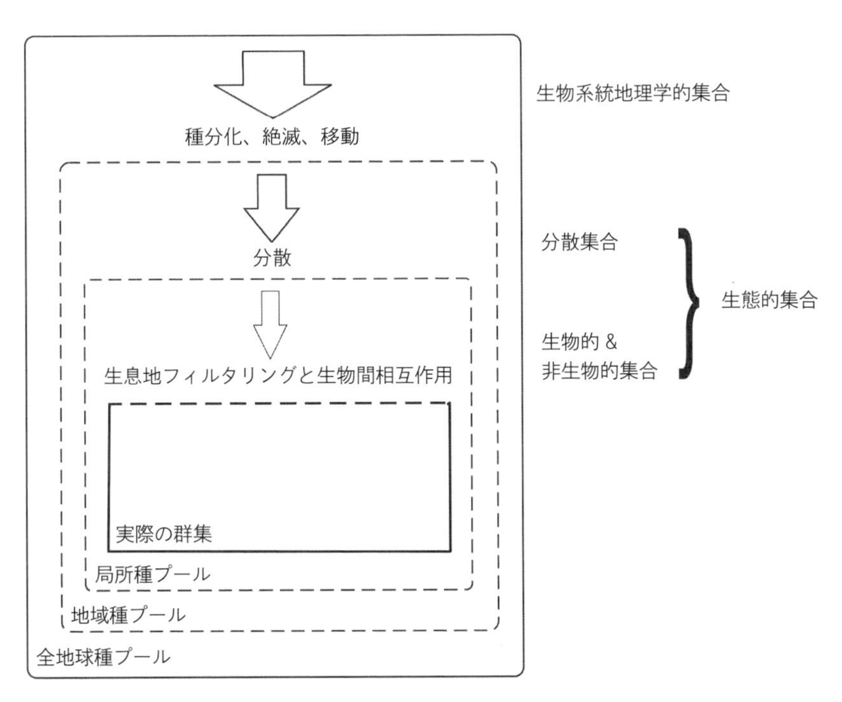

図4.4　フィルタリングの概念図。階層的な一連のプロセスとして描かれており、様々なフィルターが、それより下の階層のより細かいスケールにおける種プールのメンバーを制限している。このプロセスが最終的には実際に観察される群集につながる。「全地球」、「地域」、「局所」といった階層（スケール）ごとに異なるプロセスが優勢になると考えられる。多くのプロセスが階層をまたいで同時に作用したり、重複したりする可能性があることに注意してほしい。Wiley の許諾により、Götzenberger et al.（2012）より引用。© 2011 The Authors. Biological Reviews © 2011 Cambridge Philosophical Society.

プロセス（種分化、絶滅、移動）が、地域種プールの形成につながることを示している。つまり、地域種プールは、これらのプロセスにより生じた全地球種プールの一部とみなせる（Ricklefs 2004）。この地域種プールは、まだ比較的大きな生物地球化学的地域（大陸など）というスケールで定義されている。分散制限（すなわち分散フィルター）は、大陸もしくは生物地球化学的地域の一部に生息する種が、（気候条件が適していたとしても）他の地域に分散（到達）できない場合に、種をふるい落とすことになる。分散制限の良い例は、南極と北極でそれぞれ生活しているペンギンとシロクマである。しかし、分散はより小さなスケールでの種の発生にも影響することがある。例えば、メタ群集において、ある種が長距離分散の能力が限られているため、好条件だが孤立したパッチにたどり着けない場合がある。

最後に、実際に局所群集のメンバーになるためには、種がその場所に到達するだけでなく、**非生物的・生物的要因**の双方について好適な環境条件を見つける必要がある（Weiher & Keddy 1995）。生態学の文献には、図4.4に示したようなスキームが多数存在しており、「どのフィルターがより重要か」、そして「どのような条件で、どのようにこの階層的な入れ子状のフィルタリングを整理すべきか」といった点について、研究者間で意見が異なっている。フィルタリングの枠組みの表現はいくつかあるが、すべてに共通しているのは、(1) それぞれのフィルターを通過することで、一部の種（そしてその形質）が取り除かれる、もしくはそのアバンダンスが変化すること、そして、(2) 種やアバンダンスの減少は、群集を観察する空間的スケールを小さくするにつれて段階的に起こるということである（de Bello et al. 2013b）。

局所レベルでは、フィルターは種が存在する場所の様々な環境条件を示している。そのため、局所レベルのフィルターには、非生物的・生物的フィルターが含まれ、場合によっては両者が区別されるが（Mayfield & Levine 2010）、その区別はあまり容易でも単純なものでもない（第7章も参照）。非生物的フィルターとは、4.2節で直接傾度や間接傾度として説明したすべての非生物的条件を含んでいる。生物的フィルターには、栄養段階内の相互作用（競争、促進など）や、栄養段階間の相互作用（送粉、菌根菌の共生、寄生など）が含まれる。これらの相互作用によって、ある種が本来であれば存在できる場所であっても、例えば別の種に駆逐されたり、捕食者の餌になったりすることで、その種の発生が制限されることがある。

フィルタリングの枠組みは、より高次の段階のプロセスが最初に働き、その後に下位のプロセスが働くという一連の階層構造を意味する。しかし、重要なのは、この階層構造はあくまで概念的なものであり、群集集合（ある場所の生物群集が形づくられること）が実際にどのように生じているかについて、必ずしも意味がある表現ではないということである（Kraft et al. 2015）。実際、フィルタリングという比喩は、現実を完璧に記述するというよりは、生態学者間で概念を伝えるためのツールである。このプロセスはボトムアップにもなりうるし、トップダウンにもなりうる。最も重要なのは、観察データのみを用いて、様々なフィルターの効果を正確に分離することは事実上不可能に近いということだ（Mayfield & Levine 2010）。第7章において、これらのアイデアを詳しく説明し、群集集合についてのアイデアが、空間・時間スケールによってどのように変化するかについて概説する。空間・時間スケールは、最近の共存理論の発展においても強調されている。

4.4　種から群集へ、そして群集から種へ

種のアバンダンス、形質、環境条件を組み合わせて理解することは、環境傾度に沿った形質の変動を研究するときの基本である。これらのデータを組み合わせて解析することに関して活発な議論が行われており、方法論は現在も発達中である（Kleyer et al. 2012; Peres-Neto et al. 2017; Zelený 2018）。この課題に取り組む方法の例は、'R material Ch4' に示している。ここでは、解析を行うときに考慮すべきいくつかの基本的な議論を示す。形質が傾度に沿ってどのように変化するかを調べる際にまず気をつけることは、先の節で部分的に見てきたように、形質と環境の関係は様々なレベルで扱えるということである。解析には主に三つのレベルが想定される。(1) 個体群あるいは種内レベル、つまり単一の種、(2) 複数種間の種レベル、(3) 群集レベル、つまり共存する種の集合。これらの異なるレベルの解析を、図4.5に概略的にまとめた。

「**種内レベル**」では、種の各個体もしくは個体群が一つのデータポイントを示す。ほとんどの場合、対象種のある形質に対して個体の測定値が個体群ごとに平均され、環境傾度に沿った異なる個体群はそれぞれ平均の形質値で示されることになる（種内の形質変動の問題は第6章も参照）。例えば図4.1では、標高傾度全体のうち、植物個体の高さを測定したものが個体群ごとに平均して示されている。さらに詳細なレベルでは、それぞれの計測された個体と傾度上の位置を用いて、形質値に傾度に沿った有意な変化があるかどうかを検証できる。

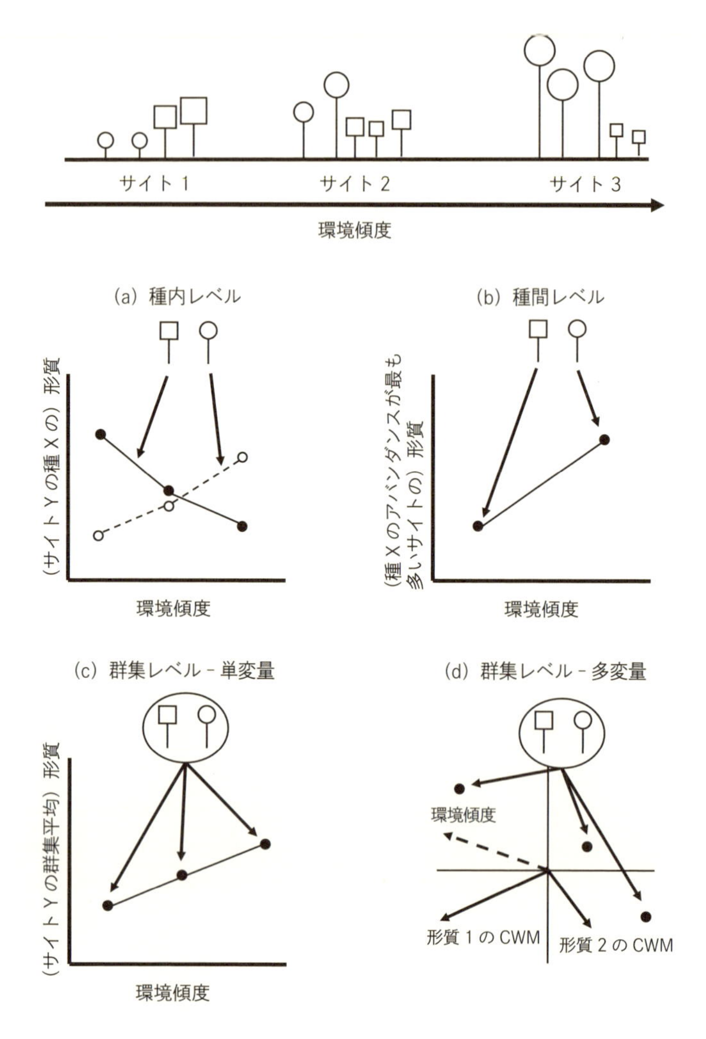

図 4.5 様々なレベルの形質と環境の関係。形質と環境の関係を解析する方法が、(a) から (d) の四つの図で示されている。x 軸はいずれも検討中の環境傾度を示している。一番上には、環境傾度に沿って共存する 2 種が示されている。(a) 種内レベルアプローチでは、図上の各点は、傾度に沿った場所 (x 軸上の位置) の個体群からサンプリングされた個体の平均形質値 (y 軸上の位置) を示している。ここでは 2 種のみに対して行っているが、同じ図で複数種の関係を表現できる。(b) 種間レベルアプローチでは、図上の各点は、y 軸上のその種の平均形質値と、x 軸に沿った傾度上のその種の「最適」な位置 (例えばその種のアバンダンスが最も多い場所) である。(b) で表現されている関係は、しばしば入れ替えることができる (x 軸と y 軸を交換できる)。これは、種の形質が環境傾度に沿った位置を定義するという考えに従っている。群集レベルアプローチは 2 タイプある。(c) の各点は、傾度に沿った場所の共存する種の平均形質値である。(d) は異なる形質と傾度に対する群集レベルの尺度を一つの解析に組み合わせている。そこでは、各サイトの群集の平均が、環境傾度によって制約を受ける多変量空間に投影されている。

「**種間レベル**」もしくは単に「**種レベル**」(Kleyer et al. 2012)の解析では、各種は、ある環境傾度上の最適な環境の値とその種がもつ一つ以上の形質の値の組み合わせで表現される。種レベルの観察単位は種である。最も単純な場合、最適な環境は、種のアバンダンスが最も大きい場所として定義することができる。また、多変量解析を用いて種の最適な環境条件を定義することもできる（Box 4.1)。多くの場合、生態学者は図 4.5 に示した「環境傾度が予測因子で形質値が応答因子」という関係とは逆の関係に関心がある。すなわち、形質値が予測因子（すなわち x 軸上）で、環境傾度に沿った位置（すなわち種のニッチ）が応答（すなわち y 軸上）である。

「**群集レベル**」で形質を扱うためには、もう一つの方法論的ステップがある。それは、種ごとの形質情報を単一の群集ベースの形質尺度にまとめることである（例えば群集内の種の形質値の平均をとるなど)。この単純なアプローチでは、ある場所に共存する種の形質値を取得し、その平均値を計算するだけでよい。Ostenfeld による研究（図 4.3 参照）がまさにこの尺度を利用している。Ostenfeld の例のポイントは、形質（生活型）はカテゴリーであるため、群集レベルの平均形質は単に、特定の生活型に割り当てられた種数の割合で表現されていることだ。第 5 章では、群集加重平均（community weighted mean, CWM）とよばれる群集レベルの形質解析でよく使用される指数を用いて、種のアバンダンスも考慮してこの尺度を計算する方法を詳しく説明する。

種内レベルのアプローチがかなり単純である一方、種間と群集レベルの統計解析はより複雑になる可能性があり、またこれら二つのレベルの区別はやや曖昧である。例えば、いわゆる fourth-corner アプローチ[訳注 4-3] は、種レベルと群集レベルのアプローチの双方を組み合わせたような解決策を提示している（Dray & Legendre 2008)。別の検定では、個体群レベルと種レベルの解析を組み合わせることができる（Jamil et al. 2013)。他の興味深いアプローチについては、第 6 章で説明を行う。重要なのは、現在考えられている手法の多くは、一変量統計の領域（すなわち図 4.5 (a)-(c)のように単一の応答変数をもっている）を離れており、形質と環境の関係を多変量の方法で解析していることである（図 4.5(d))。統計用語を用いないでいえば、「形質が種の生態学的パフォーマンスを決定し、それゆえ、これらの種のアバンダンスを決定する要因である（はずだ)」と仮定を置

訳注 4-3．環境と形質の関係を解析するアプローチの一つ。種×群集行列、種×形質行列、群集×環境条件行列という三つの行列データから、環境と形質の関係を解析する。

くことで、環境傾度に沿ったその種の位置と形質情報によって、複数の種のアバンダンスや出現（すなわち群集組成）を同時に説明しようとしている。

形質とアバンダンスの関係、あるいは形質と環境の関係を上記のやり方で解析しようとする統計手法はいくつかある。それはすべて、三つの行列（種組成つまり第5章の種×群集行列；第3章で紹介された種×形質行列；群集×環境条件行列）を結合させる課題に直面しており、それぞれ異なるやり方で課題を解決している。ここでは詳しく示さないが、Kleyerら（2012）が良い概説と比較を行っており、典型的な解析例は‘R material Ch4’で紹介している。群集レベルのアプローチについては、第5章と第6章で紹介する。

2000年代初頭から、形質と環境の関係に関する研究がブームとなっており、最近の文献では多くの解析例を見ることができる。先に述べたように、形質と環境の関係は、様々な解析で取り組むことができる一方、その解析結果が生物学的に何を反映しているのかを理解するには、種レベルと群集レベルの解析を具体的に比較することが役立つ。種レベルと群集レベルの解析の違いを強調した初期の形質関連の研究の一つにAckerlyら（2002）がある。著者らは、日照の傾度に沿って葉の形質（比葉面積、葉のサイズ）と種の環境の好みの間に弱い関係があることを示した（種レベルの解析；図4.6(a), (b)）。しかし、形質と種組成が組み合わされた群集平均になると（アバンダンスで加重してもしなくても；第5章参照）、この関係は非常に強くなった（群集レベルの解析；図4.6(c), (d)）。重要なのは、形質が環境傾度に沿ってどのように変動するかをめぐる問いに対して、異なるレベルでの解析によって異なる結果が生まれうることを認識することである。こうした結果の違いが生じる理由は、部分的には数学的な性質によるものである（Ackerly et al. 2002; Hawkins et al. 2017; Peres-Neto et al. 2017）。そのため、形質と環境の間のパターンについて、生物的に意味のある解釈をするには、その研究において仮定されている関係を慎重に検討する必要がある（Zelený 2018参照）。このトピックについては、Box 5.1でより深い考察を行う。まとめると、二つのタイプの解析は、異なるタイプの問いに回答を与えると考えられる。環境フィルタリングが群集のほとんどの種に適用される場合には、種レベル、もしくは少なくとも1種か数種の優占種において、形質と環境の関係が見られることが予測される。この場合、優占種と環境の関係は群集レベルの平均で表現される。

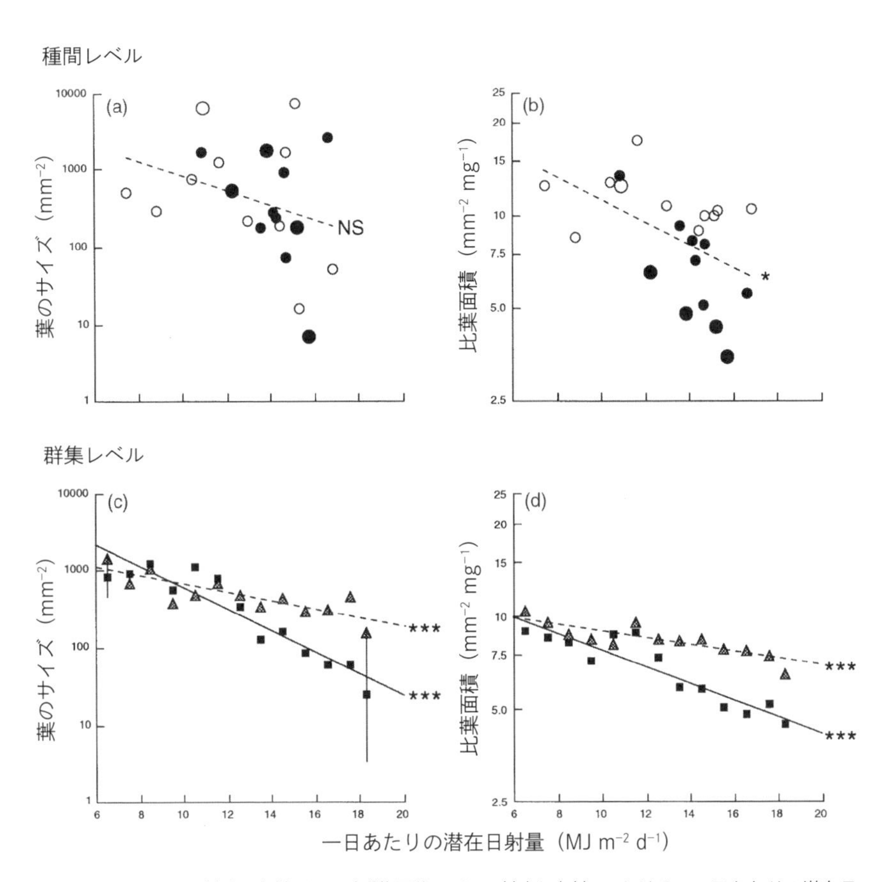

図 4.6　種間レベル（(a)と(b)）および群集平均レベル（(c)と(d)）における、一日あたりの潜在日射量（以下日射量）と二つの形質（葉のサイズと比葉面積）の関係。種間レベル（つまり、各点が x 軸上の種にとって好ましい日射量と、y 軸上の種の平均形質値を示している）では、形質と環境は弱い関係しかないか、無関係である。群集平均レベル（つまり、各点がプロット内の種全体の平均形質値を示している）では、その関係はより強力である。(c)と(d)の実線は、種のアバンダンスによる群集加重平均値、破線は非加重の群集平均値と日射量の関係を示している。したがって、ここでのグラフは、図 4.5 のパネル(b)と(c)に示されている解析（種間レベルおよび単変量の群集レベルの解析）を示している。パネル(c)の（日射量の最小値と最大値の位置の）垂直の線は、形質平均の周辺の形質変動（標準偏差）で、傾度に沿った機能的多様性が増加していることを示している（第 5 章参照）。*$P < 0.05$; ***$P < 0.001$. Springer Nature の許諾により Ackerly et al.（2002）から引用した。

4.5　機能形質を適応度と関連づける

種レベルの解析のもう一つの典型的な例は、形質と適応度の関係を調べることである。形質と適応度の関係は、形質生態学の重要な前提の一つである（図1.1参照；Violle et al. 2007）。形質と適応度の関連づけは、上記で要約したように種レベルの解析で直面する可能性がある。種レベルの解析では、形質が種の適応度要素を予測する説明変数として機能する。しかし、形質と適応度の関係の解析には、種のライフサイクル全体に関するデータが必要であるため、両者の関係の強さはほとんど検証されていないのが現状である（ただし、最近は解析のためのデータ収集が開始されている。Salguero-Gómez et al. 2015, 2016）。Adler ら（2014）は、植物のライフサイクルデータを機能形質データと組み合わせることで、種子重量、材密度、比葉面積のような形質が、生存、産子数、成長といった適応度要素に実際に関連づけられることを示した。しかし、様々な形質が様々な適応度要素と関係しており、さらに適応度要素の変動の大半は説明されないままであった。種の適応度と機能形質の間に一貫した関係を見つけるのが困難であることが、環境傾度が種レベルの機能形質を十分には予測しないことの理由の一つであろう。一方、環境と形質の関係は群集レベルではより明白で、特に優占種に着目する場合は顕著である（例えば Ackerly et al. 2002）。

最近では、Pistón ら（2019）が単一の形質よりむしろ、形質の組み合わせや相互作用が、種の適応度をよりよく説明できると提案している。主なアイデアは、ある形質の組み合わせが複数の機能戦略につながり、結果として類似した適応度が得られるというものである。植物の適応度に取り組むとき、単一の側面だけではなく、多次元の機能空間の全体を考慮しなければならない。この点に関しては、回帰木に基づく手法により、形質を適応度要素、または種の環境の好みに関連づける手法が有効である（de Bello et al. 2005; Kleyer et al. 2012; ‘R material Ch4’ 参照）。

形質と適応度の関係が強いことを示す例が不足しているもう一つの潜在的な理由は、適応度に対して環境の影響が非常に大きいことである（Adler et al. 2014）。形質間の相互作用によって、元の形質の組み合わせとは異なる別の組み合わせであっても、同様の適応度がもたらされることがあるが、この形質間の相互作用が環境条件によって変化する可能性がある（Laughlin & Messier 2015; Pistón et al. 2019）。形質の相互作用と環境変動の双方が種の適応度に影響を与えることはよく知られている（Dwyer & Laughlin 2017）。しかし、形質データを用いた研究は伝統的に、単一の形質と適応度の関係に注目しており、個体群動態における生息地適性の限界を考慮していない。

4.6　形質と種の分布モデル

環境傾度に沿った種の変動の利用例の一つに、ニッチに基づく種分布モデリング（species distribution modelling, SDM. 類似のアプローチに対して別のよび方もある）がある。このトピックは、過去 20 年の間に大きな発展と科学的な成功がもたらされた。SDM の概念は、地球環境変動のシナリオのもとで将来的に種がどこに分布するのか？　あるいは、侵略的外来種がどのくらい、どこに広がるのかといった重要な疑問に答えるための糸口となっている。これらのモデルは、環境傾度に沿った種の（実現）ニッチ（Box 4.1）を定義する複数のパラメータに基づいて、ある場所での種の出現を予測しようとするものである。種の出現予測マップは、実際に観察された種の分布と比較することができる（図 4.7）。R ソフ

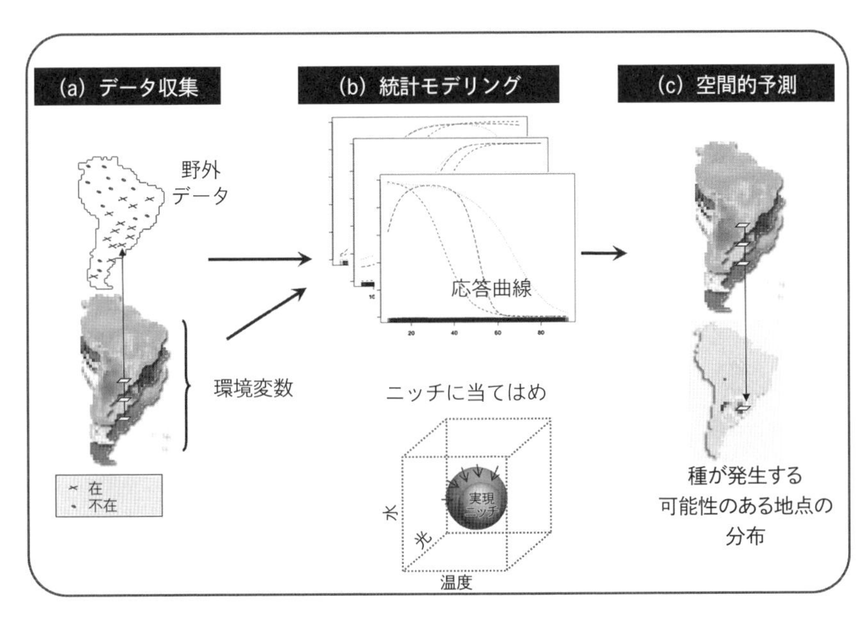

図 4.7　種の分布モデリングの一般的な流れ。種の観察と観察場所から得られる環境データが統計モデルに入力される。次に、モデルに用いられる環境予測因子の地理的分布を考慮して、これらのデータから種が発生する可能性のある地点を予測する。Cambridge University Press の許諾により、Guisan et al.（2017）より引用。© Antoine Guisan, Wilfried Thuiller, and Niklaus E. Zimmermann 2017.

トゥェアへの適用も含め、SDMの現在の広範な解説は、Guisan et al. (2017) に見ることができる。SDMアプローチは環境傾度への種の応答に基づいており、この応答の原因となる形質についてはあまり注意が払われていない。しかし、SDMには、形質が役立ち関連する側面がいくつかあるので、ここで簡単に触れることにする。

「種の分布が非生物環境に応答してどう変化するのか」をより正確に予測するためには、生物間相互作用によって補正する必要があることが認識されてきている (Schweiger et al. 2008; Berg & Ellers 2010; Wisz et al. 2013)。例えば、多くの植物の生息範囲の拡大は、その植物のスペシャリストの植食者の拡大よりも遅いので、植食者の分布拡大を制限している。生物的環境として、このような従属栄養的相互作用が含まれる場合、種がある場所に存在するかどうかは、種が定着するための生理学的制限（例えば分散能力や気候）ではなく、必要な餌生物や共生者などが利用可能かによって決まる。同じことが栄養段階内の生物間相互作用にも当てはまる。例えば、ある2種が競争によって互いを排除し合うということがわかっている場合、競争的に優れた方の種の出現情報によって、もう一方の種の出現の予測の精度を高めることができる。

ニッチという観点から、種の出現と非生物的変数の関係も調べられている。近年、非生物的傾度に対する種の応答を定義するために形質を用いることができること、つまり形質によって種の分布の予測を改善できるということが認識されるようになった。例えば、Pollockら (2012) は、複数のユーカリ属の種の出現をモデル化する際に、L-H-S方式の形質（すなわち比葉面積、植物の高さ、種子重; 第3章）をそれらの相互作用も含めて利用することで、形質が環境傾度に対する種の応答を変化させることを明瞭に示している。

同様に、Shipleyら (2017) は形質を用いることで、種の生息場所への親和性や、あるサイトでの種の潜在的な出現を予測できることを示した。Shipleyら (2006) の最大エントロピー (*Maxent*) アプローチは、環境と群集の形質の平均値と単一種の形質値の双方の関数として種のアバンダンスを予測する。二つ目のアプローチは、「形質空間」とよばれるものである。形質空間は、基本的にはMaxentアプローチの拡張であり、形質の平均値だけではなく、形質値の分布構造全体を組み込むことで、種内の形質の変動を説明できる (Laughlin et al. 2012)。Laughlinら (2012) の形質空間モデルは、種内の形質の変動情報が利用可能あるいは合理的に推定できる状況であれば、共存する種が互いにどのように相互作用するかをより正確にモデル化するのに利用できる。つまり、種の機能形質をSDMに組み込むことで、環境と種の出現の相関を見るだけではなく、よりプロセスに迫るような解析を行える可能性がある。このことは、個体の成長速度のような機能形質と、予測される生息地適性を結びつける研究においても当てはまる（例えばソウギョの研究がある。Wittmann et al. 2016）。

SDMは、種の地理的分布を直接的に予測する以外にも、得られた複数種の種分布モデルを「重ね合わせる」ことによって、場所ごとの種の豊富さを予測するのに使用できる。SDMの重ね合わせ[訳注4-4]は他にも、形質に基づく機能的多様性や群集の平均形質値など、生物多様性の別の側面の予測にも使用できる。後者は、多くのケーススタディで試みられているように（Buisson et al. 2013; Grigulis et al. 2013; Albouy et al. 2014; Thuiller et al. 2014）、将来の気候や土地利用変化のシナリオのもとでの生態系の機能を予測する上で、興味深く、有望である。

まとめ

- 環境条件の違いによって、機能形質があまり適していない個体が「フィルタリング」される。その結果、環境傾度に沿った種内・種間の形質の変化を観察することができる。
- 環境傾度には様々なタイプがある。環境傾度に形質の変化を関連づける場合、調査した傾度に沿ってどのような環境条件がどう変化するかを、できるだけ正確かつ標準化された方法で調べることが重要である。
- 環境傾度と形質の関連は、種内レベル（傾度に沿って計測された種の複数の個体）、種レベル（異なる環境の好み、すなわちニッチをもつ複数の種）、群集レベル（ある空間スケールで共存する種群の形質値の集合）など様々なレベルで検定できる。
- 種レベルの解析は、形質を種の適応度に関連づけるために特に重要である。これにより、どの形質がより機能的かを定義し、種の分布モデルのパラメーター化が可能になる。

訳注4-4．その手法については下記を参照。

Tikhonov, G., Opedal, Ø. H., Abrego, N. et al. (2020) Joint species distribution modelling with the R-package Hmsc. *Methods Ecol. and Evol.* 11: 442–447.

Ovaskainen, O. and Abrego, N. (2020) *Joint Species Distribution Modelling: With Applications in R.* Cambridge University Press.

5　群集の計測

この 10 年で、生態学者は生物群集の機能形質構造を記述する手法を数多く提案してきた。これらの手法を用いることで、群集内の種の形質情報を単一の数値として要約することができる。これらの取り組みのほとんどは、「機能的多様性」に焦点を当てており（例．Villéger et al. 2008; Pavoine & Bonsall 2011; Carmona et al. 2016)、その結果得られる「指数の多様性」が、数学的にも概念的にも巨大なものとなっている。本章では、生態学者に対して、このアプローチの迷宮を案内し、その類似性、限界、実用性について概説する。すべての指数について包括的に探究することは本書の範囲を大きく超えているので、ここでは現在最も頻繁に適用されている指数に注目して、可能な限り、それらを計算するための R ツールを紹介する（詳細は 'R material Ch5' を参照せよ)。

R ツールを用いると、比較的少ない労力で結果を得られることが多い。しかし、数学に精通していないユーザーにとっても、各指数の計算方法の基礎を理解することは重要である。これにより、ユーザーは算出した指数の値が生態学的にどのような意味をもつのかについてより深く理解することができる。第 3 章で記したように、機能的多様性を使用する場合、どのデータがどのような形式で必要なのか、そしてデータ変換と形質データの欠損がどのような影響をもつのかを考える必要がある。本章では、種内の形質変動データが利用できない単純化されたケースにおけるこれらの検討事項について解説する。第 6 章ではさらに、種内の形質変動データが利用可能な場合に、既存のツールを用いてそれを扱う方法を紹介する（ただし、'R material Ch3' 内でも種内の形質変動を考慮した形質非類似度を計算するツールを示している）。

5.1 群集の機能形質構造

本書では、生物群集はある時間と場所で共存（共出現）している種の集まりとして扱っている（第1章）。生物群集は一般に、サンプリング単位（植生プロットやピットフォールトラップなど）から得られたデータを用いて記述され、そこには、共存する種と各種のアバンダンスの情報が含まれている場合が多い。

解釈を容易にするために、生物群集の機能形質情報は、いくつかの指数に要約されることが多い。これらの指数の一つに、特定の「機能群」もしくは「機能タイプ」内の種数もしくはアバンダンスに関するものが挙げられる（第3章参照）。例えば、牧草地の窒素固定植物種の相対アバンダンスや、池の肉食性の魚種は何種類いるかを記録する場合がこれにあたる。これらの指数は、あるタイプの種がどの程度優占するのか、もしくはどの程度レアなのかを要約しようとするものである。このアプローチは、定量的な形質（植物の高さや体長など）に関して、ある地域で採集された生物の中で最も頻度の高い値を推定することにあたる。例えば、ある教室にいる学生について、その平均身長を求めるようなものである。

別のタイプの指数として、生物間の形質の変動（つまり、生物間でどのくらい形質値が異なっているのか）を定量するものが挙げられる。かの George Evelyn Hutchinson は60年以上前に、サンタロザリア池の水生昆虫を観察し、「なぜこんなに多くの種がいるのか」という疑問をもった（Hutchinson 1959、第7章参照）。同様に、珊瑚礁を観察することによって、ある生息地に様々な形のものが共存していることに気づくことができるだろう。このように、ある調査単位にどのくらいのタイプの種がいるのかを定量することを目的とした指数がある。生物間の表現型の違いの程度は、機能形質の多様性、もしくはもっと簡単に、**機能的多様性**として定義することができる。「平均」が様々なやり方で(平均や中央値のように）定量できるのと同じように、機能的多様性は、範囲、標準偏差、分散などの指標から導くことができる。学生の身長の例では、グループごとの学生の身長の範囲や分散といった指標が、身長という表現型の多様性の構成要素となる（図5.1）。

図5.1に示す学生の身長の確率密度分布（「形質密度分布」とよぶ）のような一連の数値の「形状」は、様々な指数によって記述することができる。これらの

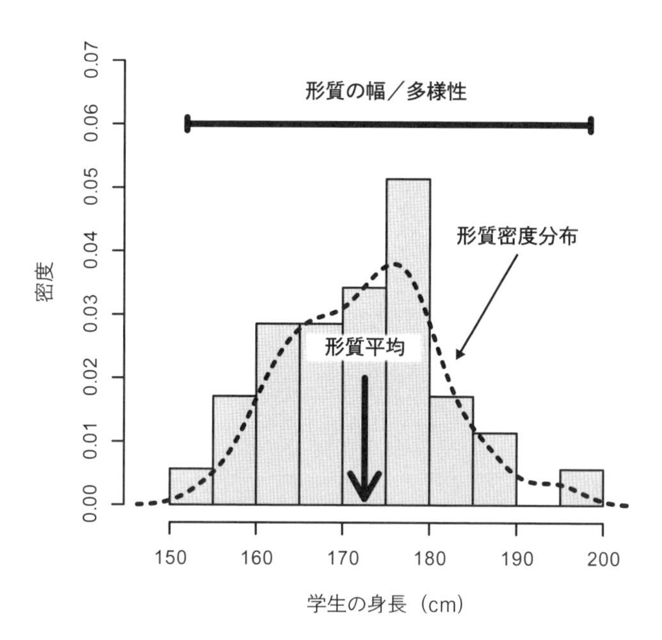

図 5.1 群集の機能形質構造を記述するための二つのパラメーター（形質の平均と形質の範囲）の図示。この例では、「群集」として 35 人の学生の身長の分布を示している。群集内の形質分布を近似する「形質密度分布」（点線）は、分散、平均非類似度などの多くのパラメーターで計測することができる。詳細は本章で説明されている。

各指数は数学用語では「モーメント」とよばれる。値の分布の「一次モーメント」はその平均、「二次モーメント」は分散、「三次モーメント」は歪度、「四次モーメント」は尖度にそれぞれ対応する。同様に、機能生態学において、これらの四つの「モーメント」は、群集もしくは地域、あるいは、関心のある特定のスケールにおいて、その形質の分布を記述する上で役立つ（Le Bagousse-Pinguet et al. 2017）。四つのモーメントはそれぞれが興味深いものであるが、最初の二つのモーメントですでにかなりの情報量をもっているので、本章ではそれらに注目する。

群集の形質分布を記述する指標を紹介する前に、文献によって用語の不統一が非常に多いことを注意しておく（不幸なことに、本書の著者による過去の文献においても存在する）。構成種の形質の観点から群集の「組成」を要約しようとする指標は、**群集の機能形質構造**（*community functional trait structure*, Garnier et al. 2015）、または、**形質分布**（*trait distribution*, Carmona et al. 2016）の指標とよぶことができる。また、著者によっては、**機能形質空間**（*functional trait space*, 本章の後半を参照）とよぶことも多い。なぜなら、特定の研究単位（例えば個体群、群集、地域など）の形質の程度や分布を示すために、これらの指数の多くが多変量形質空間で表現されるからである。これらの用語は、基本的に同義語として使用される。

群集の機能形質構造（以下、機能構造も同義）は、単一の尺度では評価できず、複数の指数を用いる必要がある（Díaz et al. 2007）。ここまでで、(1) 群集における優占する形質、そして (2) 生物間の機能的相違の程度（上記で「機能的多様性」と定義した）を記述する2タイプの指数群を概説した。この2タイプの指数は、形質分布を記述する最初の二つの「モーメント」に対応しており、機能生態学者の最も典型的なアプローチの構成要素である。この基本的なアプローチは、さらに強化することもできるが、様々な生態学的な問いに取り組むための一般的な枠組みとして提案されている（Ricotta & Moretti 2011）。

著者によっては、この2タイプの指数（優占形質と形質の変動）をまとめて機能的多様性とよぶこともある（Díaz et al. 2007）。ここでは、明瞭さのために、「機能的多様性」は、より狭い意味でのみ、すなわち、上述のように生物間の形質の変動の程度を記述するためのみに使用する（図5.1）。そのため本書では、機能的多様性の定義から群集形質の平均を意味するすべての尺度を取り除く。一方で、「機能構造」と「形質分布」は、群集内の種の形質を要約する指標（すなわち、優占形質と形質の変動の両方）を記述する同義語として使用する。

5.2 群集加重平均

5.2.1 群集加重平均の計算

群集機能構造を記述する単純かつ強力な指数は、群集加重平均（CWM）である。これは概念的には第4章で紹介しており、「群集集約形質（community aggregated trait）」や「群集機能パラメータ（community functional parameter）」とよばれることもある（Violle et al. 2007）。この指標は、各形質に対して（定量的もしくは定性的に）、種ごとの相対アバンダンスに応じて加重した群集の平均形質値に対応する。言い換えると、アバンダンスの多い種ほど、平均に対して大きな「加重」をもつ。この式は以下のように要約できる。

$$\mathrm{CWM} = \sum_{i=1}^{N} p_i x_i \qquad \text{式 (5.1)}$$

ここで、Nはある群集で見られた種数、p_iは種iのアバンダンスの群集内における割合（0から1の間の値）、x_iは種iの形質値である。

図 5.2 量的形質と質的形質の群集加重平均（CWM）の計算における入力データと出力データ。

図 5.2 では、二つの異なるタイプの形質について CWM がどのように計算されるかを示した。CWM を計算するには以下の 2 種類のオブジェクトが必要である：(1)「種×群集」行列、評価したいサンプリング単位ごとの種組成（つまり、群集データ）を含むオブジェクトと、(2)「種×形質」行列、評価したい種の形質情報を要約したオブジェクト（第 3 章で紹介）。「種×群集」行列では、種のアバンダンスの定量データ（個体の数など）をもつ場合もあれば、在不在データ（0 と 1 の二値など）のみをもつ場合もある。なお、本章で記述しているすべての他の指数も同様にこの 2 種類のオブジェクトが必要である。

「種×形質」行列には通常、種ごとに単一の値が含まれ、多くの場合、複数の計測値の平均値に対応する。この行列では一般に、二つのレベルをもつカテゴリー形質は一連の二値変数に変換される（カテゴリーが順序に従う場合（高さクラスなど）、カテゴリー形質は単一の順序変数で表現できる；第 3 章参照）。この点については、以下の本文と関連する R material で詳しく説明する（いくつかの R の関数は、自動的にカテゴリー形質を二値コードに変換する）。

図 5.2 では例として魚類群集を想定する。3 群集において合計 7 種がみられ、

それぞれの魚種について体サイズ（cm）と肉食性（yes/no）の2形質を評価する。最初のステップは、種×群集行列に基づいて、三つの群集の種の相対アバンダンスを計算することである。例えば、種1は、群集1には10個体、群集2には49個体存在している。そして群集1と群集2の魚類の総個体数は50個体と70個体である。つまり、種1の相対アバンダンス（p_i）は、群集1, 2でそれぞれ、10/50 = 0.2（すなわち20%）と49/70 = 0.7（すなわち70%）である。種1は群集3にはおらず、そのp_iは0である。p_iは群集中の種ごとのアバンダンスの割合なので、各群集におけるp_iの合計は1すなわち100%になる。p_iの合計値が1になっているかどうかの確認は、手計算するとき（初めて計算するときには、プロセスを理解するために勧める）でもRを使うときでも、正しく計算できているかをチェックする良い方法である。計算の2番目のステップは、x_iとp_iの積の計算、すなわち各群集におけるそれぞれの種の相対アバンダンスと形質値の乗算である。この計算は、形質ごとに行う。最後に、群集ごとに、この積をすべて合計する（$\Sigma\ p_i \times x_i$）ことで、CWMが算出される。

量的形質のCWM値は、群集からランダムに1個体を抽出した場合に引き当てる可能性が高い平均の値だと考えることができる。群集1では、体サイズのCWMは30である。この場合、群集中の5種すべて（種1から種5）が同じ個体数（それぞれ10個体）であり、すべての種が同じ荷重をもつので、CWMは形質の単純平均、すなわち（10 + 20 + 30 + 40 + 50)/5 = 30となる。これは例えば、群集1の50個体のうち、20個体をランダムに選ぶと、体サイズの平均値はおよそ30になる。注意点は、この「種が同じ荷重をもつ」という状況は、種のアバンダンスのデータがない場合も反映していることである。種のアバンダンスのデータがない場合というのは、例えば種の在不在データ（すなわち種×群集行列が1と0）のみをもつような状況を指し、それぞれの種の相対アバンダンスp_iは、$1/N$（つまり、1を群集の種数で割った値）になる。

群集3の体サイズの例では、形質情報のない種6（欠損値）が含まれている。欠損値は、機能生態学の重要な課題であり（第2章）、系統的情報に基づく推定値で代用されることもある（第8章）。欠損値をもつ種の扱いにおいて、最も単純で一般的な方法は、その種をすべての群集の計算から除外することである。この際、除外されなかった「残り」の種の新たな相対アバンダンスが計算される（図5.2の「群集3NA除外」参照）。例えば、群集3には種6が2個体存在し、全個体数の10%を占める。しかし、種6は体サイズ情報が入手できないので、CWMは種6が存在しないものとして（すなわち、種6のアバンダンスが0として）計算される。群集3から種6を「取り除く」と、新しい全個体数は20ではなくて、18になる。すると、例えば、群集3の種2の相対アバンダンスは、0.3（6/20）から0.33（6/18）になる。このアプローチでは、形質情報が欠けている種を解析から取り除くため、「取り除かれた」種が群集中で相対的にどれだけ多いかによって、結果が変わることがある（Pakeman & Quested 2007; Majeková et al. 2016a）。群集3では、取り除かれる種6は群集の全個体のわずか10％しか占めていないため、その影響は比較的小さいが、それでも生物学的には大きく関連があるかもしれない。仮に、種6の形質値（体サイズ）が60だった場合、CWMは「種6を取り除く前後」で52.7から46.7へと約11％変化することになる。ただし、群集3のCWMは取り除く処理の有無にかかわらず、群集1，2のCWMの値（それぞれ30.0と23.7）よりも依然として大きいため、群集間でのCWMの順位（Kazakou et al. 2014）についての結論は変わらない。欠損した形質値に関する問題と解決策については、第8章と第11章でも説明する。

次に、図5.2の肉食性のような、カテゴリー形質ともよばれる質的形質に着目する。カテゴリー形質でのCWMの計算法は、形質が（明示的にもしくは暗黙のうちに）ある定量的スケールに変換されると、質的形質と同じである（詳細は以下を参照）。唯一の違いは指数の解釈である。カテゴリー形質のCWMは、形質のあるカテゴリーが群集内に占める割合を示す。例えば、群集2の肉食性のCWMは0.7となり、これは、群集内の個体の70％が肉食性で30％は肉食ではないことを示している。質的形質のCWMは、量的形質の場合と同様に、群集からランダムに個体を抽出したときの形質値の期待値（肉食性か否か）も反映している。とはいえ、質的形質のCWMは割合として解釈するのが最もわかりやすいだろう。例えば、群集1と群集3は、どちらも肉食性のCWMは0.6である。群集1は、すべての種が同じアバンダンスなので、「肉食性の種が60％の割合でいる」と解釈することができる。一方、群集3では、種が異なる加重をもっている（種によって個体数が異なる）ので、「肉食性の個体が60％の割合でいる」というように、個体数の割合としてのみ解釈でき、種の割合としては解釈できない。

本節では、計算の意味をわかりやすくするため、種のアバンダンスの尺度として個体数を用いてすべての例を計算した。しかし、次節で議論するように、種のアバンダンスとして、個体数以外にもバイオマスや植生プロット内の被度の推定値などの尺度を用いてもCWM（そして、アバンダンスで重み付けした機能的多様性の尺度；5.3節参照）を計算することができる。

5.2.2 種のアバンダンスの考慮

ここまで概説したように、指数の計算の際には、群集の総アバンダンスに対する種の相対アバンダンス（すなわち**比率** p_i）を標準化した。これは、CWMと以下で議論する他の指数に大きな影響を与える（Majeková et al. 2016a）。相対アバンダンスは、例えば、群集内の個体数の総数に対する種 i の個体数を反映している（図5.2参照）。しかし、クローン繁殖する植物など個体を区別するのが困難で、個体数の計測が困難な場合も多い。幸いなことに、アバンダンスは別の形でも示すことができる。例えば、バイオマス（群集中の全種のバイオマス合計に対するある種のバイオマス）、植生被度（全種の植生の被度の合計に対するその種の被度の割合）、頻度（群集調査を行った全サブプロット数、もしくはポイントコドラート法の全調査ポイント数に対して、ある種が見つかったサブプロットやポイントの数）などである。

ここでは、形質が個体ごとに計測できない場合、なぜCWMが実用的な解決法となり得るのかを示す（形質の計測については第11章を参照）。3種からなる単純な群集を想定しよう（図5.3）。最初の種（図5.3の種1）は5個体でそれぞれのサイズが20，25，30，35，40（すなわち平均30 cm）である。2番目の種（種2）は3個体でそれぞれのサイズが35，40，45（すなわち平均40 cm）である。そして、3番目の種（種3）は、1個体のみで80 cmである。すべての個体を独

$$CWM = \sum_{i=1}^{N} p_i x_i$$

	種1	**種2**	**種3**	**平均**
様々な個体のサイズ（cm）	20 25 30 35 40	35 40 45	80	**38.9**
種ごとの平均（x_i）	30	40	80	**50**
				合計
種の相対アバンダンス（p_i）	5/9 = 0.56	3/9 = 0.33	1/9 = 0.11	1
$x_i * p_i$	30*0.55 = 16.7	40*0.33 = 13.3	80*0.11 = 8.9	**38.9**

群集加重平均（CWM）

図5.3 CWMと種の相対アバンダンスの意味。この例では、CWMは、3種（種1：5個体、種2：3個体、種3：1個体）と一つの形質をもつ群集に対して計算される。

立と考えるのならば、平均は 38.9、すなわち（20 + 25 + 30 + 35 + 40 + 35 + 40 + 45 + 80)/9 である。一方、すべての種が同じ加重をもつように、単純に種ごとの平均を考えられる場合、以下のように種 1 と種 2 のそれぞれの平均値は、(20 + 25 + 30 + 35 + 40)/5 = 30,（35 + 40 + 45)/3 = 40 と計算され、種 3 は 80 の値のみとなる。これらの三つの値の平均は（35 + 40 + 80)/3 = 50 である。これらの二つの平均（38.9 と 50）はかなり異なっている。これは、後者のアプローチにおいて、種 3 の 1 個体が過度に大きな影響を与えているためである。

重要なのは、前者の「平均」アプローチは、式（5.1）によっても計算できることである。この場合、各種の加重は、種ごとの個体数の割合に応じて計算される。すなわち、種 1 に対して 5/9、種 2 に対して 3/9、種 3 に対して 1/9 の加重をかける。この値は CWM と一致する。したがって、種の平均値（3 種でそれぞれ 30, 40, 80）が、その相対アバンダンスによって加重され、30 × 5/9 = 16.7、40 × 3/9 =13.3、80 × 1/9 = 8.9 となる。これら三つの値の合計、すなわち、16.7 + 13.3 + 8.9 は、上で示した式によるもので、実際に 38.9 となる！

ほとんどの場合、個体ごとの形質値をすべて計測することは不可能なので（第 11 章)、種ごとのアバンダンスと平均の形質値を計測することで、いくつかの生態学的問いに答えるとよいだろう。この場合、当然ながらアバンダンスを推定する方法が結果に影響する。森林において植物の高さの CWM を計算する場合を考える（個体は容易に区別できるとする)。このとき、樹木と草本の両方で、個体数を用いて種のアバンダンスを表すと、ほとんどの場合、草本種の個体数が樹木の個体数を上回るだろう。結果として、草本種が CWM においてより大きな影響をもち（p_i がより大きい)、CWM の値は草本種の高さに近くなるだろう。一方、植生被度でアバンダンスを示す場合は、樹木種がより大きい p_i をもち、CWM は樹木の値に近くなるだろう。最後に、アバンダンスの推定にバイオマスを使うと、樹木のアバンダンスがより大きくなり、CWM は樹木種の値とほぼ同じになるだろう。これらの選択肢（個体 vs 植生被度 vs バイオマス）のどれがアプリオリに優れているとか、現実により近いとかいうことはない。むしろ、各アプローチは異なるタイプの種を優占するものとみなしており（例えば、より大きなアバンダンスをもつ種)、群集構造の異なる部分に注目している（すなわち樹木か草本か)。場合によっては、そのような問題を避け、群集構造のある部分に直接注目するために、樹木のみ、もしくは草本の種のみで CWM を計算する場合もある。この場合は、種×群集行列を樹木と草本の二つの行列に分けて、それぞれで CWM を計算する。

同様の問題は、種のアバンダンスのデータに何らかの変換が必要かどうかを判断する際にも見られる。入力データである「種×群集」行列は、種の相対アバンダンスを計算する前に変換することができる。個体数やバイオマスに基づくデータに対して頻繁に適用される変換は、$\log_e(x + 1)$ 変換である（ここで x に 1 を加えるのは、種×群集行列の中の 0 を考慮してのことである）。例えば、図 5.2 の群集 2 で、種 1 は 49 個体存在するので、$\log_e(49 + 1) = 3.91$ となる。一方、種 7 は 11 なので、$\log_e(11 + 1) = 2.48$ となる。対数変換後の種 1 のアバンダンスは、種 7 のそれよりも大きく減少している。つまり、2 種の関係は log なしで 49/11 = 4.45、log ありで 3.91/2.48 = 1.57 で、対数変換した方で種間差が小さくなっている。対数変換は、このようにアバンダンスと優占度の見え方を変化させ、群集中の数少ない優占種（今回の例では種 1）の影響を小さくする。

対数変換は、優占種の優占度の減少によって、種のアバンダンスの均等度を高めることが多い。このため、対数変換後に計算された相対アバンダンスに基づく CWM は、元々はそれほど優占していなかった種の影響が強くなる。一般的に、(変換なしでの）アバンダンスが種間でばらついているときほど、変換の効果が大きくなる（Majeková et al. 2016a)。個体数もしくはバイオマスとしてアバンダンスを推定すると、群集はごく少数の優占種と多数のレア種から構成される（つまり、種間でアバンダンスのばらつきが大きい）場合が多い。このような場合、よりデータ変換の効果が大きくなる。種×群集データに変換が必要であるか、どのタイプの変換が必要かは、この章の範囲外である（しかし、Šmilauer & Lepš 2014 を一読することを勧める)。重要なのは、種のアバンダンスのデータを変換することで、レア種が重要視されるようになるということである（Cingolani et al. 2007; de Bello et al. 2007)。例えば環境傾度に伴う群集データに対してデータ変換を行うあるいは行わない状態で、様々な CWM を計算し、結果を比較することで、CWM の環境傾度に沿った変化が優占種によるものか、もしくはレア種によるものかを確認できる（例えば Kichenin et al. 2013)。

Box 5.1　CWM は信頼できる指数か？

他の群集構造のあらゆる指数と同様に、CWM もまた完璧な指数ではなく、慎重に検討すべき問題がある。CWM を用いる際の重要な問題点の一つは、傾度に沿った形質値の変化を評価することである。この Box では、なぜこの場合の CWM の評価が問題なのかに関する最近の議論と見解を示す。

主な潜在的な「問題」は、CWM の「単純」という特性である。ある単一の種が、一部のプロットにおいて優占している（もしくは高頻度である）が、他のプロットではあまり多くないという状況では、CWMは大きく変化しうる。つまり、こうした種のアバンダンスが環境傾度に沿って変化するが、その種がもつ形質自体は傾度とは直接的に関連していない場合、CWMを計算すると群集全体の形質値がその傾度に応答しているように見えることがある。しかし、実際にはその形質は応答形質とはみなされない。Peres-Netoら（2017）は、この統計的な意味を指摘している。彼らは（a）この現象によってCWMと環境傾度の間の有意な関係が過大評価される可能性を議論し、（b）代替の解析方法としてfourth-cornerアプローチが優れていると主張した。Zelený（2018）は、あまり否定的でない解決法を提案している。その方法では、CWMの妥当性は、生態学的問いに依存している。ここからは、単純な例から始めることで、この議論を要約して説明する。

二つの植物群集を想像しよう。一つは施肥し、もう一つは施肥しないことで、施肥傾度に沿った形質の変化を評価したいとする（例えば、群集構造とその生産性や分解との関係に何が起こるかを理解したいとする）。ここで、極端な（おそらくかなりまれな）ケースを考えよう。それは、二つの群集が全く同じ種、例えば、どちらの群集も同じ10種から構成される場合である。二つの群集のうちの片方で、ある一種がよりアバンダンスが大きいことを除いて、二つの群集は同じである。具体的に、セイヨウタンポポ *Taraxacum officinalis* が施肥した群集においてアバンダンスが3倍になるとしよう。タンポポのもつ形質が実際には施肥に対する応答があるかどうかにかかわらず、二つの群集の形質のCWMは明らかに異なっているように見えるだろう。例えば、施肥した群集では、花の色のCWMはより黄色が優占する方向に変化し、群集の比葉面積（SLA）は、より大きくなるだろう。これと同じシナリオの下で、複数のプロットがある場合、これらの形質はどちらも施肥に対して「応答」しているかのように見えるだろう。しかし、黄色という花の形質は、論理的には、施肥条件においてタンポポが優占する応答形質ではない。おそらく、真の応答形質はSLAであり、タンポポのSLAが他の種よりも大きいことで、タンポポがより速く資源を同化することにつながった可能性がある。検定を行うと、花の色と葉のタイプの双方で有意な結果が得られるが、実際の応答形質は一つだけである（さらに悪い場合には、このどちらでもなく、実際の応答形質を全く計測していない可能性もある）。Šmilauer & Lepš（2014）が指摘しているように、我々は考えずに結果を受け入れることができないのである。幸運にも、生物学者として我々は必ずしもすべての結果を意味のあるものとして受け入れないように訓練されている。

上記の例ほど極端ではないケースでは、CWMの変化が形質フィルタリングを反映しているかどうか、あまり明白ではない（第4章）。Peres-Netoら（2017）は、CWMよりも、RLQの改良バージョンのような手法を用いるべきだと提案している（第4章も参照）。Zelený（2018）はさらに、種のランダム化によってCWMを帰無モデルの予測値と比較することで、CWMと環境の間の関係がどれほど強いかを検証できると示唆している。Zelenýがうまく要約しているように、帰無仮説が何であるかを明示することは非常に重要である。Zelenýが提案した帰無モデルでは、Peres-

Netoらと同様に、フィルタリングが傾度に沿って種全体に広がる現象では**ない**と予測する（帰無仮説は何も起こっていないこと、つまり、この場合はほとんどの種に対してフィルタリングが働いていないとすることに注意）。したがって、CWMと環境の間に観察された関係が帰無モデルの予測よりも強ければ、傾度に沿った異なる種への顕著なターンオーバーがあり、このターンオーバーと形質の変化に関係があるとして解釈できる。これは素晴らしい生態学的仮説であるが、問題はそれが形質フィルタリングが作用する方法の一つにすぎないことである（第4章）。極端な場合、フィルタリングは、一種もしくはごく少数の種のみに作用し、これらの種のアバンダンスが傾度に沿って変化することがある（上記のタンポポの例を参照）。あるいは、フィルタリングは種内の形質値の変化によっても作用することがある（種内形質の変動；第6章）。

タンポポの例に戻ろう。Zelenýが提案した帰無モデルを適用すると、群集のSLAと肥沃度の間の関係において、観察結果とランダム化したデータの結果は類似したものとなるだろう。同様に、Peres-Netoらによるアプローチを用いても、このデータは形質と環境の間で有意な関係を示さないだろう。したがって、SLAに基づくフィルタリングは**大部分の**種では作用しないと結論できる。しかし、大部分の種ではないが、一種もしくは少数の種は、何らかの応答形質により実際に傾度に応答しているという事実を無視していいのだろうか？　フィルタリングはすべての種に作用するわけではなく、少数の勝者を選択しているだけかもしれない。もしそうであるならば、種の大部分にフィルタリングが働くという帰無仮説を検証するために帰無モデルを用いることで、このパターンを見逃すことになるだろう。

効果形質の観点からは（第3章、第9章参照）、傾度に沿った花のタイプと葉のタイプのどちらの変化も生態系の機能の点で重要であり、それらが一つの種または複数の種によって引き起こされているかどうかは関係がない。SLAの大きい種が増加した場合、例えば、上述の肥沃度の高い群集で、生産性の向上（Garnier et al. 2016）や、リター分解の加速（Cornelissen et al. 1999）が起きるかもしれない。また、黄色の花のタイプの増加は送粉に影響を与えることがある。したがって、傾度に沿ってCWMに有意な変化があるかという単純な検定であっても、その変化が少数の種によるか多種によるかにかかわらず、群集構造の重要な変化をよく示しうる。

ZelenýとPeres-Netoらによって提案された解決策と合わせて、アバンダンスを含むCWMと含まないCWMの結果を比較することは有益だろう（Ackerly et al. 2002; Cingolani et al. 2007）。種のアバンダンスを考慮することで有意性が増す場合は、フィルタリングが主に優占種のターンオーバーによって生じているという考えを強化する。これは、ランダム化で用いられている仮説、つまり「すべて」の種にフィルタリングが作用するという考えとは異なる帰無予測を意味する。おそらく、研究対象の傾度によってすべての種がフィルタリングされるわけではない（これはZelenýの提案する帰無モデルで検証される仮説である）。しかし、それでも重要な（予測可能な）変化がいくつか存在する。例えば、生態系機能の観点からは、施肥と非施肥の群集は異なる生態系プロセスとそれに伴うサービスをもつ可能性がある。プロセスやサービスの違いが（一種もしくは複数種の）優占種によるものかどうかを知ることは重要だろう。しかし、重量比仮説（Grime 1998）の予測に基づくと、特定の形質をもつ一種のアバンダンスが増えることの影響がある場合もある。

CWM は非常に単純でありながら、強力で計算しやすく、解釈しやすい指標なので、考えなしに切り捨てるべきではない。優占種と優占しない種の傾向を評価するために、アバンダンスを用いた解析と用いない解析（さらに対数変換したアバンダンスの解析）結果を組み合わせることができる。また、Zelený（2018）によって提案された帰無モデルは、大部分の種でフィルタリングが起こっているかどうかを確認するための簡単で強力な方法である。

5.3 機能的多様性指数

ここまでの CWM の計算と課題に続き、ここからは機能的多様性の話題に移る。機能的多様性を計算するためには、群集内の種の各ペア間の形質の違いを定量する必要がある。この計算に利用できるツールとその落とし穴については第 3 章で概説した。本章では、読者が種のペア間の非類似度を推定する方法に習熟していることを前提として、一般的に使用される機能的多様性の尺度そのものについて直接説明する（図 5.4 に視覚的に要約した）。機能的多様性の指数は CWM の場合と同様に、一般に種×群集行列と種×形質行列（上記参照）の二つの行列から計算される。ほとんどの指数では、最初に形質の非類似度行列が計算され、そこから機能的多様性が算出される（図 3.2、第 3 章）。（多変量の指数とは違って）主に単一の形質に基づいて計算される指数にも、もちろんいくつかの例外が存在する。ここでは、機能的多様性の指数について、いくつかの基準に基づいてグループ化（「ファミリー」とよぶ）して単純なものから 5.3.1 項～ 5.3.5 項で紹介する。

これらの指数を扱う前に強調するべき重要なことは、文献で適用された機能的多様性の最初の尺度の一つは、群集内の機能グループの数であるということである（Díaz et al. 2001）。このアプローチは一見単純に見えるが、第 3 章では、機能グループの定義にはしばしば主観が含まれることが示されている。そのような種のグループ化が妥当だと仮定できる場合は、機能グループの数（もしくは均等度）が機能的多様性の有益な指標となりうる。

5.3.1 形質範囲と凸包

群集の**形質範囲**（*trait range*）は、おそらく最も単純な指数の一つである。図 5.1 の例では、身長の形質範囲は単純に最大と最小の差、つまり約 50 cm である。

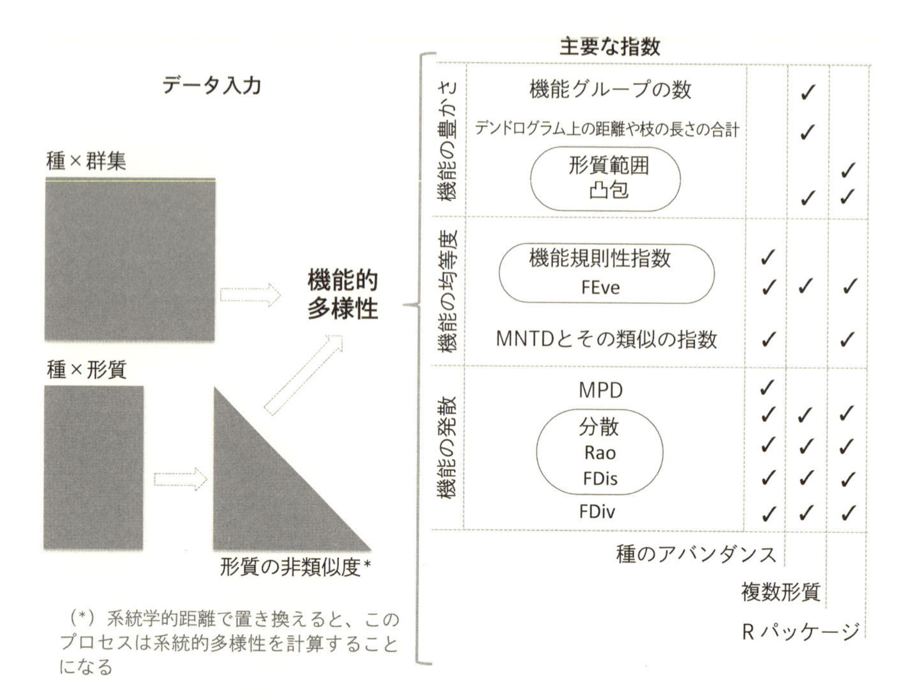

図 5.4 主要な機能的多様性指数と、その分類案。各指数について (i) 種のアバンダンスが考慮されているかどうか、(ii) 一度に複数の形質を考慮できるかどうか、(iii) R 関数が現在の R パッケージに適切に含まれているかどうか、を示した。丸い囲みは数学的に強く関連のある指数を示す。指数を求めるためには形質の非類似度を計算するのが一般的であるが、非類似度を必要としない指数もある(本文参照)。

50 cm という範囲は、この形質(身長)にかなりのばらつきがあることを示している(おそらく、著者自身の講義で観察されるばらつきより遙かに大きい)。

形質範囲は複数の形質を説明するのに用いることもでき、群集内のすべての種を含む多変量ボリューム(複数の変量軸で囲まれた平面や多面体)として表現できる。これは二つ(もしくはそれ以上)の形質に対して、対象群集の種の形質値を含む図形(もしくは多面体)として視覚的に示される(図 5.5)。数学用語では、そのような形状は**凸包**(*convex hull*)[訳注 5-1] とよばれる。ボリュームが大きくなるほど、機能的多様性も大きくなる。これは、Cornwell ら(2006)によって提案されたアプローチで、R の関数 ***dbFD***(Laliberté & Legendre 2010)では、*FRic*(Functional Richness(機能の豊かさ)の略)とよばれる。実際、この指数は、群

訳注 5-1. 与えられた点をすべて包含する最小の凸多角形(凸多面体)。図 5.5 では、形質値のばらつきが点として示されており、すべての点を囲む実線(五角形)が凸包である。

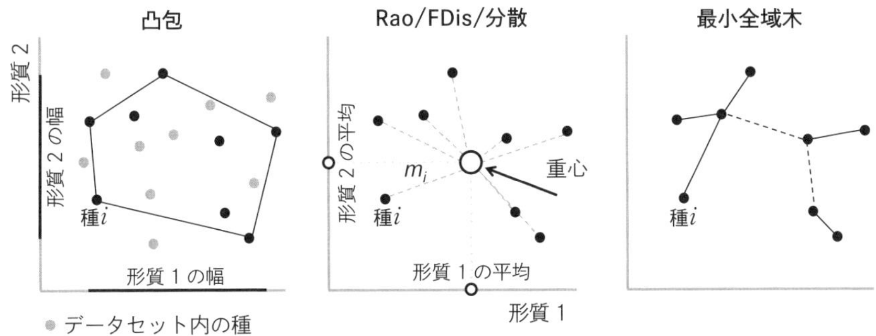

図 5.5 本章で説明されている機能的多様性を定量する三つのアプローチ（凸包、多変量平均非類似度、均等度）の視覚化。形質空間の各点は二つの形質値（形質 1 と形質 2）をもつ種（種i）である。軸上の点の位置は、種の両方の形質値を反映している。黒い点は対象群集の種、灰色の点は別の群集からの種をそれぞれ示している。計算は二つ以上の形質に対して実行でき、図中の二つ（またはそれ以上）の形質は、多変量軸に置き換えることができる（例えば、Villéger et al. 2008 が提案したように、非類似度行列を PCoA で処理する）。

集内のすべての種を含みうる最小ボリュームとなる。凸包アプローチはさらに洗練されて、例えば第 6 章で説明するような、形質ハイパーボリュームの定義といった他のケースに適用されている（Blonder et al. 2014; Carmona et al. 2016）。凸包アプローチは多くの場合、「機能空間」がどれほど密集しているかは考慮せず、群集の中で実現されている空間の大きさ「のみ」を考慮している[訳注 5-2]。これらの例を踏まえると、群集の機能構造を「機能空間」という観点から捉えられる理由がわかるだろう。また、単一の形質の場合、凸包は形質範囲と全く同じであることにも注目すべきである（図 5.5）。凸包は、形質範囲と同様に、解析に用いる種数に従って増える可能性が高いため、種数自体の効果を除きたければ、例えば帰無モデルを用いた標準化（第 7 章参照）が必要となる（Cornwell et al. 2006）。同様に、形質値は、平均値が大きいとその分散も増加する可能性がある。この問題を回避するために、形質値の対数変換や平方根変換が必要になる。

5.3.2 距離の合計

機能的多様性の直感的な指標の別のファミリーは、群集内の形質非類似度の合計に関するものである。ここで第 3 章の図 3.3 に戻ろう。図 5.2 の群集 3 の場合、種 2, 4, 6, 7 の 4 種で構成され、三つの形質の非類似度はそれぞれ $d_{2,4} = 0.44$, $d_{2,6} = 0$,

訳注 5-2. つまり、点の密度ではなく、多角形の面積のみが着目される。

$d_{2,7}$ = 0.94, $d_{4,6}$ = 0.5, $d_{4,7}$ = 0.83, $d_{6,7}$ = 1 となる（図3.3の下の行列参照）。これらの非類似度の合計は3.72[訳注5-3]で、この合計値を機能的多様性の尺度と捉えることができる。これまで、非類似度の合計情報を反映する指標はいくつも提案されている。例えば、Walkerら（1999）は、上記のような非類似度の単純な合計を機能属性多様性（Functional Attribute Diversity, FAD）と表した。なお、Walkerらのオリジナルの式では、すべての距離は2回合計されている。なぜなら、シンメトリー配置になっている非類似度行列の両側を考慮しているからである（第3章を参照）。この場合は、FAD = 3.72 × 2 となる。

同様に、Petchey and Gaston（2002）は、種の非類似度に基づく機能デンドログラムを提案している。これは、デンドログラム上の距離が機能的距離を反映するというもので、機能グループを定義する際のツールとして第3章で説明した。デンドロクラムの作成は、様々なクラスタリング手法によって実行できる（第3章に付随するR materialの例を参照）。機能的多様性は、群集の構成種を結んでいる**デンドログラムの枝の長さ**を合計することで推定できる。第3章で述べたように、用いる非類似度のタイプと生成されるデンドログラムは結果に大きな影響を与える。解決法の一つとして、一種の「コンセンサス」ツリー[訳注5-4]を作成することが提案されている（Mouchet et al. 2008）。さらに、相関をもつ形質のグループが与える影響を評価するために、Cadotte et al.（2009）は、非計量多次元尺度法（NMDS）を用いて、元の距離行列から相関する形質を考慮した新しい距離行列を作ることを提案した（この多変量解析については後で説明する）。この新しい距離行列を用いて、クラスタリングと枝の長さを計算することができる。

上記の二つのアプローチはどちらも、種のアバンダンスを考慮していないことに注意が必要である（ただし、考慮するための改善は進められている）。最も重要なのは、どちらのアプローチで計算しても、機能的多様性が種の豊富さと直線的に強く関連することである（Pavoine et al. 2013）。つまり、結果は種数と強い相関をもつことになる。両指数は、種の豊富さの影響を除くために、帰無モデルを用いた標準化を伴う場合のみに使用するべきである（第7章参照）。標準化を行わなければ、これらの指数は種数そのもの以上の情報を提供することはない。こうした非類似度を合計するアプローチにはいくつかのオプションがあり、オプ

訳注5-3. 端数の関係で本文中の数字を足すと3.71になるが、図3.3中の数値を計算すると3.72になる。
訳注5-4. コンセンサスツリーは複数のクラスタリング方法を最適に表す方法で、あるアルゴリズムによって様々なデンドログラムを一つの分類に統合し、様々な方法間で一致する部分と一致しない部分を強調する手法によって構築される。

ションによって計算方法が異なるので、何らかの異なる特性を示す可能性がある(Petchey & Gaston 2006)。しかし、いずれも全体的には意味や特徴、そして何より種の豊富さと強い正の関係をもつという点で､かなり似ているといえるだろう。

5.3.3　分散

もう一つの単純かつよく用いられている指数は**分散**（*variance*）である。分散は基本的に各種の群集加重平均からの距離（の二乗和）の要約であり、以下の式で表される。

$$\text{Variance} = \sum_{i=1}^{N} p_i (x_i - \text{CWM})^2 \qquad \text{式 (5.2)}$$

上述のように､分散は形質分布の 2 番目の「モーメント」である。範囲と分散（本節では形質の範囲と分散を指す）の主な違いは、範囲が最小値と最大値をそれぞれもつ二つの種の形質値のみを考慮する一方、分散は全種について考慮することである。そのため、分散は外れ値の影響をあまり受けない。二つ目の重要な違いは、範囲は種のアバンダンスを考慮できないのに対し、分散はそれができるということである（p_i を用いて；上記参照)。もちろん解析の際は、種ごとのアバンダンスの違いを無視することもできる――つまり、すべての種に 1/N の加重を与える（N は種の総数)。この場合、分散は実際には種の CWM からの距離の二乗の単純な平均になる。ここで、すべての種（もしくは個体；第 6 章参照）がサンプリングされていないと仮定すると、1/N の代わりに 1/(N − 1) を用いることもできる。R の関数 *var* は実際にこの代替手段を用いている。三つ目の範囲と分散の違いは、範囲の方が種数と正の相関をよりもちやすいということである。

範囲と分散は原則として、一つの形質のみを用いて計算することができる（ただし、以下参照)。図 5.4 に示されている中で、範囲と分散の二つのみが、形質非類似度を計算する必要のない指数である。また、範囲も分散も量的形質に対して設計されており、形質値を標準化しない限りは単位を伴う。つまり、形質間の結果を比較するためには、何らかの標準化が必要になる。例えば、形質は指数を計算する前に標準化することができる（特定の形質の各値を最大値で割る、もしくは R の関数 *scale* を使う)。または、各形質の範囲や分散の値を計算した後に標準化することもできる(例えば､各範囲や分散をデータセットの最大値で割る)。

一部の形質においては、形質のばらつきは平均値とともに増加すると予測される。例えば、サイズに関連する形質（植物の高さ、種子重、体サイズなど）に着目して異なる種を比較する場合、種間の違いは形質値が大きくなるほど増加することに注意する必要がある。つまり、より大型の種で構成される群集では、より小型の種からなる群集と比べると観察される形質値のばらつきが大きく見える。しかし、これは必ずしも生物学的パターンを反映しているわけではない。植物を例として、高さ 20 cm の種 A と 40 cm の種 B を考えてみよう。その差は 20 cm だが、種 B は種 A の高さの 2 倍である。そのため、光をめぐる競争においては、より高い種 B の方が勝ちやすい可能性がある。では、1 m の種 C と 1.2 m の種 D を想像してみよう。種 C と種 D の差は 20 cm であるが、この 20 cm は生物学的には種 A と種 B の間の 20 cm の差よりは重要ではないかもしれない。同じ 20 cm という差でも、光をめぐる競争にいかに成功するかという生物学的な観点では、種 A と種 B の違いの方が、種 C と種 D の違いよりも大きい可能性がある。サイズに関連する形質は指数的に増加することが多いので、「20％の増加」を考える場合、形質の平均が 1 m の群集では 20 cm の増加で、平均 30 cm の群集では 6 cm の増加である。あきらかに、20 という数値は 6 より大きいが、どちらも比率的には同程度に増加している。この比率のスケーリングを考慮しないリスクは、CWM の例で理解することができる。極端な種子重をもつ種が含まれる群集を想像してみよう。特にこの種がかなりの相対アバンダンスをもつ場合、この種が種子重の CWM に強く影響するだろう。こうした不釣り合いに大きい形質値をもつ種の効果を考慮するために、指数を計算する前に形質値を変換することがよくある（一般に**対数変換**を用いる）。例えば、L-H-S 方式（第 3 章）などの多くの形質は、しばしば対数変換が必要になる（Westoby 1998）。そのため、扱う形質値について、最初に単純なヒストグラムを用いて、形質値の変換による正規性の改善や、非線形な増加（例えば、種子重、葉面積、体重）を考慮する必要があるかどうかをチェックすることを推奨する。さらに、形質の平均に伴ってその範囲や分散が増加もしくは減少する可能性がランダムな予測よりも小さいかどうかを検証することによって、さらなるコントロールを行うことができる。この点については、'R material Ch5' の中で扱っている。以下で説明する様々な指数も、直接もしくは間接的に範囲や分散と関係している。このような場合も同様の注意が必要である。

5.3.4　平均非類似度

指数の重要なファミリーの一つに、種間の平均非類似度として（明示的もしくは暗示的に）機能的多様性を計測するものがある。これらの指数は種の相対アバンダンスを考慮に入れている（一つの例外を除く）。再び図 5.2 の群集 3（図 3.3 の三つの形質の非類似度が、$d_{2,4} = 0.44$, $d_{2,6} = 0$, $d_{2,7} = 0.94$, $d_{4,6} = 0.5$, $d_{4,7} = 0.83$,

$d_{6,7}=1$）について考えてみよう。意外かもしれないが、これらの非類似度の平均を計算する方法には様々なものがある。

まず､各種とそれ自身の間の非類似度を考慮するかどうかを決める必要がある。例えば $d_{2,2}=0, d_{4,4}=0$ である。言い換えれば、非類似度行列の対角線を考慮するかどうかである（図 3.3 参照)。対角線を除外する場合、生成された指数は、平均ペアワイズ非類似度（Mean Pairwise Dissimilarity, MPD；Weiher & Keddy 1995）とよばれる。これは、対角線を除いた非類似度行列の三角形となる部分の片方のみを考慮している。上記の例でいえば（$(0.44+0+0.94+0.5+0.83+1)/6=0.62$ となる。すべての種が同じアバンダンスの場合、対になる組み合わせが 6 組あることから、それぞれの非類似度の加重は 1/6 である。より一般的には、それぞれの種が同じ加重を示す場合には、種の組み合わせ間のそれぞれの非類似度の加重は $\frac{2}{N(N-1)}$[訳注 5-5] となる（Ricotta et al. 2016 参照)。また、種が同じ加重をもつ場合は、MPD = FAD/$N(N-1)$ である。以下の段落では、種のアバンダンスを考慮して MPD を計算する方法を示す。

非類似度の平均を計算する別のアプローチとして、Schmera ら（2009）は、距離の合計（FAD と同様）を機能単位の数で割ること（MFAD：FAD の機能単位数による平均）を提案した。これは、種をいくつかの離散的な機能単位に分ける必要があるが、量的形質についてそれを行うのは実際困難であり、種のアバンダンスは評価されない。また、MFAD は種数と正の相関ももつ。

非類似行列の対角線を除かない場合（つまり、各種とそれ自身の間の非類似度を考慮する場合）は、二つの関連する指数を計算することができる。それは、分散の多変量型である Rao の二次エントロピー（Rao Quadratic Entropy, Rao；Botta-Dukat 2005）と機能分散（Functional Dispersion, FDis；Laliberté & Legendre 2010）である。以下で示すように、Rao と FDis は、本質的には分散と同じ数学的基礎をもっており（Pavoine & Bonsall 2011)、得られる結果は互いに強い相関がある。Pavoine and Bonsall（2011）は、どちらの指数を用いるべきかを判断するための基準を提案しているが、我々の見解では、この選択を一般的に支持するような強い生物学的・数学的理由はないようだとみている。Rao、分散、FDis の間の類似性を以下の式で示す。まず Rao の指数は、de Bello ら（2016）によると以下の通りである。

訳注 5-5.「N 種のうち 2 種を選ぶ組み合わせ」の数、つまり $\frac{N(N-1)}{2}$ で割っている。

$$\mathrm{Rao} = \sum_{i=1}^{N}\sum_{j=1}^{N} p_i p_j d_{ij} = 2\sum_{i>j}^{N} p_i p_j d_{ij} \qquad \text{式 (5.3)}$$

実際には、Rao は群集内の種 i と j の組み合わせ間の非類似度（d_{ij}）の平均値であり、双方の種のアバンダンスで（p_i と p_j を用いて）加重されている。ここでは、式として、同種間の非類似度（ $i = j$ のとき）を含んでいる。同種間の非類似度は、それぞれの種で 0 になるので、式の右辺では見かけ上、省かれている。しかし、各種のペアの加重が計算されるときに、対角線の効果が存在することを以下で示す。

Rao はシンプソンの多様性指数の一般化である。したがって、$d_{ij} = 1$ ならば（すなわちすべての種のペアの間の非類似度が 1 に等しい、言い換えれば、すべての種が最大限に異なっているならば）、Rao はシンプソンの指数と同じ値になる（優占度による部分が $\sum_i^N p^2$ であり、(1 − 優占度）としてこの指数を示している)。これは良い特性である。なぜなら、すべての種の機能が異なり、それぞれ独特（いずれの種の組み合わせでも $d_{ij} = 1$）である場合には、Rao が最大値をとり、シンプソンの指数と等しい式になるからである。このため、分類学的多様性と機能的多様性が同じ概念的・数学的枠組みの中で比較できるようになる。この特性が当てはまるためには、第 3 章で述べたように、形質の非類似度は 0 と 1 の間の値に限定される必要がある（Botta-Dukat 2005; Pavoine et al. 2009)。別のアプローチも可能であるが、種の多様性との比較は限定されるだろう。

Rao の指数が理論的に達成しうる最大値を表すので、シンプソンの多様性指数を表現するために、Rao の式で $d_{ij} = 1$ を代入すると、シンプソンの式は $2\sum_{i>j}^{N} p_i p_j$ と示すことができる。このように示すと、式は MPD と興味深い関係を示し、次のように表現できる。

$$\mathrm{MPD} = \frac{1}{\sum_{i>j}^{N} p_i p_j} \sum_{i>j}^{N} p_i p_j d_{ij} = \frac{\mathrm{Rao}}{\mathrm{Simpson}} \qquad \text{式 (5.4)}$$

この MPD の式（Swenson 2014a より得た）は、平均形質非類似度への種の寄与の扱い方が、MPD と Rao で異なることを示している（MPD は非類似度行列の対角線を無視し、Rao は考慮に入れている)。そのため、MPD と Rao では種の多様性との関係が異なり、群集生態学の研究での用途も異なる（de Bello et al. 2016)。実際、MPD と Rao は種の多様性が大きいときに相関を示すことが多いが、種多様性が低いときにはそうはならない！　また、Rao 多様性は種の豊富さが小さいときに種の豊富さと正の相関をもつ傾向がある一方で（ただし、種の豊富さが約10種を超えると相関は弱まる)、MPDは種の豊富さと線形の相関を示さない。また、群集に種がいないもしくは1種のみであれば、種の豊富さはそれぞれ0と1になることに注意が必要である。こうしたケースは、機能的な多様性がない場合に対応していると理解し、MPDとRaoはともに0とみなすことができる（様々なアルゴリズムが異なる方法でこの問題を近似している)。

では、分散とRaoが関係をもつ理由を、Champely and Chessel（2002）に従って示そう。ここでは、非類似度はある一つの量的形質のみに基づいていると仮定しよう。その場合、分散は以下の式になる。

$$\sum_{i=1}^{N} p_i(x_i-\mathrm{CWM})^2=\sum_{i=1}^{N}\sum_{j=1}^{N} p_i p_j \frac{d_{ij}^2}{2}=\frac{1}{2}\sum_{i=1}^{N}\sum_{j=1}^{N} p_i p_j d_{ij}^2=\sum_{i=1}^{N} p_i m_i^2 \quad \text{式 (5.5)}$$

これらの式は、分散がRaoと強く関連していることを示している。つまり、Raoの特殊な場合であり、種間の非類似度が二乗され、2で割られている（式(5.3）と比較)。この類似性はまた、分散がRaoを経由して種間の非類似度で記述されるという、新しい形の式を示している。分散を種のペアの非類似度によって示すことで、単一および複数の形質（もしくは系統：第8章参照）に基づくあらゆるタイプの非類似度も考慮することができる。式（5.5）の最後の部分はPavoine and Bonsall（2011）から導かれたもので、Raoと分散は別の方法でも表現できることを示している。つまり、群集の（多変量の）平均からの種iまでの距離（すなわちm_i）で表現されている（Laliberté & Legendre 2010において「重心（centroid、セントロイド)」とよばれている；図5.5)。分散は、CWMからの種の平均距離なので、パラメーターも同じように表すことができる：単一の形質の場合は$m_i=x_i-\mathrm{CWM}$、形質が二つの場合は$m_i=\sqrt{(x_i-\mathrm{CWM})_{\mathrm{trait1}}^2+(x_i-\mathrm{CWM})_{\mathrm{trait2}}^2}$、すなわちユークリッド距離で表すことができる。さらにPavoine and Bonsall（2011）は以下の式を示した。

$$\mathrm{FDis}=\sum_{i=1}^{N} p_i m_i \quad \text{式 (5.6)}$$

この式を上記のRaoの式と比較すれば、FDisは単一の形質の場合、分散の平方根すなわち、形質値のSDであることがよくわかる。そこで、FDisはRao指数と同じ数学的基礎をもっていると結論づけることができる。驚くべきことではないが、Laliberté and Legendre（2010）は、FDisとRaoの相関が非常に高いこと（$R>0.96$）を示した。この検定での相関関係は完全ではなかったが、これは単に（1）RaoとFDisの関係が式（5.6）と式（5.5）に基づいて線形であると予測されず、(2)この検定においてRaoは非類似度の値から直接計算されたが、FDisは元の非類似度を多変量軸に変換した後に得た新たな非類似度に基づいて計算されたため、わずかなノイズが生まれ、それが結果に影響したためであると考えられる。この点についての詳細は‘R material Ch5’を参照せよ。実際には、形質の非類似度の計算が同じやり方であれば、FDis と Rao を用いれば非常に似た結果が得られるはずである。

Rao と FDis が似ていることと、Rao と CWM の間に上記の関係があるということはどちらも、機能的多様性のこれらの指数が、CWM で示された機能空間における「重心」(例えば、図 5.5 の重心) から、種がどの程度離れているかを表していることを示している。Rao や FDis と同じく、平均非類似度指数に属する他の指数として Villéger ら (2008) が提案した「機能的発散 (Functional Divergence, *FDiv*)」がある。この指数はまず、CWM から種の平均距離を計算し、次にこの平均非類似度からの種の距離を計算する。この指数は、FRic とは独立であるように設計されているが、場合によっては (偶然に予測されるよりも高頻度に)、統計的に有意な正の相関が検出される (‘R material Ch5’を参照)。実際、FDiv は種数に依存しないため、特性は MPD にかなり似ている。一般に、この指数は別の指数と比べて使用頻度が低い。もう一つのおそらく関連する指数は、Fontana ら (2015) が提案した形質タマネギむき (Trait Onion Peeling, TOP) である。これは、凸包の体積と種の分布の中心からの位置の情報を組み合わせたものである。この指数は、群集内のある種について複数の個体の形質情報が利用可能な場合において利用されることがほとんどである (第 6 章参照)。

5.3.5 規則性

別のタイプの指数として、種が機能形質空間内にどのくらい規則的に分布しているかを定量しようとするものがある。ある群集に 5 種 (種 1, 2, 3, 4, 5) 存在し、形質の値がそれぞれ 10, 21, 30, 40, 50 cm であるとする。この形質の範囲は 40、分散は約 245 である。形質の類似性、つまり距離に着目すると、最も似ている種のペアではいずれも約 10 cm の差があり、種はほぼ「等間隔」である。これは何を意味するのだろうか？ 種 1 に注目すると、最も類似している種は種 2 であり、$d_{1,2} = 11$ である。対象種と最も似ている種を「近隣」種とよぶ。したがって、種 1 にとって他の種との最小距離は 11 である。最小距離は、種 2 と種 3 の間では 9、種 4 と種 5 (もしくは種 3) の間では 10 である。では、別のケースを想像してみよう。種数は先と同様に 5 種だが、形質値は、10, 30, 30, 45, 50 cm とする。範囲と分散はそれぞれ 40, 245 であり、先の例とほぼ同じである。しかし今度は、非常によく似た近隣種をもつ 2 ペアが存在する（すなわち近隣種の一部は機能的に非常に類似している）。一組目は全く同じ 2 種（種 2 と種 3 、形質値 = 30)、もう一組は非常に似ている 2 種（種 4 と種 5、形質値は 45 と 50)。このため、最初の群集の形質はより均一に分布していると結論づけることができる。

形質値の規則性は、理論的にはニッチ分化と競争排除に対する種の応答、すなわち類似限界(limiting similarity、第 7 章参照)に起因するとされてきた(MacArthur & Levins 1967)。機能的に類似した近隣種が多数存在する群集は、同じ機能空間を占める種のペアが存在することを意味し、したがって、これらがより激しく競争する可能性がある。しかし、これらの指数の基礎となる生態学的概念は明瞭である一方で、既存の指標でこの概念をどのように表現するかについて意見が一致しておらず、すべての既存のアプローチが十分に理解されているわけでもない。

規則性に関する指数をわかりにくくしている理由の一つは、これらの指数が形質値における種間の間隔の規則性と、種のアバンダンスの分布の均等度を同時に考慮する必要があるためである。つまりこの指数は、形質の規則性がないことだけでなく、一部の種が優占することによっても値が減少する可能性がある。我々の見解では、この性質が指数の解釈をかなり複雑にしている。規則性に関する指数を使った研究が比較的少ない理由は、解釈の難しさにあるのかもしれない。また、これらの指数は種数に依存するか、あるいは、群集の形質の範囲からも（そのため凸包からも）必ずしも独立ではないと考えられる。これについて、以下と‘R material Ch5’で示す。こうした理由から、また Botta-Dukat and Czucz (2016) の成果に従い、規則性に関する指数は他のものよりも慎重に使用すべきである。

規則性に関する指数として最初に提案されたのは、おそらく機能規則性指数 (functional regularity index, FRO) である。これは、単一の形質に対して用いることができる (Mouillot et al. 2005)。FRO は、すべての最近隣種のペア間での距離が同じで、すべての種が同じアバンダンスであるとき、1 の値をとる。逆に、一部の種が形質の類似度の点で密集しており、アバンダンスの大部分が機能形質空間の狭い部分に集中している場合には値は 0 に近づく。Villéger ら (2008) は FRO を複数の形質が使用できるように拡張した FEve という指数を提案した。このアプローチは、複数形質アプローチで点を接続する最小全域木を使用して、最近隣種を推定することで機能する（図 5.5)。FEve 指数は、単一の形質に対しては FRO と非常に類似した結果をもたらすが、ある一連の点に対して複数の最小全域木が存在する場合がある。同時に、我々が実行した様々なシミュレーションでは（'R material Ch5' を参照）、FEve と FRO は形質範囲と負の相関をもちうることがわかった。言い換えれば、範囲が広くなれば、種が不均一に分布する可能性が低くなるという、やや直感と反することになる。この特性は特に、種数を固定して範囲を変化させたときのシミュレーションで顕著に現れた。実際、Villéger ら（2008）は、FRic と FEve の間にいくぶん負の関係（p = 0.1）があることを示した。この関係は、独立した種の豊富さと形質範囲のシナリオを仮定したシミュレーションにおいてより強くなることがあった。

このグループの最後の指標は、平均近隣分類群距離（Mean Neighbour Taxon Distance, MNTD）に基づいている。MNTD はもともと、群集の系統的多様性の研究のために開発されたもので（第8章参照）、「近隣分類群」とは系統的に最も近縁な（つまり、系統的非類似度が最小の）種のペアを指す（Webb et al. 2002）。本節の冒頭の例で示したように、MNTD は群集内のすべての種のペア間の非類似度を考慮するのではなく、より近い種（近縁種）間の平均の非類似度のみを計算している。本節の最初に示した例（二つの異なる群集にそれぞれ5種がいる）では次のようになる。最初の群集（形質値が 10, 21, 30, 40, 50 cm）では、MNTD は $d_{1,2} = 11$, $d_{2,3} = 9$, $d_{3,2} = 9$, $d_{4,5} = 10$, $d_{5,4} = 10$ で、これら五つの平均は 9.8 となる。2番目の群集（10, 30, 30, 45, 50 cm）では $d_{1,2} = 20$, $d_{2,3} = 0$, $d_{3,2} = 0$, $d_{4,5} = 5$, $d_{5,4} = 5$ で、平均は 6 である。平均の代わりに近隣分類群距離の SD、すなわち SDNTD を用いることもある（Stubbs & Wilson 2004; Kraft & Ackerly 2010）。MNTD と SDNTD はどちらも種数と負の共変動を示すため（種数が増加するほど規則性が減少する）、種数の効果を除去するために帰無モデルが必要になる。また、MNTD と SDNTD は形質範囲に伴っても変動する傾向がある。この形質範囲の効果を考慮するため、SDNTD を形質範囲で割ることも提案されている（Stubbs & Wilson 2004; Kraft & Ackerly 2010）。このほかのより新しい指数では、形質空間の規則性と均等度の様々な側面を考慮している。例えば Fontana ら（2015）の形質均等度分布（Trait Even Distribution, TED）や、Carmona ら（2016）の機能均等度（functional evenness）がある。これらの指数は次章で議論するように、種内の複数個体についての形質の推定か、もしくはこれらの値の間接的な推定（例えば、利用可能な平均形質値に対してある標準偏差を仮定することによって）が必要である。本節では詳細を説明しないが、これらの指数は、原理的には他の指数と同様に機能し、完全な均等性／規則性という仮定のもとでの種間の距離の規則性（TED）や群集内の形質分布の均一性（Carmona et al. 2016）を推定しようとしている。

5.4　機能的多様性の要素

前節で見たように、機能的多様性は様々な方法で計測できる。多くの指数があることは、機能的多様性が、異なるそして理想的には独立した要素で定量されるという事実を反映している。では、これらの指数をどのように「分類」できるだろうか？　これまで、機能的多様性は三つの主要な要素、すなわち、**機能の豊かさ**（*functional richness*）、**均等度**（*evenness*）、**発散**（*divergence*）に分解できると提案されている（Mason et al. 2005; Villéger et al. 2008; Carmona et al. 2016）。この区別は、生物群集の構造の様々な要素（例えば、種の豊富さ、均等度、優占度）を反映することで、種の多様性に関する様々な指数をグループ分けしようとすることと同様のアイデアに基づいている。図5.4に示された様々な指数をこの枠組みの中でどのように分類するべきかについては明確な合意はないが、ここでは教育目的のためにこの枠組みをまとめる。

機能の豊かさ（*functional richness*，生態学的単位[訳注5-6]における生物によって占有される機能空間の量）は、一般的には種のアバンダンスを考慮しないと仮定されている。したがって図5.4において、機能の豊かさの指数群には、種のアバンダンスを考慮しないすべての指数を含めた。ただし、指数によって種の豊富さとの関係は様々であり（5.3.1項、5.3.2項）、また他のすべての指数ではすべての種に対して同じ加重を与えても計算できる（そのため種のアバンダンスのデータを基本的に無視することもできる）。

機能の均等度（*functional evenness*，生態学的単位を構成する生物の形質空間のアバンダンスの分布の規則性）は、5.3.5項で示した指数によって推定されることになる。これまで見てきたように、平均形質値のみに基づく既存の指数は形質範囲や種数に依存している可能性があるため、注意して用いる必要がある。

機能の発散（*functional divergence*，生態学的単位を構成する生物の形質空間でのアバンダンスがその機能的空間の両極端に分布している程度）は、種間の加重平均非類似度に関連するすべての指数によって定量することができる（5.3.3項と5.3.4項）。Villégerら（2008）は、この指数は形質範囲および体積からは独立であるべきだと指摘しているが、多くの場合、形質範囲とともに増加する傾向のある指数（Rao，FDis，variance）もこのファミリーに含めている。

図5.4にまとめた指数の分類は完璧なものではないが、読者が指数についての

訳注5-6．個体群、群集、生態系などの概念を基本単位として構成する。

一般的な考え方を理解する助けになることを願う。このまとめは、研究で使用される指数について、一般的な概念の枠組みの中で解釈するのにも役立つだろう。次章では、形質確率アプローチを用いる際にこの枠組みがどのように拡張できるかを見ていく。機能的多様性の指数をどのようにグループ分けするかについては様々な見方があるが、尖度や歪度のような、形質の分布の他のモーメントを反映する別の指数もまた考慮できることも留意してほしい（La Bagousse-Pinguet et al. 2017）。

近年、機能的多様性の他の側面を記述する興味深い指数が多く提案・検討されている。なかでも、機能的冗長性に注目が集まっている（Laliberté et al. 2010; Ricotta et al. 2016）。**機能的冗長性**（*functional redundancy*）は、種の消失の可能性に対して群集の機能的構造がいかに安定しているかを反映するものである。機能的冗長性が高い群集は、種の消失による影響が最小限に抑えられるはずである。逆に、機能的冗長性が低ければ、潜在的な環境変動に対して群集の緩衝能力がより低いことを意味する。しかし、機能的冗長性をどのように推定するかは、文献の中で完全に明確にはされていない。我々の知る限り、機能的冗長性の定量を試みたのは Walker ら（1999）が最初である。彼らは、植生の攪乱が増加する前後で優占種とレア種の間の非類似度を調べた。おそらく、機能的冗長性の最初の指数は de Bello ら（2007）によって提案された。これは、群集内のすべての種が機能的に独自である場合、シンプソンの指数が最大非類似度を反映するという事実を利用している（上記参照）。したがって、彼らはシンプソンの多様性から Rao 多様性を引いた指数を提案した。同様に、Ricotta ら（2016）は、冗長性の指数を（Simpson − Rao）/ Simpson の式で計測できると提案した。5.3.4 項の式（5.4）に示された式を用いると、この指標は次のように示すことができる。

$$\text{Redundancy} = 1 - \text{MPD} \qquad \text{式 (5.7)}$$

これとは別に、Laliberté ら（2010）は、冗長性は生態系プロセスへの効果が似ている種間での機能的非類似度として計測できるというアイデアを示した。このアプローチは様々な構成に適用できる。窒素を固定できるいくつかの種をもつ群集を想像してみよう。これらの種が窒素固定以外の異なる形質をもつとすると、その機能的な違いによって、種ごとに環境に対して異なる反応を示す可能性がある。これは、何らかの環境変動の後でも、着目する生態系機能（窒素固定）が、少なくともいくつかの種によって維持されうるという一種の保険になる。このアプローチをとるにあたり、例えば、機能グループごとの平均種数や――ここでは、機能効果グループ（第3章参照）、すなわち生態系の特性への効果によって機能グループを定義する——、機能グループ内の平均形質非類似度を決定することができる。このアプローチの潜在的な欠点は、機能グループの数やグループへの種の分類など、主観的な決定を含みうることである。我々の経験的には、機能的冗長性は種数に非常に強く依存すると考えられる。あるいは、機能的冗長性は種数に依存するということは、より種数の多い群集がより冗長になるというよく見られる生態学的予測を反映していると考えられるだろう。つまり、冗長性の概念は本質的に種の豊富さに依存しているため、種数が増加することで冗長性が増すと予測することは合理的だろう。逆にいうと、冗長性と種の豊富さの間の関係があまりに強すぎると、冗長性の指数は種の豊富さ以上の情報を提供しないことになり、種の豊富さは違うが冗長性が同程度という場合を見落としてしまうかもしれない。

別の指数グループとして、ある種もしくは一連の種の**希少性**や独自性を定量することを意図したものがある（Violle et al. 2017）。あるデータセットにおいて、種がその形質に関して、どの程度「特別」であるかを理解することは重要である。機能的に希少な種は独自性の強い形質の組み合わせをもっているため、特に重要である可能性がある（Mouillot et al. 2013a）。希少性や独自性の推定には、各種が他のすべての種と平均してどのくらい類似しているか、あるいは最近隣の種とどのくらい異なっているかの尺度が含まれる（5.3.4 項参照）。これらの指数は MPD や MNTD の式と似ているが、単一の種のみに対して計測され、群集全体は対象としていない。そのため、種ごとに、群集や地域内の他のすべての種からの平均距離がどれくらいか、もしくは最近隣の種とはどの程度近いのかを計測推定できる。冗長性は一種を失うことの影響について平均の推定値を与えるのに対して、希少性の尺度は、失われる可能性のある種の独自性を考慮している。そのため、希少性を評価するアプローチは、群集や地域内の他の種と比較して、各種がどの程度機能的にユニークであるか（すなわち「希少」であるか）に関連する絶滅リスクのシナリオを画定するために提案されている（Sasaki et al. 2014; Carmona et al. 2017b）。

5.5　機能的多様性の分割

本章ではここまで、ある調査単位（例えば、ある群集内や地域内）における機能的多様性の指数を解析してきた。しかし、生態学者は二つ（もしくはそれ以上）

の調査単位間で非類似度を定量すること、言い換えれば、**ベータ多様性**の定量に関心がある。ベータ多様性の定量の分野には長い歴史があり、用語と数学の両面において非常に偏った見方も存在するため、我々が紹介したい概念や指標に関して混乱と逡巡を招く可能性がある。ここでは、機能形質を用いたベータ多様性を評価するためのいくつかの基本的なツールを紹介し、それを分類学的（すなわち種の）ベータ多様性や系統的ベータ多様性と比較する。これは、多様性の分割について実用的な解決法を示すことを目的としており、ここで何らかの議論を解決するという意図はない。

ベータ多様性を推定することは、一般的に、多様性を様々なスケールで分割することを意味する。例えば、ある地域の全体の多様性を群集内と群集間に分割することなどが含まれる。主に分類学的多様性の研究から導き出された、多様性の分割の一般的な解釈に従って、群集内の多様性はアルファ（α）多様性、群集間の非類似度をベータ（β）多様性とよび、地域の全体の多様性はガンマ（γ）多様性とよぶ。ベータ多様性は、二つの群集間で共有されていない種や形質によって定義されるので、しばしば「ターンオーバー（turnover）」[訳注5-7]ともよばれる。実際には、各研究において「群集」とは何か、「地域」とは何かを定義することが非常に重要である。例えば、大きな草地内のプロットの集まりや、森林内のピットフォールトラップの集まりを想像してみよう。サンプルの集まり（プロット全部やトラップ全部）に含まれる全体の多様性は、ガンマ多様性とみなすことができる。次に、サンプルはすべて同じ生息地タイプから得ているが、異なる場所から採集している場合[訳注5-8]を考えよう。この場合も、ガンマ多様性は、異なる場所から採集されたかどうかには関係なく、サンプルセット全体の多様性を指す。そして、どちらの場合も、ベータ多様性はある生息地タイプの中の（つまり、サンプル間の）非類似度を示している。さらに、標高傾度に沿って群集の調査を行う場合は、標高をまたいだ調査地全体の多様性をガンマ多様性とみなすことができる。この場合、ベータ多様性は、調査場所（生息地）間の非類似度を示す。さらに、ユーザーをより混乱させるのは、一部の著者は、「群集」を生息地とみなしていることである（例えば、乾燥した草地）。したがって、最も重要なステップは、アルファ、ベータ、ガンマ多様性がそれぞれ何を示しているのかを研究ごとに適切に定義することである。一方で、これらの多様性が計算される空間的ス

訳注5-7. 種が群集間で入れ替わっていることを意味する。
訳注5-8. 同じ生息地から得ているが、異なる場所から採集している（例えば、異なる場所の森林から、それぞれ土壌（生息地）を採集している）場合。

ケールに関して厳密な制限はない。例えば、大陸全体というレベルでガンマ多様性を計算し、それを 10 km 四方のグリッドセルなど、大まかに定義された「群集」レベルのアルファ多様性とベータ多様性に分解することができる。

アルファ、ベータ、ガンマ多様性を定義するスケールが明確になれば、それぞれの構成要素を推定することが可能になる。一般に、多様性の分割は、加算的もしくは乗算的であると想定されている（関連する議論は終わりがなく、本書の目的からは外れるので本書では割愛する。興味ある読者は Jost（2007）とその関連の文献を参照)。加算アプローチでは、ガンマ多様性がベータ多様性と平均アルファ多様性の合計に等しい（$\gamma = \alpha + \beta$）。乗算アプローチでは、ガンマ多様性はベータ多様性と平均アルファ多様性を掛け合わせたものである（$\gamma = \alpha \times \beta$）。種の豊富さの例として、10 種と 15 種からなる二つの群集があり、そのうち 5 種が双方の群集に共通している（共通種である）場合を考えてみよう。種の総数は 20 である（$\gamma = 20$)。平均アルファ多様性は $\alpha = (10 + 15)/2 = 12.5$ である。ベータ多様性は、加算的アプローチでは $\beta = 20 - 12.5 = 7.5$、乗算アプローチでは $\beta = 20/12.5 = 1.6$ である。これはまた、ガンマ多様性はアルファ多様性の 1.6 倍であることを意味する。加算アプローチへの批判は、一般に、ベータ多様性をガンマ多様性の割合として表すことで解決できるだろう。つまり、ガンマ多様性に対するベータ多様性の割合は、$\beta_{prop} = 7.5 \times 100/20 = 37.5$ で、これは群集間に 37.5％の多様性が見られるということを意味する。ガンマ多様性がアルファ多様性の 1.6 倍であるなら、アルファ多様性は $1/1.6 = 0.625$ で、これは $1 - 0.375$ と一致する。したがって、de Bello ら（2010b）などによって議論されたように、加算アプローチを用いてベータ多様性を割合で表現することに大きな問題はないと考えられる。

乗算・加算アプローチのどちらを用いる場合でも、多様性の分割は 5.3 節で説明した指標を用いて試みることができる。例えば、図 5.4 の「機能の豊かさ」に分類されるすべての指数は、任意のアルファ多様性とガンマ多様性について計算できる。そのため、乗算アプローチでも加算アプローチでもベータ多様性を導くことができる。同じ文脈で Chiu and Chao（2014）もまた、FAD を用いて機能的多様性や系統的多様性を分割する方法を提案した。機能の均等度の指数がこのような多様性の分割に用いることができるかどうかはあまり明瞭ではない。というのも、特に MNTD のように、均等度の指数が種数とともに減少する場合、ベータ多様性は負になる可能性があり、生物学的な意味を見出すことができないことになる。

一般に形質の分散と MPD（5.3.4 項）に関連するすべての指数は、多様性の分割に用いることができるが、いくつかの推奨事項に従う必要がある。分散は様々な階層レベルで分割できることが知られており（de Bello et al. 2011; Violle et al. 2012)、機能的多様性の分割においても非常に有益で使いやすい。しかし、分散は分類的多様性に対しては計算できない。そのため、ベータ多様性は、分類学的多様性と機能的多様性を同じ式では計算できず、結果の比較も難しくなる可能性がある。別の直感的なアプローチは、平均非類似度アプローチ、すなわち MPD を用いるもので、ある群集内の種間の平均非類似度（α）と群集間の種間の平均非類似度（β）を計算することである。残念ながら、MPD アプローチを用いると $\alpha + \beta \neq \gamma$ であり、(ここでの）γ は α よりも小さくなる可能性がある（結果として β が負になる)。

Rao を、多様性の分割に使用できる場合がある。Rao は、負のベータ値を得ることを避けた上で、直接計量ができて分類学的多様性や系統的多様性と比較できる指数として用いることができる（de Bello et al. 2010b)。ただし、Rao の使用にはいくつかの指針とコツが必要である。最初に、ガンマ多様性を導き出すために種の相対アバンダンスをどのように計算するべきであるか（de Bello et al. 2010b）を考える必要がある。これは学生や研究者（公表された論文を含む）が間違いを犯しやすいところである。多くの場合、相対アバンダンスは、ガンマ多様性と同じスケールで（つまりすべてのプロット間の p_i の平均として）問題なく計算することができる（図 5.6)。このやり方は、ガンマ多様性を全体を一つのプロットとして扱い、相対アバンダンスをそれに応じて計算するという上記で学んだ方法とは（見かけ上は）反している。図 5.6 の例では、ある地域（群集 1 から群集 3 の合計）に種 1 から種 5 の 5 種についてそれぞれ個体数 1, 1, 2, 2, 1 が存在する。この場合の「間違い」は、各値を個体数の合計値の 7 で割ることである（結果として、値は 0.14, 0.14, 0.28, 0.28, 0.14 が得られる)。この方法では負の β の値が生じる可能性がある。代わりに我々が推奨するアプローチは、各プロットに対して p_i を計算し、プロット全体の平均をとることである。例えば、種 5 は群集 3 のみに存在し､群集 3 プロットにおける種 5 の割合は $p = 0.33$ である。したがって、「地域」を構成する三つのプロット全体の平均の相対アバンダンスは 0.33/3 = 0.11 であって、上記で示した全体を合計して計算した場合の 0.14 ではない。このアプローチに従えば、ベータ多様性は負にはならない。なお、de Bello ら（2010b）が示したように、相対アバンダンスを 0.14, 0.14, 0.28, 0.28, 0.14 と計算するのは間違いではない。しかしこの場合、プロットごとに異なる加重が必要である

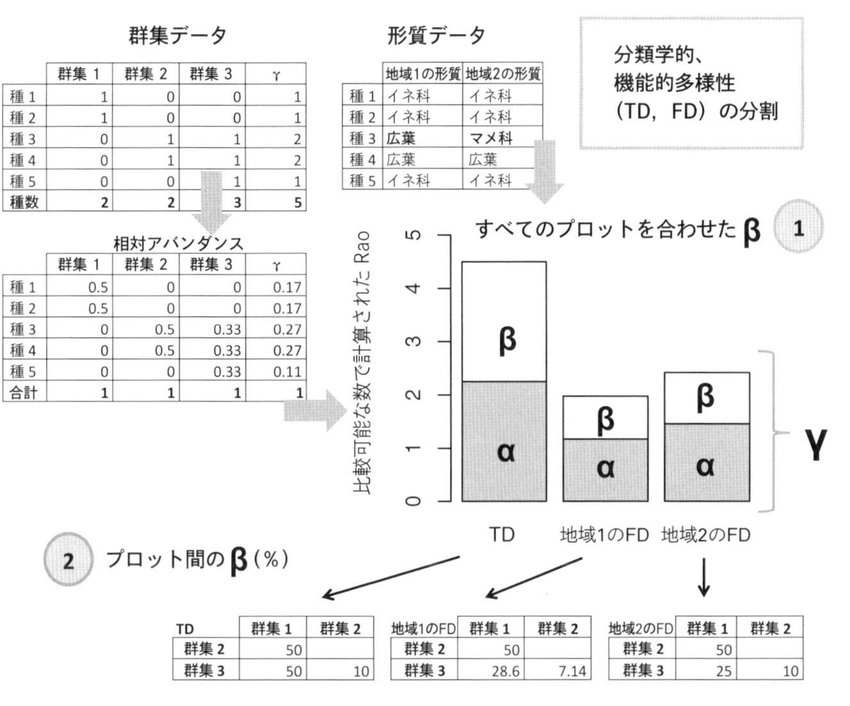

	群集 1	群集 2	群集 3	γ
種 1	1	0	0	1
種 2	1	0	0	1
種 3	0	1	1	2
種 4	0	1	1	2
種 5	0	0	1	1
種数	**2**	**2**	**3**	**5**

	地域1の形質	地域2の形質
種 1	イネ科	イネ科
種 2	イネ科	イネ科
種 3	**広葉**	**マメ科**
種 4	広葉	広葉
種 5	イネ科	イネ科

相対アバンダンス

	群集 1	群集 2	群集 3	γ
種 1	0.5	0	0	0.17
種 2	0.5	0	0	0.17
種 3	0	0.5	0.33	0.27
種 4	0	0.5	0.33	0.27
種 5	0	0	0.33	0.11
合計	**1**	**1**	**1**	**1**

TD	群集 1	群集 2
群集 2	50	
群集 3	50	10

地域1のFD	群集 1	群集 2
群集 2	50	
群集 3	28.6	7.14

地域2のFD	群集 1	群集 2
群集 2	50	
群集 3	25	10

図 5.6　分類学的多様性と機能的多様性のアルファ、ベータ、ガンマ（α, β, γ）多様性への分割。ベータ多様性は（1）特定のデータセット（もしくは一連のプロット）全体を合わせて計算した値、または（2）データセット内の各プロットのペア間の値として計算できる。Rao 多様性（比較可能な数で計算）に基づく分割の例として、三つの群集があり、それぞれ 2 ～ 3 種が存在し、形質の組成も異なる状況を示している。形質データは二つのケース（二つの地域の種組成は全く同じであるが、一部の種が異なる形質をもつ）を想定している。詳細は本文を参照せよ。

ため、地域の平均の α の計算方法を修正する必要がある（修正しなければ、容易に β が負の値をとる）。繰り返すが、多くの場合、図 5.6 のようにプロット間の p_i の平均によって γ の相対アバンダンスを計算することが最良のアプローチとして推奨される。このトピックについてのさらなる議論は、de Bello ら（2010b）を参照せよ。

多様性の分割に関する 2 番目に重要な点は、複数の著者が Rao 指数やその他の指数の値を比較可能な数（equivalent numbers）に変換することを推奨していることである（de Bello et al. 2010b; Chiu and Chao 2014）。例えば、シンプソンの分類学的多様性指数（および、その一般形である Rao）は、$1 - D$（D は優占度、すなわち $\sum_i^N p^2$）もしくは $1/D$ と表される。この最初のアプローチ $1 - D$ では、その指数の値は 0 と 1 の間の値となる。ここで示す二つ目のアプローチ $1/D$ では、すべての種が同じアバンダンスをもつ場合に種の豊富さと一致する値を与える。二つ目のアプローチでは、種の豊富さがとりうる値の最大値になり、アバンダンスが種間で完全に同じ状態からずれると、そのずれの程度にあわせて多様性が減少し、その値の最小値は1になる（実際、1種のみが存在し、他のすべての種のアバンダンスが0であるときに、この指数は下限値の1になる)。Raoも同様に、最小値が1（1種のみが存在するか、すべての種が機能的に同一であることを意味する)、最大値が種数（すべての種が機能的に独自で、同じ個体数を示す）として表すことができる。'R material Ch5' にも示されているように、図5.6の例では、群集1は合計2種であるが、その生活型に関しては同一である（両方ともイネ科草本)。そのため、比較可能な数で示されるRaoは1である。一方、「地域2」の群集3ではすべての種が独自の生活型をもっている（すなわち、3種はそれぞれイネ科草本、広葉草本、マメ科植物である。そして、これらの3タイプの種の間の非類似度は常に1と仮定する)。この場合、Raoは種数と等しい。比較可能な数で計算するRaoの値（$\mathrm{Rao}_{\mathrm{eq.numb}}$）は以下の式で表される。

$$\mathrm{Rao}_{\mathrm{eq.numb}} = \frac{1}{1-\mathrm{Rao}} \qquad \text{式 (5.8)}$$

この式で示されているRaoは5.3.4項で示した「古典的な」方法によるものである。例えば、群集1では、2種は同じであるのでRao = 0、したがって、$\mathrm{Rao}_{\mathrm{eq.numb}} = 1$；地域2の群集3では、イネ科1、広葉1、マメ科1であるので、Rao = 0.67、したがって、$\mathrm{Rao}_{\mathrm{eq.numb}} = 3$ となる[訳注5-9]。

比較可能な数を用いて多様性を分割するアプローチは、特にベータ多様性の過小評価を避けるために提案されてきた。例えば、図5.6の例の群集1，2は、分類学的にも機能的にも完全に異なっている（種や形質タイプを共有せず、群集1はイネ科草本のみで、群集2はイネ科草本がない)。そのため、分類学的にも機能的にもベータ多様性がともに最大となるはずである。この二つのプロット間のベータ多様性を示すなら、すなわち $\beta_{\mathrm{prop}} = (\gamma - \alpha) \times 100/\gamma$[訳注5-10] で、50％となる。この50％という値は、一連のサンプルが共通の情報を一切もたない場合に対応する。つまり、プロット間の種の完全なターンオーバーと最大のベータ多様

訳注5-9. 図5.6の②の表中の計算では、各群集のアルファ多様性の平均値を計算する必要がある。この場合まず、式（5.3）で各々の群集のRaoを計算して平均した後、式（5.8）にそのRaoを入れて比較可能な数のRaoを計算することになる。

訳注5-10. ここでのガンマ多様性の計算においては、このページで示したように二つのプロット全体の個体数で求めた相対アバンダンスではなく、プロットごとに計算した相対アバンダンスを平均したものを使用する必要がある。

性（各プロットが全多様性の50％を含んでいること）を示している。この結果を得る唯一の方法は、比較可能な数で多様性を表現することである（Jost 2007）。シンプソンの多様性では、図5.6の群集1と群集2はそれぞれ0.5の値をもつ（α）。そしてガンマ多様性（群集1と群集2を合わせたγ）は0.75で、加算的形式におけるベータ多様性は0.25となり、$\beta_{\text{prop}} = (0.75 - 0.5) \times 100/0.75 = 33\ \%$である。これは誤解を招く。なぜなら、図5.6では、群集1と群集2双方が全体の多様性の半分を含んでいるので、β_{prop}の値は50％になるはずだからである。しかし、値を比較可能な数で表現すると、この課題は解決する。比較可能な数では、双方の群集におけるシンプソンの多様性は2（α）で、二つの群集を合わせると4（γ）であるので、$\beta_{\text{prop}} = 50\%$である。この式では、一組のプロットでの最大ベータ多様性に対応する。ただし、β_{prop}の最大値はプロットの数に依存することに注意する必要がある。したがって、プロット数が異なるデータセット間でβ_{prop}を比較するためには、以下の式のような正規化が必要である。

$$\beta_{\text{prop.norm}} = \beta_{\text{prop}} \Big/ \left(1 - \frac{1}{n}\right) \qquad \text{式 (5.9)}$$

ここで、nはデータセットのプロットの数である：de Belloら（2010b）参照。

シンプソンの指数とRaoの指数が比較可能な数を使用しない場合は、ベータ多様性を過小評価してしまう。その理由を簡単に説明すると、「シンプソンの指数とRaoの指数に上限があり、アルファ多様性とベータ多様性が無限に増加できないから」ということになる。比較可能な数を用いた多様性の分割は、シンプソンやRao指数だけではなく、シャノンの多様性のような他の指数にも適用できる。上述のように、Chiu and Chao（2014）は、FAD指数で比較可能な数を用いる方法を提案した。しかし、FADアプローチは種の豊富さに大きく依存するということを思い出していただきたい。これは、多くの生態学者にとって、結果として直感に反するパターンを導くことがある。例えば、Chiu and Chao（2014）が提案したアプローチでは、図5.6の群集1と群集3は共通種がいないため、分類学的ベータ多様性は両群集間で最大になるはずである。一方、少し我々にとって驚きであるが、機能的ベータ多様性においては完全なターンオーバーを示す結果となった（最大ベータ多様性）。この結果は多くの生態学者にとっては疑わしく見えるかもしれない。というのも、二つの群集はいくつかの形質を共有しており（種5はイネ科草本で、群集1の2種と同じである）、実際には機能的ベータ多様性は最大にならないはずだからである。我々は群集1と群集3がいくつかの機能的情報を共有し、このため両群集間のベータ多様性は最大にならないはずだと考える——ほとんどの野外生物学者も同意するだろう——(このトピックについてさらなる議論は Botta-Dukat 2018 を参照せよ)。巧みな数学的説明によってほとんどのアプローチを説明できることは理解しているが、FAD 指数に基づくベータ多様性の推定は注意して行うべきだろう。

最後に、多様性の分割に Rao アプローチを用いることによって、分類学的、機能的、系統的多様性間の結果を比較することが可能になることを強調したい。この比較は、先に推奨したように、種間の最大距離を1に設定すれば可能である。Rao アプローチによって、多様性のこれら三つの要素の変化を同じ数学的枠組みで検証するという、興味深い選択肢が開かれる。もちろん、例えば機能的多様性の変化は、分類学的多様性の変化とは完全に独立にはなりえない。すなわち、分類上の入れ替わりよりも機能上の入れ替わりが大きくなることはない。そのため、機能的多様性の β_{prop} は分類学的多様性の β_{prop} 以下になる。第3章に示したように、ゴーヴァー距離で示された種の非類似度では、特に量的形質を用いたとき、多くの種間の非類似度は小さくなる。非類似度が小さいために、ゴーヴァー距離による β_{prop} は常に非常に小さくなる。この問題は、種内変動に関する情報を含む別のアプローチを用いて種の非類似度を推定することで最小化できる。この点は次章で説明する。多様性の分割が、非類似度の計算方法に依存することは重要であるが、実際にはほとんどが見過ごされている(ただし、Pavoine et al. 2016 参照)。

5.6 機能的多様性を計算する R ツール

本書付随の R material において、本章で議論された指数のほとんどについて計算する方法を示している。ただし、一部の指数、特に Rao と MPD について、R の関数を使用する際にかなりの混乱が生じる可能性があることを注意したい。上記の式に基づいている、主流な R 関数のいずれも期待される結果を生み出さないだろう。我々が考えるに、既存の誤解の一つは、「Rao 多様性は、MPD を種のアバンダンスで重み付けしたものである」というものである。これは、一つの「神話」であって、上記のように MPD、Rao、シンプソン指数の関係を示すことで解消されたと考えている(de Bello et al. 2016a; Ricotta et al. 2016)。実際のところ、(ライブラリー *picante* の中にある)関数 ***mpd*** は、種のアバンダンスを考慮した場合(引数 *abundance-weighted = TRUE*)、驚くべきことに Rao 指数から期待される値を算出する。これは、非類似度行列の対角線を考慮するからである。ただし、アバンダンスを考慮しない場合（引数 *abundance-weighted = FALSE*）は対角線を考慮しない。我々の見解では、これは MPD の加重バージョンが存在し、それには重要な生物学的関連があるという事実を無視した還元主義的なアプローチである（Ricotta et al. 2016）。同様に、パッケージ ***FD*** の中の関数 ***dbFD*** は、Rao を計算するために、パッケージ ***ade4*** の中の関数 ***divc*** を用いている。関数 ***divc*** は実際は Rao から分散を計算している $\left(\sum_{i=1}^{N}\sum_{j=1}^{N} p_i p_j \frac{d_{ij}^2}{2}\right)$ ——すなわち距離は二乗して 2 で割られている。したがって、この方法で算出された 'Rao' 指数は、正確にはシンプソンの多様性指数の一般化ではない（引数 *scale.RaoQ = TRUE* のときでさえも）。また、関数 ***dbFD*** の指数の大部分が PCoA を用いて算出した非類似度を用いているが、この関数の中で提供される Rao はゴーヴァー非類似度から直接計算される形式になっている（PCoA の第一軸を用いることなしに）。多様性の分割に関して、既存の便利な関数の一つにパッケージ ***ade4*** の関数 ***disc*** があり、これは図 5.6 のオプション 2 のようにプロットのペア間の非類似度を算出する。しかし、関数 ***divc*** と同様に、関数 ***disc*** は Rao を計算しようとするときに、実際には分散を計算している。これは、一部のアプリケーションでは非常に有効であるが、重ねていうと、この方法では、シンプソンの多様性指数を直接的に一般化した Rao 値は得られない。本書に付随する 'R material Ch5' で、分類的、機能的、系統的多様性を分割する統合的なツール（関数 ***Rao***）を提供している。

まとめ

- 様々な指数で群集の機能形質構造を特徴づけることができるが、群集形質分布の「モーメント」の中でも、主に群集加重平均（CWM）と機能的多様性（FD）が用いられる。
- CWM は群集内の最も優占する種の形質を示す、強力でシンプルな指数である。定義上、ごく少数の種の組成の変動による影響を受ける可能性があるため、慎重な解釈が必要である。
- FD は、生物間の形質の違いの程度を示している。FD には様々な指数があり、使用や解釈が複雑になっている。指数はいくつかの指数のファミリー（つまり、機能の豊かさ、機能の均等度、機能の発散）にまとめられる場合がある。完全な指数は存在しないので、各指数が何を示すのか、それらが互いに、あるいは種の豊かさとどの程度関連しているのかについて、一般的な考えを知っておくことは重要である。

- 機能的多様性を群集内と群集間の要素に分割するときには、現在のところ、Rao の二次エントロピーが最も適した指数であるようだ。これは、Rao の指数と多変量形質の分散との関係のため、そして種の多様性に対して計量が可能なためである。
- 既存の R の関数で機能的多様性を計算するときには、望ましくない結果を得ないように注意が必要である。

6 種内の形質変動

種は生態学と進化生物学における基本単位である。機能生態学では、研究者は通常、単一の種をある空間・時間に固定された存在として扱い、**固定された平均形質値**を用いてそれぞれの種を記述している。これは、例えば前章の文脈では、種がどこに生活しているのかに関係なく、データセット内のすべてのプロットで同じ種は同じ平均値をもつことを意味する（第5章）。**平均場理論**（*mean field theory*, MacArthur & Levins 1967）は、種間の形質値の変動の方が種内の変動より大きいという仮定のもと、平均形質値が種の動態の大部分を捉えていることを示唆しており、実際そうした場合が多い（Westoby et al. 2002; Siefert et al. 2015）。しかし、MacArthur and Levins（1967）による有名な論文の中でも、形質が平均値の周辺でどれくらい変動するのかを示すことの重要性を認めている（図6.1）。本章で説明するように、多くの研究が様々な機能形質において、同種の個体間で大きな違いがあることを示している。

種内の形質変動（*Intraspecific Trait Variability*, 以降ITV）は、種内の一連の個体によって示される形質値のセットとして定義される（Albert et al. 2011）。ITVは、あるサイト内の単一の個体群、あるいは特定の種が生息する景観や地理的範囲にわたる複数の個体群において測定することができる。これにより、種内の形質変動を様々なスケールで表現できる（詳細は6.3節を参照）。種内の形質変動は、形質の全体の変動に大きく寄与し（Albert et al. 2010; Violle et al. 2012; Siefert

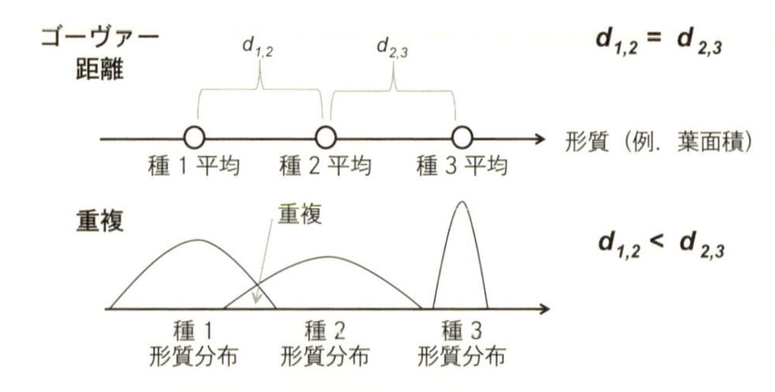

図 6.1 種間の形質の相違は、種の平均形質値の差によって表現することができる。例として、ゴーヴァー距離を用いて異なる種の平均値の距離を示す（第3章、第5章も参照）。図中では各丸が一つの種の平均を示し、種2は種1と種3から等距離にある。すなわち $d_{1,2} = d_{2,3}$ であり、ここで $d_{1,2}$ は種1と種2の間の非類似度である。さらに、種内の変動、つまり種内形質の変動を考慮することもできる。例えば、図中のそれぞれの種の曲線によって示されている種内の形質値の分布を用いることができる（図5.1も参照）。形質分布を示すこれらの曲線の重なりから、種がどの程度類似しているか、もしくはどのくらい異なっているか（重複しないほど非類似度が大きい）を推定できる。本章の最後で、形質分布の重なりから種間の非類似度を計測する方法を示している（図6.7）。

et al. 2015)、個体群の成長やバイオマス生産といった生態学的なプロセス（Ellers et al. 2011）や、群集構造や生態系プロセス（Bolnick et al. 2011）に影響を与えるため、無視できるものではない。さらに、ITV は生態－進化動態を調査するために必要である。というのは、ITV により環境ストレスに対する種の迅速な適応が可能になるためである（Schoener 2011; Turcotte et al. 2011）。このとき、環境ストレスは種に対する選択圧としてフィードバックされる可能性がある。つまり、個体間の形質変動は、たとえ種間の変動より小さいとしても異なる生態学的戦略をもたらすが、平均形質値はこうした種内の形質変動の役割を考慮していないことを意味している（Violle et al. 2012）。

これを踏まえて、機能生態学の中心課題は、単一の種に対して固定された形質値のみを用いることができるのか、それとも個体間の形質変動も含める必要があるのか、また含める場合はどのように含めるのかということである。本章では、この疑問に対していくつかの回答を試みる。そのために、まず種内の形質変動の原因、役割、重要性について記述し、最後にデータ収集後の ITV の評価と扱い方について、重要な例を示す（詳細は ‘R material Ch6’）。ITV を最適に考慮するためのサンプリング計画（方法や時期）の詳細な議論については、第11章を参照されたい。

6.1　種内の形質変動の由来

ITV には二つの主要な由来がある。すなわち、個体群内に存在する様々な**遺伝子型**（*genotype*）と、個体が経験する環境の不均一性に対する**可塑性**（*plasticity*）である。ほとんどの種が生育する局所環境は比較的不均一で、各個体は、その生涯に（わずかに）異なる環境条件にさらされる可能性がある。結果として、個体群は、異なる形質値をもつ、多様な**表現型**（*phenotype*）から構成される。すなわち、個体はある形質値に対して様々な値をもつ。表現型の発現の変動は、個体群間、例えば環境傾度に沿った異なる個体群を比較すると、さらに大きくなる（図 4.1）。表現型の変動の原因は多岐にわたるが、種は二つのメカニズム、つまり（i）遺伝的変異と（ii）順化もしくは表現型の可塑性によって環境の変動に応答することが多く、これらは相互作用することもある（Geber & Griffen 2003）。

遺伝的変異による ITV は、遺伝子の組み替え、突然変異、遺伝的浮動、選択、移入などの進化的プロセスの結果生じる、個体の遺伝子型間の表現型の変動である（Blanquart et al. 2013）。これらのプロセスにより、個体群内には遺伝情報が異なる個体が生じ、結果として異なる表現型が発生しうる。局所環境条件に最も適合した形質をもつ表現型は生き残る可能性がより高く、結果として、繁殖に成功し、次世代の遺伝子プールへの寄与が大きくなる。さらに、その子孫は親の遺伝子によって表現型を受け継ぐことになる。そして子孫は、その局所環境下でよりよく適応し、より高い適応度を示す。このように、遺伝的変異によって、ITV は異なる環境条件（場所内もしくは場所間の微小生息地の違い）のもとで、異なる遺伝子型に対応して選択が働くことで生じている。言い換えれば、個体群間の遺伝的変異は適応によることが多いが、個体群内の遺伝的変異はそうでない可能性もあるということになる。気候変動、土地利用の変化による生息地の断片化、創始者効果などの生態学的プロセスは、遺伝的変異を減少させ、このため ITV も減少させる可能性がある。その結果、絶滅のリスクが高まり（Spielman et al. 2004）、生態系プロセスが損なわれるかもしれない（Hughes et al. 2008）。

ITV の 2 番目に重要な由来は**表現型**の可塑性である。可塑性とは、様々な環境条件下で、ある遺伝子型から異なる表現型が生じることである（Schlichting & Levin 1986; DeWitt & Scheiner 2004）。言い換えれば、ある個体もしくは全く同じ遺伝子型をもつ複数の個体（クローン）において、形質値が、その個体の発生過程で経験する局所的な環境条件によって変化しうるということである（図 6.2）。例えば、弱光条件で生育する植物 *Polygonum lapathifolium* の表現型は、強

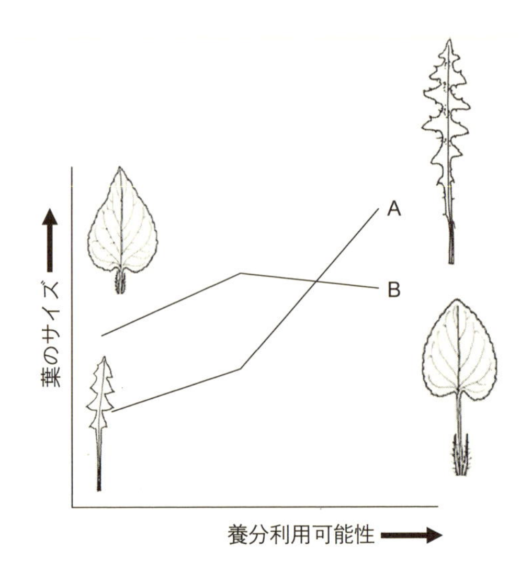

図 6.2　表現型の可塑性と反応基準。ある種子（したがって類似した遺伝的基礎をもつ）が、貧栄養もしくは肥沃な条件のいずれかで生育する事例を示す。植物が異なる養分条件で生育するとき、種 B の葉のサイズはあまり可塑性がない。一方、種 A は、土壌の肥沃度によって葉のサイズに大きな違いが見られる。したがって、種 A にとって葉のサイズは非常に可塑的である。線の勾配は「反応基準」を示している。種 A と種 B の反応基準は土壌肥沃度に伴って交差している。これは、葉のサイズが競争力に影響する場合、種 A と種 B 間の競争の結果は養分条件によって異なることを示している。

光条件で生育する表現型と比較して、バイオマスがより小さいが、葉がより大きい（Sultan 2000）。*Tetrix* 属のバッタの種では、成虫の体色は幼虫の発生期間中に経験した基質の色によってほとんど決定される（Hochkirch et al. 2008）。一方で、トビムシ *Orchesella cincta* は、温度ストレスによって、温度による卵のサイズの可塑性が生じ、その後の適応度に影響する（Liefting et al. 2010）。同様に、ある捕食者の存在などの生物的なきっかけが、被食者の行動と形態に強く影響し、ひいては捕食リスクに影響を与える。例えば、タイヘイヨウアマガエル（*Pseudacris regilla*）のオタマジャクシは、ゲンゴロウがいると広がった尾部が形成されて捕食者が尾にひきつけられて頭部から遠ざかるが、一方で捕食性の魚類がいると細い尾部が形成され、スピードによって捕食を免れる（Benard 2006）。これらの例において、各個体は、そのライフサイクルの中でわずかに異なる環境を経験しており、それが表現型の可塑性を生み、ITV につながっている可能性がある。可塑性は厳密にいえば、個体内の表現型の変動であり、個体群内におけるものではない。そのため、群集内の複数個体をサンプリングする場合は、結果として得られる ITV は可塑性とはいえない。しかし、文献では、個体群由来の形質の変動は、表現型の可塑性とよぶことが多い。

単一の遺伝子型の形質値が、ある範囲の環境にわたってどのように変化するかを、**反応基準**（*reaction norm*）とよぶ（図 6.2；Sultan 2000）。これは、種内の遺伝子型、あるいは複数の種の遺伝子型が様々な環境に対して表現型としてどのように変化するかを示している。これは、環境変動に対する種内、種間の感受性と反応を理解するために用いることもできる。遺伝子型、表現型形質、環境変数ごとに異なる反応基準が存在しうる。緩い反応基準（すなわち傾き）は、環境変数の片方の極値での特定の形質が、もう一方の極値に個体がおかれた場合でもあまり変化しないことを示す。反対に、特定の形質に対して急な傾きをもつ種は、正反対の環境極値におかれたときに形質値が大きく増減することを示す。反応基準の傾きによって環境の選択に対する様々な種の反応を比較することができる（Le Lann et al. 2014）。2 種の反応基準が交差する場合は、最初の種が一方の極値でより機能するならば、2 番目の種は反対の極値でより成功することを意味している。重要なのは、種内の遺伝子型や環境変数ごとに、異なる反応基準が生じる可能性があることである（Sultan 2000）。同様に、多くの機能形質に対して、個体群内と個体群間で反応基準が存在する。

植物や動物の個体内に生じうる表現型の範囲は、遺伝的影響（V_G，遺伝子型による変動）と生態系の環境の影響（V_E，環境によって生じる変動）だけでなく、その相互作用（$V_{G \times E}$）によっても決定される。この**遺伝子型と環境の相互作用**（*genotype-environment interaction*）は、ある遺伝子型と他の遺伝子型では環境の影響が異なるということを示している（DeWitt & Scheiner 2004; Sgrò et al. 2016）。相互作用 $V_{G \times E}$ の例は、ヤマナラシの雑種（*Populus tremula* × *Populus tremuloides*）個体の樹高と直径の増加である。雑種個体の樹高と幹の成長は、農地と比べて森林で有意に大きいという強い環境の影響がある。一方で、これらの各個体の成長はサイト内で異なる、すなわち遺伝的な影響がある。しかし、この雑種の各個体の順位はまたサイト間で有意に異なり、これは強い遺伝子型と環境の相互作用が成長に影響を与えることを示している（Yu & Pulkkinen 2003）。

最後に、生物は環境条件に反応して自身の表現型を変えられるだけでなく、その子孫の表現型に影響を与えられるという**世代間可塑性**（*trans-generational plasticity*）の例を示す研究が増えている（Sultan 2000; Zizzari & Ellers 2014）。これらの効果は、エピジェネティックな変化によって生じる、つまり不可逆な遺伝的変異を生じることなく、遺伝子発現の差異がもたらされることが多いと考えられている（Bossdorf et al. 2008）。しかし、これらの比較的柔軟なエピジェネティックパターンは、有糸分裂と減数分裂によって維持され、子孫に受け継がれる。このため、親が経験した同じ環境条件にあらかじめ適応した子孫が生まれる。子孫の発育、構造、形態は、親の環境の影響を受ける可能性がある。世代間可塑性がある場合、仮にある機能が、親の経験により低下したとしても、子孫が重要な機能を維持することができる。例えばハルタデ *Persicaria maculosa* では、養分不足の親個体の実生は、養分豊富な状態で成長した遺伝的に同一の個体の実生と比較して根への配分を増加させることができる。そして、光不足の親個体の実生は強光レベルで生育した遺伝的に同じ親個体の実生と比べて、地上部の成長を増加させることができる（Sultan 1996）。**親のストレスに適応した表現型**を子孫に引き継ぐことは、子孫の可塑性のポテンシャルそのものを増加させるわけではない。その代わりに、親の世代に経験したのと同じ、最も遭遇しそうな環境ストレスにあらかじめ適応できる（Herman & Sultan 2016）。この世代間情報をもたない実生は、自身の個体の可塑性によって類似した表現型の形質に到達するが、多少の時間遅れが生じるため、極端な条件ではコストが大きくなる可能性がある。ストレスにあらかじめ適応することは、侵入植物もしくは、数世代で新しいニッチを占める植物にとって特に重要である。このような親からの世代を超えた効果を考慮する手段が開発されるにつれて、この研究の分野は急速に拡大している。遺伝子解析は未だに費用がかかるため、DNA 脱メチル化などの技術が、親が成長した条件から受けたエピジェネティックな変化の「記憶」を取り除くのに役立つ（詳しくは Puy et al. 2018）。

6.2 種内の形質変動の重要性

群集生態学におけるパターンとプロセスは、四つの主要なグループの要因、すなわち種分化、生態的浮動、選択、分散による影響を受けている（Vellend 2010; 第7章参照）。ITV は様々な生態学的戦略をもたらす可能性があり、例えば第4章で示した環境フィルタリングの場合のように、平均形質値アプローチがこのプロセスを過小評価する可能性がある（図 6.3）。したがって、ITV は環境ストレスに対する個体と種の適応において重要な役割を果たし、種分化、種密度、分布、侵入、種間相互作用、群集組成、生態系プロセスに影響する（Violle et al. 2012）。種内形質変動の範囲は、研究の空間スケールに大きく依存している（Violle et al. 2012）。スケールによって、異なる要因が種内の形質変動を生み出している場合や、要因の強さが空間によって異なる場合がある。

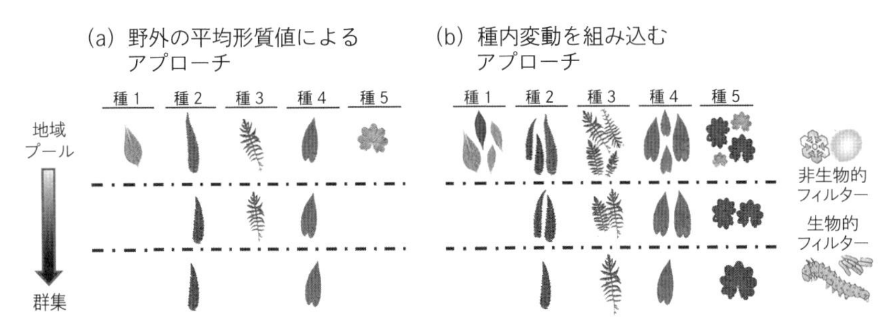

図 6.3　群集集合理論において (a) 地域種プール内の種に対して平均形質値のみを考慮する古典的なアプローチと (b) 種内変動を組み込んだときの違い。それぞれの葉の形状が種を示している。一点鎖線は非生物的フィルターと生物的フィルターを示している（第 4 章と第 7 章も参照)。図は Javier Puy による。

群集レベルの空間スケールでは、非生物条件が空間的に不均質なため、あるいは同じもしくは別の栄養段階の異なる生物と生物的相互作用をもつために、個体群内の個体は形質値が異なる可能性がある。例えば、光、土壌水分、気温、餌の利用可能性もしくは捕食者の存在の小規模な変動は、これらの条件に適合した形質値をもつ個体が局所適応と選択をする（すなわち実際の形質値がその個体の適応度を最大化する）ことで、個体群内の形質の変動につながる（Jung et al. 2010)。もちろん、生態的浮動のような中立的なプロセスもまた個体群内あるいは個体群間の様々な表現型を生じさせる可能性がある。**景観**（*landscape*）レベルにスケールアップしたときには、異なる環境条件間で、個体群間の距離が離れているほど、接続性が減少する様々な個体群を観察することができる。環境の変動は特に非生物条件においては、通常は個体群間の距離とともに増加し、その結果、単一の個体群内よりもメタ個体群内の全体的な形質変動が大きくなる。景観スケールでは、遺伝的交流は個体群の距離とともに減少し、局所的な遺伝的選択につながるプロセスが強まる。したがって、種の地理的範囲全体にわたって、ITV の全範囲が広がっているといえる。地理的・気候的傾度は、個体の局所適応と遺伝的選択と組み合わさって、多くの場合、大きな形質の変動もしくは形質値の変化をもたらす。例えば、トビムシ *Folsomia quadrioculata* において、孵化サイズは緯度とともに有意に大きくなる（Sengupta et al. 2016)。同様に、多くのヨーロッパの淡水魚は、いくつかの生活史形質において大きな空間スケールで種内変動を示し（Blanck & Lamouroux 2007)、さらに葉や根の形質の変動は、より大きな空間スケールになるほど大きくなる傾向がある（Liu et al. 2010)。これらの ITV の違いは生物多様性に大きな影響を与えるため、本章の後半で説明する。

つまり、ITV は個体から生態系までの様々な階層で生じ、結果として、ITV と空間スケールは相互作用している（本章の末尾を参照）。以下では、個体、個体群、群集、生態系プロセスといった、異なるスケールにわたる ITV の重要性を示す研究例を紹介する。

6.2.1 種分化

新しい種の形成とは、ある種の個体群が進化して二つ以上の新しい別の種になるという進化的プロセスである。このプロセスが、より緩やかになり、亜種が形成されることもある。伝統的に、種分化中の個体群は長い（地質学的な）期間にわたって遺伝子流動を妨げる障壁（例えば、海洋、山の尾根、もしくは別の島で生活していること）によって、空間的に隔離されているはずであるというのが一般的なパラダイムであった（**異所的種分化**）。様々な表現型をもつ個体からなる各個体群は様々な環境条件や選択圧に遭遇し、最終的に新たなニッチに適応することによって進化する。これは、集団が再び接触しても、もはや遺伝子の交換ができなくなるまで進行する。その後、部分的に隔離されている個体群や周辺部の個体群は新たなニッチに遭遇する可能性もあり、それが、遺伝子流動の減少と最終的な種分化につながると主張されてきた。ITV はこうした異所的種分化においても一定の役割を果たすが、特に同所的種分化において重要である（Via 2001; Bolnick & Fitzpatrick 2007）。同所的種分化では、2 種以上の種が単一の祖先から派生し、そのすべてが同じ地理的地域、多くの場合、局所的な地域に生息している。異所的種分化とは異なり、遺伝子流動を妨げる地理的隔離はない。同所的種分化は、生態学的要因、特に食物や微小生息地の条件によって、よく引き起こされるように見えるので、生態的種分化ともよばれる。

同所的種分化の最初のステップは、個体群内の個体間のある表現型の形質もしくは一連の形質の遺伝的多型である。結果として、個体は異なるニッチで生態学的に分離され、個体群内で形質の分岐と部分的もしくは完全な生殖隔離がおき、最終的に種分化につながる。古典的な例がリンゴミバエ *Rhagoletis ponomella*（Bush 1969）もしくはエンドウヒゲナガアブラムシ *Acyrthosiphon pisum*（Via 1999）のような、植食性無脊椎動物の宿主レース[訳注 6-1]の形成に見られる。これらの種では寄主転換が起こり、各宿主レースはそれぞれ異なる植物種を摂食する。これに

訳注 6-1. 特定の宿主種に特異的な種内品種（系統）。

より、その特定の植物への適応が強化され、宿主の種レース間の生殖的隔離が拡大する。宿主レースはしばしば、体サイズ、色、生活史形質のような形質が異なっている。形質の多型による同所的種分化は他の動物や植物にも見られる（Bolnick & Fitzpatrick 2007）。脊椎動物での同所的種分化の例として、キクガシラコウモリ属の一種 *Rhinolophus philippinensis* の音声周波数の多型（Kingston & Rossiter 2004）、ダーウィンフィンチ *Geospiza fortis* のくちばしサイズによる求愛の鳴き声の違い（Huber et al. 2007）、アフリカンシクリッドのオスの体色の表現型の多型や音声繁殖コミュニケーションなどがある（Barluenga et al. 2006）。

6.2.2　個体群サイズと遺伝的多様性

遺伝子型によって、表現型が異なることが多い。種内の**遺伝的多様性**、つまり（サブ）個体群内の遺伝子型の数は、個体群サイズだけではなく、群集や生態系にも大きな影響を与える。遺伝子型の数が増加すると、植物の一次生産が向上することが示されており、カスケード効果により、植食者やその捕食者といった植食食物網上の種に影響が及ぶ可能性がある（Hughes et al. 2008; Kotowska et al. 2010）。個体群プロセスに与える遺伝的多様性の正の効果は、混在する遺伝子型の表現型の特性によって決定される遺伝子型の加算的なものだけでなく、ある遺伝子型が他の遺伝子型によって阻害、干渉、促進されるような遺伝子型間の非加算的な相互作用によって生じる可能性もある。これらの正あるいは負の遺伝子型間の相互作用は遺伝子型間の機能形質の非類似度に依存すると考えられている。遺伝子型の示す表現型が類似している場合（すなわち、近親交配やクローンによる均一な表現型）には阻害が起こりやすく、一方、遺伝子型の示す表現型が大きく異なっている場合には、個体群の中で促進作用がよく見られるようになる（Heemsbergen et al. 2004）。表現型の機能形質値が互いに似ていないほど、基本的な資源をめぐる激しい競争は起きにくいだろう。一方、より優れた競争力に関連する形質の遺伝子型は、そのほかの遺伝子型を駆逐してしまう可能性もある。前者の例は、トビムシの種 *Orchesella cincta* において、同系交配の単一の雌からなる系統による「ほぼ均一な遺伝子型」の集団を用いた研究で観察された。異なる単一雌の系統から得られた 1 タイプもしくは 2, 4, 8 タイプの遺伝子型を混ぜたミクロコスム実験において、遺伝子型が増えるとトビムシの個体群サイズとバイオマス生産が大きく促進された（Ellers et al. 2011）。こうした遺伝子型数の効果の大きさは、同系交配の系における個体群成長速度に関連する生活史形質の表現型（すなわち、卵サイズ、卵発生時間、幼虫の成長速度）の相違の程度によって決まる。これは、遺伝子型間のわずかなニッチの違いによって説明できるかもしれない。個体間の遺伝子型の変動が生態学的な成功をもたらす例は、他にも細菌、維管束植物、甲殻類、昆虫、魚類などで知られている（Forsman & Wennersten 2016）。

6.2.3 適応

人類が世界中の生態系へ与える影響は、気候変動、汚染、土地利用の変化、生息地の断片化などを通じて、結果として多くの種の生息地の質を変化させている。これは、種が存続するためには、特に分散能力が低い場合には、新しい環境条件への適応が不可欠であることを意味する（Berg et al. 2010）。多くの生物グループで、ITVの増加に伴い個体群の適応度が増加することが示されている。よりITVの大きい個体群は、一般的にパフォーマンスが高く、生息地の質の変化の影響を受けにくいことが示されている（Forsman & Wennersten 2016）。こうした個体群の維持に対する表現型の変動の正の効果は、種の絶滅率にも影響する。例えば、哺乳類や鳥、特にスズメやオウムでは、親の体重、性成熟までの時間、一度に生まれる子の数の個体群間の変動は絶滅に対する脆弱性を減少させることが、レッドリストデータによって示されている（Gonzales-Suarez & Revilla 2013）。ITVは種の地球レベルの絶滅リスクを減少させる可能性があるため、種の生存におけるITVの重要性は地質学的な時間スケールにも及ぶ。例えば底性のカイムシ類（*Trachyleberididae*）の種や属では、色の多型が豊富であると、その分類群の地質学的な寿命が長くなるという関係がある（Liow 2007）。類似の発見は、両生類、爬虫類においても報告されている（Forsman & Hagman 2009; Pizzatto & Dubey 2012）。色の変異が種のパフォーマンスに与える影響は、色の多型と他の機能的に重要な形質との関連性により説明される。

大きな表現型の変動はまた、**生物的要因への適応**かもしれない。例えば、植物の二次代謝産物は、一般に植食者の存在に反応することで生産され、それが葉のダメージを減少させる。二次代謝産物の種内変動は、個々の植物間で植食者のスイッチングを促進する可能性がある。例えば、*Combretum fragrans* という樹木はカレハガ科の一種 *Chrysopsyche imparilis* の幼虫に摂食される（Mody et al. 2007）が、植食者のスイッチングにより植物個体における摂食時間は短縮され、個々の植物では葉組織の顕著な減少は見られなかったことが示されている。同様に、ヤマナラシ属の一種 *Populus* の縮合タンニンの個体群間の変動はビーバーの餌としての樹木の選択に影響し、ひいては特定の樹木の適応度に大きく影響する（Moore et al. 2014）。個体群が局所環境条件に適応するので、ITVは緯度方向での大きな形質の変動や、マクロスケールでの形質値の変化に寄与している。

6.2.4　分布

種の分布は、遺伝子と表現型の双方の種内変動に強く影響されている（Forsman & Wennersten 2016 でレビューされている）。これは、複数のメカニズムが同時に作用して、種の生態学的成功に影響を与えている可能性がある。一つ目は、先に示したように、ITV が局所適応に寄与して、その結果として環境の変動に対する脆弱性が減少し、個体群の絶滅リスクが低下するというものである。二つ目は、ITV が種の新しい場所への定着可能性に正の影響を与えるというものである。実験研究により、様々な生物と実験条件において、創始者の表現型の多様性（と遺伝的多様性）は新しい場所への定着の成功を増加させることが示されている（Forsman 2014）。多くの研究において、ITV の小さい種よりも、ITV の大きい種は**分布範囲**が広いことも示されている。例えば、広食性のヤガの種は、狭食性、単食性の種よりも広い分布域をもち（Franzen & Betzholtz 2012）、魚類や両生類では、複数の表現形をもつクレードはそうでないクレードよりも広い分布域をもつ（Pfennig & McGee 2010）。

種によっては、特定の機能形質に変動が見られ、その結果、生息範囲のサイズが広くなるものもいる。例えば、単一の種内で有性生殖と無性生殖のどちらも行える個体が存在する（すなわち条件的単為生殖）など、種が繁殖様式の種内変動を示す可能性がある。無性生殖や単為生殖はしばしば、倍数性（遺伝子の重複）と関連しており、植物にも動物にも見られる。無性生殖が優占する個体群は通常、有性の同種個体群よりもかなり分布域が広く、雌ベースの倍数性の種はしばしば、分布域の周縁部に過剰に見られる。この現象は、地理的単為生殖とよばれる（Cosendai et al. 2013）。例えば、二倍体と四倍体の個体をもつヘラスベザトウムシ *Leiobunum manubriatum* では、無性生殖は、その生息域の北部周縁の**生息範囲の拡大**（*range expansion*）と関連があることが示されている（Burns et al. 2018）。倍数性は繁殖様式だけでなく、体サイズのような他の形質にも影響を与える（Lavania et al. 2012）。したがって、個体群における遺伝子の重複は、種の適応、定着、生存に影響を与える一連の形質の変動に影響する可能性がある。

6.2.5　侵入の予測性

ここまで人類の影響に関する議論では、人類による環境変化後に、種の適応によってどのように「種がその表現型形質を変化させ、適応度を最大化する」ことを可能にしているかに着目してきた。しかし、人類の活動はまた、多くの動植物にとっての新たな生息地を局所的に、地域的に、さらには地球規模で作り出している。新たに形成された分断された生息地に、ある種が侵入できるかどうかは、大きく三つの要因に依存している。それは分散力（Walther et al. 2002; Berg et al. 2010; Schloss et al. 2012)、同じ生息地条件への適応と競争能力（Shurin 2000; Seabloom et al. 2003）である。つまり、種は、現在の生息域と新たな生息地の間の距離を移動できれば、新たな場所に到達することができるが、それは、適切な分散形質をもつ場合に限られる。また、種が到達すると、すでにそこに生息している種と競争できるように、生息地条件に適応している（もしくは到達後に適応する）必要がある。定着と侵入の可能性は、ニッチ分割によって競争排除を回避するのに十分な程度に異なる形質をもつか、または一般的な生物・非生物条件に耐えられるほどに十分に類似した形質をもつかによって決まると予測されている(Loiola et al. 2018、第7章も参照)。相互作用する種間には、分散能力と競争力にかなりの種間差があり、この違いによって、環境変動下での群集組成が決まる(Cadotte et al. 2006; Livingston et al. 2012)。

種は気候の変化をたどり、分散によって環境傾度を超えて移動することができる（Walther et al. 2002; Parmesan & Yohe 2003)。分散能力は、種間で異なるが、さらに分散能力にはITVも存在する。それは種の分布域の近年の変化にとって重要であることが証明されている。新たに定着が見られた範囲の周辺では、分散しない表現型に対して分散する表現型の頻度が高いか、より高い分散能力をもつ表現型の数が増加するような種がいる。例えば、キリギリスの一種 *Metrioptera roselii* は、分散型（羽が長くて飛べる）と非分散型（羽が短くて飛べない）という2タイプの個体が存在する（Thomas et al. 2001)。前者の長翅型は特に新しく定着した生息範囲の辺縁に多いが、辺縁から遠く離れた古い個体群には飛べない短翅型のみが生息している。他にも、ササキリ属の一種 *Conocephalus discolor* では、長翅型と超長翅型の2種の分散表現型が記述されている。このより**分散性の高い形態型**の頻度は新しく定着した個体群で増加している（Thomas et al. 2001)。同様の例は植物でも見られる。侵入性の南アフリカ産のシンコウサワギク *Scenecio ineguidens* では、拡大が進む分布前線付近の個体が大型の冠毛と飾り毛を備えた種子を作る。その結果、種子の大気中での落下速度が下がることで、種子の分散距離が大きくなる（Monty & Mahy 2010)。他の生活史形質には、拡大が進む生息域の周辺部で表現型が急速に変化するものがあり、例えば体サイズ、成長速度、摂食速度、配色、再生産能力、成熟年齢が含まれる（Chuang & Peterson 2016)。

6.2.6 群集集合

群集生態学の中心課題の一つは、群集がいかにして形成されるか、すなわち、局所群集が地域の種プールからどのように組み立てられるのかを理解することである（図 6.3；第 7 章も参照）。群集内への種の到達と存続を予測する一般則、いわゆる、生態学的集合則を構築することはできるのだろうか？ この生態学的集合則は、地域の種プールと群集の間の「フィルター」として機能し、形質によって種が「除外」されると考えられている（第 4 章や第 7 章も参照）。ITV はどの種がこのフィルターを通過できる可能性があるか、すなわち、どの種が群集内に定着できる適切な形質をもっているかを決めるため、群集組成と集合理論において重要な役割を果たす。種がその平均的形質値のみによって記述される場合、ある種が適切な分散、耐性、競争形質をもっているか、もしくは、その平均形質が外部・内部条件に適合していれば、その種が群集に入ることができると想定している。しかし、本章で ITV は、形質の変動によって種の生態ニッチを拡大できることを示してきた。このことは、少なくとも部分的には、種の平均とは異なる形質値をもつ一部の個体が群集内に定着できる、もしくは、ある程度は、群集に作用するフィルターに合わせて可塑的に形質が変化する可能性があることを意味している。つまり、集合プロセスにおいて ITV を考慮することで、群集の種多様性がより高くなる。なぜなら、平均的な形質値に基づけば排除される種であっても、ITV によって平均より大きいもしくは小さい形質値をもつ一部の個体が環境フィルターを通過できるようになるからである。

6.2.7 形質を介した種の相互作用

種は、形質を非生物的環境の変化に適応させるだけでなく、他の種の「存在」（例えば個体群、群集、さらには生態系に影響するような**近隣種、餌生物、捕食者、寄生者**）に対しても形質を適応させる。例えば、半乾燥灌木地に生育する植物には、植物の比葉面積と高さが、近隣の個体の形質値や、近隣の個体の密度によって決定される種がいる。この近隣個体の形質値による効果はしばしば、降水量よりも強力である（Le Bagousse-Pinguet et al. 2015）。他にも水域では、捕食者の匂い（すなわち、いわゆる情報化学物質）にさらされた被食者種が自らの形質を改変することで応答するという興味深い例がある。これらの改変は多くの場合、捕食者ごとに特異的で、また被食者の種間で異なる。代表例はオタマジャクシの尾部の発達である（図 6.4）。タイヘイヨウアマガエルのオタマジャクシがゲンゴロウの匂いにさらされると、捕食者を頭部から遠ざけておびきよせるため

図 6.4　形質を介した捕食者と被食者の相互作用。タイヘイヨウアマガエルのオタマジャクシの尾部の発達は捕食者の存在に依存する。ゲンゴロウの情報化学物質にさらされた場合、頭部から捕食者を遠ざけるおとりとなるために尾部が広がる。魚の情報化学物質にさらされた場合は、尾部は細くなり、泳ぐスピードが増して捕食から逃れる。図は Janine Mariën による。訳注 6-2

に、その尾部が肥大する。しかし、ブルーギル *Lepomis macrochirus* の情報化学物質にさらされたときは、尾部は細くなり遊泳速度を上げることで、捕食を免れるようになる（Benard 2006）。このように、形質の改変は情報の影響を受けやすい。種が捕食者の情報化学物質に対して異なる反応を示す場合、形質を改変する相互作用が群集組成に影響を与える可能性がある。例えば、アメリカアカガエル属の一種 *Lithobates clamitans* と、ウシガエル *Lithobates catesbeianus* のオタマジャクシは、ヤゴの匂いにさらされたときの採食行動が異なる。前者の摂食速度は変化しないが、ウシガエルのオタマジャクシは有意に摂食速度が減少する（Relyea & Yurewickz 2002）。

もう一つの例は、春の気温変化と、それに対するヨーロッパナラ *Quercus robur*、シャクガ科のナミスジフユナミシャク *Operophtera brumata*、ヨーロッパシジュウカラ *Parus major* の**生物季節的反応**である。ヨーロッパの温帯域の春の気温は、この数十年で有意に上昇し、種間の季節的不適合が生じている。春の訪れが早まるのに反応して、ナラの芽吹きは 40 年間で 14 日早くなった（Visser & Holleman 2001）。ナミスジフユナミシャクの幼虫は若いナラの葉を摂食する。なぜならこの状態の葉は、卵が孵化した時点ではフェノール含量がかなり低いからである。しかし、ナミスジフユナミシャクの孵化は 10 日しか早くならず、結果として、幼虫は食物の質が低下して飢えることになった。したがって、この幼虫がもつ成

訳注 6-2．この図では、ゲンゴロウの情報化学物質にさらされたときに尾部が細くなっているが、引用元の論文 Benard（2006）では上の説明文および本文の通り、ゲンゴロウの情報化学物質にさらされたときに尾部が広がると報告している。

長における表現型の可塑性では、自身の発達段階とナラの芽吹きのタイミングの関連性を維持することができなかった。さらに、ヨーロッパシジュウカラの産卵日は、ヒナが成長するために依存しているナミスジフユナミシャクのバイオマスのピークに追いつくほどは早まらなかった（Visser et al. 1998）。このため、ナラ、シャクガ、シジュウカラが用いていた環境の手がかりの間の関連性が崩れ、種間相互作用が改変されることになった。

6.2.8　生態系プロセス

ここまで、ITV によって、変動する環境に対して種がどのように応答して適応度を増加させ、また別の生物と相互作用するのかについて、多くの例を挙げた。しかし、種の形質（特に、効果形質；第 1 章）は、生態系プロセスにも影響を与える（de Bello et al. 2010a; Díaz et al. 2013）。なかでも ITV は、例えばリター分解、養分無機化、送粉、一次生産といった生態系プロセスに影響を与える（第 9 章）。しかし、多くの研究が、種のパフォーマンスにおける遺伝子型と表現型の多様性の重要性に着目しているものの、ITV がどのように**生態系プロセスに影響**するかに焦点を当てた研究は少ない（Whitham et al. 2006）。リター分解の研究では、様々な地域から得られたセイヨウヤマハンノキ *Alnus glutinosa* の落葉のリンとリグニン含量に大きな種内変動があることが示されている（Lecerf & Chauvet 2008）。この実験が行われた渓流におけるリター分解速度の変動は、これら二つの化学物質の種内変動によって説明される。興味深いことに、ハンノキにおけるリンとリグニンの ITV は、リターの化学性の種間変動と同程度に大きかった。同様の結果は、共通圃場実験におけるヤマナラシの樹下の養分放出でも見られた。この実験では、個々の樹木下の葉からのタンニンの加入量のばらつきが、土壌の純窒素無機化量の空間的不均一性を説明した（Schweitzer et al. 2004）。ローレルジンチョウゲ *Daphne laureola* の個体群では、雌性株と雌雄両性株という二つの交配システムが共存している。雌性株の数が少ない個体群では、雌性株よりも両性株の方が受粉の成功率が高く、この効果は標高とともに増加する（Alonso 2005）。同様の効果は、開花の季節性によっても作用することが示されている（Elzinga et al. 2007 でレビューされている）。

第 1 章で説明したように、適応度に影響を与える機能形質は、生態系プロセスを決定する種の形質と相互作用する可能性がある。種内もしくは相互作用する種間における応答形質と効果形質が緊密に関係することがあれば、環境ストレスがどのように生態系プロセスに影響するのかを予測する能力を向上させることができるかもしれない。残る問いは、応答形質のITVが効果形質のITVとどのように相互作用するか、そして、この結びつきが生態系にどのような影響を与えるかということである。

Box 6.1　選択 vs 表現型の多様性についての実験

ITVは遺伝的変異および／または表現型の可塑性（上記参照）を介して、局所環境への適応における役割を果たす可能性がある。結果として、環境傾度に沿って集められた個体間では、その遺伝子型が異なるため、または形質が可塑的であるためのいずれかの原因によって、形質値が異なる可能性がある。遺伝子解析を行わない場合、またはそれを行う場合に、それらをどのように区別するのだろうか？　いわゆる、共通圃場実験では、様々な局所地点から収集された個体が同じ環境条件に集められる（図6.5）。この設定により、生活史の変動における遺伝的要素の相対的重要性と、生活史形質に対する自然選択の強度と方向性の相対的重要性を決定することができる。

これら二つの要因の相対的重要性を検証する方法を説明するために、小アンティル諸島のアノールトカゲ（*Anolis*）の地理的な形質の変動の例を用いる（Thorpe et al.

図6.5　共通圃場実験。同じ環境条件の下に、異なる地域で採集された個体を集めて育成することで、個体群間の形質の相違が遺伝的変動によるのか、もしくは、その種が通常生息する環境に応じた表現型の可塑性によるのかを検証する。図はJanine Mariënによる。

2005)。一つのサイトの個体を二つのグループに分けた。一方のグループは共通圃場のケージに入れられ、もう一方は各種の本来の生息地のプロットのケージに入れられた。共通圃場は通常、環境傾度の真ん中の大きなパッチに設置され、好ましいハビタートであることが多い。アノールトカゲは、自由に餌を与えられた状態で飼育された。この手順は傾度全体のすべての個体群に対して行われた。個体群はランダムブロックデザインで設置され、各ブロックにはすべての個体群が含まれた。次に、親もしくはF1世代のいずれかで、検討対象の形質が共通圃場の条件に応答できる程度に十分に長い期間が経過した後にその形質が計測された。形質値は（1）共通圃場に置かれている異なる個体群から得られた個体間と、（2）本来の生息地のプロットで飼育された個体と同じ個体群から得られたあと共通圃場で飼育された個体間、で比較された（固定効果を元の地域のID、新たな地域のID、植食のレベル、標高とした多変量分散分析）。**遺伝的変動（遺伝的変異）**の仮説では、共通圃場内の異なる個体群間において局所地点間での形質値の差が大きいと想定しており、これは本来の生息地のプロット間での相違を反映しているが、本来の生息地のプロットで育てられた個体と共通圃場で育てられた個体の間でその起源が同じであれば大きな差異はないと予測することになる。**表現型の可塑性**の仮説では、共通圃場に置かれた個体群の個体は類似した形質に向かって収束すると想定している。つまり、**表現型の可塑性**の仮説では、個体群間での形質値の局所地点間差は小さいと予測されるが、本来の生息地のプロットで育てられた個体と共通圃場で育てられた個体の間では、同じ起源をもっていても有意な形質値の差があると予測する。ほとんどの場合、双方の要因が働いていることは言うまでもないが、一般的には、このような方法でITVを説明する最も支配的な要因を特定することができる。

6.3　種内の形質変動を調べる

ITVを調査・定量し、群集と生態系に与えるITVの効果を評価するには、様々なアプローチがある。ITVとその効果を定量するための実験、分析ツールは、取り組む生態学的問いによって大きく異なる。本節では、様々な生態スケールにおけるITVとその効果を調べるために用いられる四つの主要なアプローチとテクニックを述べる。各項は解析のタイプごとに分けられているが、解析は組み合わせることができ、また部分的に重複している。

6.3.1　種内、種間の形質変動を定量する

方法論に関する重要な問いは、どのように種内の形質変動のレベルを定量し、それを種間の変動とどのように比較するかということである。複数の種にまたがるITVを比較する一つの手法は、**変動係数**（*Coefficient of Variation*, CV）を

計算することである（Albert et al. 2011, 2012 を参照）。CV は標準偏差を平均で割ったものであり、単位をもたないため、種間や形質間を比較するのに有用である。CV を用いる限界の一つは、種間の形質変動の程度に対する種内の形質変動の程度を比較できないことである。この対比は群集のフィルタリングと種の共存のパターンを調べるために重要であり、また単に形質値の種間の違いが ITV と関連するのかを理解するためにも重要である（Siefert et al. 2015）。de Bello ら（2011）と Violle ら（2012）に従うと、ITV と種間変動の相対的重要性は平方和の分解に基づくアプローチによって定量することで判断できる。このアプローチでは、群集全体の形質の分散は、群集内の全種についての「種間の形質の分散 +（平均）種内分散」である（詳細な式は de Bello et al. 2011 を参照）。3 種がそれぞれ 4 個体存在し、以下のような形質値（例えば体サイズ）をもつとしよう。

種 A：4, 5, 6, 7 cm
種 B：6, 7, 8, 9 cm
種 C：1, 2, 5, 6 cm

この平方和は、分散分析（ANOVA）で、応答変数を群集内の 12 個体のすべての形質値、予測因子（説明変数）を種（種 A, B, C の 3 レベル）とすることで得られる（‘R material Ch6’ 参照）。この例では、種による平方和（要因間の変動）は 32 で、残差（要因内、つまり種内の変動）が 27 である。種間と種内の変動は、種間は 32/(27 + 32) = 54％で、種内は（ここでは ‘*wITV*’）27/(27 + 32) = 46％であり、ほとんど同じである。ただし、今回の例においては、体サイズは種によって有意に（$P = 0.029$）異なっている。これは種間形質変動が ITV よりも大きく、種をランダム化した帰無モデルから予測されるよりも種間の形質値の差が大きいことを意味している。

この方法を用いて世界中の植物群集の変動を解析したところ、ITV の程度は対象とする形質に強く依存したが、ITV が形質の変動に寄与する割合は通常は種間変動の寄与より小さかった（Siefert et al. 2015）。群集内のすべての形質の平均 *wITV* は約 25％であった（図 6.6）。しかし、チェコの 2 か所の牧草地を研究した de Bello ら（2011）でも見られたように、ITV が種間変動に匹敵する場合もある。Siefert ら（2015）の結果は、種間の形質の違いは一般に種内よりも大きいという初期の予測を裏付けているが、同時に、ITV は群集形質変動の無視できない要素であることも示している。

Violle ら（2012）はさらに、*wITV* が大きい場合、形質変動のほとんどが種内

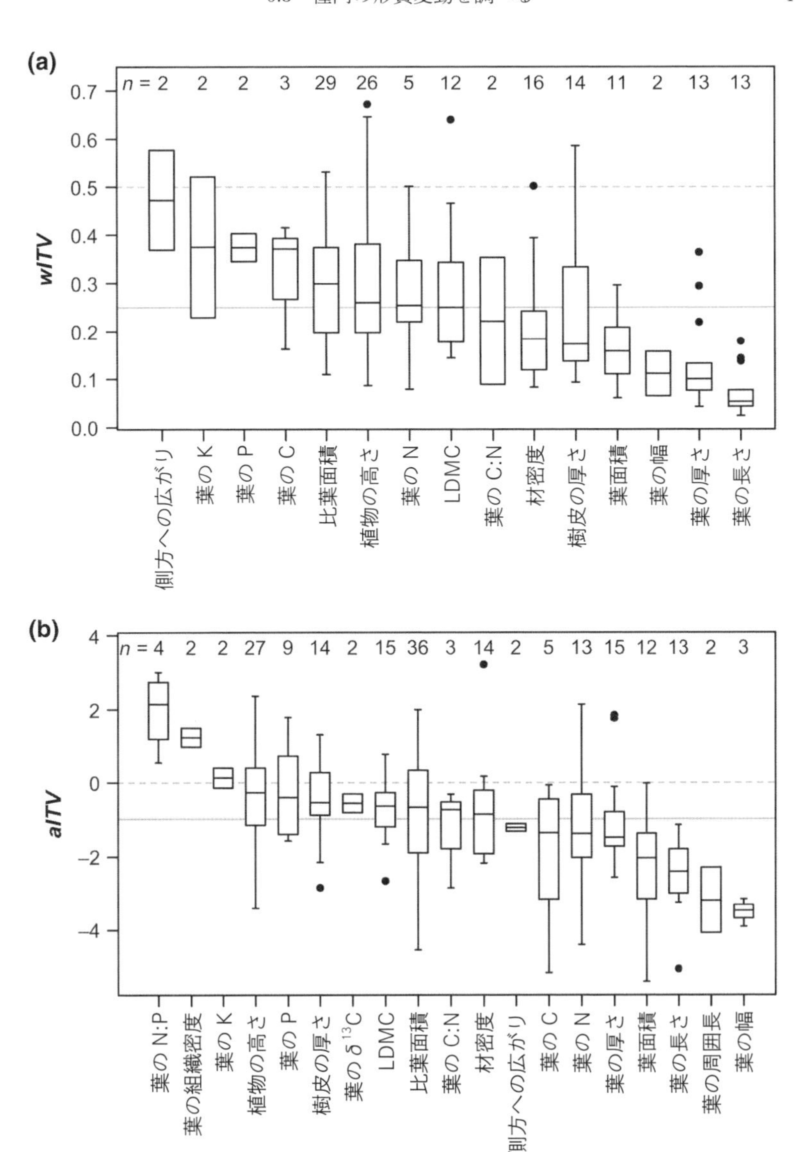

図 6.6　(a) 群集内 (*wITV*、6.3.1 項の説明に対応) と (b) 群集間 (*aITV*、6.3.2 項の説明に対応) の ITV の相対的な大きさを示す箱ひげ図。形質ごとの研究の数が各箱の上に示されている (研究の総数は、wITV が 33 で、aITV が 37 である)。水平の実線は、全形質にわたる平均値を示す。破線は種内と種間の形質の変動の大きさが等しい値を示す (wITV = 0.5; aITV = 0)。破線より上の値は、種間変動より種内変動が大きいことを示し、その逆も同様である。Wiley の許諾により、Siefert ら (2015) より引用。© 2015 John Wiley & Sons Ltd/CNRS.

で生じ、種はそれぞれ非常に重複した形質分布をもち、*wITV* が小さい場合はその逆になると示唆した。形質分布の重複が種の豊富さの増加につれて減少する、すなわち、種間の機能的分化が大きいとき、このパターンは群集組成を駆動する要因として競争排除による類似限界の存在を支持するだろう（MacArthur & Levins 1967）。一方、形質分布の重複が種の豊富さとともに増加する場合は、均等化メカニズムが群集集合を制御していると考えられるだろう（Le Bagousse-Pinguet et al. 2014）。*wITV* と種の豊富さの間の関係がない場合は、中立的な集合則を支持する。

ここまで紹介した *wITV* は、単一の形質にしか使用できない。しかし、*wITV* は形質の分散を表現する Rao の二次エントロピーの形式に基づいて拡張できる（詳細は de Bello et al. 2011；第5章参照）。この拡張は、R のパッケージ ***vegan*** 内の関数 ***adonis*** を用いた Permanova（並べ替え多変量分散分析、Permutational multivariate analysis of variance）に対応する。これらの複数の形質に基づく個体間の機能的非類似度を計算し（第3章）、*wITV* について説明した手法を繰り返すことによって、様々な個体間で計測された複数の形質を扱うことができる。

wITV を計算するときに考慮すべきもう一つの重要な点は、それぞれの種でサンプルされた個体の数である。第11章で見るように、群集内のすべての個体がサンプルされることはほとんどない。例えば、それぞれの種に対して一定の数をサンプルするか、あるいは、個体数が多い種についてはより多くの個体をサンプルすることができるだろう。レア種を採集するのは容易でないので、計測される個体をランダムに選ぶことは難しく、よく成長した健康な個体を選別する余裕はあまりない。その結果、最適でない個体が選択されるためにレア種の ITV が種間変動よりも「人為的」に大きくなる可能性がある（de Bello et al. 2011）。

ITV と種間の形質変動の相対的重要性を解析するために分散分析を用いるとき、*wITV* は、その群集のすべての種の ITV の加重平均として計算される（平方和の分解におけるそれぞれの種の加重は、個体の相対数、バイオマス、頻度、被度などで決定される（第5章））。ただし、大きさに関係する形質には注意が必要である。なぜなら、分散は平均に対して線形に依存すると予測されており、大きな種ほど分散が大きくなるからである。これは、大きい ITV の結果ではなく、測定単位のスケーリングによる方法論的なものである。対数変換は平均と分散の独立性をもたらすので、この問題の適切な解決法である（de Bello et al. 2011）。これは FD 内および FD 間の加法性を損なう変動係数の使用とは対照的である。

6.3.2　種内形質の順応と種のターンオーバー

環境傾度に沿った、種内の順応もしくは、ターンオーバーともよばれる種の入れ替わりによって形質値は変化する可能性がある（Cornwell & Ackerly 2009; Siefert et al. 2015）。これらの二つの因果メカニズムの相対的重要性を解析するツールは、元は Lepš ら（2011）によって提案され、群集加重平均（CWM；第5章参照）の様々な計算に基づいている。

植物の高さに影響する、土壌肥沃度の異なる二つの牧草地プロットを想定してみよう。この二つのプロットは、同じ牧草地に設定してもよいし、異なる牧草地に設定してもよい。プロットは、少なくともいくつかの種を共有しており、これらの種は、土壌肥沃度に応じてその高さを変化させることができる。プロット間の植物の高さの CWM の変化は二つのメカニズムによって生じうる。それは、プロットごとに、異なる高さをもつ異なる種が優占する、もしくは双方のプロットに同じ種が優占するがその高さがプロットで異なる、というものである。（非現実的な仮定ではあるが）植物の高さが種内で完全に不変である場合、プロット間の植物の高さの CWM の変化は種の入れ替わりのみによって生じる。例えばより肥沃な条件下で、背の小さい種からより高い種に入れ替わる場合がある。この例には、種の完全な入れ替わり以外にも、種の相対的アバンダンスの変化によって種組成が変化するケースも含まれる。多くの場合（第11章で説明）、単一種について異なるプロットごとの形質値を利用することはできない。このタイプの分析は、生育場所とは関係なく、種ごとに固定された形質値を用いるため、$\mathrm{CWM}_{\mathrm{fixed}}$ とよばれるものに基づいている。

ある一つの種の形質値が環境傾度全体で利用可能な場合もある。例えば、肥沃度が異なる二つのプロットがあるとき、同じ種であっても肥沃度の高いプロットの個体は大きく成長するとする。この場合、各プロットで植物の高さを計測し、2プロット間の植物の高さの CWM が違ったとして、その違いは、ITV に起因する可能性がある。ほとんどの場合、植物の高さの CWM の変化は種の入れ替わりと種内の形質の順応の組み合わせによって生じる。Lepš ら（2011）は、上述のような $\mathrm{CWM}_{\mathrm{fixed}}$ と $\mathrm{CWM}_{\mathrm{specific}}$ を計算することが可能であると提案した。後者は、ある特定のプロットで計測された植物の高さを用いて計算した CWM に対応する（例えば、肥沃なプロットの植物の高さ）。ここでの重要な概念は、植物の高さの $\mathrm{CWM}_{\mathrm{fixed}}$ と $\mathrm{CWM}_{\mathrm{specific}}$ の間の違いは、プロット間の種内の形質の順応にのみ生じるということである（例えば、肥沃なプロットの個体は背が高い）。このため、種内の形質の順応の効果は $\mathrm{CWM}_{\mathrm{specific}} - \mathrm{CWM}_{\mathrm{fixed}}$ と等しい。‘R material Ch6’ に従って、二つのプロットそれぞれに対してCWMを計算できる。それぞれのCWMの計算において、一つは、そのプロットで計測された植物の高さを用い、もう一つは全プロットにわたるその種の植物の高さの平均で固定した形質値を用いる。各プロットの二つのCWMは、基本的に同じプロットの「反復測定」として扱われる。そのため、反復測定の分散分析（repeated-measures ANOVA）と同様の統計モデルを使用して、環境傾度に沿った形質の入れ替わりに対する種のターンオーバーとITVの寄与を検証することができる。このプロセスは、'R material Ch6' とLepš ら（2011）で詳しく説明されており、Siefert ら（2015；図6.6）によって用いられた '*aITV*' などの指数を用いて、環境傾度に沿ってITVがどの程度重要であるかが計算できる。*aITV* は基本的に、ある傾度に沿った形質値の変化の合計に対する種内の形質順応の効果の比である。

上記のアプローチは様々なRスクリプトに実装されており（'R material Ch6' 参照）、通常、種のターンオーバーとITVの効果の間のいわゆる共分散も計算する。この共分散は種のターンオーバーとITVの間の因果効果の程度である。植物の高さと土壌肥沃度の例では、肥沃であることで、より背の高い種が「選択」され、さらに同じ種の個体もより高く成長させている。したがって、肥沃であることで、種間と種内の個体にそれぞれフィルタリングが生じるが、両者は高さのCWMに同じ効果、すなわち、肥沃なプロットで植物の平均サイズを増加させるという効果を与える。このケースでは種内、種間の植物の高さに正の共分散が生じている。一方、負の共分散は、肥沃な土壌はより高い種を「選択」する一方、肥沃度の傾度に沿って一部の種の個体は肥沃な条件でより小さくなることを示している。これは、種のターンオーバーと種内の順応が相互に補い合うことで、植物の高さのCWMが緩衝作用のようなものを受けていることを意味する。

形質がすべてのプロットで計測されない場合でも、この枠組みを当てはめることはできる。例えば、施肥区と無施肥区がそれぞれ5プロットずつある実験デザインでは、処理区のすべてのプロットで種がサンプリングされるわけではなく、少なくとも処理区のプロットの一つにおいてサンプリングされることが多いだろう（もしくは各プロットで計測される個体が非常に少ない；Carmona et al. 2015a 参照）。このような状況での解析は、同じ処理区の繰り返し（プロット）間で植物の高さの種内変動があまりないか、もしくは少なくとも処理区内のITVが処理間のITVほど大きくないことを前提としている（しかしもちろんこれはさらなる検証が可能である。また類似のサンプリング方式については第11章参照）。現在、CWM_{fixed} と $CWM_{specific}$ の双方を含むR関数は、傾度に沿った繰り返しのないプロットなど、繰り返しの有無にかかわらず、様々な実験デザインに適用可能である。繰り返しがない場合は、Carmona ら(2015a)によって提案されたアプローチ（各プロットで各種を少なくとも数個体サンプリングする方法）を用いることができる。

6.3.3 生態学的スケール間の形質変動

形質値は、着目する空間スケールによって異なる。例えば、植物の高さの種内・種間変動は、群集や景観の内外といったスケールによって異なる可能性がある。場合によっては、ある樹木個体の枝内や枝間など、種内変動よりも内部の形質の変動に関心をもつかもしれない。形質が変動しうる空間スケールは、**個体内スケール**から始まり、膨大な数にのぼる。例えば、比葉面積（SLA）は、樹木個体内でも有意に異なることがある（Hulshof et al. 2013）。つまり、1本の木のすべての葉が同じ SLA をもつわけではなく、樹齢や光条件などによって枝内でもある程度のばらつきが存在する（Pérez-Harguindeguy et al. 2013）。したがって、形質変動のかなりの割合が、個体内の日向と日陰の枝の間の違いで説明される可能性がある。研究の目的によって、個体群内の同種間や景観内の単一種の個体群間の違いを調べたり、群集内の種間の形質の違いを調べたり、異なる環境に関連する形質の違いを解析したりすることもできる。

形質値の変動は、**分散分解**分析（*variance decomposition* analysis）によって階層的空間スケールにわたって評価できる。Messier ら（2010）は、葉の形質の変動を、入れ子状になった（ネストされた）スケールに沿って分解した。最小のスケールは単一の枝内で（ネストされて）計測された葉である。次のスケールは、単一の樹木内にネストされた光条件の異なる枝における葉の形質である。単一の木は比較的均一な条件のあるプロットの群集内にネストされている個体群に属している。最後に、プロット内の木は、複数のプロットにわたる景観もしくは環境傾度に属している。同様に、Carmona ら（2015a）は三つのネストされたスケールで形質の分散を分解した。すなわち、コドラート内の種内の個体間、コドラート内の種間、コドラート間で形質の分散を分解した。どちらの場合も、著者らは形質（葉の形質と植物の高さ）を適切なスケールに割り当て、ネストされたスケールをランダム要因として用いる混合効果モデルを適用している。このアプローチにより、様々なスケール間の形質分散の分解（分割）が可能になる。これは、R のパッケージ ***nlme*** の関数 ***lme*** を用いた後、パッケージ ***ape*** の関数 ***varcomp*** を使用することで実行できる。各水準でみられる変動の割合の信頼区間を求めるために、ブートストラップを実行することもできる（'R material Ch6' 参照）。

6.3.4 種内変動を機能的多様性に含める

形質を用いて種の機能の違いや群集集合を探るときには、多くの場合、種間の形質の非類似度を計算せざるをえない。ITVは潜在的に重要であるにもかかわらず、ほとんどの手法は種間の形質の差異に焦点を当て、それぞれの種の平均形質値のみを考慮している。しかし、本章で見てきたように、これはITVが存在しないか、種間の差よりも相当小さいことを前提としており、必ずしも当てはまるとは限らない。

ITVを十分に考慮しつつ、種間の機能的非類似度を推定するためには、群集内の**すべての個体**をサンプリングすべきである（Cianciaruso et al. 2009）。しかし残念なことに、単一の群集ですら、すべての個体を計測することは事実上不可能である（第11章参照）。有効な解決法は、各種の代表的な**個体を選択**してサンプリングし、形質分布の重なり具合に基づいて種間の非類似度を計算することである（MacArthur & Levins 1967）。この手法の理論的根拠は、同種の形質値にある程度のばらつきがあり、ある形質値は他の値よりも頻度が高いということである（Carmona et al. 2016）。これは、図6.1と図6.7で示すように、種の形質分布によって表すことができる（Mouillot et al. 2005）。

ある機能形質、例えば体長（もしくは図6.7のSLA）について考えてみよう。各種の体長の値の分布は、種内の形質値の平均と標準偏差を用いて簡単に計算することができ、それらのパラメーターから正規分布を構築するか、よりエレガントにカーネル密度推定を使用することができる。関連する理論的根拠と計算の詳細は、なかでもMouillotら（2015）とGeangeら（2011）に示されている。重要なのは、各種の体長分布は**確率密度関数**（*probability density function*）であり、その総面積が1、すなわち総和（積分値）が1になるということである。この特性によって、それぞれの確率密度関数がどの程度の割合で重なるかを推定するだけで、種のペア間の体長の非類似度を推定できるため、特に興味深い（図6.7）。種iとjの間の体長の非類似度は$1 - \mathrm{overlap}_{ij}$で計算される。群集内のすべての種のペアに対して体長の重なり度合いを比較することができ、その非類似度は0～1の間でスケーリングされるため、単一の形質でも複数の形質でも、第5章で説明した非類似度に基づく機能的多様性を推定するすべての分析手法が利用可能である。興味深いことに、ITVに基づく形質の非類似度を用いると、特に局所スケールでは、種の平均値に基づく形質の非類似度よりも生物学的により意味深い結果

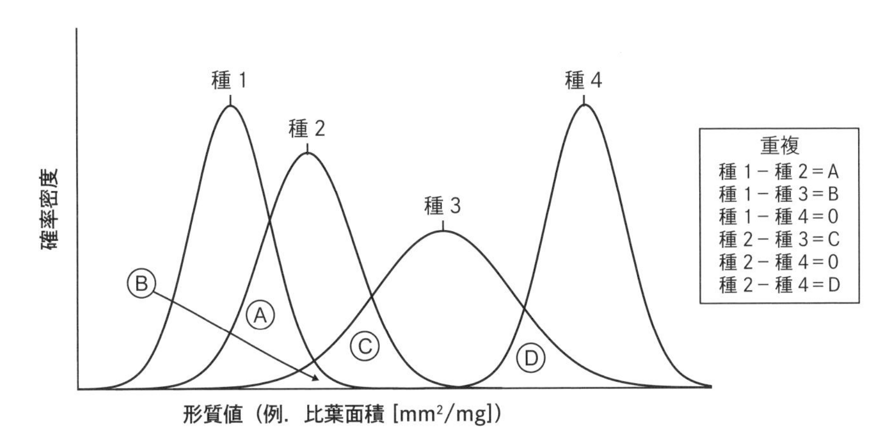

図 6.7　確率密度曲線を使用した種内の形質値分布に基づく種の重複（overlap）。各曲線の下の領域は定義により常に 1 に等しい（確率 100％）。したがって、各種のペアにおける 1 − overlap はそのペアの非類似度を反映している。変動がほぼ一定であるため、平均値の差が大きいほど、種間の重複は小さくなる。チェコ植物学会の許諾により、Lepš ら（2006）から引用。© Lepš et al.

が得られるようである（de Bello et al. 2013a）。

しかし、定義上、種の違いは多次元である。このため、共存する種間の重なりを正確に推定するには、複数の形質を考慮する必要がある。近年、ITV と複数の形質を同時に考慮する様々な手法が発表されている。こうした手法には、*nicheRover*（Swanson et al. 2015）、*dynamic range boxes*（Junker et al. 2016）、*hypervolumes*（Blonder et al. 2014; Blonder 2016）が含まれる。この文脈で、Carmona ら（2016, 2019）は、形質確率密度（Trait Probability Density: TPD）の概念を考案した。これは、確率的形質分布と複数形質を考慮したアイデアを組み合わせたものである。TPD は、着目する形質を座標とする機能空間において、観察されうる形質値の確率分布を示す数学的関数である。TPD 関数の主な利点は、どのような空間スケールでも構築できることである。これまでの確率密度関数の利用では、種のペア間の相違のみを考慮していた。一方で、TPD の枠組みでは群集内に存在する種の TPD 関数（TPD_S, 種の相対アバンダンスを考慮してもしなくてもよい）を結合して、群集の TPD（TPD_C; 図 6.8）を構築することができる。続いて、同様の方法で TPD_C 関数を集約することで、あらゆる空間スケール（地域、生物地理学的領域、大陸、全世界）で TPD 関数を推定することができる。これにより、種のペア間だけでなく、あらゆるスケール間の非類似度、すなわち機能的ベータ多様性を推定できる（第 5 章）。さらに、TPD 関数は確率密度関数なので（す

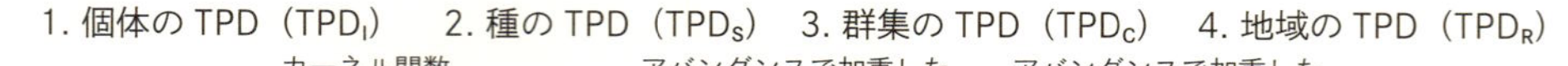

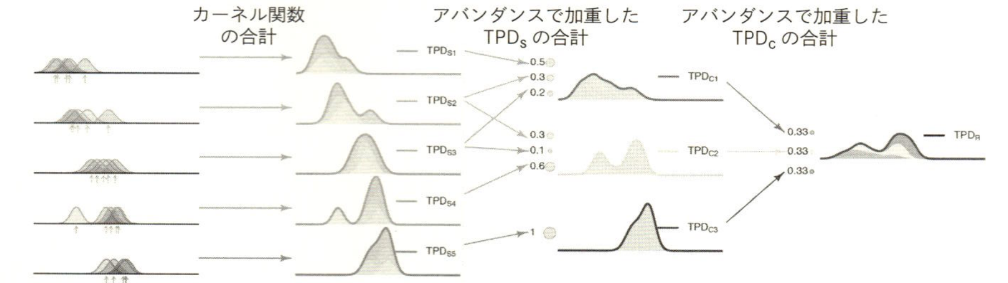

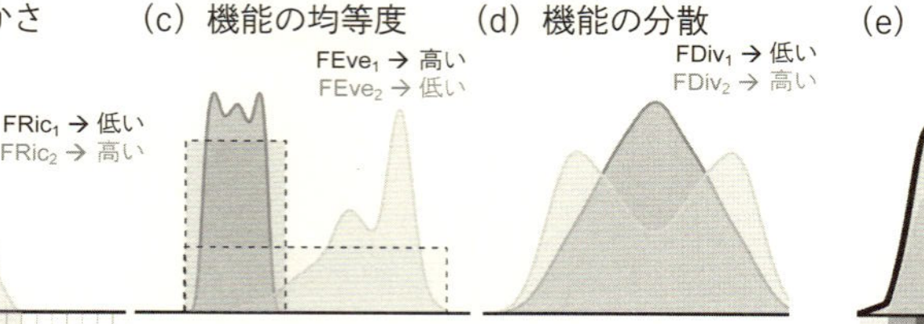

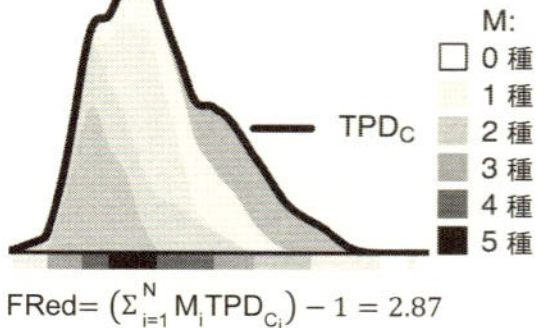

図 6.8　形質確率密度（TPD）の枠組みでは、生態学的単位（種、群集、地域など）の形質は確率分布として表現される。確率分布は、機能空間内の各点の値が対応する形質の相対アバンダンスを反映している。図の例では一つの形質のみが含まれている。この枠組みでは、個体を考慮することによって（図の(a)1)、種の TPD（TPD_S; 図の(a)2）に ITV が含まれる。群集内に存在する種の TPD_S は、種の相対アバンダンスによって重み付けされ、それらを組み合わせて群集の TPD（TPD_C; 図の(a)3）を推定できる。この手順を階層的なスケール全体で繰り返すことで地域レベル（TPD_R; 図の(a)4）など、あらゆるスケールの TPD を推定できる。この枠組みでは、いくつかの機能的多様性指数、例えば、機能の豊かさ（図(b)）、機能の均等度（図(c)）、機能の発散（図(d)）、機能の冗長性（図(e)）などを推定できる。指数の正式な定義は Carmona ら（2019）を参照せよ。Elsevier の許諾により、Carmona ら（2016）より調整。

なわち、総和が 1)、異なるスケールでの TPD 関数間の非類似度を推定することも可能である。例えば、ある群集におけるある種の TPD_S とその群集の TPD_C の間の非類似度を推定することで、群集においてその種がどの程度ユニークであるか（すなわち、種の形質が群集の中でいかに希少であるか）を示すことができる (Carmona et al. 2017a)。

TPD の枠組みは形質非類似度の推定に限定されるものではなく、ITV と複数の形質を考慮しながら、あらゆる**空間スケール**における機能多様性のあらゆる側面を推定するために利用することもできる。第 5 章で示した機能的多様性の指数のうち、Carmona ら（2016, 2019）は、機能の豊かさ・均等度・発散、機能的ベータ多様性（本書の範囲を超えるが、ベータ多様性のネスト要素と種のターンオーバー要素への分解については Villéger et al. 2013; Carmona et al. 2016 を参照)、機能の冗長性を推定する方法を示している。これに加えて、ITV を考慮した上で、種間の非類似度の行列に基づくすべての指数（Rao, MPD, FDis など）を推定することが可能である。これらの指数を推定するための具体的な概念や式については Carmona ら（2019）を参照し、R のパッケージ ***TPD***（Carmona et al. 2019）と、本書に付随する R material を利用することができる。

まとめ

- 種内形質変動（ITV）は種の進化、環境変動への適応、そして種が生態系の特性や栄養段階の相互作用に与える影響の重要な要素である。
- ITV が生じる重要な要因は、遺伝的変異、エピジェネティック効果、表現型の可塑性である。
- 生態学的パターンへの ITV の影響の強さを定量する様々なツールがある。例えば、群集内の種内と種間の相違の強さを比較したり、あるいは環境傾度に沿った ITV に比べて種組成の変化（ターンオーバー）の影響がどの程度強いかを比較したりすることができる。
- ITV はまた、種間の形質の違いを定量するのに使用できる。例えば、種間の形質の重複度を計測することで、機能的多様性を定量できる。

7 群集集合則

なぜ群集の中に様々な種が存在するのだろうか？　なぜ、ある群集は他よりも種が豊富なのだろうか？　なぜある特定の群集に存在する種が他の群集にはいないのだろうか？　生態学者は長い間、ある種がある群集に存在し、他の群集には存在しない理由を説明する集合則とはどのようなものであるかに関心をもってきた。本章では、種の形質を使用すると、これらの集合則をよく理解できることを示す。実際のところ、群集集合を支配する原理や、それが種の形質を通じてどのように作用するのかを知ることは、形質生態学の大前提といえるだろう。現在の地球環境変動の状況において、このような知識を得ることは、将来の生物多様性の変化を予測する現実的なモデルを構築する上で特に重要である。

本章では、まず「**集合則**（*assembly rule*）」という用語を紹介する。集合則とは、群集内に観察される種の数、アバンダンス、どの種が存在するかを制限するあらゆる制約として理解されている。第4章では、集合則の中の環境フィルタリングの効果を見てきたので、本章では主に種間の相互作用の効果に焦点を当てる。特に、種間の相互作用のうち、生態学者の興味を集めてきた生物間の競争に着目する。ただし、この章の主な焦点は競争ではあるが、同様のアプローチを発展させれば、同じ栄養段階内の生物間相互作用の別の効果（例えば促進）を評価することができる（Bimler et al. 2018）。栄養段階間の相互作用については第10章を参照せよ。本章の後半では、集合則に関連する様々な仮説を検証できる帰無モデルのデザイン方法について、特に空間スケールと種プールの適切な選び方の重要性を強調しながら説明する（詳細は'R material Ch7'を参照）。本章の結びでは、集合則の評価における種内変動の効果と、この知識をどのように適用すれば、地球環境変動下で群集の種組成と機能構造をより適切に予測できるのかということについても簡単に説明する。

7.1 群集集合のメカニズム

集合則という用語は、パプアニューギニアの島々で鳥の集団を研究していたDiamond（1975）によって作り出された。彼は、特定の種のペアが同じ島でけっして共存せず、群集行列が「市松模様（checkerboard、チェッカーボードとも）」のパターンを示すことを観察した。彼は、これが種間の競争的相互作用が原因であり、類似したニッチをもつことで資源利用が類似する種が予測よりも共存しにくくなることにつながると考えた。このため、当初考えられていた集合則は**種間競争**に言及したものであり、種の形質を明確に考慮したわけではなかった。しかし、競争に基づく集合則の存在と妥当性には、「観察されたパターン」と「競争が含まれない帰無モデルから生じたパターン」を比較した研究者によって、すぐに異議を唱えられることとなった。ここでの先駆者は、Connor と Simberloff（1979）である。彼らは、市松模様のパターンは群集のランダムな定着によって生じる可能性もあることを示した。その後、Hubbellの中立理論（2001）は、分散に基づく集合則と種のニッチに基づく集合則を区別した。**中立理論**（*Neutral theory*）は、種は適応度の上で同等であり、多様性のパターンの大部分は分散と進化的プロセス（すなわち種分化と絶滅）に起因すると提唱している。

中立理論に加えて、群集集合に関連する理論は無数にある（Vellend 2016 がまとめている[訳注7-1]）。これらの理論は、分散、進化、生物間の相互作用のような様々なプロセスのうち、どこにどの程度注目するかが異なっている。これらのプロセスは、四つの基本的なプロセスに分類することができ、それが相互作用して群集集合が決定される（Vellend 2016）。基本的なプロセスとは、**種分化**（*speciation*：

訳注7-1. 邦訳版は以下で読むことができる。
Mark Vellend 著、松岡俊将ら訳（2019）生物群集の理論：4つのルールで読み解く生物多様性、共立出版.

新しい種が既存の種から生じるプロセス)、**分散**(*dispersal*：生物の空間的な移動)、**生態学的選択**(*ecological selection*：環境フィルタリングと類似限界の双方を含む、生物どうしや環境との相互作用)、**浮動**あるいは**ドリフト**(*drift*：種のアバンダンスのランダムな変化)である。これら四つのプロセスの組み合わせから、(図4.4に示されるような)群集内で観察される、生物多様性のパターンが生まれる。この見方を採用すると、前の段落で紹介した様々な考え方が、これらのプロセスのうちの一つに注目したことから生じていることがわかるし、どのプロセス(とスケール)にさらに注目するかによって、それらをカテゴリー分けすることもできる。例えば、研究の空間スケールが大きくなると、異なる進化史をもつ様々な地域を含むことになるため、**種分化の影響**がより重要になる。Diamond の最初の集合則は、選択(種間の競争の重要性)に特に注目している。一方、Hubbell の中立理論は選択を無視し、種分化、分散、ランダムな浮動のみを考慮することで多様性を説明しようとしている(Vellend 2016)。次節で説明するように、これらのプロセスはそれぞれ異なる「スケール」で観察する必要があり、また特に基準となる種プールを定義する必要がある。

7.1.1 基準となる種プールの定義

上記で例示したように、集合則は「群集内で観察される種の数や、含まれる種がどれになるのかを制限するあらゆる制約」と考えることができる(Götzenberger et al. 2012)。群集内で観察される種が、より大きな種のグループの一部にすぎないとする。この場合、どの種がより細かいスケールで排除されたのかを理解するために、最初に大きなグループを記述する必要がある。このより大きな種のグループは、「**種プール**(*species pool*)」とみなされる。研究テーマに応じて、種プールは様々な方法かつ様々な空間的・生態学的スケールで定義されるため、種プールの概念は特に曖昧で厄介である(Cornell & Harrison 2014; Zobel 2016)。適切な種プールの選択は非常に重要である。というのも、あるスケールで観察された多様性パターンが、基準となる種プールから予測されるパターンと異なっているかどうかを調べることによって、群集集合の特徴づけが行われることが多いためである。例えば、ある生物地理学的範囲からの植物種の集合プロセスを調べたい場合、種プールには世界中の植物種を含めることになるだろう。一方、ある地域の特定の生息地に住む種の形質を環境フィルタリングが制限するかどうかを知りたいのであれば、種プールにはその地域に存在するすべての種(地域の種プール)を含める必要がある。

種プールを特定するためには、考慮する種プールの範囲によって異なる手法を用いる必要がある。種プールを特定することで、そこからより小さな種のセットにフィルタリングする**メカニズム**に注目することができる。地域種プールは、ある地域に存在する種のリストを用いて非常に大まかに推定できる。この地域の種リストのうち、どの種がどの場所に分散し、生息できるかを知りたいというときに、ある問題が生じる。例えば、湿潤な森林サイトに生息する種が分散制限によって制限されているのかを知りたい場合に、地域の種リストのすべての種を考慮する必要はないだろう。おそらく、森林に生息する種の中には着目する湿潤な森林サイトに生息できるものもいるだろう。しかし、乾燥した草原など、地域内の極端に異なるタイプの生息地に生息する種は、たとえその種が湿潤な森林に分散できたとしても、そこでは活性のある個体群を維持できない可能性が高い。このような場合、いわゆる生息地**固有の種プール**を記述すべきである。生息地固有の種プールには、地域の種プールの中から着目する生息地に住むことができる種のみを含める必要がある。これには、着目する生息地を決めてから、その生息地に住めない種を除外するために地域の種リストを絞り込む必要がある。生息地間のサイトの区別は困難なことが多いため（例えば、森林サイトは実際は乾燥林から湿潤林までの連続体を形成している）、最近の研究では複雑な手法を適用することによって**サイトに固有の種プール**を記述しようと試みられている（de Bello et al. 2016b; Karger et al. 2016）。

それぞれの研究に関連する基準となる種プールを定義すれば、どのような集合プロセスが生じているかを調べることができる。機能形質を調べるときは、一般に、調査対象の群集で観察される機能構造のある側面について、その種プールからランダムに種を抽出した際に予測される機能構造と異なるかどうかを調べることによって評価する。何らかの違いが見出された場合は、どのプロセスがこれらのパターンを起こすと予想されるかについて議論することができる。例えば、第4章で示したように、環境フィルタリングは、地域で観察される形質値の全範囲について、特定のサイトで観察される形質値を制限する可能性がある。このため、ある生息地内の形質の多様性は、地域の種プールの多様性よりは低くなるはずである。しかし、異なる形質のパターンを生み出す可能性のあるプロセスは他にもあり、そのうち最もよく調べられているのが生物間相互作用である。生物群集の集合則の評価の話をする前に、生物間相互作用の潜在的な影響を説明しよう。

7.2　生物間相互作用と種の共存[訳注 7-2]

7.2.1　歴史的背景

ある栄養段階の種間の生物間相互作用には様々なタイプ（競争、促進作用、相利共生など）があるが、最も注目されているのは種間競争である。競争が種組成に与える影響については競争排除の考えに基づいた予測が多い。競争排除という考えは、ほぼ 100 年前に開発された *Lotka-Volterra* **モデル**から生じたものである(Lotka 1925; Volterra 1926)。この数理モデルは、類似した資源をめぐる種のペアの競争の動態を説明するもので、種間競争が種内競争より強い場合、片方の種が他方の種を排除すると予測する。この予測は、Gause（1934）によって実験的に検証された。彼は、一定の環境条件のもとで、同じ資源をめぐって競争する 2 種のゾウリムシ（*Paremecium aurelia* と *P. caudatum*、細菌などの微生物を餌とする単細胞生物）の間で**競争排除**が頻繁に生じることを観察した。これらの理論的・実験的結果は、一種のわずかな競争的優位性が別の種の排除を引き起こすため、多種の共存は起こるはずがないことを示唆している。しかし、実際の自然では、単一の種による完全な占有はまれであり、草原、熱帯林、珊瑚礁のような多くの生態系は種が非常に豊富である。この明らかな矛盾は、Hutchinson（1961）の「プランクトンのパラドックス」の論文の中で強調されている。この論文中では、植物プランクトンの種は、非常に限られた資源をめぐって競争するが、多くの種が共存していることを記述している。ある種が他の種より競争上優位であるにもかかわらず、共存が成立していることの原因については、いくつかの可能性が指摘されている。そのほとんどは、Lotka-Volterra モデルと Gause の実験における現実性の欠如を指摘している。例えば、モデルと実験はどちらも環境条件が空間的・時間的に均一であることを仮定しており、また生物の移動分散を考慮していない。そのような条件は自然界では滅多に存在しないが、Lotka, Volterra, Gause の発見は、種間の競争的相互作用を理解するための有用な基準点である。

種の共存を研究する初期の生態学者は Lotka-Volterra モデルから得られた知見に従い、種内競争と種間競争の相対的重要性を定量することに注目した。この定量するための一つのアプローチは種間の競争能力の違いを資源利用の違いに結び

訳注 7-2．群集生態学における共存理論についての日本語総説として篠原 & 山道（2021）も参照。
篠原直登、山道真人（2021）群集生態学における共存理論の現代的統合．日本生態学会誌、*71* : 35–65.

つけることである。このアプローチは、**形質置換**（*character displacement*）[訳注7-3]の例から着想している。形質置換とは、同じ資源をめぐって競争する2種が同じ場所に共存するときに、異なる場所で別々に生活するときと比べて資源の利用方法が変化し、その結果、表現型の進化につながることである（Schluter & McPhail 1992）。形質置換の前提条件は、ある形質の分化が資源利用の違いをもたらすことである。いくつかの形質は資源の利用と獲得に関連しているので、初期の研究では、これらの効果を種の形質の観点から調べ始めた。形質置換は種の競争の証拠として解釈され、種が同所的に存在する（すなわち同じ場所に住んでいる）場合に、資源の重複を減少させるために、形質を分化させる。形質置換により、種間競争が種内競争より弱くなり、その結果、共存が促進される。ガラパゴス諸島の2種のダーウィンフィンチ（*Geospiza fortis* と *G. fuliginosa*）は、形質置換の典型的な例である（Grant & Grant 2006）。これらの種では、くちばしのサイズが資源利用と関連している。というのは、フィンチがどの種子を摂食するのかがくちばしのサイズによって決まるからである。この2種がともに住んでいる島では、種間でくちばしの大きさが異なる。しかし、どちらか1種のみが生息している島では、双方の種が中間的なサイズのくちばしをもつ。

これらのアイデアは、種間の類似限界という生態学的概念に大きく寄与した（MacArthur & Levins 1967）。類似限界理論では、共存可能な種間の資源利用（より一般的にはニッチ）の重複には限界があると仮定している。この限界を定量するために、MacArthur and Levins は、種の資源ニッチを正規分布で記述した（図6.1を参照）。彼らは類似限界を、2種の資源ニッチの分布のピーク間の距離のうち、その真ん中にピークをもつ第3の種が共存できる最小の幅と定義した。そして、3種が共存するためには、両端の2種の分布のピーク（すなわち分布の平均値）間の距離が、ニッチの幅（分布の標準偏差）より大きくならなければならないと結論づけた。ここで重要なのは、形質置換の場合のように、種のニッチは形質値で表現できるため、共存する種はその形質値が似すぎてはならないということである。もちろん、すべての形質値が資源の利用方法や種のニッチ軸と関係するわけではないので、これはあくまで仮定の側面が強い（つまり、第2章で議論したように、すべての形質がすべての問題に関連するわけではない）。しかし現実的には、形質の類似性から種の共存を可能にするメカニズムを理解する方法として、生態学者は**形質の機能的多様性**の概念を利用している（第5章）。

訳注7-3. ここでは character を形質として訳しているが、本書全体のテーマとなっている単一の形質（trait）を含む、より広範な「特性」を意味している。

類似限界のオリジナルの式は概念的にとても興味深い。というのも、種の形質と関連する資源消費曲線の情報に基づいて、種の共存を予測できるからである。しかし、自然条件で検証した場合、この理論はあまり機能しない。多くの研究において、2種の共存が可能となる普遍的な最大類似度はないことが示されている(Abrams 1983)。厳密な類似限界が、自然条件下でなぜ明瞭でないのかについては多くの理由があり、例えば、資源の多様性や、時間的・空間的不均一性（実験では考慮しにくい)、種のニッチを一次元の正規分布として定量することの非現実性が挙げられる。おそらく、類似限界理論の主な限界は、種間の共通の資源をめぐる競争が、ある種から他の種に与える影響の唯一の決定要因であると一概には仮定できないことである。しかし、種のペア間の類似性に普遍的な限界（上限）値があるという裏付けはないにもかかわらず、類似度の限界は、あまり厳密でない概念として今日まで生き残っており、今でも科学者によってたえず検証されている（Wilson 2007; Violle et al. 2011)。これらの研究は、種の共存を可能にする最小の違いを見つけようとするのではなく、共存する種の形質が、偶然によって予測されるより異なっているかどうかを評価している。

7.2.2　共存理論

「種が共存するためには異なっている必要がある」という考え方は、第4章で説明した「同じ環境に住む種は、その形質が類似している必要がある」という考えと相反すると思うだろう。本節で説明するように、自然はもっと複雑であり、理論的・実証的研究は、環境条件と競争の両方が種の形質に対するフィルターとして働いていることを示している（ただし、それらは異なる空間的・時間的スケールで作用する可能性はある、Swenson & Enquist 2009; Mayfield & Levine 2010; Kraft et al. 2015; Chalmandrier et al. 2017)。近年では、**現代共存理論**（*modern coexistence theory*）が広まることと関連して（Chesson 2000; Mayfield & Levine 2010)、形質の非類似性という観点から、種の相互作用が種の共存に与える影響についての予測も変化している。現代共存理論では、競争が必ずしも異なる形質をもつ種の共存につながらないことを示している。例えば、施肥された牧草地のように豊かでより生産的な条件では、一般的に背が高い植物種が優占し、より競争能力が高い形質（例えば、大きなサイズ;第3章）へと収束する。このことは、類似限界理論の予測に反して、競争が互いに類似する共存種を生み出しうることを意味している（Grime 2006)。現代共存理論では基本的に、種間のニッチの差(niche differences）がその適応度の差（fitness differences）を相殺できる場合に、

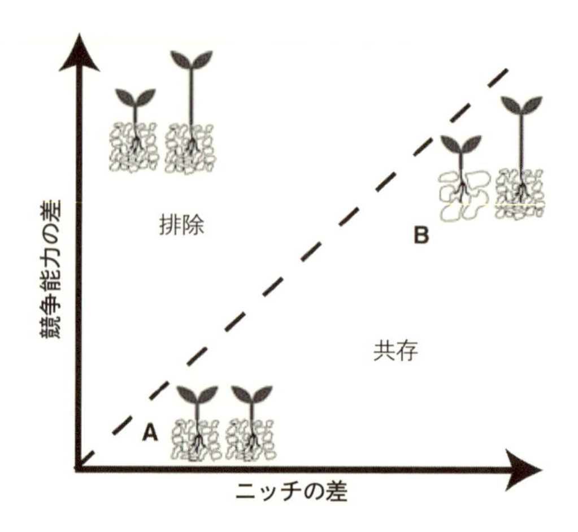

図 7.1　形質に基づく種の共存。この例では、背の高い種ほど競争に強く、一方ニッチの差は土壌性質の好みの違いを示している（粒子が大きいほど排水がよくて岩の多い土壌であることを示し、粒子が小さいほど水分と養分が豊富な土壌であることを示す）。安定共存（破線の下）は、ニッチの差（土壌の好みの違い）が競争能力の差（背の高さの違い）を相殺するほど十分に大きい場合に生じる。種間の競争能力の非常に小さな差が非常に小さなニッチの差によって相殺される場合（左下隅）、あるいは、ニッチの大きな差が競争能力の大きな差を相殺する場合（右上隅）に共存は可能になる。ニッチの差が競争能力の差を補うのに十分でない場合（左上隅）は、安定共存できない。Wiley の許諾により、Mayfield and Levine（2010）から引用。© 2010 Blackwell Publishing Ltd/CNRS.

種の共存が可能になるとしている（Chesson 2000; 図 7.1、詳細は後述）。言い換えれば、非常に類似した競争力をもつ種は必ずしも異なるニッチをもつ必要はなく、一方で、もし種 A が種 B よりもはるかに低い適応度をもつのであれば、種 A は種 B との戦いに生き残るために十分に異なるニッチをもつ必要がある。本節の残りの部分では、この理論についてさらに詳しく説明する。

Chesson（2000）の枠組みでは、正式には、2 種が共存できるのは一方の種が定着し、すでに環境収容力に達している場所に、もう一方の種が**侵入**可能な（すなわち、個体あたりの成長率が正の）場合である。あるサイトにおいて、種 B が種 A よりも強い競争者であると仮定しよう。種 A の個体数が非常に少ないとしても、種 B と競争する場合に種 A の個体あたりの成長率が負であれば、種 A は再び侵入することができずに結果的に絶滅するだろう。逆に、種 A の個体あたりの成長率が正である場合、種 A は「侵入」可能であり（個体群成長を示す）、この場合、種 A と種 B の共存が安定していると考えられる。**安定的共存**は、侵入する種の個体群成長率が密度依存である場合（個体数が通常に見られるときよりも少ないとき、つまり低密度のときに成長率が高い場合）のみ生じうる。この**密度依存性**は、種内競争が種間競争より強いことの結果である（Levine et al. 2017）。すなわち、ある種について、その個体数が多いほど、各個体はその種自身の密度（高密度にいる同種他個体）と戦わなければならない。

このように、現代共存理論は、定着する種が低密度のときの個体あたりの成長率で表現される定着能力によって説明されるのが一般的である。定着能力は、種間の生態学的相違に関連する二つの項、すなわち、適応度の差とニッチの差に分けることができる。これらのアイデアを数学的に定式化する手法は色々あるが（Chesson & Huntly 1997; Chesson 2000; Adler et al. 2007）、基本的には以下の一般的な形に要約することができる（種 B がいる場所に、種 A が定着する場合を考える）。

$$\text{種 A の種 B に対する定着能力} = \text{ニッチの差}_{AB} - \text{適応度の差}_{AB}$$

適応度の差の項は、種の密度に依存しない成長率（他種との競争がない場合）と競争への感受性の双方を含んでいる。例えば、種 B が競争のない状態での成長率が高く、その成長率が競争によってあまり低下しないのであれば、種 B の適応度は高くなる。この場合、種 B はそのサイトで非常に強い競争相手になる可能性が高い。そして、もし種 A が競争のない状態での成長率が低く、さらに／もしくは、競争に対する感受性が高い（競争によって成長率が大きく低下する）場合、種 A は種 B の個体群に侵入することはできないだろう。このような種間の競争能力の差は、現代共存理論では「適応度の差」とよばれる。ただし、「内的成長率の差（differences in intrinsic growth rates）」（Cadotte & Tucker 2017）や「競争能力の差（differences in competitive ability）」（Mayfield & Levine 2010）のような別の名称を用いる著者もいる。用語がどうであれ、「種間の適応度の差が大きければ共存が妨げられる」という概念は変わらない。

Mayfield and Levine（2010）の例を借りて、種間の適応度の差の効果を詳しく示そう。光が制限要因であり、高さが異なる 2 種の植物からなる群集を考えてみよう。高さは光へのアクセスを向上させる形質なので、他の要因がない場合、高さの差が大きければ、背の高い種が光を独占し、小さい種を競争的に排除するだろう（図 7.1）。しかし、もし 2 種の高さがよく似ている場合、適応度が類似していることになり、より高い適応度をもつ種がもう 1 種を競争的に排除するには長い時間がかかるだろう。それでも、（たとえその差が小さくとも）適応度の差がありさえすれば、競争能力の最も高い種が最終的には他のすべての種を排除し、他の種が群集に侵入することはできないはずである。しかし、現実世界ではこうした多様性のパターンはほとんど観察されないので、種の共存を可能にする何らかのメカニズムが存在するはずである。

そうした共存を可能にするメカニズムは、現代共存理論のモデルの**ニッチの差**の部分に見られる（Chesson 2000; 上記の式を参照）。その根拠となる考えは、2種のニッチが異なるほど、種間競争と比べて種内競争の効果が大きくなるというものである（第6章も参照）。これは理にかなっている。同種どうしは一般に同じ資源を同じような方法で利用すると考えられるので、同種の密度が高いほど、個体あたりに利用できる資源の量が少なくなる。一方、競争する2種が大きく異なる方法で資源を利用する場合、一方の種の個体の成長率は、他方の種の密度にあまり影響されないはずである。Mayfield and Levine（2010）の例に戻ってこれを説明しよう（図7.1）。背の高い種は水分と養分が多い土壌を好み、背の低い種は水捌けの良い岩場の土壌を好むとする。両タイプの土壌が環境に比較的高い割合で存在する場合、土壌タイプ間で種が分離され、背の高い種の個体は背の低い種の個体を制限するよりも同種の他個体を制限し、背の低い種は岩場の土壌のパッチに生育することができる。言い換えれば、種間のニッチの差の結果として、それぞれの種は負の頻度依存の成長率を経験することになる。つまり、種の密度が増加するにつれて、種内競争が激しくなるため、種の個体あたりの平均成長率が減少する。負の頻度依存がある場合、種の個体あたりの平均成長率は、種の個体数密度が少ないときに高くなり、それが絶滅に対する緩衝となったり、その種が存在しない場所への侵入を可能にしたりする。一方、種の個体数密度が高くなるにつれて個体の成長率は低下し、競争排除がより難しくなる（HilleRisLambers et al. 2012）。なぜなら、競争関係にある2種のニッチが十分に異なるとき、高い競争能力をもつ種は、競争相手の種を抑制する以上に自種を抑制することになり、その結果、2種の共存が可能になるからである。一般に、種間の形質の違いはそのニッチの差と関連すると考えられている（Laughlin & Messier 2015）。種ごとの気候条件に対する耐性の違い、生息地の好みの違い、天敵の違いなどから、制限となっている資源を種間で異なる方法で利用することで、ニッチの差が生じる可能性がある（Adler et al. 2007; Mayfield & Levine 2010）。

現代共存理論は、環境フィルタリング（第4章）と類似限界の考えを一つの理論的枠組みに統合していると考えられる。ある環境において、非常に低い適応度をもたらす形質をもつ種は、競争がなくてもそのような条件下では生育できないか、あるいは、類似のニッチを利用してより高い適応度をもつ種によって排除されるだろう。一方、よりよく適応した形質をもつ種どうしでは、安定した共存のためには、ある程度のニッチの差が必要になる。このように、種の安定共存を実現する方法は様々である。例えば、2 種の適応度が非常に似ている場合、それらが共存するために必要なのはほんのわずかなニッチの差のみである（図 7.1 の左下）。一方、適応度の差が大きい 2 種の共存は、ニッチの差が適応度の差を相殺するのに十分なほど大きいときにのみ生じるだろう（図 7.1 の右上）。これらは、種が共存する可能性のある方法の極端な 2 例である。一般に、適応度の差を減少させる（**均等化メカニズム**、*equalizing mechanism*）、もしくはニッチの差を増加させる（**安定化メカニズム**、*stabilizing mechanism*；Chesson & Huntly 1997）ようなメカニズムは共存をさらに容易にするだろう。

7.2.3　種のペア間の競争の先へ

7.2.1 項と 7.2.2 項において、種のペア間の共存に注目した。しかし、共存メカニズムの中には、3 種以上が相互作用するときのみ生じるものもある（Levine et al. 2017）。このメカニズムには、高次相互作用、相互作用連鎖、非推移的相互作用が含まれる。**高次相互作用**（*higher-order interaction*）では、ある種が他の種に及ぼす効果が、群集内のさらに別の種の密度に依存する（Mayfield & Stouffer 2017）。**相互作用連鎖**（*interaction chain*）では、種は階層的に配置される。例えば、

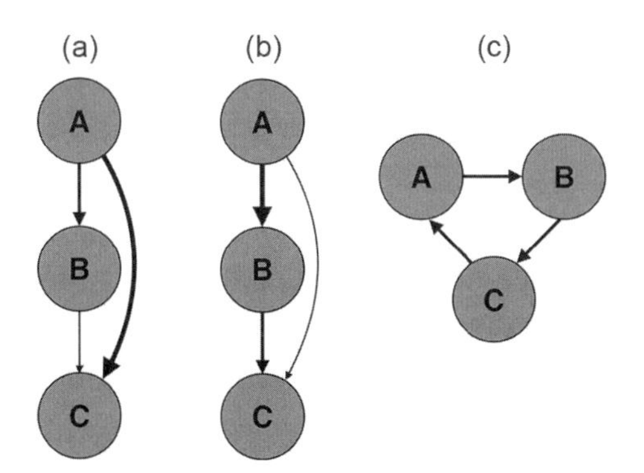

図 7.2　2 種以上の競争相手がいる場合の種間相互作用の例。(a) 種 A の種 B に対する間接効果が、種 B の種 C に対する負の効果を緩和する可能性がある。(b) 種 A の種 B に対する競争的効果が特に強い場合、種 A は種 C に対して実質的には正の効果をもたらす可能性すらある。(c) 非推移的競争の下では、普遍的に弱い競争相手や普遍的に強い競争相手は存在しない。矢印の幅は、優位な種が劣位な種に対してどれだけ競争的に優位であるかという強さを示し、矢印の先端は劣位な種を指している。Wiley の許諾により、Godoy ら（2017）より引用。© 2017 by the Ecological Society of America.

より強い競争種（図7.2(a)の種A）は、中間的な競争種（種B）が競争的に劣る種（種C）に及ぼす影響を緩和することができる。特定の条件下（例えば、種Aが種Cと様々な資源をめぐって競争する場合）では、優位な競争者は、中間的な種を抑制することによって、劣位の種に実質的な正の効果を与えることになる（図7.2(b)）。最後に、**非推移的相互作用**（*intransitive interactions*, Godoy et al. 2017）では、3種（もしくはそれ以上）が階層的に構成されず、普遍的に弱いもしくは強い競争種が存在しないために、複数種が共存する可能性がある（図7.2(c)）。非推移的相互作用は「じゃんけん」のたとえを用いてよく説明される。これらのメカニズムは、共存にとって重要である可能性があるにもかかわらず、形質との関係はまだよくわかっていない。ただし、機能形質の多様性が、非推移的競争のネットワークの維持に重要である可能性を示した研究もある（Soliveres et al. 2018）。

競争以外にも、群集内の形質組成に影響を与え、共存を制御するメカニズムがある（詳細は第10章）。例えば、**促進作用と相利共生**は、種の基本ニッチを拡大する（すなわち適応度を高める）ことが知られており（Bulleri et al. 2016; Peay 2016）、異なる形質をもつ種の共存を促進する可能性が高い（Liancourt et al. 2015; Maestre et al. 2009; He et al. 2013）。これにより、群集内の形質の多様性が高まる（形質の発散とよばれることもある）。理論的には、これらのメカニズムの多くを現代共存理論の枠組みに含めることができるだろう。例えば、菌根菌が共生することで、ある植物種の適応度が他種に対して増加し、その植物種が優占できるようになるだけではなく（McGuire 2007）、植物種間のニッチの分化が促進されることで（Gerz et al. 2018）、共存しやすくなる。

7.3 形質に基づく群集集合

形質に基づく群集集合は、種が形質に置き換わるだけで、種に基づく群集集合と全く同じルールに従う。歴史的には、集合則に関する研究は、非生物的環境への反応（第4章）や生物間相互作用など、選択のプロセスに主に注目してきた。結果として、群集集合においては、**非生物的要因と生物的要因**という一見相反する二つの力が同時に働くことによって多様性のパターンが決まると考えられてきた。一見これらの力は相互に排他的であるように思えるが、伝統的には、これらの力が階層的に作用することによって、群集内に存在する形質値（およびどの種が存在するか）を決定すると考えられている。この古典的な見方では、非生物的・

生物的要因は局所群集の形質分布に対して理論的に以下のような影響をもつと考えている。非生物的な要因は、局所群集で見られる機能形質値の幅を制限すると予測される（環境フィルターの概念）。つまりこの場合、局所群集の形質の変動幅は、地域のプールから種をランダムに選んで構成した群集の形質の変動幅よりも小さくなるはずである。このように、ランダム群集から予測されるよりも形質の多様性が低い場合は、**形質の収束**（*trait convergence*、収斂進化と混同しないように：第8章参照）もしくは、**形質の過小分散**（*trait underdispersion*）とよばれる。具体例として、山頂を含む地域を考えてみよう。このような環境では、植物の高さが、種が厳しい非生物条件（山頂に見られる氷点下、低い水利用可能性、強風）を生き抜けるかどうかを決定する形質の一つであり、背の低い植物はこれらの条件によく適応している。地域内に局所的に様々な環境が含まれるならば、局所群集には、種と形質の地域プールのうち、その場の環境に適応した一部のみが存在するだろう。つまり、その局所群集の機能的多様性は、すべての種がどこにでも生育できる場合に予測される多様性よりも低くなる。逆に、生物的要因によって、類似した形質（類似した資源ニッチ）をもつ個体はより激しく競争するようになるはずである（類似限界の概念）。したがって、類似度の制限のもとでは、形質の多様性は、ランダム群集から予測される多様性よりも高くなるだろう（Wilson 2007）。これは、**形質の発散**（*trait divergence*）もしくは**形質の過分散**（*trait overdispersion*）とよばれる（Götzenberger et al. 2012）。もちろん、地域の種プールと局所群集の形質パターンの間に有意な差が見られないこともあるだろう。その場合は、形質に特定の集合則が作用しているという証拠は得られないことになる（ただし、「集合則が作用していない」のではなく、「相反する要因がそれぞれの効果を打ち消し合っている」という可能性もある）。

しかし、これまで見てきたように、現代共存理論では、共存する種間の競争は必ずしも群集の形質の発散にはつながらないとしている。この視点は、形質構造と、群集集合を駆動する要因についての予測にどのように影響するのだろうか。先に示したように、「2種の共存」という単純なケースでも、共存は様々な形で達成される。例えば、中立理論（Hubbell 2001）では、種間の適応度の差は存在しないと仮定している。この場合、群集動態は、局所的な種の絶滅、種の侵入、分散という確率論的な変動のみに支配される。あまり極端でないシナリオとしては、小さなニッチの差が小さな適応度の差と釣り合っているような場合が考えられる。この場合、共存するためには、二つの種は競争力を決定する形質が類似しているはずである（図7.1参照）。別の極端な例は、大きなニッチの差が大きな適応度の差を打ち消すことで共存が実現する場合である。この場合、ニッチの差を決定する形質が二つの種で異なるはずである。ある研究では、少数の種について、種のペアごとの相互作用が評価され（Kraft et al. 2015; Perez-Ramos et al. 2019)、どの形質もしくは形質の組み合わせが適応度やニッチの差を生み出すかを記述している。しかし、実際の群集には多くの種が含まれており、種のペア（組み合わせ）の数は膨大になってしまうため、種間の適応度とニッチの差を評価するのは至難の業である。相互作用を個別に評価することの限界を克服する可能性のある一つの方法は、環境全体における個別の種の適応度と形質の関係を記述することで、形質に基づいて種間の適応度の差を推定できるようにすることである（Laughlin & Messier 2015; Laughlin 2018)。これは有望な研究手段であるが（Pistón et al. 2019)、群集集合の予測能力をどの程度改善させられるか判断するには時期尚早である。

さらに、現代共存理論は、環境フィルタリングが形質値の幅を狭めるという見解にも異議を唱えている（Mayfield & Levine 2010)。環境条件は、低い適応度をもたらす不適応な形質をもつ種が群集内に存在するのを防ぐフィルターとして働く可能性がある。しかし、単純な観察データからでは、形質の収束がどの程度まで環境要因によるのか、もしくは競争的相互作用によるのかを見分けることはできない（Germain et al. 2018a)。言い換えれば、種が局所的に存在しないのは、「競争相手がいなくても、加入率よりも死亡率が高いため」か、それとも「正の内的成長率をもっているが、競争によって排除されているため」かを判断するのは困難である。したがって、競争がない場合でも、観察データからでは形質に基づく種の環境フィルタリングの厳密な検証はできないと主張されている（Kraft et al. 2015)。

形質に作用する群集集合のトピックは非常に複雑であり、特に観察データでは、群集集合を駆動する要因を厳密に区別することは難しい。しかし、だからといって、形質の収束と発散の空間的・時間的なパターンを調べることの意義が小さいわけではない。Cadotte and Tucker（2017）が主張しているように、ほとんどの実際の応用の場面では、環境フィルタリングと競争の純粋な効果を分けることは主な目的ではない。地球の環境変動が加速している現在、環境変動の要因が生態系に与える影響を理解し、その予測能力を向上させることは、世界中の科学者にとって最も差し迫った課題の一つである。気候変動（Valencia et al. 2018)、土地利用の変化（Laliberté et al. 2010; Carmona et al. 2017b)、生物の侵入（Loiola et al. 2018）など、環境変動の要因の影響を予測するためには、環境条件に対する形質の多様性の応答を知ることが不可欠である。機能形質の観点からの群集集合の研究で得られた知識を活用することで、気候変動に対する群集の耐性や生態系機能に関する目標を達成するための保全・復元活動の指針が得られる（Mouillot et al. 2013b; Laughlin 2014a, b）。HilleRisLambers ら（2012）の、現代共存理論に照らして群集集合を理解するためのアプローチに関する非常に優れた総説も参照されたい。

7.4　群集集合則の評価

Götzenberger ら（2012）にならって、生態学的フィルターに関連する集合則として、分散、環境、競争に基づく相互作用に注目しよう。集合則が機能していれば、群集構造は（要因間で相殺しない限り）ランダムな予測からは逸脱しているはずである。この逸脱の検証には、**帰無モデル**を構築することが多い。具体的には、いくつかの選択ルールに従って地域種プールからランダム群集を作り、この帰無モデルによって生じたパターンを野外の観察パターンと比較する。de Bello ら（2013c）に従って、以下の集合則を検討しよう（図 7.3）。

- **分散制限**：種は、その種にとって生態学的に適したサイトのすべてに存在するわけではない。種があるサイトに定着し、存続できるとしても、分散能力が小さい種は、分散能力の高い種と比べると好適なサイトに存在しない傾向がある。種の形質は、その分散能力に影響するので（Tamme et al. 2014）、分散制限によるフィルタリングは分散形質の収束につながるはずである（例えば Riibak et al. 2015）。

- **環境フィルタリング**：厳密な意味で、観察データから環境フィルタリングが検出できないとしても、形質と環境の間の共分散は広く認められている。つまり、似たような形質をもつ種は、似たような環境に住む傾向がある。その結果として、幅広い環境条件を含む広い空間スケールにおいては、環境フィルタリングとそれに関連する形質の収束のパターンが、主要な集合プロセスになっていると考えられる（図 7.3）。環境フィルタリングがより細かいスケール（例えばサイト内の生産性が異なるパッチ）で起こると、サイトレベルでの形質発散のパターンが生じることがある。この特殊なケースは、**環境の不均一性**（*environmental heterogeneity*）ともよばれる（de Bello et al. 2013c）。

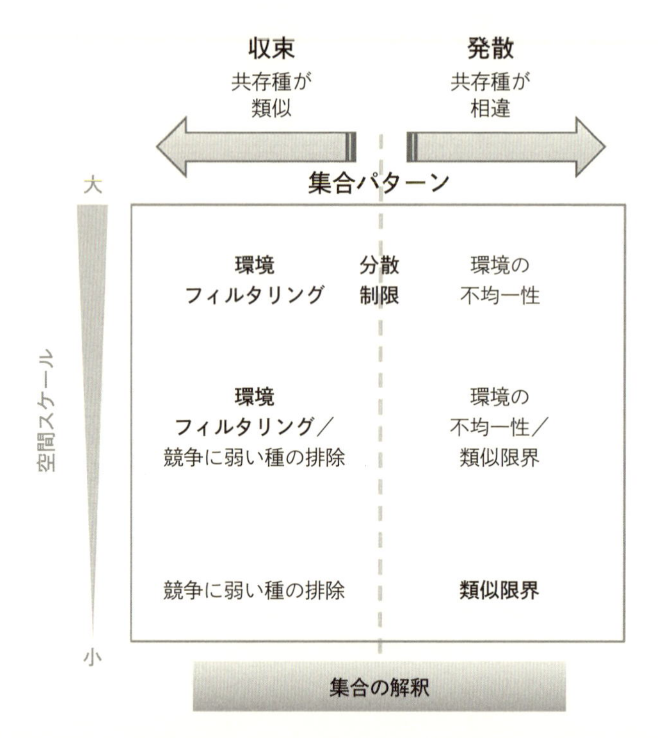

図 7.3 空間スケール、群集集合パターン（形質の収束と発散）、集合則（定義は本文参照）の間の相互作用。パターンごとに、各空間スケールにおいて、より強くはたらくと予測される集合則が太字で示されている。Wiley の許諾により、de Bello ら（2013c）を調整。© 2013 The Authors. Journal of Ecology © 2013 British Ecological Society.

- **競争排除による類似限界**：このルールは、種間の競争的相互作用に基づいている。先に見たように、限られた資源をめぐる種間競争に関連する形質について類似限界が機能する場合、似たような形質の値をもつ種間では競争が激しくなり、その結果、形質発散のパターンにつながると予測される。これに反して、明らかに優占する表現型がある場合は、形質の非類似度が増加するにつれて競争が激しくなっていくだろう。その結果、競争力の弱い種が群集から排除されるという競争の階層構造が形成され、形質収束のパターンにつながるはずである。

重要なのは、着目するスケールによって、働きやすい集合則が異なるということだろう。環境フィルタリングには、サイト間もしくはサイト内に十分な環境の変異を含むような、比較的大きなスケールが必要である。一方、類似限界と弱い競争者の排除に関連する集合則はより細かいスケールで機能する。これらのプロセスが機能する実際の空間スケールは、研究対象の生物群によっても異なる。生物群の間での主な違いの一つは、(能動的もしくは受動的に) 長い距離を容易に分散・移動することで生物間相互作用から逃れられるかどうかである。この「スケール問題」を考慮したとしても、形質から集合プロセスを評価する際には、さらに複雑な問題が起こりうる。一つ目の問題は、様々なプロセスが、同じ形質に異なる影響を与える可能性があることである。例えば､重い種子をもつ植物種は、特にストレスの強い条件下で、生存率が高い (Moles & Westoby 2004; Metz et al. 2010)。このため、ストレスの増加 (例えば、水利用可能性の減少；Carmona et al. 2015b) に伴って種子重が増加するという、形質の収束パターンにつながるはずである。同時に種子が重い種は種子が軽い種よりも分散距離が短く (Cornelissen et al. 2003)、生産する繁殖体が少ない (Jakobsson & Eriksson 2000) 傾向がある。分散制限がフィルターとして機能する場合、群集内で種子が軽い種の割合が高くなるはずである。環境と分散によるフィルタリングは相互に打ち消し合い、結果としてランダムな形質パターンのように見えることがある。それぞれの要因を検知するには、適切な分析方法によって、要因ごとの効果を慎重にときほぐす必要がある。例えば、分散制限を評価するには、まず、期待される信号をぼやけさせる可能性のある他の要因を評価する必要がある (Riibak et al. 2015)。二つ目の問題は、形質によって異なる形で異なる集合プロセスの影響を受ける可能性があることである。例えば、Spasojevic and Suding (2012) によると、生産性が低い条件下で、植物の高さと葉面積は収束パターンを示し、地下部の資源の競争に関連する形質は発散パターンを示すというように、形質によって対照的なパターンを示している。一般的に、各ルールの影響を区別するためには、形質、(空間的・時間的) スケール、種プールについて、研究の適切な範囲を選択することが重要である。そうして初めて、様々な要因 (例えば、気候変動や土地利用の激化) が群集集合にいかに影響するのかを明らかにできるだろう。観察データの場合、研究手段として帰無モデルがよく用いられる。

7.5　帰無モデル

ある群集の特性 (例えば機能的多様性) がランダムな状態から逸脱しているかどうかを調べる場合、機能的多様性がとりうるランダムな値を知る必要がある。このためには、帰無モデルによって、機能的多様性の値を生成する必要がある。

帰無モデルでは、データセットの着目するパターンをランダム化し、その他のすべてのパターンを固定する。例えば、種数の異なる100個の群集のセットを考えよう。そこでは、類似限界が生じていると仮定する。類似限界を検出するには、それぞれの群集において共存する種が、偶然によって予測されるよりも機能的に類似していないかどうかを調べることになる。この場合は、まず各群集で観察される種の数を固定し、次に群集に含まれる種を（100個の群集セットで見られる種をプールとして）ランダムに選ぶような帰無モデルを作成できる（Gotelli & Graves 1996; Weiher et al. 1998）。群集ごとにこのプロセスを何回か（例えば1000回）繰り返すと、実際の群集で観察された種間の平均非類似度（例えばRao）を帰無群集の非類似度の値の分布と比較できる。観察された群集におけるRaoの値が帰無群集より大きければ、着目する群集を構成する種が偶然に予測されるよりも機能的に多様であること、つまり過分散や形質の発散を意味する。逆に、値が小さければ、クラスタリングや形質の収束を意味する。この帰無モデルによって、種数以外に種の出現に何の制約もない（すなわち、すべての種がすべての組み合わせですべての群集に等しく存在する可能性がある）場合に、実際の群集で観察されたRaoの値が得られる可能性がどのくらいあるのかを知ることができる。

しかし、実際のデータには、上記の帰無モデルでは表現できないパターンがいくつかあり、間違った結論につながることがある。特に、種の全体での頻度（それぞれの種が出現する群集の数）が固定されていないため、実際には非常に希少な種も、非常によく見られる種も、帰無モデルにおいては同じ確率で出現してしまう。このため、ある群集で観察されたRaoの値が偶然に予想された値よりも低い場合、その要因として「希少種が機能的に非常にユニークであるため」とか、「優占種がいくつか特定の形質をもつため」という可能性が出てきてしまう。こうした要因が、「共存する種が競争に基づく集合プロセスによって異なる形質値をもつ」影響を上回る可能性がある。このタイプの問題は、複雑な帰無モデルを用いることで解決できる。複雑な帰無モデルを用いることの欠点は、帰無モデルの制約が多くなるほど、可能なランダム化の数が少なくなることである。様々な著者が、どの集合則を検証するときには、どの帰無モデルを検討すべきかを調べている（特に、Hardy 2008; Mason et al. 2013; Götzenberger et al. 2016）。ここからは、生態学的問いに取り組むために、帰無モデルをどのように用いることができるのか、いくつかの簡単な例を示しながら説明する。

標高傾度に沿った集合則を研究するケースを考えてみよう（図11.1）。山頂では凍結への耐久性を与える形質をもつ種のみが生き残れる一方、標高の低いより温暖な条件では、幅広い形質をもつ種が生存できるという仮説を立てることができる。仮説は形質の幅と関連があるので、山を登りながらサンプリングすることで、標高の変化に伴い機能形質の幅（すなわち機能の豊かさ）がどのように変化するかを調べることができる。そして機能形質の豊富さを標高に対して回帰するだけで、仮説を検証できるだろう。ここで考慮すべき重要な点は、機能の豊かさと種の豊富さの関係である。第5章で見たように、多くの機能的多様性の指数は、多かれ少なかれ種の豊富さと関連があるが、特に機能の豊かさはその関連が強い。種の豊富さは、環境条件が悪化するにつれて減少することがよくあるからである。そのため、標高の増加につれて機能の豊かさが減少する場合、これが山頂において種数が少ないからなのか、機能形質が応答してそのとりうる可能性のある範囲が減少しているからなのかを区別することはできない。そのような場合、環境傾度上で見られる種（この場合、地域の種プール）の形質と各群集の種の豊富さの影響を考慮して予測される機能的多様性と観察された機能的多様性とを比較するための帰無モデルを構築することができる。

そのようなモデルの構築方法は何通りかある。上記の研究で用いている機能の豊かさは、種が群集中に存在するかどうかのみに依存し、各種のアバンダンスには影響を受けないので、在－不在行列を用いて、スワップアルゴリズムを実行することができる。**行列－スワップ**（*Matrix-swap*）帰無モデル（Manly 1995）は、その地域の種の相対頻度だけでなく、群集の種数も保持する。これにより、群集内の形質値を制限するプロセス（この場合、標高傾度に沿った様々な条件）の効果を除去し、観察した結果とそのプロセスがない場合に予測される結果を比較することができる。別の方法として、それぞれの局所群集の種数と同じ数を、地域の種プールから置換なしでサンプリングすることもできる。この方法では、各種がサンプリングされる確率は、地域における各種のアバンダンスに比例して与えられる（例えば Bernard-Verdier et al. 2012）。

帰無モデルを定義すると、仮説を評価することができる。まず、ランダム化を繰り返し（例えば999回）行い、各ランダム群集に対して反復ごとに着目する指数（機能の豊かさ）を推定する。これを999回繰り返すことにより、各群集について999個の「シミュレーションされた」（もしくは期待値の）機能の豊かさの値の分布を得る。次に、機能の豊かさの観察値をどのように999個の帰無値と比較するのかを説明する。予測したように、標高に伴って群集内の機能形質が応答してそのとりうる可能性のある範囲が減少するのであれば、より高い標高において、機能の豊かさの観察値はシミュレーション値よりも小さくなるはずである。では、実際に観察値の方が小さかったとして、統計的に有意な効果があるかどうかをどのように検定すればよいだろうか？　シンプルな方法としては、観察値がシミュレーションの予測値よりも小さくなる回数が何回あるかを数えることで *p* 値を計算できる。まず、観察値と 999 個の帰無値を単一のベクトルにまとめて、ベクトルを昇順に並べる。次に、順番に並べたベクトル内で観察値がどの位置にあたるのかをチェックし（例えば､3 番目の位置)､これをベクトルの全長（この例では 1000）で割ることで、片側検定を実行できる。この場合、結果は *p* 値が 0.003（3 割る 1000）となり、群集の機能の豊かさが偶然によって予測されるよりも有意に小さいと解釈できる。したがって、標高は群集で見られる形質値の幅を実際に制限していることを示唆している。より慎重なアプローチは、両側検定を行うことである。今回の例では、観察値が 975 個の期待値よりも小さい場合に 5% の有意性の閾値に達する。

p 値の推定に代わるものとして、**標準化効果量**（*standardized effect size*, SES；Gotelli & McCabe 2002）を用いる方法がある。SES は以下の式で定義される。

$$\mathrm{SES} = \frac{\text{観察値} - \text{シミュレーションした値の平均}}{\text{シミュレーションした値の標準偏差}}$$

SES の正の値は群集の機能の豊かさ（もしくは選択した任意の指数）が偶然によって予測されるよりも大きいことを意味し、逆に負の値は予測よりも小さいことを意味する。シミュレーションされた値の標準偏差で割るので、SES の値は標準偏差単位で計量される。これは、SES の値を用いて、調査した個々の群集のパターンの有意性を調べられることを意味している。SES を用いて有意性を検定する方法は二つある。非常に慎重なアプローチでは、SES 値が 1.96 よりも大きいもしくは −1.96 より小さい群集はランダムな予測よりも有意に逸脱しているとみなす（この検定は大まかには上記のものに対応している）。もう一つのアプローチは、一連の群集から得られた一連の SES 値が 0 から有意に異なっているかどうかを単純に検定することである（例えば、得られたすべての SES 値について *t* 検定を行う）。この方法は慎重とはいえないが、有用ではあり（Hardy 2008）、調査する群集の数が *t* 検定の有意性に影響を与える。

一般に、特に着目する機能的多様性の指数が種の豊富さに線形に依存している場合、SES の値が何らかの傾度に沿って（上記の例では標高傾度に沿って）どのように変化するかに関心をもつかもしれない。SES 値が標高に伴って減少した場合、この研究では標高が高くなることで、形質の収束が進むと合理的に主張することができる。このアプローチの注意点は、種の豊富さとあまり強く相関しない機能的多様性の指数を用いると、観察値とそこから得られたSES値が強く相関する可能性があることである（de Bello 2012）。このとき、機能的多様性の観察値を標高に対して直接回帰するのと、SES値を標高に対して回帰するのは類似した結果になるだろう。

場合によっては、より具体的な帰無モデルを構築しなければならない。例えば、標高傾度に沿って放牧が機能的多様性にどのように影響するかを知りたいとしよう。放牧に伴う採食によって、葉がなくなることに対応できない種が取り除かれることで、群集で観察される形質の幅が制限される可能性がある。また、攪乱がなければ高い適応度を与える形質をもつ競争力の高い種の優占度を減少させることで、機能的多様性を高める可能性もある。放牧が分類学的・機能的多様性に対して、この正と負のどちらの影響を与えるのかは、生産性に依存することがわかっている（Carmona et al. 2012; Rota et al. 2017）。そのため、放牧の影響は標高が低い場所と高い場所で異なるという仮説を立てることができる。この仮説を検証するために、標高ごとに放牧されている場所と放牧されていない場所でサンプルを採取した（図11.1）。我々の仮説は群集内の形質の幅に対して立てているので、再び機能の豊かさのパターンを調べることができる。しかし、上記に示したものと同じランダム化を行うと、帰無モデルでは今回着目する放牧の効果を検定することができない。これは、放牧と標高がデータセットの中で区別できないからである。放牧の効果を検定するために、まず群集内で観察される形質の幅を制限する要因として、標高の効果を「取り除く」必要がある。これは先に説明したように、着目する項目に応じて適切な種プールを選択することで対応できる。例えば、標高の高い場所の植物は背が低くなる傾向があり、これは極端な気候に対応するための形質であることがわかっている。同時に、背の低い植物は葉を失うことを避けられるので、放牧によって背の低い植物が選択されることもわかっている。この状況で、全標高データセットのすべての種をランダム化してしまうと、背が低いことが標高の影響なのか放牧の影響なのか切り離すことができず、結局、放牧自体の影響を検出できない可能性がある。この問題は、帰無モデルを階層化し、ある標高レベルに存在する種のみをランダム化することで解決できる。これにより、標高の影響のみが適切に固定される。これは、放牧の効果の検定に関連するサンプルのプールを制限することによって、帰無モデルの**範囲**（*scope*）を制限していることと同じである（de Bello 2012）。

空間スケールが小さく（狭く）なるにつれて、生物間相互作用が集合プロセスの決定因子として重要になるはずである（図 7.3）。生物間相互作用の影響を検出するために、できる限り非生物的フィルターの影響を取り除くことが重要である。より狭い空間スケールでの検定では、考慮される種プールを大幅に削減し、全体的に類似した非生物的条件のサイトに生息する可能性のある種のみを含める必要がある。種プールの削減は、様々な制限手法によって行うことができる。標高傾度にネストされた放牧傾度の例に戻ると、各サイトに対応したランダム化を行う種プールは、同じ標高帯・同じ放牧レベルのサイトで見られる種に限定することができる。これによって、サンプリング単位において、その他の狭いスケールの環境要因（土壌特性など）が均質になれば、過分散やクラスタリングのパターンが検出されたときに、それが生物間相互作用に起因すると合理的に考えることができる（de Bello et al. 2012）。これには、標高と放牧の組み合わせごとにいくつかの群集（繰り返し）をサンプリングする必要がある。繰り返しがない場合でも、生物間相互作用の影響を検証するためのさらに厳密な方法として、各群集内で観察された種のアバンダンスをランダム化する帰無モデルを作ることができる（Mason et al. 2008; Bernard-Verdier et al. 2012）。このランダム化によって、群集内の種の豊富さとアバンダンスの分布が維持される。競争によって異なるニッチをもつ種の共存がもたらされている場合（ニッチ分化）、群集内で優占するような種は互いに異なる形質をもつはずであり、過分散の形質パターンが観察されることになるだろう（正の SES）。あるいは、高い適応度を与える単一の表現型がある場合、優占するような種は機能的に類似するため、形質クラスタリング（負の SES）が観察されるだろう。しかし後者のケースは、観察データでは検出されにくい可能性がある。なぜなら、帰無モデルの種プールには競争によって排除された種が含まれなければならないからである（Götzenberger et al. 2016）。このパターンは、群集データに競争排除があまり強くない場所のサンプルが含まれるか、生息地固有の種プールの設定において比較的弱い競争者もきちんと含んでいるときには検出可能となるだろう。

ここまで説明してきた通り、帰無モデルを設計する際の最も重要なステップは、ランダム化に含める適切なサンプルと種プールを選ぶことである（de Bello et al. 2012; Götzenberger et al. 2016）。適切に選ぶには、かなり高度な手法が必要になることがある。山頂と谷底の標高傾度の例で見たように、一般に地域種プールのすべての種が、その地域の中のある局所的なサイトで生存・繁殖できるわけではない。加えて、すべての種がその他の種による競争的相互作用に耐えられるわけでもない。さらに、あるサイトの特定の生態学的条件（生物的・非生物的要因の両方を含む）で生活できる種のすべてが実際そのサイトにいるわけでもない。地域種プールのうち、サイトの生態学的条件下での生育には適しているが、そこには存在しない種も含めた潜在的な多様性を、そのサイトの**影の多様性**（*dark diversity*）と表現する（Pärtel et al. 2011）。影の多様性を正確に知ることはできず、本書の範囲を超えた手法でしか推定できない（Brown et al. 2019）。いずれにせよ、サイトの影の多様性を記述できるならば、種の形質を使って、これらの種が存在しない理由を知ることができる。例えば、Riibak ら（2015）は、石灰岩地の草原の影の多様性と観察された多様性の形質パターンを比較し、影の多様性を構成する植物種は、平均して分散能力が低く（分散距離が短く、種子の生産も少ない）、ストレス耐性も低い（草丈が低く、第 3 章で示した C-S-R 方式の S のスコアが低い）ことを明らかにした。

7.6　群集集合の応用

7.6.1　種のアバンダンスと形質構造の予測

形質を用いて環境傾度にわたる種のアバンダンスを予測することは、生態学における「聖杯」[訳注 7-4] とみなされてきた（Lavorel & Garnier 2002）。この目的を達成する上で欠けている重要な要素の一つは、広範囲の環境条件における群集の機能構造を適切に記述することかもしれない。Shipley の**形質選択による群集集合**（*community assembly by trait selection*, CATS; maxent ともよばれる）モデル（Shipley et al. 2006）は、形質に基づいて環境傾度に沿った種のアバンダンスを予測することを目的とした最初のモデルである。このモデルは、それぞれの種の形質値と局所群集の加重平均の差から、種のアバンダンスを推定する。この方法では、形質値が局所平均に近い種はアバンダンスが多くなると予測される（Shipley et al. 2012）。このモデルは、比較的大きな傾度における環境フィルタリングの役割を重視しており、環境フィルタリングによる形質の収束を群集集合の主要な要因としている。

この文脈をさらに発展させたものが**形質空間モデル**（*traitspace model*, Laughlin et al. 2012, 2015）である。形質空間モデルは、まず与えられた環境条件における

訳注 7-4．ヨーロッパにおける聖杯伝説にちなむ表現。聖杯伝説は中世の騎士たちが聖遺物である聖杯を探し求める物語であることから、多くの人が取り組み、達成するのが困難な研究であることを意味している。

形質の確率分布を考慮し､次にベイズ法を使用して種のアバンダンスを推定する。形質空間モデルは、（群集加重平均にとどまらず）形質値の局所構造を把握することによって、環境フィルタリング（形質の収束の促進）と類似限界（形質の発散の促進）の両方を考慮している。形質空間モデルは明示的に種内変動を含み、そして複数の形質（とその共分散）と環境変数を考慮できるので、非常に有望である。しかし、このモデルは比較的種数の少ない群集のみでしか検証されていない（Laughlin et al. 2012, 2015）。おそらく、これは双方の手法の主な限界を反映している。すなわち､どちらの手法も､種数が増加すると一般に増加してくる「機能的に冗長な種」を判別できない（Laughlin & Laughlin 2013）。この解決方法の一つは、より多くの形質を評価することである。これにより、特に形質が独立ならば、冗長性を減らすことで種の判別能力を高め（Carmona et al. 2019）、予測を改善することができる（Laughlin et al. 2015）。ここで、予測能力を最適にするために、どの形質をいくつ評価する必要があるのかという問いが生じる。これは、予測能力が頭打ちになるまで調べる形質の数を増やしていくことで検討することができる（Laughlin 2014b）。

形質に基づくアプローチは、生物多様性が生態系機能に与える影響を検証することに重点を置く場合、特に興味深いものである。この場合、群集の種組成だけでなく、機能構造（群集を構成する生物の形質、Díaz et al. 2007）にも着目する。これまでの研究や観察から、形質に基づくアプローチの利点の一つとして、機能形質構造は種組成よりもはるかに予測しやすいということが示唆されている（Fukami et al. 2005; Messier et al. 2010）。たとえ種の重複がないような大きな空間スケールであっても、環境の情報から植物群集の機能構造（すなわち、確率機能分布、第6章参照）を高精度に予測できることを示すことは、地球環境変動の生態系機能への影響を予測し、効果的な保全（Violle et al. 2017）や復元戦略（Laughlin 2014a）をデザインする上で大きな前進になるだろう。

7.6.2　侵入種

種の侵入能力と侵入に対する群集の感受性は特に興味深い研究テーマである。先に説明した共存メカニズムに従えば、侵入種は、受け入れ側となる在来群集の中に定着できる形質（すなわち群集内に分散した後も正の成長速度を維持できるような形質）をもつはずである。これまで、種が侵入種として成功するような形質の特定は、極めて一般的なものに限られている。というのも、侵入能力は、侵入先の局所的な環境条件とそこに生育している種の形質にも左右されるからである（Moles et al. 2008）。さらに、他の栄養段階との相互作用が、侵入の成功に大きな影響を与えることもある。例えば、侵略的外来種の本来の生息域には成長率に影響を与える「天敵」がいるが、侵入先ではその天敵から解放されている場合がある（天敵解放仮説、Keane & Crawley 2002）。しかし、種のパフォーマンスに関連する形質において侵略的外来種が非侵略的外来種より上位にランク付けされる傾向があるという証拠がある（Van Kleunen et al. 2010; Funk & Wolf 2016）。

別のアプローチとして、受け入れる側の在来群集の機能構造を記述し、それを侵入に対する感受性と関連付ける方法がある。このアプローチの研究から、機能的多様性の高い群集は、資源をより完全に利用することと連動し、定着に対する抵抗性が高いことが示唆されている（Levine et al. 2004; Lanta & Lepš 2008）。さらに、在来群集の種の形質と侵入種（外来種もしくは在来種）の形質を同時に考慮することによって、侵入プロセスについてより詳細な情報を得ることができる（Carboni et al. 2016）。観察データを用いて種の侵入を研究する場合、新たな種の群集への侵入が、在来群集の機能的多様性と組成に与える影響も考慮する必要が

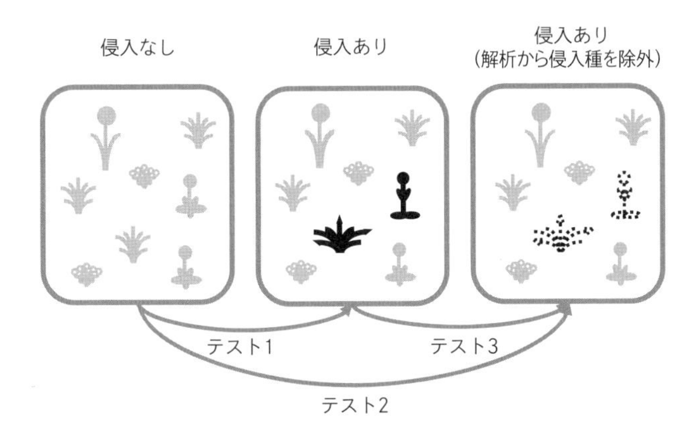

図 7.4　種の侵入が群集の機能構造に及ぼす影響を評価するには、様々なテストを組み合わせることが有効である。以下の 3 タイプの群集が示されている：侵入種のいない群集（左）、侵入種のいる群集（中）、侵入種のいる群集だが、解析からは侵入種を除いて在来種のみを考慮している（右）。侵入種は濃い色で示されている。テスト 1 は侵入の全体的な効果を検出するように設計されており、侵入種のいない群集といる群集を比較している；テスト 2 は、侵入されやすさを示すパターンが存在するか、もしくは、侵入種が機能空間の特定の領域を示す在来種を排除したかを検出するように設計されており、在来種のみを考慮した侵入種のいない群集といる群集を比較している。テスト 3 は、侵入種が機能空間の異なる部分を占める（機能的多様性を増加させる）のか、あるいは既存のギャップを埋める（機能的多様性を減少させる）のかを識別するように設計されており、侵入種がいる群集の侵入種を考慮する場合としない場合が比較されている。Wiley の許諾により、Loiola ら（2018）から引用。

ある（Lososová et al. 2015）。つまり、侵入の影響を完全に特徴づけるには、侵入種を考慮する場合としない場合の両方で、侵入していない群集と侵入した群集の機能構造を比較する必要がある（Loiola et al. 2018；図 7.4）。これらの二つの要因の相互作用を研究した論文は多くないが、限られた知見によれば、成功した侵入種は機能空間の飽和していない領域を占める傾向があることが示唆されている（Loiola et al. 2018; Galland et al. 2019）。したがって、群集が占める機能空間におけるこれらの「穴」を見つけることができれば（Blonder 2016）、どの種がその穴の場所を占めることができるかを予測するのに役立つだろう。それは、侵入種に対する保全戦略を導く上でも有益で（Laughlin 2014a; Carmona et al. 2017a）、さらに特定の群集における種の侵入能力を予測するのにも役立つ可能性がある（Bennett & Pärtel 2017）。

まとめ

- 集合則は群集内で観察される種の数と組成を制限するあらゆる制約である。
- 伝統的には、環境フィルターは群集で観察される形質値を制限し（形質の収束）、一方、競争に関連する類似限界は、共存する種の形質の分化を促進する（形質の発散）と考えられている。現代共存理論では、種間のニッチの差が適応度の差を打ち消すのに十分なほど大きいときに共存が成立すると仮定している。このことは、競争によっても形質の収束が生じうることを意味している。
- 形質の収束と発散の程度は、観察によって定量できる。しかし、観察されたパターンにつながるプロセス（環境フィルタリングもしくは生物間相互作用）が何であるかを確かめるのは、実験的アプローチがなければ困難である。ただし、スケールと種プールの影響を考慮して適切に設計された帰無モデルを適用することで、観察パターンからプロセスに関する洞察が得られる。
- どの集合プロセスが群集に働いているかを理解することは、よりよい復元・保全戦略を設計したり、地球環境変動や侵入種の影響を予測したりするのに役立つだろう。

8　形質と系統

ここまでは、現存の種、すなわち今日の自然界で観察できる種の属性として形質について語ってきた。しかし、現存の種の形質を扱う上で、これらの種とその形質が進化的プロセスの結果であることはここまでは考慮していない。ダーウィンは、非生物的・生物的条件への適応として、種がもつ形質がどのように進化したかについて議論した。彼は、種が互いにどの程度似ているかに対して、種間の系統関係が影響を与えることをすでに予測しており、「同じ属の種は、必ずとはいわないが、生息地や体質に何らかの類似性があり、構造は常に似ている」と述べた（Darwin 1859）。これらのアイデアは決して忘れ去られていたわけではないが、比較生物学を扱う研究者、すなわち、個々の種の形質や生息環境を比較すること（比較法ともよばれる）に関心のある研究者にこのアイデアが定着するまでには、100 年以上の歳月を要した（Felsenstein 1985; Sanford et al. 2002）。

種の形質と系統の関係については、特に、種間の比較分析を行う際に系統情報を考慮もしくは「補正」する必要性に関して、多くの議論が行われてきた（Harvey et al. 1995; Rees 1995; Westoby et al. 1995; de Bello et al. 2015）。本章では、「近縁種は形質がより似ているはずだ」という仮説を検証するための、初期の統計手法の発展について説明する（‘R material Ch8’ を参照）。その後、研究と解析手法が急増し、群集生態学者は形質の代用もしくは補足のために、系統情報を用いるようになった。「形質ではなく、系統学的な観点から群集を研究するのが合理的である」という理由がわからないという人も、心配せずにお付き合いいただきたい。ここでは、まず前準備として、系統情報をどのように表現し、記述するかを学ぶ。ただし、本章では、本来一冊の本で扱われている内容を一つの章に詰め込んで扱っていることに注意してほしい。本章の内容をより深く掘り下げたい場合は、以下の重要な文献を参照してほしい。Harvey and Pagel（1991）は、比較法について初めて長編で扱った本であり、この分野の古典といえる。Garamszegi（2014）は、この分野の多くの著名な学者によって書かれており、Harvey and Pagel のトピックを 21 世紀に持ち込んだ書籍である。Swenson（2014a）と Paradis（2012）は、***picante*** と ***ape*** という R 言語のパッケージと連携させて、系統情報の使用についての技術的・統計的な範囲をカバーしている。

8.1　系統樹とは何か？

系統樹（*phylogenetic tree*）は、種がその**祖先**（*ancestor*）を通じて互いにどのように関連しているかを視覚的に示す方法である（図 8.1）。先祖は「母」種と考えることができ、図 8.1 ではそれぞれの母に二つの「子孫」がいる。現在の種は、系統樹の**先端**（*tip*）もしくは葉とよばれ、それぞれが祖先（「母」種）とつながっている。系統樹の用語では、これらの祖先は**ノード**（*node*：**節**）とよばれ、枝分かれ構造の内側の点として系統樹の中で示される。さらに、実際の樹木が根をもつように、系統樹も通常、根をもつ。**ルート**（*root*：**根**）は系統樹の中の最も古いノードであり、他のすべての若い祖先（ひいてはすべての現存種）の起源となった祖先を表している。系統樹が完全に解明されている理想的なケースでは、それぞれの祖先は正確に 2 種の子孫をもち、系統樹は二分岐している。しかし、それぞれの種がどのようにその先祖と関連しているのかを正確に示すために必要な情報を欠く、もしくはその正確性を欠くことがある。そのような場合、2 種以上が同じ祖先から生じている可能性がある。系統樹のトポロジー（すなわち形）の用語では、そのような場合を**多分岐**（*polytomy*）とよぶ。

系統樹を図示する際、先端はどの方向にも向けられるが、一般的には、左側に系統樹のルートを置き、左から右へと系統樹の先端の方へと枝を向ける。この場合、系統樹は左から右へ向かう枝に平行な軸を**進化時間**と考えることができる。進化時間は多くの場合、数百万年（Myr）といった単位になる。この時間情報を

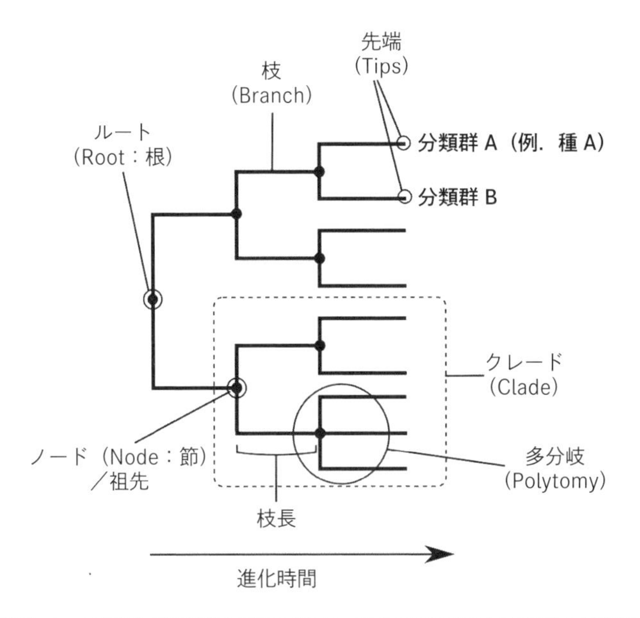

図 8.1　系統樹によって種間の系統関係を図示できる。図中に系統樹の構成要素の名称を示している。

欠く系統樹もあり、その場合は「x 軸」に計測可能な情報が含まれていない、つまり「真の」進化時間は反映していない。このようなケースでも、x 軸は何らかの時間の表現ではあるが、特定の単位を反映していないか、もしくはすべての枝が同じ長さで示されることもある。他の系統樹では、様々な程度・手法で時間が較正されている。すなわち、様々な手法を用いてノードの一部またはそれぞれがどのくらい古いかが推定されている。このプロセスは、系統樹内の各ノードを、そのノードが生じたと推定される進化の時間軸に沿って順番に固定していく作業とみなせる。より内部のノード[訳注 8-1]は、属や科全体といった特定の分類群の起源と解釈することもできる。このため、時間軸におけるノード位置（年齢）は、その分類群が進化的に最初に現れた時期の推定値も表している。より一般的には、クレードは単一の共通祖先に由来する種群として定義される。

訳注 8-1．子ノードをもつ、より包括的なノード。図 8.1 では左側の、含まれるノードやチップの数が多いノードほど「内部」にあるとしている。

8.2　ブラウン運動と近縁種が似ている理由

系統を考慮すべき理由の根底にあるのは、進化の過程で種が互いに進化してきたため、その形質の多くが祖先から受け継がれてきたという事実である。種がある形質をもっているのは、その形質が現在生息している生物的・非生物的環境に適応しているというだけでなく、祖先が常に環境の変化にさらされてきた結果でもある。これは、過去に一部の種が絶滅したり、別の種が獲得した新たな形質や変化した形質に選択が生じたりしたことを意味する。これらのアイデアを系統樹上でどのように表現すればいいだろうか。ノードを種分化のポイントとして考えるなら、そのポイントにおいて、2種の子孫種がその祖先種から派生したとみなせる。それぞれの新しい種は、潜在的に、祖先から受け継いだ形質に対して新しい形質値を進化させることができる。同時に、子孫の種は種分化のこの時点まで、共通の祖先という形で進化の歴史を共有しているため、互いに完全に独立しているというわけではない。ある世代から次の世代にかけてわずかに形質値が変化すると考えるなら、二つの子孫種の出発点は、種分化の前に祖先種がもっていた最後の形質値である。

形質値の**進化的分化**（*evolutionary differentiation*）を数学的に表現する方法もある。まず、単純化のために、ある世代から次の世代までの形質値の変化は、ランダムに生じると仮定する。次に、単一の祖先種からスタートしよう。着目する形質について任意の開始点を考えるが、ここでは便宜上0とする。ある祖先種の世代から次の世代にかけて生じる形質値の変化は、祖先の形質値から正もしくは負に変化すると表現できる。つまり、形質値は開始点である0からスタートし、次の世代において0から正または負に変化し、さらに次の世代ではその値から正または負に変化していく。できるだけモデルを単純に保ち、方向性を仮定しないために、形質値の変化の大きさは「平均0と特定の標準偏差をもつ正規分布から求める」と設定する。同時に、世代から世代への時間ステップは、着目している進化の全時間スケールと比較してどれだけ短いかを考えると、「無限に」小さいと定義できる。

x軸に進化時間、y軸にある世代における形質値をとったグラフを作成することで、このモデル（の実行結果）を図示することができる。本章で説明されている手順に従い、データを可視化するのに必要なコードを‘R material Ch8’に示した。形質値の変化をランダムな正規分布から描くとすると、結果として得られる線、つまり累積変化は、ゼロの線から「浮動」するだろう。実際、最も確率が高いのは、すべての累積変化によって正味の変化が 0 に到達することである。これは、グラフの右側の y 軸に沿って表現されているヒストグラムが正規分布に従うことからも確認できる（図 8.2 左、種分化なしで遺伝的浮動のみがある場合）。この正規分布のヒストグラムは、進化プロセスのシミュレーションを何回も繰り返したとき、例えばモデルを 1000 回再実行したときの、ある世代の形質値の分布である。得られた正規分布の重要な特徴は、形質が進化する時間が長いほどその分散が大きくなることである。これは、実行したモデルの最終的な形質値が、時間に伴う累積変化であるためである。正味の変化が 0 である確率が最も高い場合でも、変化を蓄積する時間が長ければ長いほど、その累積変化は大きくなる可能性がある。

上述した進化の単純な数理モデルと図 8.2 では、時間とともに形質値の「ランダムウォーク」が発生し、これは**ブラウン運動**（*Brownian motion*、この名前の起源は以下を参照）とよばれている。上では、単一種についてブラウン運動による形質進化を見た。次に、進化の任意の時間点をとって、種分化──ある種（種

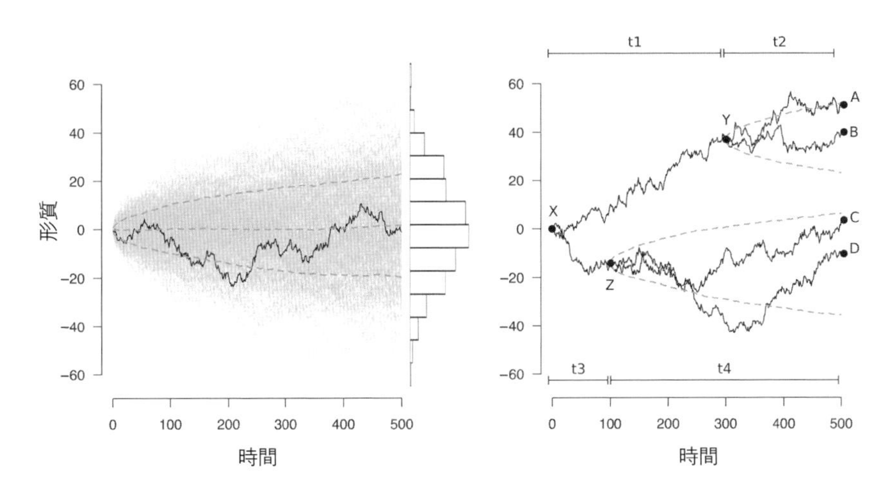

図 8.2　形質進化のブラウン運動モデルと、それが近縁種の形質値を類似させる仕組みの実証。左の図では、種分化がなく遺伝的浮動のみがある場合で、黒のギザギザした線は、時間の経過に伴う形質とその値の進化を示すモデルの一つの実現値を表している。薄い灰色の線は、同じモデルをさらに 500 回実行した場合の結果を示している。破線は任意の時点における平均値と平均値周辺の標準偏差を示している。右のグラフでは種分化イベントがあり、祖先種から娘種への分化（例えば、祖先種 Y は娘種 A と娘種 B に分化）がより最近であるほど、娘種はより類似した形質値をもつ。なぜなら、早くに分化して長い期間独立に進化した種 C と種 D の場合と比較すると、種 A と種 B は独立した形質値を進化させる時間が短いからである。種 A と種 B の間の形質値の実際の距離は、種 C と種 D の距離とそれほど変わらないが、種 C と種 D の標準偏差が大きく、これは種 C と種 D の距離が大きく異なる確率がより高いことを示している。ラベル t_1, t_2, t_3, t_4 は、異なる種分化イベントとその後の種の多様化の時間の長さを示している。

Xとする）が2種（種Yと種Zとする）の祖先になる——のイベントをシミュレートしてみよう。例えば、種分化の生じる時間点を0と設定すると、進化の時間枠の開始時（つまりシミュレーションの開始と同時）に種Xが種Yと種Zに種分化する（図8.2右）。ここで、種Yの形質（形質yとする）の進化に注目しよう。種Xに由来する種Yの「枝」をたどると、形質はある時間（t_1）で、ある値（y_{t1}）まで進化し、そこで種Yが種Aと種Bに種分化している。したがって、この形質値y_{t1}は、種Yの娘種Aと娘種Bの形質進化の開始点である。この形質はその後、種Aと種Bの両方で、平均値y_{t1}をもつ形質値の変化としてそれぞれ「独立に」進化する。結果として、初期の形質値が同じであること以外、種Aの形質の変化の方向と量は、種Bの形質の変化の方向と量とは関連しない。両種は時間t_2の間にそれぞれの形質値を進化させるだろう。前の段落で、初期の形質値からの逸脱の可能性は進化する時間が長くなるほど大きくなると説明したが、二つの娘種の間の形質値の差は、理論的には、この2種が生じた種分化イベントからの時間（図8.2の右の例では時間t_2）に依存する。

次に、種Z、種C、種Dの3種を見てみよう（図8.2右）。種Zは、ルートである種Xから形質値0において進化した第2の種である。種Zは姉妹種Yと同様に、さらに2種の娘種CとDに分かれる。ただし、種Cと種Dの種分化が生じるまでの時間t_3は、種Aと種Bが生じた時間t_1よりもかなり短いと仮定している。この種分化のタイミングの違いから、重要な違いが導かれる。つまり、種Cと種Dはその形質値が進化した時間t_4が長かったので、この2種の間では、形質値の累積の差が大きくなる確率が高い。図8.2右の例では、種Cと種Dの形質値は「似ている」かもしれない。ここでの重要な点は、進化のブラウン運動モデルの下では、種Aと種Bよりも、種Cと種Dの方が互いに大きく異なる可能性が高いということである。この違いは、種Aと種Bに比べて種Cと種Dの形質値の標準偏差が大きくなっていることでも示されている。また、種Cと種Dがはるか前に分かれたという事実は、種Cと種Dの関連性が薄い、あるいはより遠い関係にあることも意味している。ここまで、単純な数理モデルを用いることで、ダーウィンが予測したように、「近縁な種が類似した値をもつのに対し、遠縁の種が異なる形質値をもつはずだ」という主張の理由を説明してきた。より正確には、このモデルは「系統的に離れた種は、系統的に近い種よりも似ていない形質値をもつ確率が高い」ということを予測している。

最後に、連続的形質の進化に関するこの数理モデルの歴史的背景に少し触れる。このモデルは、気体分子が空気中をどのように移動するかを説明するのに使用されるモデル（また他にも類似したプロセスが多数ある）と似ているので、進化の**ブラウン運動**モデルとよばれる。ブラウン運動モデル自体は、無限に小さな時間ステップの中で粒子が 3 次元の位置をランダムに変化させるというもので、18 世紀の植物学者 Robert Brown にちなんで名付けられた。Brown は、これと似た現象を実際に観察した。つまり顕微鏡下で液体に浮遊している花粉の粒が、ランダムな方向へステップを踏むように「揺れ動く」(このため「ランダムウォーク」という）ことを観察したのである（Brown 1828 に記述)。図 8.2 で述べた、形質があらゆる方向にランダムに進化するという概念は、ブラウン運動の動きを想起させる。ただし、上記の進化モデルは、着目する量的形質の表現型という単一の軸上の動きである。

8.3　進化と形質のフィルタリングをつなぐ

8.2 節で説明した進化のブラウン運動モデルは、長い時間にわたり独立に進化した二つの種は、短い時間、独立に進化した二つの種より、形質値が異なっている可能性が高いという結果をもたらす。これは同時に、近縁種はその祖先の形質の特徴を「保存」する傾向があり､つまり形質値が似ていることを意味する（Kraft et al. 2007)。これは、系統的に近縁な種間の**形質保守性**（*trait conservatism*）とよばれる。

形質保守性とあわせて、**系統的ニッチ保守性**についても紹介する。一般に系統的ニッチ保守性という用語は、系統的に近縁な種は、形質が似ているだけでなく、生態学的ニッチも似ている、つまり、好みの非生物的・生物的条件が似ているという考えを表している。それは、祖先から受け継いだ形質こそが、その種がどのようなニッチで生きられるかを規定するからである。ニッチ保守性という用語が最初に使われたのは Harvey and Pagel（1991）であるが､すでにダーウィンによって提唱されているアイデアを思い起こさせる。これらのアイデアの背景にある論理は、ある特定の生息地における種分化で例示できる。つまり、新たに現れた二つの娘種が、元々は類似した生息地で生育していたということを考えると、それらのもつ形質はわずかな変化（二つの種を分けているような形質の違い）があったとしても、祖先の母種から受け継いだ形質は似ているということである。この意味で、ブラウン進化モデルに基づいて、形質保守性とニッチ保守性の両方が予測できる。つまり、少なくとも遠縁の種と比べると、近縁の種は機能的に似ているし、似たような生息地で生活している。

しかし遠縁の種が、ある環境条件に対して同様の適応を進化させた例は多い(一方、近縁な種が全く異なる形質と生息地要件を示すこともある)。例えば、クッション植物は極域や高山の条件によく適応しており、この性質はいくつかの植物の科で進化している。同様に、多様な動物分類群に見られる大きな体サイズは、寒冷な気候への適応と解釈されており、これはベルグマンの法則として知られるパターンである(Gohli & Voje 2016)。多肉植物や食虫植物もまた、多くの遠縁な科で進化してきた。これらの例では、種は異なる進化経路をたどることにより、環境に対して同様の適応をするように進化したと結論づけることができる。異なる科のように遠縁の種間で形質や形質値が収束することを「形質の収斂(trait convergence)」(Kraft et al. 2007)とよぶことがあるが、群集集合や帰無モデルの文脈における「形質の収束」(第7章)と混同する可能性がある[訳注 8-2]。混同を避けるために、より伝統的な**収斂進化**(*convergent evolution*)という用語を用いることもできるだろう。

これらの異なる進化の様式は、形質進化と形質フィルタリングを結びつけるために不可欠である(つまり、形質の組み合わせによって種は様々な環境に適応する、第4章および次節を参照)。形質とニッチが保存されているかどうか、またはどの程度保存されているかを評価するために、次節で説明する系統的シグナルに基づいた様々な検定を行うことができる。

8.4 系統的シグナル

系統的シグナル(phylogenetic signal)は、ある形質が特定の進化モデル(特にブラウン運動)に従って系統樹に沿って進化しているかどうかという問いに取り組むための概念と関連する統計手法の総称である。言い換えれば、これらの検定は、系統的に近い種が類似した形質もしくはニッチをどの程度共有するのかを検証する。最もよく用いられる二つの尺度は Pagel の *lambda*(Pagel 1999)と Blomberg の K(Blomberg et al. 2003)であり、これらを詳細に見ていくことにする。同じ検定を種の生息地要件に適用することができるが、一部の研究者はそうした適用に反対し、ニッチのような後天的な特徴はそのまま遺伝しないと主張している(Grandcolas et al. 2011)。

計算がより簡単な Blomberg の K から説明する。Blomberg の K は、概念的に

訳注 8-2. 英語ではどちらも trait convergence だが、本書では「収束」「収斂」と訳し分けている。

は分散分析（ANOVA）と同様のアプローチをとっている。単純な ANOVA では、ある変数（例えば体サイズ）が、異なるグループ間よりもグループ内でより変動しているかどうかを評価できる。Blomberg の *K* はこれと似たことをしており、ある形質が平均してどの程度変動しているのかを、クレード間とクレード内で比較して測定する。Blomberg の *K* の値は 1 がベースラインであり、クレード間とクレード内の分散がどちらも、ブラウン運動下で形質が進化したときの分散と同じである場合を示している。*K* が 1 より大きければ、その変動はクレード内よりもクレード間で大きいので、種はブラウン運動のシナリオのもとで予測されるよりも互いにさらに類似している（系統的シグナルが強い）ことになる。*K* が 1 より小さければ、クレード間の変動はクレード内よりも小さい。このため、*K* が 0 に近づいてゆくに従って、その形質の系統的シグナルは弱くなる。

一方 *lambda* は、ある種の形質値が、進化のブラウン運動モデルから得られる推定形質値にどの程度対応しているかを示す尺度である。*lambda* は、0（形質が系統的シグナルを示さない）から 1（形質が強くシグナルを示し、ブラウン運動と同じように進化した）の範囲をとる。*lambda* と *K* の主な違いは、*lambda* は 1 より大きな値では定義されないため、種がブラウン運動のもとで仮定されるよりもさらに類似しているケースを表現できないことである。それ以外では、ほとんどの場合、*K* と *lambda* は同様の系統的シグナルを示す。ただし、これらの「統計的説明」は二つの指数の解釈を助けるものであり、計算方法は示していないことに注意してほしい。また、保守性（conservatism）という概念に、モデルの予測以上に種が類似しているという傾向をどの程度まで含めるかについては議論があることも述べておく。ここでは、より広い定義を採用しており、ブラウン運動に従って進化する形質も含んでいる。より厳密な定義では、近縁な種間でブラウン運動のもとで予測される以上に、類似している形質のみが保存されているとみなされる（Losos 2008; Crisp & Cook 2012）。

K と *lambda* は有用ではあるが、欠点が一つある。それは、数千もの種にまたがり、数百万年にも及ぶような、複雑な形質の進化を単一の数字にとりこもうとしていることである（なお、同じ目的をもつ別の指数も同様である。他の指数の概要については Münkemüller et al.（2012）がうまく説明している）。ブラウン運動モデル以外にも、形質進化の検証に利用できる進化モデルが提案されてきているが、それらは基本的にはブラウン運動モデルの一般化である（Pennell & Harmon 2013; 8.5 節も参照）。さらに、系統的シグナルが種の進化史に沿ってどのように変化するかを調べることもまた、興味深く、有益である。そのためのア

プローチの一つは、現存の種だけでなく、進化時間の様々な「断片」に対しても系統的シグナルを計算し、そのシグナルが時間とともにどのように変化するかを調べることである。具体的には、空間的自己相関を表現するのとよく似た**系統的自己相関図**（*phylogenetic auto-correlograms*）を用いて調べることができる（Paradis 2012）。つまり、自己相関の尺度である Moran の I を系統的距離に対して計算する（図 8.6 を参照）。ここで扱う様々な距離クラスは、特定のクレードに対しても、あるいはより連続的にも定義することができる。前者の場合、属、科、目など様々な分類階層で自己相関を計算することによって評価できる。並べ替え検定を用いて、自己相関の有意性を調べることもできる。その結果は、距離の増加（カテゴリーもしくは連続スケール）に伴う自己相関の程度の変化を示すグラフで表される（Keck et al. 2016）。'R material Ch8' に、よく使用される系統的シグナルの指数を用いてこの手法を実行する方法を示している。

8.5 形質の変化はブラウン運動によるものか？

系統的シグナルを計測するためのツールを手にしたとして、「近縁種は互いに似ている」という一般的なアイデアは、データを使ってどの程度まで検証できるのだろうか？ 我々の経験や関連する文献に基づいていえば、それは「場合による」といわざるをえない。様々な生物群に対して、異なる文脈、異なる形質での系統的シグナルを調べた研究は数十もある。そして、何の系統的シグナルも示さない形質から非常に強い系統的シグナルを示す形質まで、あらゆるパターンが記述されている。例えば、Blomberg の K が導入された論文では、行動に関連する形質は生理学的側面に関する形質と比べて、系統的シグナルがはるかに弱いことが見出された（Blomberg et al. 2003）。この研究では、様々な分類群の様々なタイプの形質（体サイズ、形態、生活史、生理、行動、生態）について、比較的大きなデータが集められた。最も強いシグナルは、体サイズに見られた。しかし、これらすべての形質タイプにおいて、系統的シグナル（K 値）の値の範囲は大きく、そのため、データセット全体にわたって保存されている、もしくは**失われやすい**（保存されていない）形質というものを明確に定義することはできなかった。植物において、Pennell ら（2015）は、比葉面積、葉の窒素濃度、種子重の三つの機能形質の包括的な解析を行った。Pennell らは、ブラウン運動に関連する単一のパラメーターを用いて系統的シグナルを計測するという基本的なアプローチを拡張し、代替的な形質進化のタイプ——*Ornstein-Uhlenbeck*（OU）**モデル**と *early* *burst*（EB）**モデル**の二つ――を検証した。これらのモデルはどちらも基本的にブラウン運動モデルの拡張である。OU モデルでは、形質変化が完全にランダムに増加するのではなく、形質がその種にとっての最適値の方向へと「引っ張られる」と仮定している。その結果、形質分布は、形質の最適値がいくつあるかによって、一つもしくは複数の平均値の周辺で小さな分散をもつような形に制限される。EB モデルでは、その名の通り、形質変化のほとんどは種分化イベントの後の進化時間初期に爆発的に生じ、その後の形質値の変化速度ははるかに遅くなるとしている。Pennell らは、先述の大規模な種の形質データに、これら三つのモデルのうちどれが最もよく適合するのかを調べた。また評価は、系統樹全体だけでなく、様々なクレードのスケールでも行った。これにより、337 個の「データセット」が解析され、その大部分において、ブラウン運動モデルや EB モデルよりも、OU モデルがよく当てはまった。微生物については、Goberna and Verdú（2015）が細菌とアーキアの形質の系統的シグナルのメタ解析を行った。どちらの生物でも、形質は特定の遺伝子の有無に従って二値化していることが非常に多い。そのような二値の形質については、比較的強い平均系統的シグナルが得られた。一方、多様な細胞もしくはゲノム関連の特徴を表現する連続的な形質については、ほとんどのデータが、特に二値の形質と比べると弱い系統的シグナルを示した。

8.6　系統比較法[訳注 8-3]

8.6.1　比較法と進化

生物学における**比較法**は、なぜ種が異なっているかを理解するためには種を互いに比較する必要があるという考えと関連がある。生態学的な問いとしては、例えば、種間で二つの形質を関連づけるとき（例えば第 3 章で示したトレードオフの検証）や、ある種の生息環境（より一般的にはニッチ）と形質を関連づけるときに、比較法を用いることになる。これは、簡単なことのように思えるかもしれないが、種が進化史を共有しており（8.5 節参照）、そのため統計的に互いに独立ではないという事実によって、種間の比較が複雑になる可能性があることがすぐ

訳注 8-3．系統と形質間の関係（系統比較や系統的固有ベクトル）について、訳者の以下の論文も参照できる。
T. Shirouzu, T. K. Suzuki, S. Matsuoka, S. Takamatsu（2024）Evolutionary dependence of host type and chasmothecial appendage morphology in obligate plant parasites belonging to Erysipheae（powdery mildew, Erysiphaceae）. *Mycologia* 116 : 487–497.

にわかるだろう。

進化における比較法の代表例は、ダーウィンフィンチである。ダーウィンは、ガラパゴス諸島に生息する様々なフィンチの種が、異なる餌資源を利用するために、適応によって異なるくちばしの形になったと仮定した。例えば、比較的大きいくちばしをもつフィンチは、大きくて堅い種子を砕くことができ、小さくてとがったくちばしは、樹皮や地面から小さな虫をついばむのに適していると考えられた。単一の種だけを見ていても、この仮説にたどり着くのは困難だろう。しかし、ダーウィンは様々なフィンチのくちばしの形やサイズ、それぞれが何を食べているのかを詳細に観察していたため、種を互いに**比較**することができ、形態的特徴と占有する資源ニッチの関係を理解することができた。

ダーウィンの観察以来、生物学の様々な分野で比較アプローチを用いた研究が多く行われてきた。しかし、ダーウィンや以降の多くの研究者が研究を行っていた当時、彼らが研究していた種の進化関係を表す系統樹は存在しなかった。Felsenstein（1985）による重要な論文によって、種のデータと系統データを組み合わせることが、有意義な結論を引き出すのに役立つ（もしくは必要である）という考えが広まった。彼は、種における二つの形質の相関が種の進化史の結果であるという可能性を示すために、基本的に進化のブラウン運動モデルを用いた。彼の極端ではあるが有効な例を紹介する。二つのグループの種が存在し、グループ中の種は互いに独立に進化した二つの祖先種の片方から進化したとする（図8.3、つまりグループはクレードに対応)。このデータから散布図を描くと、二つの形質（X と Y）の間に相関関係があるように見えることがわかる。しかし、各クレード内の情報を散布図に加えると、それぞれのクレードでは種の相関した進化（X と Y の相関）は存在していない。つまり、クレードをまたいだ全体的な X と Y の相関というのは、共通祖先から二つのクレードの祖先種が独立に進化したために生じているということがわかる。この見かけの相関は、二つの異なるクレードの種は、二つの祖先種のうちの一つからそれぞれ進化し、各クレード内の種どうしは、長い進化史を共有しているという事実から生じている。つまり重要なのは、各クレード内での種分化以前の形質の進化である。

その後、Felsenstein は系統の効果を説明するための検定、いわゆる、「系統的独立比較」または単に「独立比較」を導入した（8.6.2 項で詳細を説明する）。この検定は、元々は、相関分析や回帰分析から進化史の効果を取り除く（もしくは「補正する」）ために設計された。もとの論点は、「種の系統的近縁性のみによって生じる形質間の関係は、意味のある方法で解釈できない誤った関係としてみなすこ

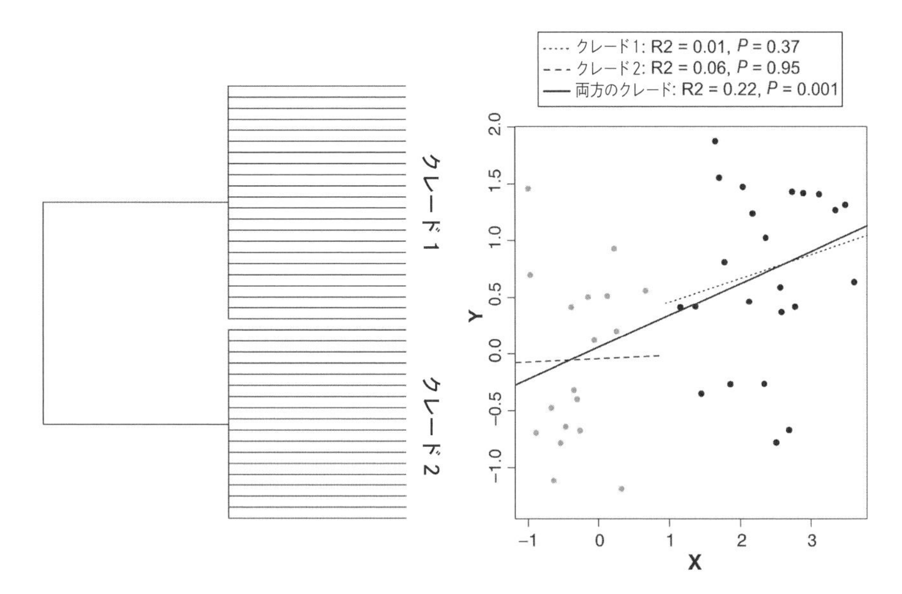

図 8.3　Felsenstein のシミュレーション（Felsenstein 1985）で示された、種データを用いた比較分析の際に生じうるバイアスの極端な例。X と Y は双方とも形質のこともあれば、変数のうちの一つが何らかのニッチ（種の生息地の環境条件）を示すこともある。系統樹に示された近縁種の 2 グループ（クレード 1 とクレード 2）にはそれぞれ共通の祖先がおり、共通の祖先の形質の組み合わせから、二つのクレードの二次元形質空間が予測される。ここでは、クレード 1 の祖先は X と Y の値が比較的高く、クレード 2 の祖先は比較的低い値を示す。これにより、X と Y の散布図において二つの異なる点群が形成される（クレード 1 の種の形質値は黒点、クレード 2 は灰色の点でそれぞれ示されている）。この状況では、双方のクレードのデータを合わせて解析したときのみ変数間に有意な関係が生じる。二つのクレードを別々に解析しても変数間の有意な関係はみられない。

とができる」というものであった。統計的な観点からすれば、この主張は一理ある。種の形質は、進化史を共有しているために独立ではなく、統計的検定ではこの点を考慮する必要がある。より一般的には、このタイプの「補正」は、進化史の効果を取り除くのではなく、進化史の影響によって生じた変動を考慮することを目的としている。したがって、独立比較を用いるかどうかは問いの内容による（例えば、形質の相関がクレード間もしくはクレード内で生じているのか、図 8.4）。

これまで、比較法において系統を考慮すべきか、またはいつ考慮すべきかについての激しい議論が、種の非独立性に関する統計的論議とともに繰り広げられ（Harvey et al. 1995; Westoby et al. 1995）、未だに収束していない（なかでも de Bello et al. 2015; Prinzing 2016）。こうした議論は、研究対象の種間の系統関係を考慮するのは統計上必要だからではなく、比較分析において**進化的視点**を取り入

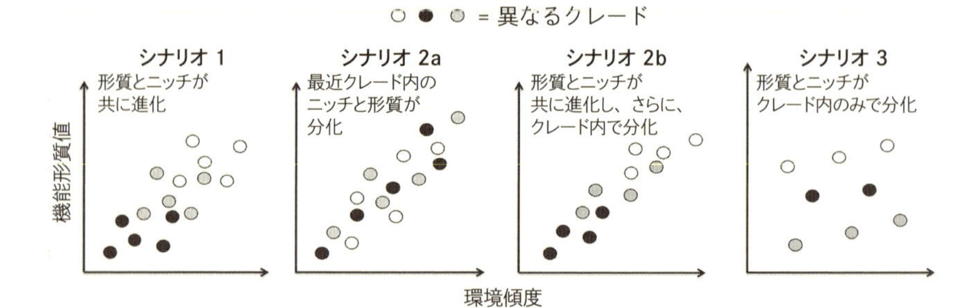

図 8.4 種の形質とニッチ（環境傾度上の位置）の進化のパターン。各種は円で示されている。異なる色は異なるクレードのメンバーであることを示している。シナリオ 1 とシナリオ 2b では、種のニッチ（環境傾度上の位置）と、形質の両方が維持される可能性がある。シナリオ 2a では、すべてのクレードの中でそれぞれの種のニッチと形質の値が大きく異なっているので、種のニッチも形質も維持されていない。シナリオ 3 では、クレード内で形質のみが維持されているが、同様の形質値で異なる生息地に定着できる。Springer Nature の許諾により、de Bello ら（2015）より引用。

れるためであるという見解に結びついている（なお、進化的観点こそが唯一研究する価値があるものだと考える人もいる。例えば Freckleton 2009)。言い換えれば、系統情報を考慮することで、特に種間の分化がどのような**進化スケール**で観察されるかというような、生態学的問いに取り組めるようになる。この研究分野は大きく、現在も急速に発展しているので、網羅的に紹介することは本書の範囲を超えてしまう。そのため、読者には本章の冒頭で示したようなより専門的な文献を読むことを勧める。ここでは、よく用いられる手法の適用と解釈についていくつか紹介する。特に、研究で系統情報を用いたくなったときのために、その方法の概要を説明する。統計手法については、より詳細に紹介している入門書がある（Paradis 2012; Garamszegi 2014)。

8.6.2 独立比較

系統的独立比較（*Phylogenetic Independent Contrasts*, PIC もしくは単に独立比較）は、「比較分析では、種の系統を考慮することで不要な系統の影響を取り除く必要がある」という考えを広めた手法であり、またそれを比較的容易に行うためのツールでもある。ただし、この手法を用いて分析できるデータの種類には制限がある。この手法の統計的な原理は、種の形質の生の値に対して単純な相関分析や回帰分析を行うのではなく、近縁の姉妹種の形質値の差異を計算して、種間の**比較**（*contrast*）を行うというものである。先述の通り、このアプローチを使用して、形質どうし、もしくは形質と環境の好みを関連づけることができる（図 8.4）。

比較を行うための引き算は、系統樹の先端だけでなく、内部ノードの先端や祖先であっても、姉妹種のどのペアに対しても行うことができる。この計算を行うためには、まず内部ノードの形質値を推定する必要がある。これは、ブラウン運動に従って形質が進化することを仮定して行われる。つまり、祖先種の形質値は二つの子孫種の単なる平均となる。上記で計算された比較値は、枝の長さから推定される標準偏差によって標準化される。このように標準化した比較値を使用して、相関分析、回帰分析、分散分析を実行する。これらの比較値は、種もしくはノードのペア間の差を示しているので、種（ノードの祖先種を含む）どうしがどれほど近縁（あるいは遠縁）かには影響されない。

PIC の解析には、いくつかの理由で制約がある。まず、計算結果として得られる比較値は、種に割り当てることはできないため、抽象化されたレイヤーが追加される。二つの形質間の比較値をプロットする場合、それぞれの点は 2 種（先端もしくはノード）間の差異を示すが、種の形質値が何であるかの情報は失われている（図 8.5）。この手法では統計的に、応答変数と説明変数は一つずつに限定され、誤差項は正規分布する必要がある（多変量の場合については以下を参照）。説明

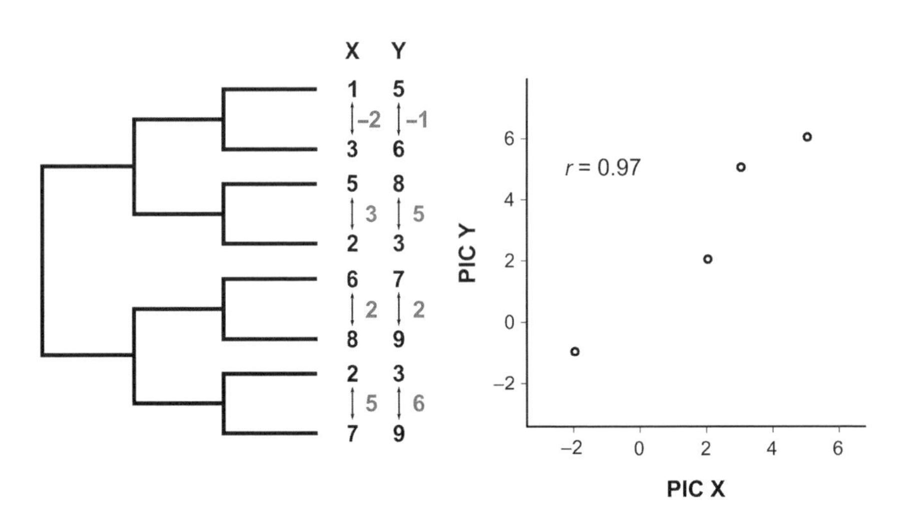

図 8.5　系統的独立比較の計算の例。形質 X と形質 Y の値がそれぞれ系統樹の先端に示されている。姉妹群のペア間で、形質ごとに引き算（灰色で示されている）をすることで比較値が計算される。この比較値は、その後の解析で生の形質値の代わりに使用される。ここでは、比較値を用いて X と Y の対比の散布図（右）を作成し、相関係数 r を計算する。簡単のために省略したが、通常はノードの比較値も計算される。また、図の系統樹はすべての枝の長さが同じなので、比較値は枝の長さによる標準化はされていない。

変数がカテゴリーの場合は、分散分析を使用して PIC を解析することができる。ただし、カテゴリーが三つ以上ある場合は、ダミー変数を作る必要がある。PIC 以降に登場した手法はすべて、これらの統計的制約や仮定を緩和することによって系統比較分析の枠組みを拡張している。

8.6.3　より発展的な PIC

PIC の概念を最初に紹介したので、ここからはより現代的で柔軟性のある手法をいくつか紹介する。これらの手法は一般的に、形質間の関係（第 3 章）もしくは種の形質と環境要件との関係（第 4 章）についての統計モデルに**系統情報**を含めることを目的としている。これらの手法は、空間自己相関の可能性に対処するために、サンプリング単位間の地理的距離を考慮する空間明示モデルと同様のアプローチを採用している[訳注 8-4]。本節で示す方法はプロット間の空間的距離を考慮する代わりに、種間の系統的距離（図 8.6 参照）を考慮する。ここで挙げているアプローチは、様々なタイプの統計モデルに系統を反映させるか、もしくは系統の違いによって形質を予測するモデルの残差を利用して、系統の影響を考慮している。

（ブラウン運動の仮定のもとで）数値的に PIC と同一の結果を導く手法の一つに、系統的一般化最小二乗法（Phylogenetic Generalized Least Squares, PGLS）がある。通常の最小二乗（Ordinary Least Squares, OLS）回帰ではモデルの残差がランダムかつ独立であると仮定されるが、PGLS ではこれが相関することが許容される。これは数学的には、分散－共分散行列をモデルの項として加えることによって達成され、観察値の残差がどの程度互いに関連していると予測されるかを示している。比較分析の場合、通常、観察値は種ごと（すなわち分析におけるそれぞれの点は種）に用意する。このため、分散－共分散行列は、種間の共分散、すなわち種が共有する進化史を示している。これは、モデルのパラメーター、つまり回帰直線の切片と傾きを推定する際に考慮される。このタイプのモデルは、連続変数やカテゴリー変数、およびその組み合わせといった、複数の説明変数を扱うことができる。しかし、PGLS は連続的（状況によっては半連続的）な応答変数しか扱うことができない。一方、一般化推定方程式（Generalized Estimation Equation, GEE）は他のタイプの応答変数も扱うことができるため、概念的には

訳注 8-4. 例えば、地理的に近い場所どうしの群集組成は、種の分散制限などの影響で似てしまうことが多い。この「調査場所が近いから似る」という効果を考慮するのが空間明示モデルである。ここでは「空間が近い」効果と「系統が近い」効果を類似のアプローチで考慮しようとしている。

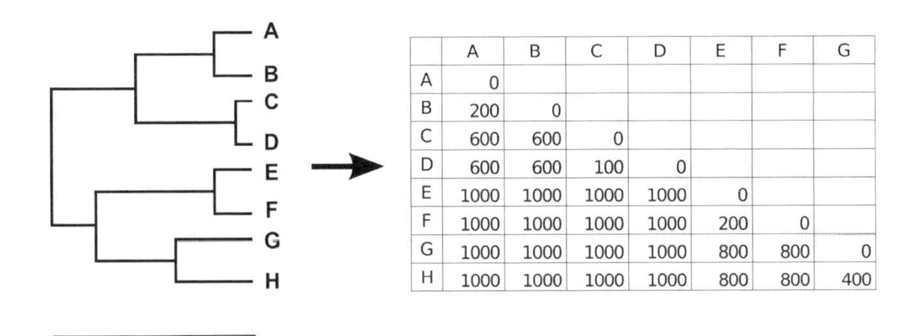

	A	B	C	D	E	F	G
A	0						
B	200	0					
C	600	600	0				
D	600	600	100	0			
E	1000	1000	1000	1000	0		
F	1000	1000	1000	1000	200	0	
G	1000	1000	1000	1000	800	800	0
H	1000	1000	1000	1000	800	800	400

図 8.6　系統樹から系統的距離を計算する例。系統樹の下の x 軸の値は系統樹内のノードの古さを示している。ここではコーフェン距離（cophenetic distance）法によって距離を計算している。この方法では、種のペア間の距離はそれらをつなぐ枝の長さの合計になる。この系統樹のように、系統樹のトポロジー（分枝の形状、分枝順）によっては長い距離のものが多くなることがある（ただし、実際の系統樹は、この系統樹よりも非対称な形である可能性が高い）。行列の右上部の三角形の情報は左下部のものと同じなので、左下部の距離行列の三角形のみが示されている（形質の非類似度については第 3 章と第 5 章を参照せよ）。

PGLS と一般化線形モデル（Generalized Linear Model, GLM）を組み合わせたものである。GEE では、PGLS のように分散 - 共分散行列を用いて系統への依存性を説明するほか、応答変数の分布の統計ファミリーを指定する必要がある。系統比較分析の最近の進歩として、ベイズモデルによってもたらされ、形質進化についてさらに複雑で柔軟なモデル化が可能になった（Hadfield & Nakagawa 2010; Uyeda et al. 2018）。

もう一つの有用で柔軟なアプローチは、**系統的固有ベクトル**（*phylogenetic eigenvectors*）の概念に基づいたものである（Desdevises et al. 2003; Diniz-Filho et al. 2012）。このアプローチは、主座標分析（PCoA）を介するため、上記とは異なる方法で分析に系統情報を含めることができる。これもまた、空間座標を PCoA などによって要約する空間解析に類似したアプローチである。ここでは PCoA によって、種間の距離行列を多変量空間の軸に変換する（第 3 章で部分的に紹介）。距離行列は、コーフェン距離（cophenetic distance）尺度を用いて系統樹から得られる。この方法では、「種間の距離」は、進化時間がどのくらい離れているかで定義される。これは、第 3 章で説明した形質距離を表す距離行列とよく似ている。系統の場合、種間の距離は、任意の種のペアの最後の共通祖先を示すノードの年齢に基づいている（図 8.6 を参照）。

この進化時間の距離に基づく PCoA は多変量軸上の種のスコアを生成し、それは系統的固有ベクトルとよばれる。系統的固有ベクトルは、種間の進化的距離を要約したもので、種レベルの数値であるという重要な特徴がある。系統的固有ベクトルを用いて、任意の生態学的変数に対する検定が可能である（例えば、種の環境の好みやその他の形質）。解析を進めるために、着目する変数（すなわち応答変数）に有意に関連する系統的固有ベクトルのみを選ぶのが一般的である。次のステップでは、説明変数とその応答変数との関係が検定される。つまり、まず系統的固有ベクトルのみでモデルを組み、意味のある系統的軸を選び、次に形質と選んだ系統的固有ベクトルでモデルを組む。これによって、応答変数の変動は、形質と系統の主効果と部分効果によって説明できる。詳細は'R material Ch8'を参照。

固有ベクトルは非常に柔軟に使用することができる。これは、系統樹で表現される系統情報を、種ごとの形質データと同じように、二次元の表形式に変換するためである。これにより、単変量（上記参照）だけでなく、例えばRLQ解析（Pavoine et al. 2011）や、系統的多様性と機能的多様性を分離したり組み合わせたりするような多変量の解析にも使用できる（8.8節とde Bello et al. 2017を参照）。

8.6.4　系統によるデータの補完

厳密には系統比較法を用いるケースではないが、系統の助けを借りて形質データを補完する可能性についてもここで述べておきたい。というのは、このデータ補完アプローチは大まかには、ここまで説明したものと同じ理論的・統計的枠組みを用いるためである。ある種を見つけたり、その形質を計測したりできない場合でも、系統的に近縁な種が類似した形質をもつと仮定すると、例えば同じ属の種の形質情報を用いることができる。つまり、形質情報がない種と理論上は類似している種を見つける方法として系統を用いる。

データの補完とは、種に基づくデータという文脈では、種データの「欠損している穴」を埋める統計処理を指す。特に、データが野外ではなく生物データベースから得られる場合に、種の形質値データセットに欠損値が含まれることがよくある。欠損データを含むときの最も簡単なアプローチは、着目する形質について、CWMとFDの例で行ったように（第5章参照）、計算からその種を除外することである。本書のいくつかの節で説明しているように、特に優占種を除外することは、問題や誤解につながる可能性がある。そのため、欠損する形質値について、妥当な推定ができる場合は、種をデータセットに残しておく方が望ましいだろう。データの補完は様々な精度で行うことができ、より単純な手順では不適切だとみなされる可能性がある。例えば、欠測した形質値をデータセットの他のすべての種の値の平均で単に置き換えるという方法がある。これは、直感的に明らかなように、本当に最後の手段である。ここまで学んだ系統的関連性とそれが近縁種の形質にどのように影響するかを考慮することで、この全体の平均よりもすぐれた手法を提案できるだろう。例えば、ある研究では、近縁種のデータが利用できるかどうかをチェックすることで欠損した種のデータを補完している。この解決法では、暗に「近縁種はその形質に関しても類似している」という仮定を置いているが、この仮定は常に妥当であるとは限らないことがすでにわかっている。データを補完するときに、この仮定がどの程度うまく当てはまっているかを推定できる場合は、種の系統的関連性の情報を用いるのは良い方法だろう（Swenson 2014b)。また、このアプローチによって、補完した値がどの程度確からしいかを示すこともできる。つまり、値を補完したい形質において系統的シグナルが強いならば、代入する値についてかなり確信がもてるが、系統的シグナルが弱い形質であれば不確かかもしれない（Penone et al. 2014)。同時に、形質間に何らかの相互依存性があるならば、欠損値がある形質以外の形質データを使用して値を補完できることがある。データを補完するために、形質間の相関関係と種間の系統的関連性を統合する様々な手法が利用できる。これらは、様々な統計的アプローチに基づいている（手法間のパフォーマンス比較については Penone et al. 2014 を参照)。'R material Ch8' では、形質相関と系統の両方に依存する手法を実行する例を示している。

8.7　系統的多様性と群集集合

ここまでの章では、種の機能形質に着目することで、種によって生態学的戦略がどのように異なっているか（第 3 章、第 5 章)、そして戦略の違いが群集と生態系の集合と機能にどうつながっているのか（第 7 章）についての理解を助けられることを示してきた。なかでも、ある空間（例えば、植生プロット中の植物個体や、森林パッチ内で生活する鳥）において、共存している種がどの程度似ている（もしくは似ていない）かを推定するための優れたアプローチの一つは、群集の機能的多様性を推定することであると説明した。近縁種が遠縁の種よりも形質が似ている場合（上記参照)、複数形質の非類似度の代わりに系統を用いることができるだろう。これは、形質についての詳細な情報が不足している地域や生物については、形質の代わりに系統情報を用いて検定ができうることを意味している。言い換えれば、理論的には、形質の非類似度と種間の系統的距離の間の潜在的な類似性を利用して、群集集合を研究することができる。多くの場合、このために技術的に必要なのは、群集内の種のペアごとの違いを示す行列である。第3章では、この方法が単一もしくは複数の形質に対してどのように使用できるかを見てきたが、系統樹でも（上記の節参照）同様に行うことができる。つまり、系統樹に示されている種間の進化的距離を使用して、種のペアごとの距離行列を構築できる（図8.6参照）。近縁な種が似た形質をもつという仮定の下では、形質についての情報を省略し、そして形質の計測に関するあらゆる問題を忘れて、単に系統的距離のみを使用することも可能ではある。このように、系統的距離に含まれる情報は、種の全体的な適応度に寄与するすべての形質についての統合的な尺度になりうる。

群集集合の文脈で系統情報を早くから取り入れたのは、**種／属比**を利用する方法である（Elton 1946）。ただし、ここでの情報は分類学的なもので、厳密な意味での系統的なものではない。種／属比についての初期のアイデアは、「同じ属の種は、異なる属の種よりも互いにより類似しており、そのため、同じ群集内に生息する場合はお互いを競争的に排除する傾向が強い」というもので、類似限界の考え方（第7章参照）に沿っていた。例えば、サンプルをとった生物地理学的地域の全種プールの種／属比と比べて、サンプルレベル、すなわち、種が相互作用し共存する規模での種／属比は小さくなるはずである。これは実際、Elton (1946) がイギリスの植物と動物群集に関するデータを照合した際に発見したパターンである。彼の結果と解釈は、種／属比の意義についての激しい議論を引き起こし、最終的には群集生態学における帰無モデルの最初の使用につながった（この議論と Elton や類似のデータセットのメタ研究については Simberloff (1970) を参照)。帰無モデルと機能的多様性指数を用いる方法は第7章で説明を行った（系統的多様性も機能的多様性と同様に扱うことができる)。

種／属比は分類学的情報を利用しているが、系統樹からはより詳細な情報を得られる。1990年代以前は、系統樹が利用しにくかった上に、生態学者と分類学者の間のコミュニケーションも不足していたため、(i) 系統情報と群集の情報を統合するのに必要なデータが容易に利用できず、(ii) 生態学者は系統的観点から群集生態学にアプローチすることによってもたらされる可能性を理解・評価することができなかった。しかし、1990年代後半から2000年代初頭にかけて、Webb ら（2002）による重要な論文の公表によって状況は一変した。この論文では、当時わずかに存在していた系統学的群集研究をレビューし、系統学と群集生態学の統合のための枠組みを提案し、**群集の系統的構造**（*community phylogenetic structure*）と、保守性（すなわち系統的シグナル）の検定、および帰無モデルの適用のための統計ツールを普及させた。それ以来、分類学者以外でも系統情報にアクセスしやすくなったことで、群集生態学者は様々な生息地や地理的スケールにわたる多くの群集集合研究において系統情報を用いるアプローチを採用するようになった。

一般に、当初の群集集合における系統パターンの解釈は、形質に基づくパターンの解釈と非常によく似ていた（第7章参照）。つまり、系統的多様性が**発散**（*divergent*）している場合は、類似しすぎている（すなわち近縁すぎる）種が共存から排除されるような競争的相互作用のシグナルとして解釈され、系統的多様性が**収束**（*convergent*）している場合は、非生物要因による環境フィルタリングが働いたシグナルとして解釈された。このアイデアに追加された重要な点は、群集集合に関与する形質の保守性に応じて、収束と発散のパターンは異なるプロセスによって生じうるということである（図8.7；Webb et al. 2002）。上述のような、発散している場合は競争、収束している場合はフィルタリングという解釈は、形質の保守性が高いときのみに、つまり近縁種が類似の形質値をもつときのみに適用される。したがって、保守性が高いときの系統的多様性パターンとプロセスの

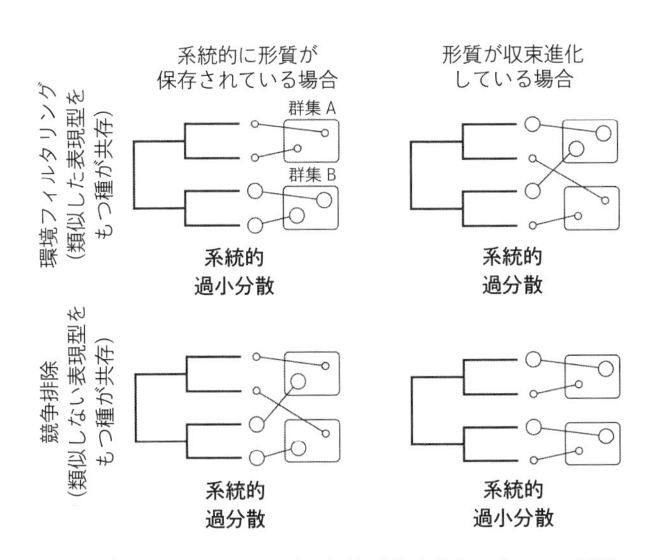

図 8.7　形質の進化の様式（形質の保存と形質の収束進化）と共存のプロセス（環境フィルタリングと競争排除）が、いかに系統的群集構造パターンの違い（つまり過分散と過小分散）をもたらすかの概略図。系統樹の先端の円のサイズが種の形質値の違いを表す。

関係は、機能的多様性と同じ解釈になる。逆に系統的に関連性がないのに種が似ているほど保守性が低いときは、フィルタリングによって系統的多様性の発散パターンが生じると予測される。収束（convergent）という用語は、進化の文脈では、収斂した系統的群集構造につながるパターンを意味するので、著者によっては発散と収束ではなく、**過分散**（あるいは**過剰分散**、*overdispersion*）と**過小分散**（*underdispersion*）や、表現型の反発（repulsion）と集束（attraction）という用語を用いたり、収束ではなく**系統的クラスタリング**（*phylogenetic clustering*）を用いたりする。しかし、こうした用語の多用は「専門用語のジャングル」につながってしまうという問題がある（Pausas & Verdú 2010; Götzenberger et al. 2012）。

観察される系統的群集構造のパターンから、集合プロセスを推測できるという事実が、系統情報を用いた群集集合研究の急増を招いたのであろう。しかし、形質に基づく群集集合研究と似たような経過をたどり（第7章参照）、近年では系統的群集構造のパターンからプロセスを推測することに疑問が呈せられている（Gerhold et al. 2015）。形質に基づく群集集合研究にみられる予測と限界の多くが、系統に基づく研究においても当てはまる。例えば、収束と発散のパターンは、群集がサンプリングされる空間スケールによって異なると予測され、そして実際にそのようなパターンが観察されている（Swenson et al. 2006, 2007; Bennett et al. 2013）。同様に、「少数の強い競争者が群集から弱い種を排除し、その結果、競争に関する形質が似た種が優占する」というアイデアもまた、これらの形質が系統的に保存される場合には、系統的類似性に当てはまる（Mayfield & Levine 2010; Letten et al. 2014）。競争と環境フィルタリングという最もよく検討される予測だけではなく、栄養段階間の相互作用を含む他のプロセスが、系統的群集構造の明瞭なパターンにつながる可能性がある（Lortie et al. 2004; Pausas & Verdú 2010）。例えば、火災後の森林において、パイオニア種が遷移の後期段階に見られる遠縁の種を促進する場合、促進が過分散のパターンにつながる可能性がある（Verdú et al. 2009）。最後に、形質はほとんどの場合、保存される／保存されないという白黒はっきりしたカテゴリーのどちらかに分けられることなく、同じ系統樹の異なるクレード間であっても、保守性や系統的シグナルの程度が異なる可能性もある。形質距離の代わりに系統距離を用いると、進化的に不安定な形質（弱く保存されているか、全く保存されていない形質）が集合プロセスに何らかの影響を及ぼしていても、その情報を見過ごしてしまうことになる。例えば、Swenson and Enquist（2009）では、様々な形質が種の集合において異なる方向に作用したために、群集集合における系統の明瞭なシグナルは検出されなかった。以上のように、系統と形質情報を組み合わせようとする群集集合の研究が増加している。

8.8 系統的多様性と機能的多様性の統合

8.7 節で記述したように、多くの仮定が満たされていれば、種の系統は群集集合と生態系プロセスの駆動要因を調べるために利用できる可能性がある。こうした研究を行うにあたり、種間の**生態学的類似性**のパターンを調べるために、機能的多様性（第 5 章、第 7 章）もしくは系統的多様性（8.7 節）の**どちらか一方**を使用できると想定している。言い換えれば、機能的多様性と系統的多様性という二つのレンズを通して群集生態学を見ると、似たような情報が得られると考えている。このたとえ話を続けると、この二つのレンズは同じ眼鏡の一部であり、レンズが含む情報は相関が強い可能性があることを我々は理解している。つまり、多くの形質がある程度の系統的な保守性を示すことから、系統的多様性は機能的多様性と相関があることが多い（Cadotte et al. 2019）。この 2 タイプの情報の間に潜在的な関係性や依存性があるとき、双方がそれぞれ独自の情報を提供するだけでなく、その情報は部分的に重複する可能性があることも意味する。例えば、一部の関連する形質のみを計測していても、系統を用いることで、その他の計測されていない形質についての情報を得られる可能性がある。このアイデアを実現するためには、機能的要素と系統的要素の個々の効果を、定量的な重複がないように統合するのが理想である。

かなりの数の研究において、研究対象の群集の機能的多様性と系統的多様性の両方が用いられ、形質と系統が組み合わさっている。これまでのほとんどの研究では、機能的多様性と系統的多様性を、例えば同じプロセスの予測因子として、独立に用いている。あるいは、単一の形質の機能的多様性を推定するために使用した形質の系統的シグナルを示すことで、機能的解析を補完している例もある（Kraft et al. 2007; Spasojevic & Suding 2012）。第 3 章で見たように、形質に基づく機能的多様性を計算するための有意義な方法の一つは、多変量形質アプローチを使用することである。つまり、種の生態学的戦略の異なる側面を表す多数の形質を統合することで、包括的な機能的多様性を推定するのが理想である。ただし、複数の形質から機能的多様性を推定する欠点は、環境傾度に沿った複数の形質の変化が、同じ傾度に沿った単一形質の応答を覆い隠す可能性があることである。例えば、Spasojevic and Suding（2012）は、環境ストレスの傾度に対して、葉のいくつかの形質がそれぞれ異なる応答をすることを発見したが、複数形質を組み合わせた機能的多様性とその環境ストレス傾度の間には有意な相関は見られなかった。同じ研究で、系統的多様性とストレス傾度の間には有意な正の相関が認められた。この正の相関関係は、強い系統的シグナルを示す形質とストレス傾度の間に正の相関があることと一致した。この研究では、複数形質の機能的多様性は、系統的シグナルのパターンを反映しなかったことになるが、これはおそらく、ストレス傾度に沿った集合に関与する未計測の形質が存在することを意味している。これまで、複数形質の機能的多様性より系統的多様性のほうが予測力が高い例と低い例がそれぞれ示されている（例えば de Bello et al. 2012; Craven et al. 2018)。

こうした研究を踏まえ、最近では系統と形質を群集レベルで**統合する**試みが行われている。Cadotte ら（2013）は、機能的多様性と系統的多様性を単一の生物多様性尺度に統合することで、より相互補完的な分析を行うアプローチを提案した。単純にいうと、種のペアの系統的な距離と機能的距離を足し合わせて、**機能-系統距離**を算出している。その際、単に同じ加重で二つの距離を足し合わせるのではなく、それぞれの距離の寄与度を変化させる加重因子を適用した。数学的にいうと、加重の合計は1になるので、得られた距離は系統的距離と機能的距離の加重平均となる。このアプローチでは、様々な加重で得られた多様性指数の推定値と環境傾度との関係を検証することができ、変動に対する説明力が最大のときの加重が、その傾度に沿った集合に対する形質と系統の相対的な寄与を最もよく表しているということになる。これは非常に魅力的なアプローチである。一方で、異なる特性をもつ非類似度を混合すると、一部の要素に対してより強い加重をかけることになってしまう（第3章参照)。具体的には、系統的差異と機能的差異の寄与が等しいとき(つまり､それらの非類似度の単純な合計もしくは平均)、系統的非類似度の方では値に歪みがなく大きくなるため、統合させた非類似度に対して系統の加重がより大きくなると予測される（第3章で示したカテゴリー形質と量的形質を結合させたときと同様)。また、系統的非類似度は二山型の分布に似ることもある。これは、大部分の距離が遠縁のクレードに由来する種から生じるが、クレード内の種は非常に近縁な場合などで起きる（例えば、主に被子植物からなる群集にシダが含まれる場合)。

もう一つの潜在的な欠点は、一般的に系統的非類似度と機能的非類似度が完全には独立していないことである（Cadotte et al. 2019)。系統情報と機能情報が**重複する**とき（系統的シグナルが無視できないとき)、その合計は、それぞれが提供する固有の情報が損なわれ、重複部分が強調されることになる。解析の目的が

「すでに計測している形質では説明できない系統情報を使用すること」である場合、特に計測した形質が系統的に保存されているなら、この欠点は深刻な制限となる。理想的には、未計測の形質からの情報を含めて、系統情報を、系統ではまだ説明されていない形質情報と統合させたい。このために、系統的固有ベクトルアプローチを借りて、「ユニークな」機能的・系統的要素を、重複している要素から区別（もしくは「分離」）することができる（図 8.8 参照）。同時に、機能的・系統学的要素の間の重複を示す要素のみの抽出もできる。このような分離を行う一つの方法は、de Bello ら（2017）によって提案された。このアプローチでは同じ種のセットに対して、系統と機能（形質）の二つの距離行列が必要である。次に、二つの距離行列を用いて座標付け解析を行うことで、新たな三つの距離行列が得られる。用いた二つの行列（系統と機能）は互いに独立に使用されている場合と同じであるため、系統的・機能的多様性の他の適用方法と違いはない（二つの行列のどちらかの加重を 0 にできる Cadotte のアプローチも同じである）。このアプローチで生成される三つの新しい行列とは、図 8.8 で示されている分離された機能的距離、分離された系統的距離、そして重複部分を示す距離（結合距離とよばれる）である。分離された機能的距離は、種がいかに近縁であるかを考慮した後の形質に基づく機能的距離であり、分離された系統的距離は、計測された機能形質に関して種の類似性を考慮した後の系統的距離である。

ここまでは理論的な説明をしたが、この分離された距離情報をどのように解釈し利用すればよいだろうか？　最初に考えられる利用方法は、群集集合を機能形

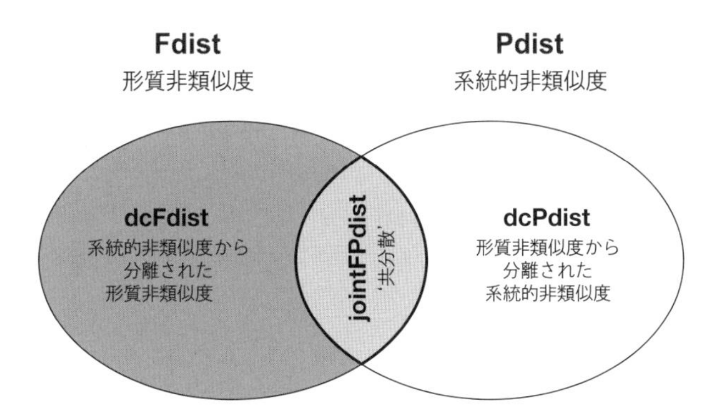

図 8.8　機能的距離と系統的距離がどのように重複しているか、またこれらの要素がどのように分離できるかを示す概念図。Wiley の許諾により、de Bello ら（2017）より引用。© 2017 The Authors. Methods in Ecology and Evolution © 2017 British Ecological Society.

質に基づいて研究しようとするときにしばしば抱く疑問、つまり「すべての関連する形質を計測したのか？」に関連している。研究の理想は、調査している群集の集合プロセスにとって重要な形質をすべて把握することである。同時に、種の生態学的戦略のあらゆる機能的側面を完全に捉えたい一方で、非常に類似した機能を捉えている**冗長的な形質**は必要ではない。例えば、葉のいくつかの形質を測定したとする。その形質は、すべて葉の経済スペクトルを表しており、したがって、種の葉資源利用戦略の傾度を示すことになる。この傾度は、呼吸速度や光合成速度が大きな種から、それらがはるかに「小さな」値の種までを含む。一方、手元のサンプルのデータセットでは、種の繁殖行動に関する情報が欠落しているとする。植物の場合、繁殖行動は種子の形質を用いて把握することが多い。種子重量など、種子の形質が系統的に保存されている場合（ほとんどの場合は保存されている）、分離された系統的距離の要素はこれらの未計測の形質を捉えている可能性がある。ただし、このアプローチでは、我々が計測していない不安定な（つまり保存されていない）形質に基づく種間の差異は捉えられない。

分離された距離の二つ目の利用法は、種間での形質の分化が、系統的に近縁な種内（例えばクレード内）で生じているのか、もしくは遠縁の種間（例えばクレード間）で生じているのかという問題に関連するものである。具体的な例で考えてみよう。まず、単純な系統樹上の植物 8 種に対して、植物の高さ（サイズ）と根のタイプの二つの形質を計測したとする。植物の高さは系統樹上で保存されているとする。つまり近縁種は似たサイズの値を示すが、根のタイプは姉妹分類群であっても異なっている。この系統樹と形質の設定のもとで、種間のペアごとの差異を見ると、次のことが観察される。つまり二つの姉妹分類群（図 8.9 の種 a と種 b）は系統的に近縁で、植物のサイズの非類似度が低く、根のタイプの非類似度が高い。一方、種 a と種 f はその逆で、系統的に離れており、植物のサイズや根のタイプの非類似度が高いというパターンを示す（ただし、仮に種 f の姉妹種を代わりに選ぶと、根のタイプは類似する可能性もある）。この観察された距離は分離されていない距離である。de Bello ら（2017）で主張されているように、分離された機能的距離は、系統情報を考慮した上で、形質における種の差異を捉えるための有意義な方法である。群集集合を調べる目的では、このアプローチは、環境フィルターを通過した後に、局所スケールで共存する近縁種間の違いを強調するものである。図 8.9 では、この「強調の効果」がどのようにもたらされるかを見ることができる。系統的シグナルの強い形質（すなわち、植物のサイズ）の場合、姉妹種 a と b の近縁性を考慮すると、この 2 種間の分離された機能的距離

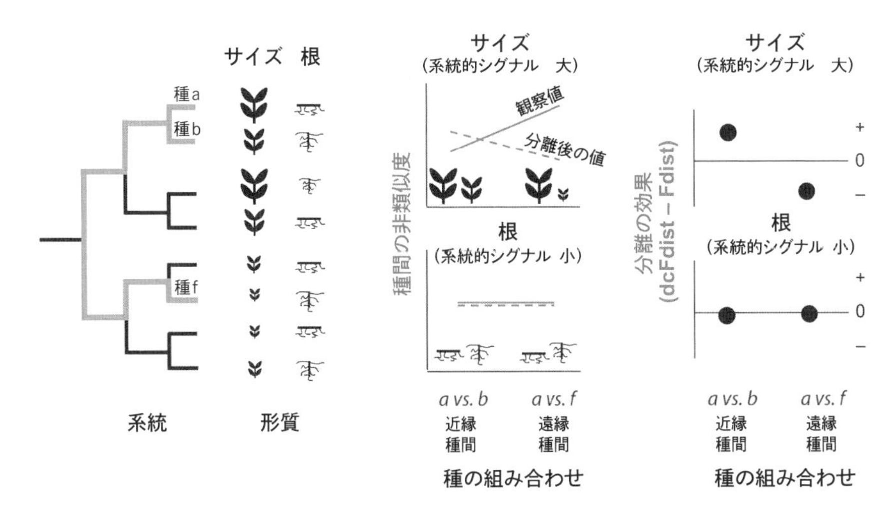

図 8.9　二つの種のペア間（a と b、a と f）で予測される形質の非類似度について系統的距離と機能的距離の分離を行った場合と行わない場合の比較。8 種の二つの形質（植物のサイズと根のタイプ）が示されている。この例では、植物のサイズの系統的シグナルが強い（つまり、図中の「系統的シグナル　大」）。中央の図では、形質の非類似度の観察値と系統的距離と機能的距離の分離を行った非類似度の値が示されている。二つの値の差（dcFdist − Fdist）が分離の効果を示している（右図）。分離を行っても種間の根のタイプの非類似度には影響しなかった。しかし、種間のサイズは分離しない場合に比べて種 a と種 b では非類似度が大きくなり、種 a と種 f では非類似度が小さくなった。系統的シグナルが高い形質（植物のサイズ）については、中央の上側の図の 2 本の線は必ずしも交差せず、場合によっては「分離」したときの非類似度の線が水平になることがある。Wiley の許諾により、de Bello ら（2017）より引用。© 2017 The Authors. Methods in Ecology and Evolution © 2017 British Ecological Society.

は大きくなる。言い換えれば、2 種はその系統的な近縁性から予測されるよりも、植物のサイズに関して大きく分化しているということになる。これが、局所スケールで共存する種で見られる場合、形質の分化（クレード内での形質の組み合わせや形質の置換）が比較的最近起こったことによって共存が実現していることが示唆される（Webb et al. 2002; Prinzing et al. 2008）。

8.9　進化的ニッチモデリング

生態学的な問いに系統情報を組み込んだことで、基礎生態学や応用生態学の研究テーマがどんどん増えている。近年急速に拡大している**種分布モデリング**について、第 4 章の 4.6 節で紹介した。種分布モデリングは、種の発生データや環境要因の地図を用いて、種の分布の幅を予測する。このアプローチは、大まかには、種のニッチに関連するすべての環境（生物的・非生物的）要因に対する総合的な応答として認識することに基づいている（第4章、Box 4.1）。種のニッチを近似的に求める際に暗黙のうちに置かれる仮定は、ニッチが現在広まっている環境予測因子によって最もよく定義されており、その予測因子、または予測因子の相対的な重要性は、時間とともに変化しないということである。しかし、本章で説明したように、これはありそうもないシナリオである。ニッチは種の中で固定されているわけではなく、進化の時間軸の中で環境条件が変動するにつれて様々な程度に進化しており、種が変動する環境条件に適応していくことが、ニッチの変化に反映されていると考える方がはるかに理にかなっている。

当然のことながら、ニッチの進化は**種分化**と**多様化**のプロセスや、種のニッチが保存されるか不安定かというアイデア（ニッチ保守性、8.3節を参照）に密接に関連している。概念的には、ニッチ保守性は、ニッチ－安定性スペクトルの一つの末端にあると考えることができる。そこでは、地理的空間を通じてその保存されたニッチを「追跡」していく。つまり、ニッチは固定されているので、種は時間とともに位置を変化させるように、そのニッチの分布を追跡することになる。ニッチ－安定性のスペクトルのもう片方の末端では、ニッチ進化の下で、種は局所的に変化する環境に適応する。適応進化の結果として、ニッチは地理的空間の中ではなくニッチ空間の中でシフトすることになる。ニッチ－安定性スペクトルのこの末端では、関与するプロセスによって、ニッチ保守性のシナリオと比べて高度な分化がもたらされることになる（Pyron et al. 2015）。

上述のほとんどは種レベルの話題であるが、それとは別に、ニッチ進化は種間相互作用の影響を受けるという理論的アイデアや実証的証拠も存在する。種には基本ニッチと実現ニッチがあるという考えには、生物的要因（つまり共存種の存在）が種の存在できる場所に影響を与えているという前提がある。したがって、共存種による基本ニッチの調整が、群集の中で種のニッチがどのように進化するかを決定するはずである。ニッチの変化はまた、種の表現型（形質）の変化にも反映されるので、こうした研究の分野は形質置換（character displacement）とよばれる。形質置換は、主に種が同じ資源をめぐって競争するときに生じると考えられている（Germain et al. 2018b、第7章の7.1節も参照）。

これらの理論的考察から、種の分布と共存を研究するための数多くの実用的なアプローチが生まれている。ニッチ幅もしくは地理的生息範囲のサイズのようなパラメーターを含む種のニッチを、系統情報を用いた比較解析において使用する形質のように扱うことができる（ただし、厳密な意味でニッチを形質とは考えない。第2章参照)。例えば、そのようなデータに系統モデルを当てはめることで、ニッチが特定の形質と関連しているかどうか、また、研究対象の系統樹全体で形質の変化とニッチの変化が関連しているかどうかを調べることができる(例えば Kostikova et al. 2013; Mitchell et al. 2018; 図8.4も参照)。さらに、系統情報は、形質と組み合わせて(Ovaskainen et al. 2015)、または単独で(Kaldhusdal et al. 2014; Morales-Castilla et al. 2017)、種の分布予測に使用できる。種分布モデリングに系統情報を取り入れるという最近の発展は、ニッチが種以外の分類階層ごと(例えば属や亜種レベル)に定義できるという認識と関連している(Smith et al. 2018)。

まとめ

- 共通の祖先をもつ種、つまり進化的に非常に近縁な種は、共通の形質を共有する傾向がある。しかし、場合によっては、遠縁の種も独立に類似した適応進化を遂げることがある(収斂進化)。
- ブラウン運動モデルのような進化モデルが、形質の保守性の程度を比較する際の基準を設定するのに役立つ。
- 形質と種の環境選好性(ニッチ)の関連を評価する「種レベル」の解析(第4章)では、種が系統的に互いに独立かどうかを考慮できる場合と、できない場合がある。系統的独立比較(PIC)のような検定が、種間の系統的依存性を「補正」するために開発された。このような検定は、様々な系統的尺度で問いに答えることを可能にするものと捉えるべきだろう。
- 種間の系統的関連性は、第5章で議論した機能的多様性(FD)と同様に、系統的多様性(PD)の指数を計算するために使用できる。
- PD指数は、FD指数の代わりに、あるいはFDと組み合わせて、群集集合則に関連するパターンを調べるために使用できる。新しい技術により、種間の系統的・機能的差異を統合した多様性指数を算出することができる。これは、特に計測されていない形質を考慮するのに役立つ。

9 生態系プロセスとサービスに対する形質の効果

天然資源への圧力が高まり、その結果、土地利用の変化、過剰収穫、種の喪失が生じ、生態系の劣化が世界的な懸念事項となっている（IPBES 2019）。そのため、生態系管理を通じて、多様な生態系サービスを確実に提供することが、応用生態学の重要な課題となっている。様々な生物が形質という生態学的な特性によって、生態系プロセスやそれに伴う生態系サービスに影響を与えると考えられている。したがって、生態系管理においては形質が焦点となっている（de Bello et al. 2010a; Cardinale et al. 2012; Cernansky 2017）。

他の章で見てきたように（例えば、第1章と第4章）、機能形質は特定の環境要因にどの個体や種が適応するかを決定するため、「応答形質」とよばれる。一方、特定の形質が、養分循環、送粉、リター分解のような生態学的プロセスにも影響を及ぼしたり、捕食者と被食者の相互作用などの他の栄養段階の生物に影響を与えたりする場合（第10章参照）、この形質は「効果形質」と定義できる（図1.5と図9.1）。**応答形質と効果形質**が相互に排他的ではないということに注意しよう。形質は応答形質にも効果形質にもなる可能性があり、成長、生存、繁殖に影響すると同時に、生態系プロセスにも影響を及ぼす（以下参照）。しかし、注意すべきは、応答形質が効果形質として機能することは、これまでのところ適切に検証されて

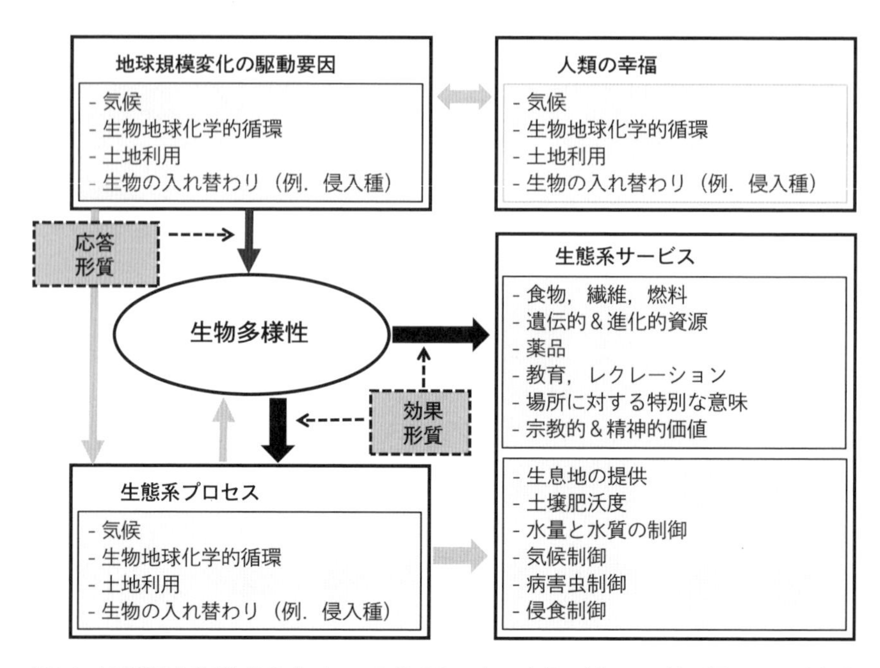

図 9.1 地球環境変動が生態系プロセス、生態系サービス、人類の幸福に及ぼす影響において生物多様性がどのような仲立ちをするのかを示す図。Creative Commons Attribution License（CC BY）のもとで配布された Díaz ら（2006）を調整。Copyright © 2006 Díaz et al.

いないため、これを当然とみなすことはできないことである（詳細は 9.4 節参照）。

植物においては、多くの場合、同じ形質、または形質のセットに応答と効果が関連づけられていると予測される。例えば、葉における炭素、養分、水などの要素の循環に関連する形質など、個体が環境変動に対応できるようにする植物の機能形質は、生態系にも影響を与える（例えば、光合成、純一次生産、分解；de Bello et al. 2010a; Bu et al. 2019）。したがって、これらの形質は応答形質であり効果形質でもあるといえる（Hevia et al. 2017）。これは通常、動物には当てはまらない。なぜなら、動物の応答形質は、効果形質から切り離されていることが多いからである。例えば、土壌湿度条件が変動する環境では、動物の水損失速度はその適応度に影響するが、それはリター分解や養分無機化のような生態系プロセスには直接影響しない。一方で、デトリタス食者の個体のリターの消費速度はリター分解に影響するが（したがって、効果形質として機能する）、乾燥やその他のストレスの多い環境条件の克服には役立たない（このため、応答形質ではない）。

形質組成の変化が生態系の機能とサービスに与える影響を評価する上では、単一の栄養段階内（Lavorel & Garnier 2002 による応答形質と効果形質の枠組みを参照せよ）と、栄養段階間（Lavorel et al. 2013; 第 10 章も参照）の双方における応答形質と効果形質の結びつき方が重要である。応答形質と効果形質のつながりは、単純な相関（Gross et al. 2008; Sterk et al. 2013）や、もしくは構造方程式モデリング（Grigulis et al. 2013; Lavorel et al. 2013; Moretti et al. 2013）などのより因果効果に関連する手段や、制御された実験に基づいた検証（Ibanez et al. 2013）によって評価できる。

本章では、形質が生態系プロセスにどのように影響するかについて説明する。まず、単一の形質の効果に焦点を当てつつ、形質どうしがプラスにもマイナスにも共変して、生態系サービスの提供において相乗効果やトレードオフを生み出す方法について示す。次に、「生物多様性と生態系機能（BEF：Biodiversity and Ecosystem Function)」に関連するメカニズムと、解析で形質を統合する方法について検討する。本章の最後では、応答形質と効果形質の枠組みを示すことで、特定のストレス因子に反応する機能形質と、生態系プロセスやサービスを提供する機能形質の間のつながりをよりよく理解できるようにする。応答形質と効果形質のアプローチを複数の栄養段階へ拡張する方法は、第 10 章で示している。本章で説明するすべてのツールは、‘R material Ch9’ において詳細に示している。

9.1　効果形質と生態系プロセスのつながり

ある栄養段階内で（一次生産者、植食者、肉食者など）、動物の摂食速度や食物の消費量のように、単一の形質が特定の生態系プロセスやサービスに影響を与えることがある（Heemsbergen et al. 2004）。実際、食物がより多く消費されるほど、より多くの有機物が植物やその他の土壌生物に利用可能な養分に変換される。植物の場合も同様に、形質が生態系プロセスに直接影響を与える。例えば、根系の深さ、単位根長あたりの重量、根の分枝様式のような根の構造的形質は、炭素と養分の循環だけでなく土壌団粒の安定性にも影響を与える（Bardgett et al. 2014）。一方、葉の乾物含量（LDMC）や比葉面積（SLA）は、地上部の生産性や炭素の移動量に影響する（Klumpp & Soussana 2009、第 1 章の図 1.5 参照）。

de Bello ら(2010a)によるレビューでは、各栄養段階内で、特定のプロセスやサービスが効果形質の組み合わせによって制御されるだけでなく、いくつかの重要な形質が**複数のプロセスやサービス**の制御に同時に関与していることが示されている。したがって、一部の生態系サービスは、図 9.2 で示されるように複数の栄養

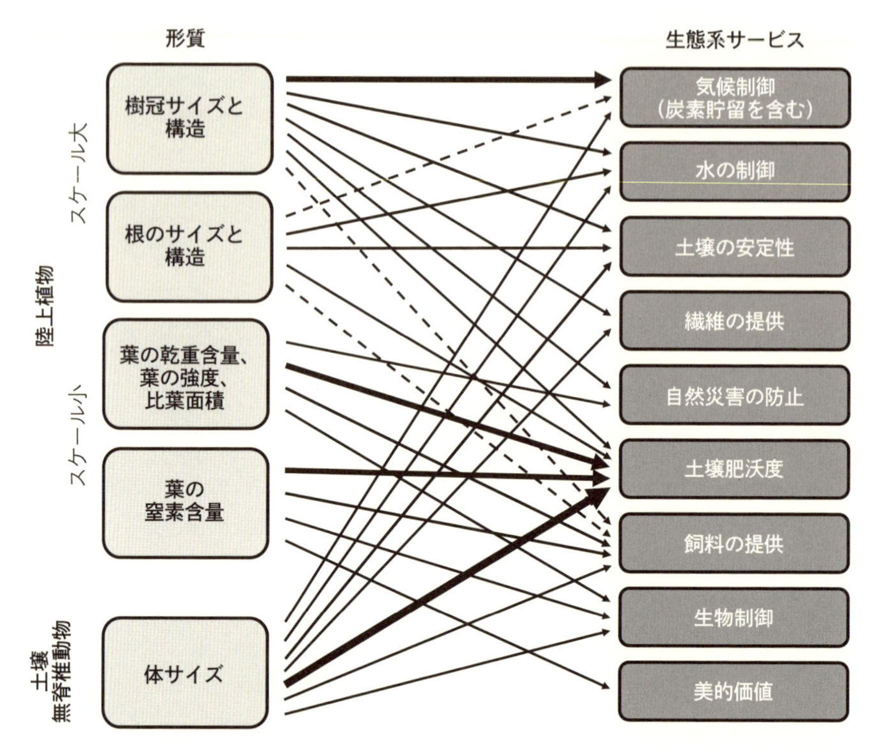

図 9.2　植物と無脊椎動物の形質が提供する生態系サービス（ES）の例。矢印の太さは形質と ES の関係を報告している文献の数に比例している。Springer Nature の許諾により、de Bello ら（2010a）より引用。Copyright © 2010, Springer Nature.

段階に属する複数の形質に依存している可能性がある。

複数栄養段階の形質の相互作用の詳細は第 10 章で紹介するが、これらの複数の形質間の関係が、機能と形質のクラスターを生み出す可能性がある。植物の形質の**クラスター**は、例えば、養分循環、植食、飼料と繊維の生産といった機能の基盤である。どの形質がどの機能やサービスと関連しているかを知ることは、生物多様性の変化に伴う生態系サービス間のトレードオフの変化を予測するのに役立つ。Hanisch ら（2020）による最近のレビューは、de Bello ら（2010a）の研究を拡張し、これまで草原において発見されている形質と複数の生態系サービスの主な関係をまとめた。そのレビューでは、形質と生態系サービスの間のトレードオフと相乗効果に焦点を当てている。こうしたタイプの関係は、これまでは主にメタ解析のデータに限定されているが、特定のサイトや地域内の研究で特に強化されるべきである。Hanisch ら（2020）は、PCA などの多変量解析を用いて、生態系サービス間のトレードオフや、サービスに関係する可能性のある主な形質を評価する方法についてまとめており、また本書で再解析されたデータからもいくつかのヒントが得られる（図 9.3）。

例えば、葉の経済スペクトル（第 3 章）に関連する形質群が、これらの形質に関連するいくつかの生態系プロセスとサービスの**トレードオフ**をもたらすことがある（Lavorel & Grigulis 2012; Garnier et al. 2016）。植物群集組成の変化と、それ

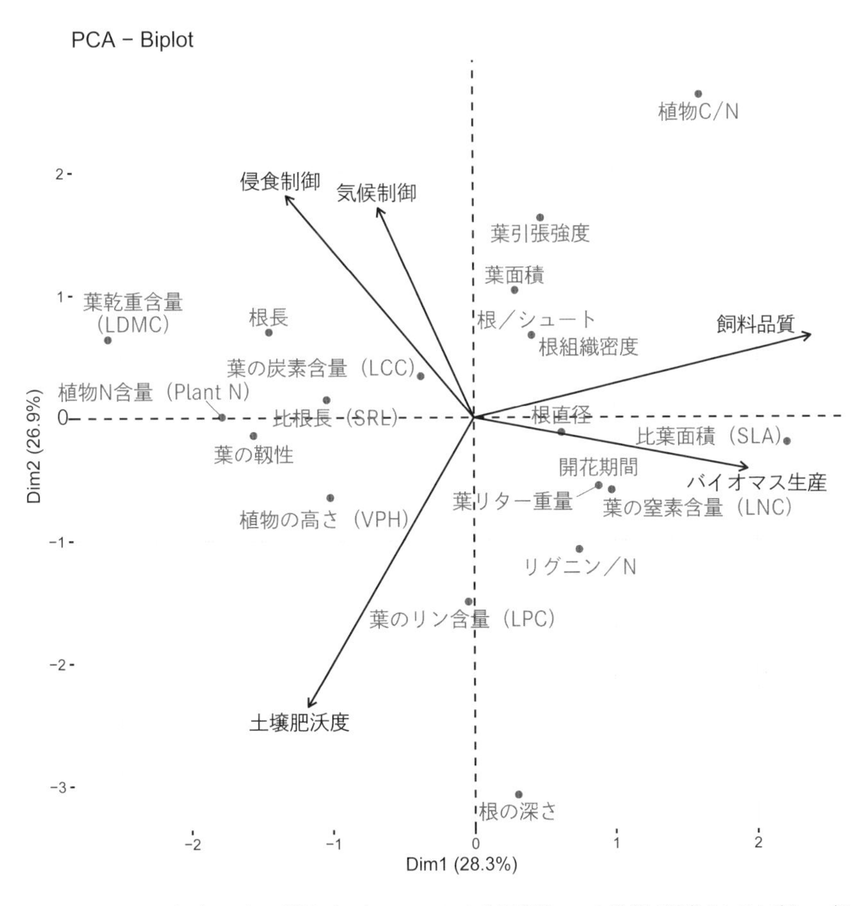

図 9.3　Hanisch ら（2020）の補足データの PCA による再分析。この分析は教育のために行い、視覚的なわかりやすさを重視した。そのため、行列内の空のセルを 0 に置き換えており、入力数の多い形質（灰色）とサービス（黒）のみを選んだ。より包括的な考察については Hanisch ら（2020）を参照せよ。

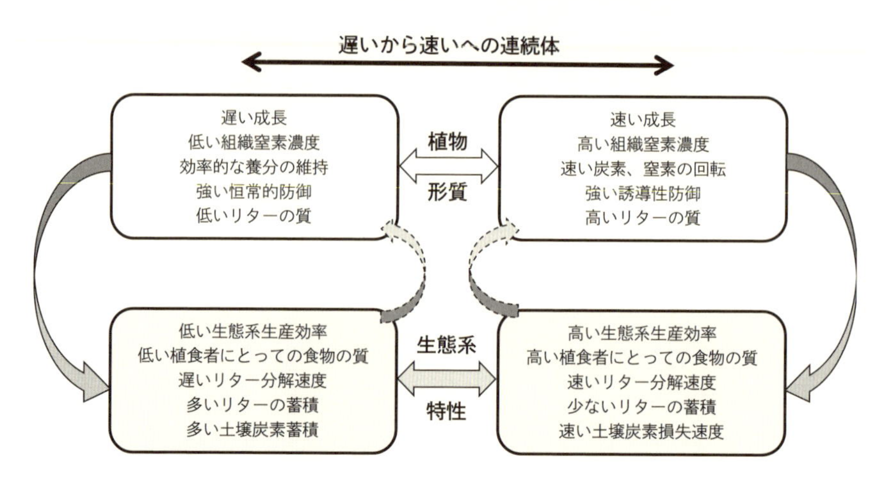

図 9.4 生態系機能を左右する主要な要因の一つは、成長の遅い種と速い種の間の基本的なトレードオフの違いである（第3章を参照）。植物の形質は生態系内の資源の質、量、フラックスの決定要因として働く。生物の形質が生態系の性質に与える効果は、囲みの外側にある大きな曲線矢印で表され、生態系から生物へのフィードバック効果は、内側の曲線矢印で表されている（Bardgett & Wardle 2010; Lavorel & Grigulis 2012; Reich 2014; Ellers et al. 2018）。Oxford Publishing Limited の許諾により Garnier ら（2016）より引用。© OUP.

に伴う葉の経済スペクトル上の位置の変化は、図 9.4 に示すように生態系プロセスとサービスの変化につながるケースがある。例えば、ある植物群集において成長の遅い種から成長の速い種への移行が生じた場合、生態系の特性として食物としての質が低く、リター分解の遅い状態から、食物としての質が高く、リター分解が速い状態に移行しうる。この移行に伴い、炭素隔離される量は減少する可能性がある。成長の速い形質と遅い形質のどちらが優占するかによって、群集の時間的安定性が変化し、ひいては生態系機能にまで影響を与える場合がある（Craven et al. 2018）。

9.2 生物多様性と生態系機能（BEF）の関係の評価

生態系機能に関係する形質を特定することは、生物多様性と生態系機能（BEF）の関係の背後にあるメカニズムの理解に大きく寄与する。BEF の関係を理解することで、群集組成の変化に伴って生態系プロセスやサービスが変化するかどうか、またどのように変化するかを予測することができる（Garnier et al. 2004; Heemsbergen et al. 2004; Petchey et al. 2004; Díaz et al. 2007）。種の形質が生態系プロセスにどのように影響を与えるかを説明するために、二つの非排他的な研究仮説が提示されている（Dias et al. 2013b）。一つ目は、**質量比仮説**（*mass ratio hypothesis*、Grime et al. 1988）、あるいは**優占仮説**（*dominance hypothesis*）ともよばれる仮説である。この仮説は、群集内のある種の相対アバンダンスと、その種が生態系プロセスに与える影響が比例すると提唱している。したがって、形質の群集加重平均（CWM）で捉えた群集の優占種の形質値が、生態系プロセスと強く関連をもつと予測される（Garnier et al. 2004; Lepš et al. 2006; Ricotta & Moretti 2011）。

もう一つの仮説は、**相補性仮説**（*complementarity hypothesis*、Tilman et al. 1996）である。これは、共存する種間の形質値の相違の度合い、つまり群集内の種の形質値の変動（機能的多様性 FD を用いて定量化）が生態系プロセスに対する非加算的効果を促進すると提唱している。言い換えると、単一の種の効果を単独で予測することはできず、他種も含めた群集内の形質の多様性を考慮しなければならない。非加算的効果は、種間の拮抗的（競争的または抑制）相互作用もしくは相乗的（相補的または促進）相互作用によって生じる可能性があり、共存種間の資源のより有効な利用につながる（Tilman et al. 1996; Heemsbergen et al. 2004; Petchey et al. 2004; Mouillot et al. 2011）。形質値の CWM と FD の要素の計算については、第 5 章を参照されたい。重要なのは、機能的多様性は時間の経過に伴う種の変動に影響を与え、種に対して様々に作用することで、種の同調を起こりにくくし、また全体的な安定性を増加させる可能性があることである（van Klink et al. 2019）。これらの効果は、いわゆる補償効果（compensatory effect）や保険メカニズム（insurance mechanism）に関連づけられることがある（McCann 2000）。

CWM と FD の双方の効果を説明するために、Díaz ら（2007）は、特定の生態系の特性に対する、非生物的・生物的な要因の影響を分析する枠組みを提案した。この枠組みは、階層的アプローチを採用している。それは、非生物的要因、生物多様性の機能的構成要素（主に関連する形質の CWM と FD）、および主要な種を組み合わせた最節約モデルを特定することで、注目している生態系プロセスとサービスを予測することを目指している。その手順は図 9.5 に示されており、2 段階で構成されている。

最初に、注目している生態系プロセス（EP）と生態系サービス（ES）を有意に説明する群集内の各タイプの要因（非生物的要因、個別の形質の CWM 値、FD、各種のアバンダンス）の中から予測因子を選択する。次に、選択した予測因子を組み合わせて、EP あるいは ES の節約予測モデルを構築する。Díaz ら（2007）

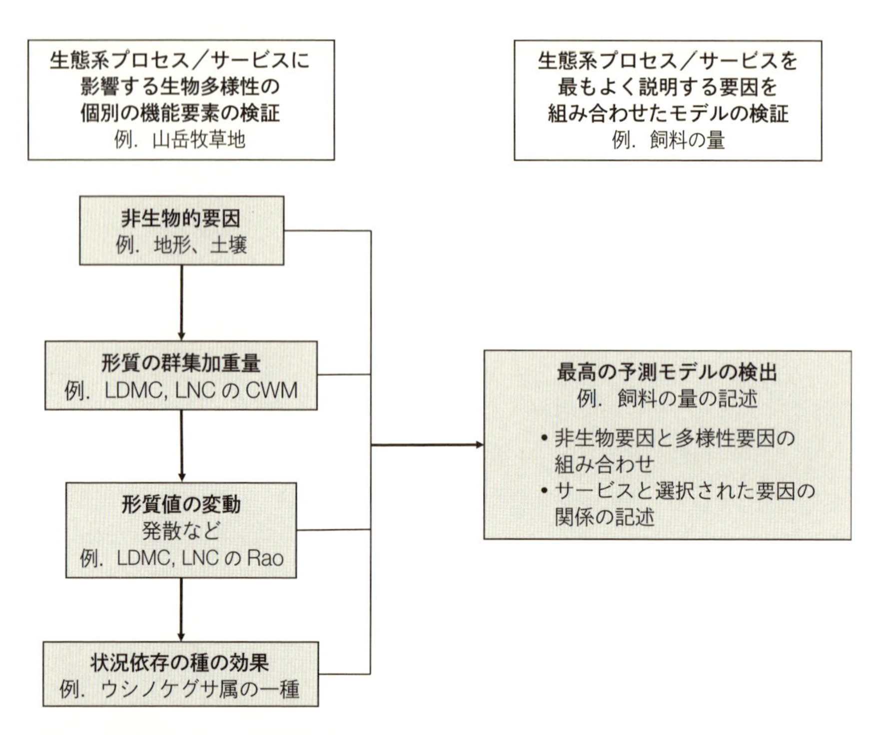

図 9.5　生態系プロセス（EP）と生態系サービス（ES）を予測する非生物的・生物的要因を特定するための階層的アプローチのフレームワーク。Díaz ら（2007）が提案し、Garnier ら（2016）が簡略化した。この例では ES として飼料の生産を想定している。左の囲みの中では、EP や ES と様々なタイプの要因の関係を各モデルが検証している。ここでの要因とは、非生物的要因、単一の形質の群集加重平均（CWM）、各群集内の形質値の分布（FD）、群集内の各種の局所的なアバンダンス（単一種の状況依存的効果）である。それぞれの段階で重要な要因を特定し（右側の囲み）、次に、その要因の中から EP や ES を予測する最節約の要因の組み合わせが検証される。National Academy of Sciences, USA の許諾により、Díaz ら（2007）の図を修正。Copyright（2007）National Academy of Sciences, USA.

は、この枠組みを当てはめることで、山地の植生における飼料生産（重要な EP あるいは ES）に影響を与える機能要素を検証する研究を行った。この研究によって、長期的な青刈飼料の供給量は、局所的な非生物要因、その非生物要因の地上部現存バイオマスへの影響、および植生の平均的な機能特性の組み合わせによって決まることが明らかになった。

生態学者は、こうした方法やアプローチに形質値や範囲（CWM や FD）を当てはめることで、生態系の特性と機能に影響を与える生物多様性の機能要素の相対的重要性を定量しようと試みてきた。これらの研究の結果は、かなりばらつきが大きい。de Bello ら（2010a）のレビュー論文においては、生態系プロセスやサービスに対する形質の相補性効果は、種または機能グループとそのアバンダンスの影響ほど一般的ではなかった。また de Bello ら（2010a）は、形質の相補性効果は主に一次生産、養分循環、送粉、特に時間の経過に伴うそれらの維持につながるプロセスと関連していることを示した。ただし、FD の効果を考慮する研究の数が少ないため、レビューに偏りがある可能性がある。また、Garnier ら（2016）および、より最近の研究（Lavorel et al. 2011; Ali & Yan 2017）は、生態系の特性が相補性効果より主に形質の優占度に影響を受けることを報告している。別の研究では、機能的多様性の効果が有意でない結果を報告しており、優占度（つまり、重量比仮説の効果）と環境要因の効果の双方が組み合わさることが多い（Díaz et al. 2007; Finegan et al. 2015）。このような対照的なパターンを示す理由の一つは、解析が一貫していないことにあるだろう。例えば、研究によって、形質値が相対アバンダンスもしくはバイオマスに従って加重される場合とされない場合があるとか、非生物的および生物的予測因子を選択する方法や、モデル内で処理する方法などが一定していないことが可能性として挙げられる。

最近、特に乾燥地の生態系において、群集の形質の多様性がどのように生態系の特性に影響しているかについての新たな知見が得られた（Gross et al. 2017; Le Bagousse-Pinguet et al. 2019）。これらの研究は、対照的な形質値をもつ種が非常に多様な資源を集合して利用しており、世界中の乾燥地の複数の土壌機能を最大化していることを示唆している。これとは対照的に、Valencia ら（2015）は、地中海の乾燥地の群集における乾燥と灌木の侵入に対する多機能性の反応に対して、形質の優占度（つまり重量比仮説による効果）と多様性（つまり相補性仮説による補償効果）が、同じくらい重要な要因であることを見出した。一方、Chollet ら（2014）と Peco ら（2017）は、機能がどのようなものであるか以外に局所的な環境要因（温度、水利用可能性、施肥など）が、土壌の多機能性に影響を与える重要な要因であることを示している。

まとめると、これまでの研究は、形質が様々に発散していることと、ある形質が優占していることの双方が生態系の特性の重要な影響因子であること、また局所の非生物的な環境要因のような別の要因も生態系に影響する可能性があることを示している。おそらく、これらの要因の相対的な重要性は、状況によって異なる。この点で、形質の優占と相補性の効果は互いに排他的でも独立でもないだろう。したがって、次節では、形質の優占の効果を形質の変動の効果から実験的に切り離す方法について説明する。

9.3　生態系機能に与える機能形質の効果を解きほぐす

9.3.1　CWMとFDを解きほぐす実験デザイン

送粉、分解、飼料生産のような重要な生態系サービスの基盤となる生態系プロセスに、群集の変化がどのように影響するのかを特定しようと試みた研究がある（Beier et al. 2008: Loring et al. 2008; Carpenter et al. 2009）。前節で見たように、群集内の形質値の平均と変動など、生物多様性の機能要素が、生態系プロセスを駆動する上で重要な役割を果たしうる（Heemsbergen et al. 2004; Petchey et al. 2004; Luck et al. 2009; Mouillot et al. 2011）。しかし、現在までのところ、群集のこれら二つの機能要素の相対的重要性については明らかになっていない（Dias et al. 2013b）。

CWMとFDは、群集の形質組成の様々な部分を表現しているが、互いに排他的なものではなく、それぞれが生態系プロセスの変動の重要な部分を説明している（Schumacher & Roscher 2009; Mouillot et al. 2011; Roscher et al. 2012; Butterfield & Suding 2013; Conti & Díaz 2013）。残る問いは、生態系プロセスを説明する上で、形質の変動よりも形質の平均が重要になるのはいつ、またはどのような状況かということである。生態系プロセスにおけるCWMとFDの相対的重要性を検証する観察的研究と実験的研究は、それらの独自の寄与と共同の寄与を分離することが難しいことを示している（Thompson et al. 2005; Díaz et al. 2007; Mokany et al. 2008; Schumacher & Roscher 2009; Lavorel et al. 2011）。これは、多くの場合CWMとFDが独立ではないことが主な問題である（図9.6参照）。例えば、Ricotta and Moretti（2011）は、Raoの機能的多様性で表されるFD――最もよく用いられているFD指数の一つ（第5章参照）――とCWMは、群集形質組成の相補的な側面を説明しているにもかかわらず、数学的には相関があることを示している（Laughlin 2011; Mouillot et al. 2011）。これにより、生態系機能に与える群集の効果がCWMによるのかFDによるのかが、必然的に分離できなくなる。

FDとCWMが独立とみなされない理由を考えてみよう。形質が植物の窒素固定能力のみという単純なケースを考える。この場合、CWMが最大になるとき、つまりすべての植物が窒素を固定できるとき、FDは0である。同様のケースで、CWMが最小になるとき、すなわちどの植物も窒素を固定できないときも、FDは0である。種の50％が窒素固定植物で、50％がそうでないとき、すなわち中間的なCWMのとき、FDは最大となる。したがって、CWMが最大値あるいは最小値のときに高いFDをとることはなく、CWM値が中間の値のときにFDは最

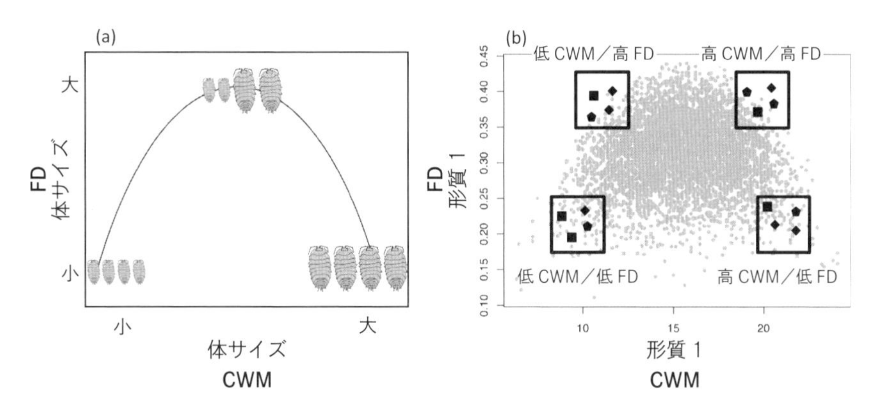

図 9.6 特定の形質に対する CWM と FD の関係。(a) 陸生等脚類の体サイズにおける CWM と FD の関係の仮想的な例。CWM が体サイズの範囲の下限（低）と上限（高）に近づくと（曲線の右端と左端に近づくと）、FD の値が必然的に低くなる。一方、CWM が中間レベルの場合、体サイズの FD が最大値（一山型の頂点）をとる（Dias et al. 2013b）。ここでは FD として Rao の多様性を用いているが、第 5 章の他の指数も適用できる。(b) 仮想的な量的形質（形質 1）の CWM と FD の関係の例。点は、この量的形質の CWM と FD の組み合わせについて、30 種のプールから 8 種を選ぶ 5000 回のシミュレーションの結果を示している。(a) で示されている CWM と FD の複合効果を分離するために、低い - 低い（LL）、低い - 高い（LH）、高い - 高い（HH）、高い - 低い（HL）の四つの CWM-FD の準直交領域（黒の四角形の囲み）を選ぶことができる。各囲みで、異なる種（種の違いはシンボルの形状で示されている）が組み合わされた四つの独自の群集がランダムに選ばれる。

大になる。これにより、CWM と FD の間に一山型の関係が生じる（図 9.6）。ただし、両者の関係が線形に近いことを示す実証データもある（Dias et al. 2013b）。このため、古典的な統計アプローチが、二つの独立でない変数の相対的重要性を評価するのに十分であるかどうかは不明である。

従来の BEF の実験では、CWM と FD の共変動の問題は解決できない。なぜなら、これらの実験は、着目する種の形質値とは関係なく、種プールからランダムに種を選び、種の豊富さの傾度を作り出すようにデザインされているからである (Petchey et al. 2004; Meier & Bowman 2008; Mouillot et al. 2011)。

しかし、現在では、CWM の効果を FD から切り離そうとする新しいタイプの実験が行われている（Tobner et al. 2016; Galland et al. 2019）。実験を適切に行うためには、Dias ら（2013b）の枠組みで示唆されているように、CWM と FD の効果形質の値がほぼ直交するような種の集団（図 9.6(b) の黒の四角形）を用いた実験を設計することが必要である。この枠組みでは、着目している（モデル分類群の）効果形質について、（潜在的な種プールからの）可能な組み合わせから計算される CWM と FD をプロットすることを提案している。一方、総バイオマス、総密度、総種数等のその他の群集パラメータを制御することもできる。プロットされた点が、図9.6(a)に示すように一山型の線に沿っていることに気づくだろう。

CWMとFDの相関関係を制御し、その効果を分離するためには、CWMとFD値の「低い」値と「高い」値がちょうどよく直交する組み合わせとなる領域を特定する必要がある。すなわち、各領域から、実験で使用する種の集団を選ぶ必要がある。図9.6(b)はこの枠組みを4種の等脚類を用いた実験に適用したときの結果を示している。この実験では、葉リター消費速度（リター分解の重要な効果形質）のCWMとFDの潜在的な効果が研究されている（Bílá et al. 2014)。この枠組みを簡略化したバージョンはFinertyら（2016）のリターバッグ実験でも用いられている。Finertyら（2016）は、外来種と在来種が類似の形質をもつ限りは、葉リター内の群集に外来種が存在するかどうかに関係なく、量的効果（つまり質量比仮説）が主にリター分解に影響を与えることを示した。

9.3.2　生物多様性実験の解析

特定の生態系機能（EF）に与える優占種の効果と相補性の効果を解明するための定量的アプローチが、Loreau and Hector（2001）によって提案されている。この手法によって、複数種が混在する群集において、ある特定の種が優占することによって与えられる**選択効果**（*selection effect*）の寄与と、種の相互作用から生じる正の効果による**相補性効果**（*complementary effect*）の寄与を加法分割することができる。このアプローチはよく利用されるものの、広く疑問視もされている。このアプローチでは、複数の葉や花が混在する群集のEF（分解速度や送粉の成功など）が、その群集の構成種の一種を単独で栽培したときのEFの平均値と等しいと仮定している。これは帰無仮説の下でのEFの期待値である。複数種が混合するときのEFの観察値と期待値の差は、**純多様性効果**（*net diversity effect*）とよばれる。正の純多様性効果は、複数種が混在しているときの平均EFが、それらを単独で栽培したときの平均EFよりも高い場合に生じる。正の**相補性効果**は、構成種を一種ずつ単独で栽培したときの収量の加重平均に基づいて予測されるよりも、混合時の種の収量が平均して大きい場合に生じる。正の相補性効果は、**選択効果**（特定の種の存在が混合の結果を改善すること、例えば優占種がバイオマスの大半を生産するような場合）、**ニッチの相補性**、促進（例えば、種Aが存在することで、混合種の中の一つ以上の別の種が、それぞれ単一栽培のときよりも優れたパフォーマンスを発揮する）によって生じる可能性がある。Loreau and Hector（2001）によるアプローチは、以下のようにまとめることができる（対応するアルゴリズムは付随する資料で提供されている)。

純多様性効果 = 選択効果 + ニッチ相補性

この加法分割アプローチの利点は、生物多様性の効果の絶対的な尺度を提供することである。そのため、純多様性効果における選択効果とニッチ相補性の個別の寄与を定量的に比較できる。しかし、Pillai and Gouhier (2019) は、いくつかの批判を提起している。彼らは、(上記の帰無モデルで前提とする) 中立性に基づく EF の期待値は、自然界で広く観察される非線形のアバンダンスと生態系機能の関係を考慮しておらず、BEF 研究のほとんどは、種が共存すれば自然に生じる過収量を扱っており、それは自明な循環論的な期待値に基づいていると主張している。したがって、加法分割アプローチは、生態系機能に与える生物多様性の正の効果を過大評価する可能性がある。こうした多様性効果の過大評価を避けるために、著者らは、種を混合した際に観察される生態系機能の増分のうち、種の共存の結果にすぎない部分を考慮することを提案している。しかし、Loreau and Hector (2019) が述べているように、この最近の仮説は、過去 25 年間に行われた数百もの実験から得られた知見に基づいてさらに実証的に検証される必要がある。

純多様性効果のアプローチに戻ると、二つの要素を異なる機能尺度に関連づけることによって、選択効果とニッチ相補性の相対的重要性を判断できるアプローチを選ぶ必要がある (Cadotte 2017)。一般的な仮説では、CWM は選択と優占種の効果に関連する一方、FD はニッチ相補性に関係があるとしている (Díaz et al. 2007)。しかし文献によって結果は様々である (Tobner et al. 2016; Cadotte 2017)。2 種 (De Oliveira et al. 2010) もしくはそれ以上の種のデトリタス食者を用いたリター分解の操作実験では、単一もしくは異なる種の葉を組み合わせたときの相対的な葉の消費速度について相補性効果が見られた (Heemsbergen et al. 2004)。また、Deraison ら (2015) は、異なる大顎の力をもつバッタの種 (Ibanez et al. 2013) を組み合わせた植食の操作実験で、植物バイオマス生産に対する相補性効果を見出した。一方、Cadotte (2017) は、野外プロットと温室の双方の植物集団の実験データを用いて、選択効果と相補性効果の両方によって、生産性に対して正の純多様性効果がもたらされることを報告した。選択効果は機能的多様性の低い混合区と背の高い植物種を混合させた区で最大になった。一方、相補性効果は複数の形質軸にわたって高い機能的多様性をもつ群集で最も大きかった。また、Finerty ら (2016) は、機能的に均一な種からなる群集と機能的に異なる種からなる群集を用いたリターバッグ実験を行って、対照的なパターンを見出した。つまり、Finerty らの実験では、量的効果が主にリター分解速度に影響する一方、相補性効果は量的効果を調節した。ここでは、平均分解速度が低いリターの組み合わせでは分解速度を上げ、平均分解速度が高いリターの組み合わせでは重量損失を減少させることで相補性効果による調節が行われた。逆に、別の著者らは、主に選択効果が生態系機能に影響していることを見出した（例えば Bílá et al. 2014; Tobner et al. 2016）。Bílá らは、メソコズム実験において4種の等脚類を用いて、優占種とその形質の相対的重要性の効果（選択効果）と機能的に異なる種を組み合わせる効果（相補性効果）を切り離すことによって、純多様性仮説を検証した。その結果、量的（選択）効果が単一の種の葉のリター分解を説明することがわかった（図9.7）。また、Tobner ら（2016）は、混交植林実験における初期段階の樹木の成長が、主に選択効果によって促進されることを見出した。ここで混植によって成長の促進が見られたのは、最初の4年間は数種の落葉広葉樹種が優占することで、混交するほとんどの常緑樹種を競争的に抑制したためであった。

残された興味深い問いは、選択効果と相補性効果が同じ種内の個体差（すなわち種内形質変動：第6章）からも生じうるのかということである。例えば、捕食者の食性は個体発生の過程で、体サイズや代謝、生理とともに大きく変化しうることが知られている。カミキリムシを例に挙げよう。カブトムシ目カミキリムシ科の幼虫は、枯れ木の中で生活し、腐った木の中で樹液や微生物を摂食しており、

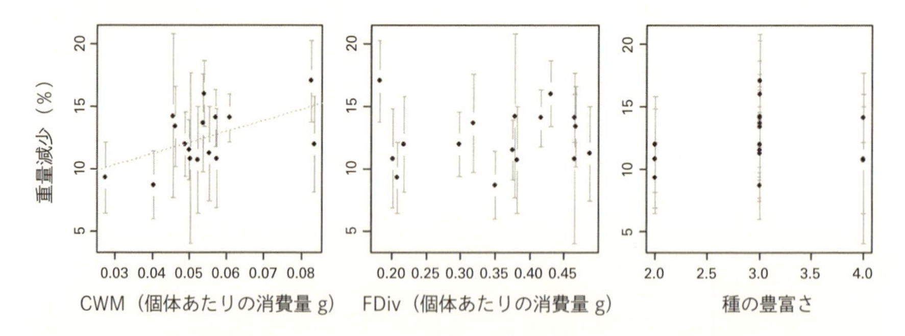

図9.7　葉リターの重量減少（%）と説明変数の関係を個別に検証した結果。説明変数は、等脚類の消費速度（個体あたりの消費量 g）の群集加重平均（CWM）と機能的多様性（FDiv、機能的発散によって計算）、等脚類の種の豊富さの三つである。葉リターの重量減少には、CWM のみが有意な正の効果を与え（線形回帰、$P = 0.032$）、FDiv と種の豊富さの有意な効果は検出されなかった（線形回帰、$P > 0.1$）。Creative Commons Attribution License（CC BY）のもとで配布された、Bílá ら（2014）から引用。© 2014 The Authors. Ecology and Evolution published by John Wiley & Sons Ltd.

図 9.8　トンボとチョウのライフサイクル。トンボとチョウの生息地や食性は幼虫から成虫への個体発生に伴って変化する。トンボは幼虫と成虫がどちらも捕食者だが、幼虫は水中で、成虫は飛翔して捕食する。チョウは、幼虫は植食者で、成虫は花蜜を摂食する。Luís Gustavo Barretto が作図。

親は花粉を摂食している[訳注 9-1]。同じことがチョウ（幼虫は植食者で親は花蜜を摂食する）やトンボ（親も幼虫も肉食者だが、幼虫は水中で生活し、親は飛翔する；図 9.8）にも生じる。

これは個体発生ニッチシフトとよばれ、形質生態学の中で見過ごされている側面であるが（第 6 章参照）、重要な生態系プロセスに影響を与えることがある。例えば、Fontana ら（2019）は、複数種の葉リターを混合させて分解実験を行うことで、混合したそれぞれの単一の植物種の平均値で計算される加算的効果以上に分解が促進されることを見出した。この効果は特に、異なるサイズクラスのデトリタス食者 *Oniscus asellus*（等脚目）を混合させた処理において顕著であった。この結果は、サイズが異なるデトリタス食者は食物が異なることによって説明される（ここでは、小さな個体はより柔らかいリターを摂食していた）。これらの結果は、リターの種間の多様性と消費者の種内の多様性が、純多様性効果に影響することを示唆している。

訳注 9-1．カミキリムシ科の食性はここに示されるよりも多様であることに注意。

9.4 応答形質と効果形質の枠組み

2002年に、二人の植物生態学者 Sandra Lavorel と Eric Garnier が、応答形質と効果形質の枠組みを発表した（図9.9)。これにより、環境駆動要因（環境要因）に対する種の応答から生じる群集組成の変化と、群集組成の変化が生態系プロセスに及ぼす効果を結びつけることができる。

応答形質と効果形質の枠組みの重要なアイデアは、群集内の応答形質と効果形質が何らかの形で関連している場合、生態系プロセスに与える影響を直接推定できるというものである（第1章)。これは、（理論的には特定の応答形質から予測可能である）環境要因の変化に応じた種組成の変化によって効果形質も改変されたときに、生態系プロセスも影響を受けることがあるためである（Lavorel & Garnier 2002)。生物がその適応度を最大化するために用いる応答形質と、それらが生態系プロセスに与える効果形質を特定できるならば、生物多様性を介して環境変動が生態系プロセスに直接的に与える影響を理論的には評価できる。

応答形質と効果形質が同じもしくは相関がある場合は、環境の変化と生態系

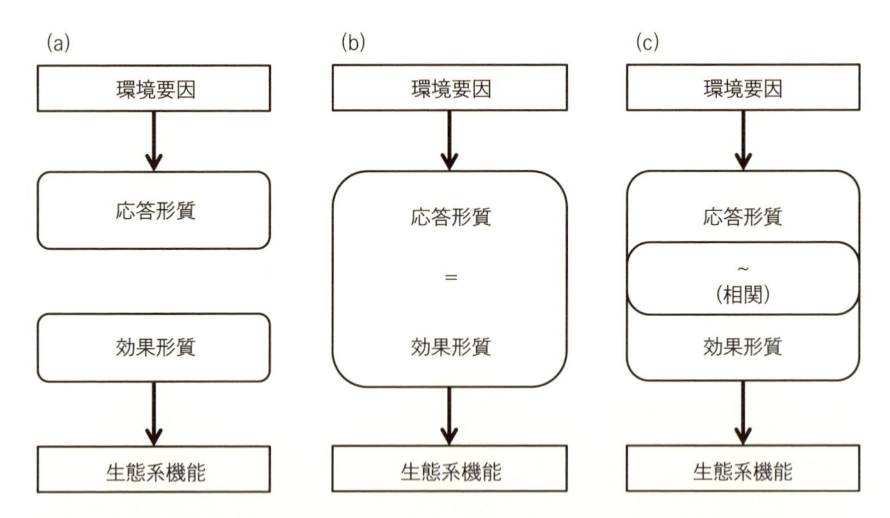

図9.9　応答形質と効果形質の概念的枠組み。群集の環境要因への応答は種の応答形質の結果であり、生態系機能への影響は効果形質が仲介して成立させる。以下の三つのオプションが存在する。(a) 応答形質と効果形質の間に関連性がない；(b) 応答形質が生態系機能に直接影響する（応答形質 = 効果形質)；(c) 応答形質と効果形質の間に相関関係がある（進化的トレードオフによる応答形質と効果形質の相関)。Lavorel and Garnier (2002) と Lavorel ら (2013) に基づく。© 2013 International Association for Vegetation Science.

機能の変化の間につながり（リンク）が生じる（Suding et al. 2008）。例えば、降水量が多いというイベントによって土壌含水値が高くなると、養分の無機化と植物による窒素の吸収が増加し、葉の窒素濃度が高くなることがある（Wright & Westoby 2002）。この付随的な窒素を一部の植物種は他の種より効率的に奪い取るので、植物の窒素濃度は種によって異なる（Elser et al. 2010）。これは、葉の植食者に対する感受性に影響し、植食者のパフォーマンスが窒素制限を受けている場合、葉の窒素濃度の高い種がより食べられやすくなる（Lu et al. 2007; Aqueel & Leather 2011）。さらに、植食のレベルは、基本的な生態系プロセスである一次生産に影響する（Brathen et al. 2007）。したがって、葉の窒素濃度は、植物の成長を促進する応答形質であると同時に、植食者の嗜好性を決定し、それはさらに一次生産に影響するので効果形質でもある（Kurokawa et al. 2010）。

応答形質と効果形質が相関しうるということは、群集のストレスへの応答が生態系への効果と重なることを意味する。つまり、ストレスからプロセスへの正もしくは負の効果を予測できる（Lavorel & Garnier 2002）。等脚類の落葉分解の例に戻ると、乾燥に敏感な種（もしくはそのトレードオフで浸水に敏感でない種）は、あまり乾燥に敏感でない種に比べて、リター分解に小さな影響しか与えないというデータがある（Dias et al. 2013a）。これは、乾燥に敏感な種はサイズが小さく、その結果、リター消費速度の絶対量が小さく、リター分解への影響も小さいためである。逆に、体の大きな種は、乾燥ストレスの影響は受けにくいが、浸水の影響を受けやすい。したがって、長期にわたる降雨イベントによって土壌が浸水すると、高いリター消費速度をもつ浸水に敏感な大型種が失われるため、リター分解に悪影響を及ぼす。

非生物的要因や環境変化に応答する形質が、着目する生態系プロセスに影響を与える形質とは関係がない例もある。例えば、ほとんどの土壌動物のグループは乾燥に敏感であり、土壌動物群集の乾燥期間に対する応答は、乾燥耐性を決定している水分損失速度の種間差から推測することができる（Dias et al. 2013a）。ミミズが坑道を掘る習性は土壌空隙空間と土壌の構造に影響するので、ミミズは重要な土壌生態系エンジニアである（こうした作用を土壌生物撹乱とよぶ）。しかし、ミミズの乾燥耐性は体サイズとはあまり強い関係がなく、代わりに土壌垂直層別分布と関係がある（Felten & Emmerling 2009; Taylor et al. 2019）。大型種は小型種よりも土壌生物撹乱に大きな影響を与えるため、乾燥耐性と生物撹乱は相関しないことが示唆される。とはいえ、先に述べたように（第２章、第３章）、形質は単独では機能せず、他の形質と相関をもつことが多い。したがって、そのような相関関係を確認し、ターゲットとなる効果形質とのリンクを検証することを推奨する。

応答形質と効果形質の枠組みを様々な状況かつ様々な分類群に対して適用している例もある。ほとんどの研究は、植物のストレス反応と、それが一次生産にどのように影響するかに着目してきた（Garnier et al. 2007; Suding et al. 2008; Minden & Kleyer 2011; Pakeman 2011; Sterk et al. 2013; Solé-Senan et al. 2017）。脊椎動物に関しては研究例はわずかしかない（例えば、オーストラリアのビクトリア州北部の景観均一化の傾度に沿ったリンゴ農園の鳥、Luck et al. 2012）。一方、無脊椎動物の例は多くある。例えば、スカンジナヴィア全土で増加する放牧圧の下での糞虫（Piccini et al. 2018）、フランスアルプスの牧草地の異なる管理体制下のバッタ（Moretti et al. 2013）、ブラジルのアマゾンの森林伐採に対するミミズ（Marichal et al. 2017）、生活史グループの喪失を模したメソコズム内のトビムシ（Eisenhauer et al. 2011）などである。最近では、森林生態系の外生菌根菌（Koide et al. 2014; Yang et al. 2019）や細菌のバイオフィルム（Lennon & Lehmkuhl 2016）などの微生物に対してこのアプローチを初めて用いた試みも行われ、有望な結果が得られたが、BEF研究についてはまだ広範囲には検証されていない（ただし、Piton et al. 2020を参照せよ）。この枠組みを栄養段階全体に適用するには第10章も参照せよ。

応答形質と効果形質の枠組みを適用する際、および予測のためのツールとして有用性を評価する際には、関心のあるストレスと生態系プロセスを可能な限り正確に定義することが重要である。そうして初めて、第2章の図2.2（Brousseau et al. 2018を改変）に示した3段階のアプローチによって、適切な応答形質と効果形質を選ぶことができる。形質値はデータベースから取得できるが、生態系に対する応答および効果を予測する際にそれを用いる際には注意が必要である（第1章、第2章参照）。現状、既存の形質データベースは効果形質を広範囲にはカバーしていない可能性がある。

追加で注意事項を述べておきたい。機能形質が生態系プロセスに与える影響は、想定されていても適切に検証されていないことがよくある。植物では、少なくとも特定のプロセスでは、機能形質がストレスへの反応に関与しているだけでなく、生態系に影響を与えることが多いようである。一方、これは動物には当てはまらない。例えば、植物は植食の増加に対して二次代謝物質の増加を介して応答し（Rosenthal & Berenbaum 2012）、植物の枯死後にリターデトリタス食者に影響を与える。なぜなら、これらの化合物がリターデトリタス食者の嗜好性にも影響するからである（Hättenschwiler et al. 2005）。こうした機能形質が生態系プロセスに影響しうるという仮説を事前に検証しておくことは、科学の実践の上では良いことだろう。応答形質と効果形質の間のつながりは、構造方程式モデリングを用いて評価できる。あるいは、二つの注目する形質が相関し、その相関関係が生物学的に意味がある場合、または生理学的、生体力学的、行動学的な関連性が文献で報告されている場合、形質間の関連性が少なくとも推定でき、この枠組みの予測可能性は、実験室もしくは野外実験で検証することができる。第 2 章で説明したように、形質を選ぶには基本的に二つのオプションがある。それは、仮説に基づくものと、パターンに基づくものである。上記のアプローチでは、ストレスへの反応とそれが生態系プロセスに与える影響に関する知識を使用して、仮説に基づいて形質が選ばれている。しかし、対応する形質が不明なケースもある。こうしたケースは、応答や効果を示す可能性のある形質を選んで、ストレス傾度全体でこれらの形質を検証することができる。多くの場合、ストレスに応答する形質は、その基礎となるメカニズムにおいて一貫したパターンを示す。

応答形質と効果形質の枠組みの適用可能性を検証する研究が増えており、特に植物において多く、動物（例えば Moretti et al. 2013; Schmera et al. 2017）や複数の栄養段階（Lavorel et al. 2013；第 10 章参照）にも拡張されている。しかし、この枠組みの価値については依然として議論の余地がある。予測のためのツールとして、この枠組みをどのタイプのストレス、モデル生物、もしくは生態系プロセスに適用できるかはまだ十分に判断できない。

未解決の問いの一つは、効果形質が応答形質に影響を及ぼし、その結果、個体の成長、再生産、生存に対して間接的な影響を与えるかどうか、またその影響はどの程度かということである。効果形質が機能形質に及ぼす正のフィードバックは、頂点捕食者や大型の植食者などのキーストーン生物や環境エンジニア生物については容易に想像できるが、大部分の生物については、そのような関連性は完全に不明か、ほとんど調査されていない（例えば Ellers et al. 2018）。

まとめ

- 応答形質と効果形質によって、群集の環境変動への応答と、これらが生態系プロセスや生態系サービスにどのように影響するかについてのメカニズムへの理解を深めることができる。形質は応答形質と効果形質の両方である可能性があるが、個別に検証する必要がある。場合によっては、応答形質と効果形質が分離される。

- 形質が生態系プロセスにどのように影響するかを説明するために、**質量比仮説**（群集内で優占する形質、CWM で表現）と、**相補性仮説**（群集内の形質値の変動、FD で表現）の二つの相互補完的な仮説が提案されている。CWM と FD は同時に生態系に影響するかもしれないが、その相対的重要性は状況依存である可能性がある。
- 生態系機能に対する CWM と FD の影響力を実証研究において分離するには、形質値の CWM と FD がほぼ直交配列になるような種からなる群集を用いて、個別に実験を設計する必要がある。これら二つの要素を分離し、種を混合したときの単一種の寄与に基づいて純多様性効果を計算することで、種の相互作用による生態系サービスへの非加算的寄与を定量的に評価できる。
- 応答形質と効果形質の枠組みによって、環境要因に対する群集組成の変化と生態系プロセスへの効果を結びつけることができる。

10 栄養段階にまたがる応答形質と効果形質

種の環境変動に対する応答とその生態系プロセスに対する効果を理解し、予測するために、形質データの利用がますます広まっている。第9章で見たように、応答と効果を統合するツールとして、応答形質と効果形質の枠組み（Lavorel & Garnier 2002; Suding et al. 2008）が提案された。応答形質と効果形質の間のつながりを特定することによって、環境の変化による群集組成の変化が、生態系機能に影響する効果形質の変化を促進する可能性があるかどうかを予測することができる。これまでのところ、このアプローチは植物、送粉者、デトリタス食者のような同じ分類群または機能群に属する生物の群集内で主に適用されてきた(Larsen et al. 2005; Gross et al. 2008; 第9章)。しかし、これらの生物群は自然界で単独で存在しているわけではない。ある生物は、異なる栄養段階の生物と相互作用しており、そうした栄養段階間の相互作用を通じて群集を構築し、群集が重要な生態系プロセスとサービスを提供する。

異なる栄養段階に属する生物を同時に扱うのは、生態学的研究にとって明らかに難しい課題である。最初の課題は、植物、脊椎動物、菌類などのそれぞれ異なる分類群について基本的な生物学的知識をもつことである。これらの分類群は多くの場合、生物多様性を維持し、生態系機能を提供することに不可欠な複雑な相互作用に関与している。二つ目の課題は、種固有の（さらには個体間の）実在する相互作用を特定し、定量することである。単一の群集内では、潜在的には数百から数千の相互作用が生じうるが、そのなかから実在の相互作用を区別する必要がある。これらは群集生態学の古くからのなじみの課題であるが、新たな技術（DNAバーコーディングや他の分子食物マーカーなど）がこの分野に新たな視点を提供している。三つ目の課題は、本章で特に注意をしているもので、異なる栄養段階の生物間での形質のマッチングを具体的に定義することである。これはつまり、栄養段階間の相互作用に関連する形質を選んで分析に含めることである。複数の栄養段階間の相互作用は、様々な解析の枠組みの中核であったが、形質が直接考慮されるようになったのはごく最近のことである。本章では、栄養段階間の相互作用に適用される形質生態学のアプローチを検討する。種の摂食関係に働く一般的なルールと、それが生物多様性と生態系の機能の維持に及ぼす影響を認識することによって、これらのアプローチが、種の相互作用とその結果生じる生態系プロセスとサービスを予測するのにどのように役立つかについて説明する。詳細は ‘R material Ch10’ を参照せよ。

10.1　生態系機能に対する複数栄養段階による制御

先の章で示したように、種の形質はそれが提供する生態系プロセスとサービスの速度の大部分を決定するという強力な証拠がある。植物は、ほとんどの生態系でバイオマスの一次生産者として重要な役割を果たしているため、特に強調されてきたが（Garnier et al. 2016）、生態系プロセスの多くは、異なる栄養段階の生物の複合的な作用から生じている（Kremen et al. 2007; de Bello et al. 2010a; Lavorel et al. 2013）。例えば、有機物分解と養分無機化は、植物、微生物、土壌無脊椎動物の形質に依存している。生態系サービスへの形質の寄与を広範に再評価する中で、de Bello ら（2010a）は、**形質とサービスのクラスター**の概念を導入した。形質とサービスのクラスターは複数の形質と生態系サービスとの関連から生じるもので、彼らはこれらのクラスターが異なる栄養段階間にわたって機能することを示した。また、彼らは特に、送粉、生物学的防御、水の浄化、生物地球化学プロセスの場合のように、異なる栄養段階に属する種の形質に依存して、生態系サービスが提供されることを示した。同時に、ある形質は多くの場合、複数のサービスに影響を与える。同様に、Harrison ら（2014）は、ネットワーク図を用いて、いくつかの生態系サービスは様々なタイプの生物の形質との複雑な関係によって提供されていることを示した。

植物が強く制御すると予測されるプロセスであっても、他の生物の機能組成が生態系機能をさらに大きく動かし、調整することがある。例えば植物は、その形質の中でも特に植物リターの化学的および物理的形質を通して、土壌の生物地球化学的プロセスを強力に制御する（Cornwell et al. 2008; Freschet et al. 2012; Handa et al. 2014 による五つの陸上および水域生態系にわたる大規模な野外実験も参照）。一方、Grigulis ら（2013）は、植物と微生物の双方の形質が共同して生態系の特性に影響することを示した。その研究では、植物の形質に加えて微生物の機能形質を考慮することで、土壌有機物含量、潜在的窒素無機化量、潜在的溶存窒素量の変動について説明できる割合が大きく増加した。さらに、異なる栄養段階の種はその生態が対照的であることがよくある（例えば、固着性生物 vs 移動性生物、内温性生物 vs 外温性生物）。したがって、環境変動に対して異なる栄養段階の種が異なる応答を示しうると予測される（Concepción et al. 2017）。種によって異なる応答が起こると、種間相互作用が阻害され、栄養段階グループ間のミスマッチが生じるリスクが高まり、生態系プロセスの提供に悪影響が生じる（Berg et al. 2010）。このように、複数栄養段階間の相互作用に依存する生態系プロセスとサービスの変化は、環境変動に対する単一の栄養段階の反応からは適切に予測できないことがある。例えば、気温によって引き起こされる生物季節性の変化は、ナラ－シャクガ（ガの仲間）－シジュウカラの関係を撹乱することが示されている（Visser & Holleman 2001、第 6 章参照）。気候変動に応答してシャクガの卵の孵化が早まると、ナラの木の芽吹きとタイミングが合わなくなる。その結果、シジュウカラの雛の重要な食物源であるシャクガの幼虫が餓えてしまう。ナラとシャクガの間のタイミングがずれることによりシジュウカラの個体数が減少すると、この鳥の種が提供する生物学的防除のサービスが損なわれる可能性がある（Mols & Visser 2002）。スウェーデンのラップランド地方での 9 生育期に及ぶ長期温暖化実験では、環境変動への感受性について植物と土壌動物が顕著な違いを示した。植生の組成や構造は温暖化に反応を示さない一方で（Richardson et al. 2002）、土壌小形節足動物では温暖化に対して乾燥耐性に関連する形質の群集加重平均値が変化しており、それに伴ってアバンダンスが急激に減少した（Makkonen et al. 2011）。土壌節足動物群集のそのような変化は、たとえ植物群集が変化しないとしても、土壌プロセスに強く影響することがある（Berg & Bengtsson 2007; David 2014）。Berg ら（2010）は、植物、植食者、大型デトリタス食者、捕食者、微生物食者の間では、温度変化に対する感受性と潜在的分散能力が顕著に異なることを示した。環境変動に対するこのような種による応答の違いは群集の相互作用の撹乱につながると予測され、生物多様性の維持、生態系機能と生態系サービスの提供に大きな悪影響を及ぼす可能性がある。したがって、環境変動下での生態系サービスの提供に関する予測を改善するためには、様々な栄養段階とその相互作用を考慮することが重要である。

環境変動による相互作用の変化を予測し、それに従って生態系機能の影響をマッピングすることが課題として残されている。形質に基づくアプローチと複数栄養段階の視点を組み合わせることで、空間と時間における種の分布を予測する能力が向上し、それによって生態系サービスを提供する生物の制御を促進するメカニズムを特定できるという期待が高まっている（Lavorel et al. 2013; Moretti et al. 2013; Schmitz et al. 2015; Brousseau et al. 2018）。栄養段階間の相互作用に関する従来の研究は、「誰が誰を食べるか」と「どれだけ食べるか」を定量することに注力してきた。最近では、種レベルと群集レベルの双方で、栄養段階間の相互作用の背後にあるメカニズムと、それが生態系機能に与える影響を解明するために形質を用いるアプローチがある（Schmitz 2010; Ibanez et al. 2013; Lavorel et al. 2013; Schleuning et al. 2015; Brousseau et al. 2018）。本章ではそれらを紹介する。

10.2　複数栄養段階の応答形質と効果形質の枠組み

応答形質と効果形質の枠組み（第 9 章参照）は、群集動態を通じて環境変動が生態系機能に与える影響を評価する（Lavorel & Garnier 2002; Suding et al. 2008）。この枠組みは、もともと単一の栄養段階に対して提案されたが、Lavorel ら（2013）によって複数の栄養段階を含む応答形質と効果形質の枠組みに拡張された。ここで説明するアプローチは、栄養段階間の相互作用と環境変動への応答に依存する生態系サービスの予測を定性的なものから定量的なものに変えるのに役立つ。食物網と相互作用ネットワークに関する研究とは異なり、このアプローチでは、栄養段階間の複雑な種間相互作用の定量を必要としない。異なる栄養段階は、生態系のコンパートメントとして示される。その各コンパートメントに対して、環境への応答と生態系への効果の双方を反映する群集の平均の形質値や機能的多様性（第 5 章）などの、集約された機能特性を計算することができる。個別の相互作用は定量するのが困難なので、これは方法論的な利点とみなせるが、一方で、そのような単純化はこのアプローチの欠点とみなすこともできる。なぜなら、種を栄養段階でまとめると、生態系の安定性に影響する可能性のある食物網の重要な特性が無視されるからである（10.3 節を参照）。

複数栄養段階の応答形質と効果形質の枠組みの新しい点は、複数栄養段階間の相互作用を制御する原因となる形質を特定することである。その形質は栄養段階間応答形質および栄養段階間効果形質とよばれる。栄養段階間応答形質は、生物が別の栄養段階に依存する形質に注目している。例えば、植物の花のタイプや花の深さに応答する送粉者の口吻の長さなどである。栄養段階間効果形質は、一つの栄養段階の形質が他の段階に影響する形質に注目している。例えば、花の蜜を摂食できる送粉者のタイプに影響する花の花冠の長さや（Ibanez 2012）、被食者の表皮の強さのようなものである。なお、被食者の表皮の強さは、肉食者の大顎の強さに関連して、どの肉食者がその被食者を捕食できるかに影響する形質である（Brousseau et al. 2018）。しかし、どの形質が栄養段階間応答形質もしくは栄養段階間効果形質に分類されるのかは、どの栄養段階が直接的に外部要因に影響を受けているかによって決まることに注意が必要である（第 9 章で説明したように単一の栄養段階の場合のように）。したがって、どの栄養段階の機能組成が変化し、それによって、他の栄養段階にどう影響するかを予測するには、主要な外部要因を特定する必要がある（図 10.1）。例えば、種の侵入によって捕食者の機能組成が変化する場合には、被食者の表皮の強さは一部の種が新しい捕食者から逃れることを可能にする栄養段階間応答形質とみなすことができる。しかし、進化的な視点からは、どの形質が他の栄養段階に影響を与え、どれが他の栄養段階に応答しているかを定義することは困難である。なぜなら、栄養段階間の相互作用に関与する形質の中には共進化のプロセスによって形成されるものがあるからである（進化的視点から組み込まれた形質のマッチングの概念は 10.3 節参照）。応答および効果の栄養段階間形質は、一次生産者と消費者を結びつける機能的つながりを特定し、定量するために使用できる（Lavorel et al. 2013）。このように、環境変動によって、ある栄養段階の変化が他の栄養段階にどのように影響するか、またそれが生態系サービスの提供にどのような影響を与えるかを特定できる。種の相互作用に形質を関連づける二つのアプローチ（種レベルと群集レベルのアプローチ）については、‘R material Ch10’ を参照せよ。

図 10.1(a)は、二つの栄養段階をもつ群集の応答形質と効果形質の枠組みの例を示している。各栄養段階の生物は、その環境応答形質（ERT1, 2）を通じて環境要因に応答している（1a, 1b）。最下位の栄養段階が第 2 段階やさらに上位の栄養段階にその栄養段階間効果形質（TET1）を介して影響を与える。これらの効果は、第 2 段階の栄養段階の栄養段階間応答形質（TRT2）を通じて認識される

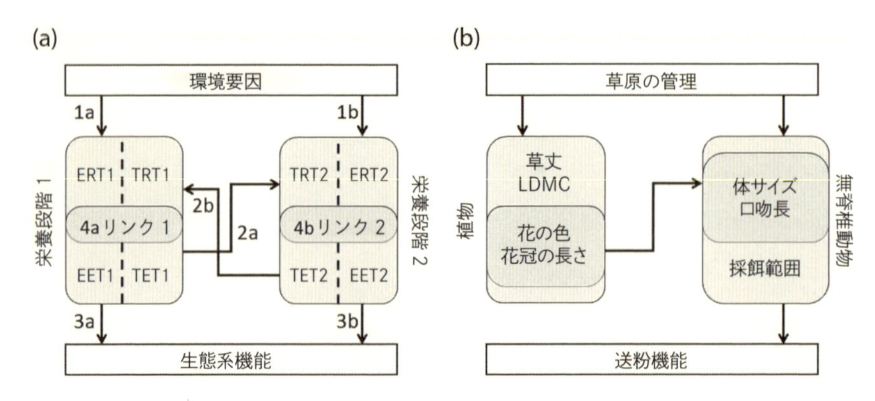

図 10.1　Lavorel ら（2013）が栄養段階全体の形質のつながりを調べるために用いた複数栄養段階の応答と効果の枠組み。(a) 二つの栄養段階が環境要因に応答し、生態系機能に影響を及ぼす枠組み。ERT：環境応答形質、TET：栄養段階間効果形質、TRT：栄養段階間応答形質、EET：環境効果形質。数字は本文に記述された解析の段階を意味する。(b) 草原の管理に応答する栄養相互作用の機能としての送粉の例。Wiley の許諾により、Lavorel ら（2013）と Moretti ら（2013）より調整。© 2013 International Association for Vegetation Science.

(2a)。また、逆に第 2 段階の栄養段階は第 1 段階へ応答をフィードバックしうる（2b)。つまり、第 2 段階の栄養段階は栄養段階間効果形質（TET2）によって最初の栄養段階に影響を与えることがある。双方の栄養段階は、その環境の効果形質（EET）を通じて生態系機能に影響を与えうる（3a, 3b)。二つの栄養段階が強く相互作用をする場合、栄養段階内の応答形質と効果形質の間で考えられるリンク（4a, 4b）によって、環境因子が生態系機能に影響を与える可能性が決まる。この枠組みはモジュラー形式をとっており、対象となる環境因子や生態系機能に応じて、新しい栄養段階を追加または削除できる。

Lavorel ら（2013）は、複数栄養段階の応答形質と効果形質の枠組みを提案する研究の中で、牧草地の管理強度と送粉効率を関連づける形質を特定するためにこの枠組みを利用している（図 10.1(b))。この研究では、管理の強化によって、植物の高さが低く、葉の乾重含量が少ない種が優占する群集になり、植生へのマメ科植物の寄与が少なくなった。この変化は、植生の系統組成の変化も含み、植生内に存在する花冠の色や長さの変化を促進する。そうした変化は送粉者の群集に影響することが知られている。この植物の系統的制約による環境応答形質と栄養段階間効果形質の間の関連は、送粉サービスに対して重要な影響を与える。また、この送粉サービスへの影響は、管理強度という直接的な効果のみからは予測できない。同様に Perović ら（2018）は、複数栄養段階の応答形質と効果形質の枠組みを定性的な方法で使用した。その研究では、農業生態系における害虫の生物制御の提供に関連する形質と栄養段階間の相互作用を特定するために文献をレビューしている。結果は、管理強度が撹乱レジームの強化と関連しており、そうした状況では小型でゼネラリスト的な節足動物の捕食者が優占する群集が有利となることを示していた。同時に管理の強化は、花の形質（花の資源への誘因とアクセス、開花期間、提供される資源が栄養的に好適であることに関連する形質）の単純化につながる。こうした花の形質の均質化は、植食者の天敵の多く（部分的に花の資源に依存するハナアブ、ハチ目、ハエ目の捕食寄生者、クモ等）に対して悪影響を与える（Nyffeler et al. 2016）。このように、管理強度に対する植物と天敵の双方の環境への応答形質は、生物学的防除の提供と強く結びついている。

上述の例から、環境変動による生物多様性の変化が栄養段階間にわたって生態系機能にどのように影響するかを理解し、予測するには、栄養段階間応答形質と栄養段階間効果形質のつながりを特定する必要がある。最近のレビューでは、植物、無脊椎動物、脊椎動物の応答形質と効果形質の両方で機能するいくつかの「重要な機能形質」を特定できることが示されている（Hevia et al. 2017）。応答形質と効果形質が共変動する場合（すなわち形質シンドローム[訳注 10-1]である場合）、それらは群集応答のシグナルを生態系に伝達することができる。これは、生物多様性のモニタリングにおいて、特に限られた数の形質に注目することで生態系機能が変化するかどうかを特定できる可能性があることを意味する。しかし、このレビューにまとめられた研究では、個別の分類群に別々に注目しているため、ある栄養段階における形質の変化が他の栄養段階にどのように影響し、その結果として生物多様性と生態系機能にどのように影響が及ぶかについて推定できる範囲が限られている。次の重要なステップは、栄養段階間の相互作用において、栄養段階間応答形質および／もしくは栄養段階間効果形質としても働く形質を特定することである。

10.2.1　枠組みを定量的に用いる

複数栄養段階の応答形質と効果形質の枠組みを定量的に用いる（図 10.1）には様々な方法がある。Moretti ら（2013）は、植物とバッタの形質のデータセットを用いて、対照的な草原の管理体制が生産性（バイオマス生産）に与える影響を

訳注 10-1．形質シンドロームとは、特定の分類単位（種など）に存在し、他の種などと共有できる機能的形質値の組み合わせを指す。

モデル化することで、初めてこの枠組みを定量的に運用した。彼らは、植物とバッタの双方の栄養段階で、各形質について二つの群集形質の尺度――群集加重平均（CWM）と Rao の多様性を用いた機能的多様性（FD）――を計算し、植物とバッタの形質を群集レベルに拡大させた（尺度の詳細については第5章を参照）。枠組みに数値を付与するために、彼らは様々な変数の一部を段階的に用いて解析を行い、土地利用および植物とバッタの形質とそれらのバイオマス生産への寄与の関係を解明した。これは、栄養段階間の形質の枠組みにおいて異なるコンポーネント（変数）間の直接的および間接的効果を特定するために、単回帰と多変量回帰からなる多段階解析を用いた良い研究例である。

この分析的アプローチは、図10.1(a)に示すように4段階から構成されている。第1に Moretti ら（2013）は、管理体制の変化に大きく応答する植物とバッタ双方の環境応答形質を特定した。第2に、彼らは植物の栄養段階間効果形質に応答するバッタの形質を検証することで栄養段階間形質のつながりを特定した。この計算は、どの植物形質尺度がバッタの形質（TET）を決定したかを選ぶための多変量解析（冗長分析）で行われた。次に、選ばれた植物の形質のセットをバッタの各形質尺度（TRT）で検定することで、バッタのどの形質が植物の組成の変化に特異的に応答するかを特定した。第3段階では、植物とバッタの形質尺度のうち、直接的に植物の生産性に影響する形質（EET）がどれかを検証した。第4段階は環境応答形質と環境効果形質の関連性の特定であり、管理体制もしくはその他の栄養段階に応答し、生産性にも影響する形質尺度を確立することで構成されている。

異なる栄養段階の応答形質尺度を選ぶための多段階のアプローチとして、構造方程式モデル（SEM）を用いることで、因果関係についても検証できる（Lavorel et al. 2013）。SEM は、複数の因果関係を含む複雑な仮説を検証する上で強力なツールである（Shipley 2000）。図10.2は上記の生産性に影響する植物とバッタの形質の例において選ばれた変数間の関係をパス図として示している。ここでは、直接的および間接的相互作用が仮定されている。その相互作用は環境変化と生態系プロセスを群集の動態を通じて結びつけており、SEM を用いて検証することができる。図10.2の例を見ると、草原の管理は、葉の乾物含量（LDMC）の群集加重平均の変化を介してのみ一次生産（バイオマス生産）に影響する。LDMC は、バイオマス生産に対して直接的に負の効果を示す（標準化したパス係数 $\beta_{(\mathrm{LDMC},\ \text{バイオマス生産})} = -0.58$）。さらに、LDMC が高くなるとバッタの体重の群集加重平均が増加し（$\beta_{(\mathrm{LDMC},\ \text{バッタ体重})} = 0.40$）、これはさらに、バイオマス生産に負の影響を

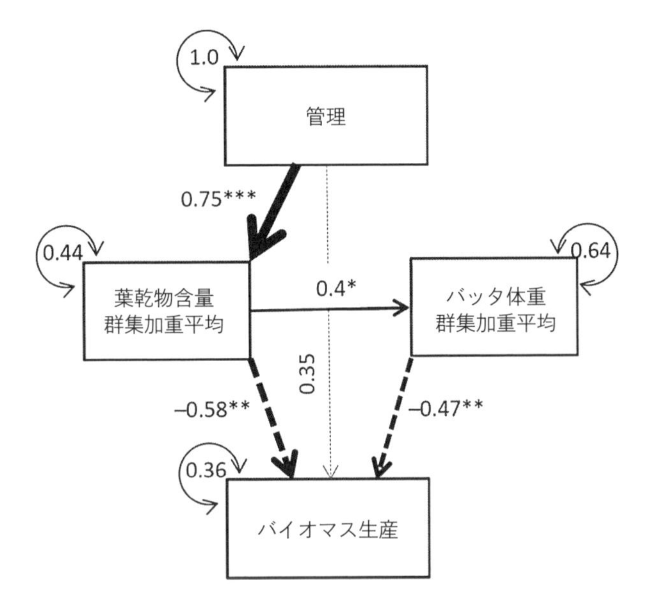

図 10.2　管理、植物、バッタの形質、植物の生産性（バイオマス生産）の間の因果関係の仮説を示すパス図。Wiley の許諾により、Moretti ら（2013）より引用。© 2013 International Association for Vegetation Science.

与える（$\beta_{(\text{バッタ体重},\ \text{バイオマス生産})} = -0.47$)。このバッタの体重を介した LDMC のバイオマス生産への間接的効果は、$0.40 \times (-0.47) = -0.19$ と計算できる。したがって、LDMC のバイオマス生産へのトータルの負の効果 $-0.58 + (-0.19) = -0.77$ は、植物群集の組成の変化のみで評価して推定されるものよりも強力である。これは、環境変化の生態系プロセスへの影響をモデル化する際に、複数栄養段階間の相互作用を含めることで、精度が向上することを示している。SEM を使用して複数栄養段階の応答－効果形質の枠組みを検証する方法の詳細については、'R material Ch10' を参照せよ。

これが図 10.1 の枠組みに数字を付与するための唯一のアプローチであるとは主張しない。確かに、群集レベルではなく、種レベルで分析して様々な値を示すこともできる（第 4 章を参照）。補完的な室内実験や野外実験は、どの形質が種の相互作用に影響を与えるかを検証するのに非常に役立つ。例えば、Brousseau ら（2018）は、土壌節足動物群集における捕食者と被食者の相互作用を説明する上でよく使用される捕食者と被食者のサイズ比よりも、捕食者の噛む力と被食者のクチクラの強さの方がより適した形質であることを示した。

10.2.2 栄養段階カスケード[訳注10-2]内の種内形質変動

応答形質と効果形質の枠組みを用いる研究のほとんどは、種間の形質の相違が種のフィルタリングの後に生態系機能にどのように影響するかに注目している(Díaz et al. 2013; Lavorel et al. 2013; Moretti et al. 2013; Perović et al. 2018)。しかし、生物はその形質値を変化させる、すなわち世代内および世代間で種内変化することによって、環境要因に応答することができる（第6章参照)。この形質変動の原因は2種類の可能性がある。一つは可塑性によって個体もしくは遺伝子型が新しい環境条件のもとでその形質値を変化させるものである。もう一つは遺伝的なもので、新たな環境条件によって個体群からある形質値をもつ個体がふるい落とされ、その結果選択された遺伝可能な形質の平均値にシフトする場合である。種内形質の変動が群集相互作用の結果の変化を通じて生態系機能に大きく影響することがあるという証拠がある（Schweitzer et al. 2004; Miner et al. 2005; Schmitz 2008; Palkovacs et al. 2009)。それらは複数栄養段階の応答形質と効果形質の枠組みにおける形質変動の原因を考慮することの重要性を強調している。したがって、先の節において説明した枠組みに必要な指数を計算するために、第6章で説明したツールを適用することを推奨する。

ほとんどの形質は、種内である程度の変動を示す。例えば、動物の行動は非常に可塑性が高く、これによって個体は環境の変化にほぼ即座に対応することができる（Wong & Candolin 2015)。Schmitz（2008）はバッタの食性を研究し、バッタ自身が好みの植物種から捕食されるのを防ぐ上で有利な別の種へと食物を変えることを示している[訳注10-3]。このバッタの食物嗜好のシフトは植物の多様性や植物の組成に大きな影響を与え、結果的に一次生産や窒素の無機化にも大きく影響する。行動の形質は、個体と環境および他の種との相互作用の多くの側面に関係している。行動の形質には、例えば餌の獲得量の最大化、捕食リスクの最小化、好適な非生物的条件への適応もしくはその探求などが含まれる。したがって、動物の行動の可塑性は、栄養段階間の相互作用を通じたカスケード効果において重

訳注10-2. 生物間で、何が何を食べているかというつながりを栄養段階カスケード（もしくは栄養カスケード）とよぶ。栄養段階カスケードでは、例えば生産者、消費者、高次消費者の順に相互作用があり、ある栄養段階の影響が栄養段階を通して直接的、間接的に別の栄養段階に影響を及ぼすことがあり、そうした効果をカスケード効果とよぶ。

訳注10-3. 待ち伏せ型の狩りをするクモ（捕食者）が存在する場合、バッタは好みの食物であるイネ科の草本よりも、避難場所として好適な別の草本（競争的に優位で他の植物を被圧する）に移動し、それを摂食する傾向が確認された。なお、バッタに対して捕食者の手がかりを与えにくい、積極的に移動して狩りをするクモが存在する場合はそうした食物のシフトは起こらなかった。

要な役割を果たすことがある（Schmitz et al. 2015）。植物と動物の生物季節的形質もまた非常に可塑的で、一般的に環境の変化に対して迅速な反応を示す。しかし、異なる栄養段階の生物季節的応答はしばしば異なる（Berg et al. 2010）ため、栄養段階間の相互作用が阻害され、生物多様性の維持と生態系プロセスに悪影響を及ぼしうる（Visser & Holleman 2001）。

急速な進化による変化もまた、栄養段階を通じて生態系機能に影響を及ぼすことがある。進化はこれまで考えられていたよりもはるかに一般的に起こっていることがわかっている（Post & Palkovacs 2009; Schoener 2011）。栄養段階間の相互作用、表現型の選択、およびそれらの生態系への影響をつなぐ因果関係の完全な説明はほとんどないが、いくつかの研究事例では、進化による変化が生態系機能に潜在的に大きな影響を与えることが示されている（Rudman et al. 2017）。Palkovacs ら（2009）は、トリニダードグッピーを用いたモデルシステムで、捕食圧が被食者個体群の生活史形質を変化させ、さらにそれが生態系プロセスの変化につながることを実験的に検証した。捕食圧が高いと、小さいサイズで早期に成熟するグッピーの表現型が選択されることがわかった。この表現型は、排出物を通して養分プールへの窒素とリンの供給量を 2 倍近くにする。この養分プールへの影響により、捕食圧が低いグッピーの個体群と比べて、この表現型をもつグッピーの個体群では一次生産が有意に増加することになる。生物の表現型が人為的要因によって選択される圧力が高まっているため、生態系と生態系サービスに対する、現在進行形で起こっている進化の影響を早急に評価する必要がある (Rudman et al. 2017)。

10.3 相互作用ネットワークにおける栄養段階間応答形質と栄養段階間効果形質

植物と動物の相互作用の研究は従来、対照的な調査スケールに注目してきた。一方のスケールでは、一種もしくは少数の植物種のみに着目した詳細な研究により、送粉、種子散布、植食など、様々な植物－動物相互作用の背後にあるメカニズムと、相互作用を形作る共進化プロセスについての知識が得られている（例えば Johnson & Steiner 1997）。もう一方のスケールでは、生態系との関連に着目することで､種を比較的粗い栄養段階で集約するなどして､生態系内の（栄養段階の）区画を通るエネルギーや物質の流れの研究が可能になる（de Ruiter et al. 1998）。これらスケールの異なる研究は、相互作用ネットワークアプローチを用いて統合できる。このアプローチでは、種のペアごとの相互作用のスケールを拡大して群集全体を説明することができる。群集全体の相互作用ネットワーク（食物網、送粉、種子散布ネットワークなど）を構築することは、ネットワーク構造を決定する要因と、ネットワークが生物多様性の維持と生態系機能に与える影響を調べる上で重要である（Pascual & Dunne 2006; Bascompte & Jordano 2007）。

相互作用ネットワークでは、種は相互作用によって互いにリンクされたノードとみなされる。植物と動物の相互作用は、多くの場合、二部ネットワーク（2セットのノードで構成される二つの部分に分かれたネットワーク）として表される（図10.3上）。植物－動物相互作用の場合、各セットは植物と動物をそれぞれ示し、セット内では相互作用はなく、セット間で相互作用が生じる。二部ネットワークでは、相互作用における互いの関係を明示的に示しており、植物と動物の相互作用ネットワーク構造を記述し、理解するのに役立つ（Bascompte & Jordano 2007）。ネットワークの冗長性、つまり種が喪失した後で二次的に種が絶滅する可能性に対して、ネットワーク構造が重要であることに多くの注意が払われてきた（Memmott et al. 2004）。例えば、あるネットワークでは、ゼネラリストの種が多くの種とリンクをもつ一方、特定の種としかリンクをもたないスペシャリストの種は、ゼネラリストがリンクする種の一部とリンクをもつ（ネスト構造のネットワーク、図10.3中央）。別の可能性として、比較的独立したサブネットワークに分割されるネットワークも考えられる（モジュラー構造もしくは区画化されたネットワーク、図10.3右）。ネスト構造の傾向を強くもつネットワークでは、スペシャリストの種は、ゼネラリストと相互作用する種の一部であるので、機能的に冗長である。それに対して、モジュラー構造では異なるモジュールに属する種がそれぞれリンクを補完し合うことになるが、モジュール内では種は機能的に冗長になる（Lewinsohn et al. 2006; 図10.3も参照）。モジュラーネットワークでは、種の喪失の効果は、その種が存在するコンパートメントに限定されると予測されるので、連鎖的な絶滅の可能性は低くなる。しかし、ネットワークの安定性は、種の絶滅の順序に強く依存している。以下で説明するように、形質は、ネットワークの構造と種の絶滅の順序の双方を決定する上で重要な役割を果たすことがある。したがって、形質は相互作用ネットワークの冗長性とそれらが提供する生態系機能の安定性を決定づける。

植物と動物の相互作用は植物と動物の双方の形質によって強い制約を受けていると考えられているが、機能生態学と相互作用ネットワークの分野はいまだに切り離された状態のままである。最近、Schleuningら（2015）は形質生態学の

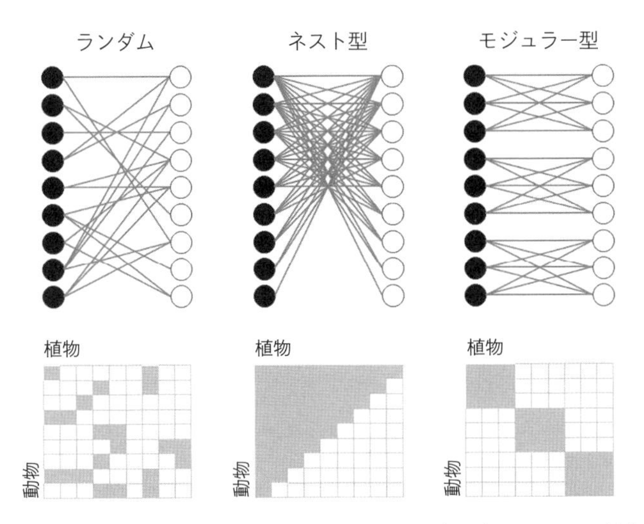

図 10.3　様々なネットワーク構造を示した二部ネットワーク図（上図）。ここでは、植物（黒）が 1 種以上の動物種（白）と相互作用しており、それに対応して相互作用の構造図（下図）が示されている。相互作用の構造図は、植物は列、動物は行の行列形式で表現されている。植物と動物の種間相互作用がある場合、行列の交差するセルが灰色になっている。Wiley の許諾により、Lewinsohn ら（2006）を改変。© OIKOS. Published by John Wiley & Sons Ltd.

概念を植物と動物の相互作用ネットワークに拡張することを提案した。彼らは、相互作用ネットワークの構造と機能にとって重要な二つのタイプの形質、すなわち**マッチング形質**（*matching trait*）と**質的形質**（*quality trait*）を定義した（図 10.4）。マッチング形質は植物と動物のペアの相互作用の確率を変え、ネットワークの構造を強く決定する形質である。相互作用パートナー間のマッチングは、形態形質（例えば、果実のサイズ vs 開けた口の大きさ、花冠のサイズと形 vs 体のサイズと形、葉の形質 vs 大顎の形質；Ibanez 2012, 2013; Bartomeus et al. 2016)、化学的形質（例えば、果実の化学的・栄養学的組成 vs 果実食者の相互作用；Sebastián-González 2017)、生物季節的形質（例えば、花と果実をつける期間 vs 送粉者と植食者の活動期間；Visser & Holleman 2001）によって変化する可能性がある。質的形質は、動物が植物種に提供するサービスの質に関連している。これらの形質は、ある生態系機能に対する動物の相互作用の効果を決定する。例えば、ハチの体サイズは、送粉効率（花への訪問数あたりのそこに落としていく花粉量）と正の相関をもつ（Larsen et al. 2005)。マッチング形質と質的形質の概念と、複数栄養段階の応答形質と効果形質の枠組みの間に対応関係があることに注意されたい。マッチング形質には、栄養段階間応答形質と栄養段階間効果形質の

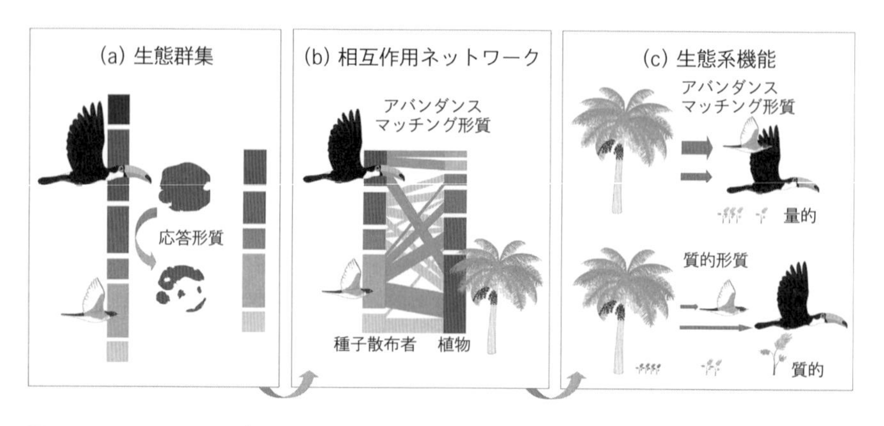

図 10.4 異なる形質タイプに影響を受ける三つのプロセス。ここでのプロセスは、生態群集の集合、相互作用ネットワークの構築、生態系機能の提供である。植物と種子散布者の相互作用を例として用いている。(a) 群集集合は環境フィルタリングの結果であるため、種の環境応答形質によって決定される。(b) 種の密度と種のペア間のマッチング形質が相互作用の頻度とネットワーク内の要素の配置やつながり方などを決定する。(c) 種のアバンダンスとマッチング形質は相互作用の定量的要素を決定し（つまり、種子の持ち去り）、質的形質が相互作用の定性的要素（散布距離など）を決定する。定量的、定性的双方の要素が、最終的に種子散布者が植物種に提供するサービスを形成する。Wiley の許諾により、Schleuning ら（2015）より引用。© 2014 The Authors.

双方が含まれると考えられる。

Schleuning ら（2015）が提案した枠組みは、相互作用ネットワークの構造を明示的に組み込むことによって、古典的な栄養段階（Elmqvist et al. 2003; Naeem & Wright 2003; Suding et al. 2008）および複数栄養段階（Lavorel et al. 2013）の応答形質と効果形質の枠組みを拡張している。拡張のためには、三つの連続したプロセスを認識して統合する必要がある。そのプロセスのすべてが、形質のタイプによって影響を受ける（図 10.4）。第1のプロセスでは、ある群集内において相互作用する可能性のある種の存在とアバンダンスが、環境フィルタリングによって制限される（第4章を参照）。このプロセスは、乾燥や極端な気温への耐性などの環境条件の制約に対する応答形質によって調整される。第2のプロセスでは、相互作用ネットワークが、形態的、化学的、生物季節的形質による調整を受けて形成される。これは、一致する形質をもつ種のペアが相互作用する確率が高まり、一致しない形質の組み合わせをもつ種のペアの相互作用が制限される（禁止リンク、例えば、警報シグナルや防御物質の分泌のような捕食防止機能；Olesen et al. 2011）。これは相互作用ネットワークの構造を強く決定する。第3のプロセスでは、植物と動物の相互作用によって提供される生態系機能が、定量的（相互作用の頻度）および定性的（相互作用の質）双方の要素によって決定される。このように、定量的（マッチング形質）効果と定性的（質的形質）効果の積が、生態系における種の機能的重要性を決定する。その他の応答形質と効果形質の枠組みと同様に（Naeem & Wright 2003; Lavorel et al. 2013）、応答形質と効果形質の間のつながりは、システムの安定性に根本的な影響を与える。しかし、環境変動の効果は、相互作用ネットワークの構造（および形質間のつながり）によって、栄養段階を通じて連鎖的に伝わる際に強化されたり、緩和されたりしうる。

環境の変化による種の喪失の順序は、種の環境応答形質に強く依存している。一方、種の喪失の生態系機能に対する影響は、応答形質－マッチング形質－質的形質の関係に依存している（Schleuning et al. 2015）。厳しい条件に耐える能力に関連する形質が生態系プロセスへの影響と負の相関関係にあるとき、またはその生態系プロセスへの影響を決定する形質と同じであるとき、種の損失が生態系機能に強い影響を及ぼすと予測される。例えば、大型の種子散布者の鳥は土地利用の変化や狩猟によって比較的絶滅しやすい一方で（Galetti et al. 2013）、体サイズの大きさは果実の持ち去り（Muñoz et al. 2017）や、長距離散布（Díaz et al. 2013）と正の相関関係にある。したがって、土地の改変や狩猟圧の増加により、大型の種子散布者の鳥が失われると、長距離の種子散布に大きな障害が生じることがある。この影響は、大型の種がゼネラリストで多くの植物種と相互作用を示すネスト構造のネットワークの場合、より強まる可能性がある（図 10.5；魚による種子分散の例は Correa et al. 2016 を参照）。しかし､大型の鳥の種がスペシャリストである場合（Farwig et al. 2017）や、種子分散ネットワークがモジュラー構造をもつ場合（Donatti et al. 2011; 図 10.5）は、種の喪失の初期の影響は緩和される可能性がある。逆に、質的（効果）形質が応答形質（ここでは非生物的条件への耐性形質を想定している）と正の相関関係にあるときは、種の喪失に直面した生態系プロセスの安定性が高いと予測できる。例えば､Bommarco ら（2010）は大型のハチは小型のハチと比べて分断化に対して抵抗力がある一方、大型のハチはまた、高い送粉効率（Larsen et al. 2005）と広い餌探索範囲（Greenleaf et al. 2007）をもつことを示した。このように、分断化が小型のハチの絶滅をもたらす場合でも、群集レベルの送粉効率にはほとんど影響を与えないことがある。

相互作用ネットワーク（Rafferty & Ives 2013; Bastazini et al. 2017）とペアごとの相互作用（Spitz et al. 2014; Krasnov et al. 2016）の構造を決定する上で形質が直接的にどれだけ寄与するかを定量するツールが開発されている。このツールは、マッチング形質を特定し、さらに相互作用ネットワークの研究を形質生態学

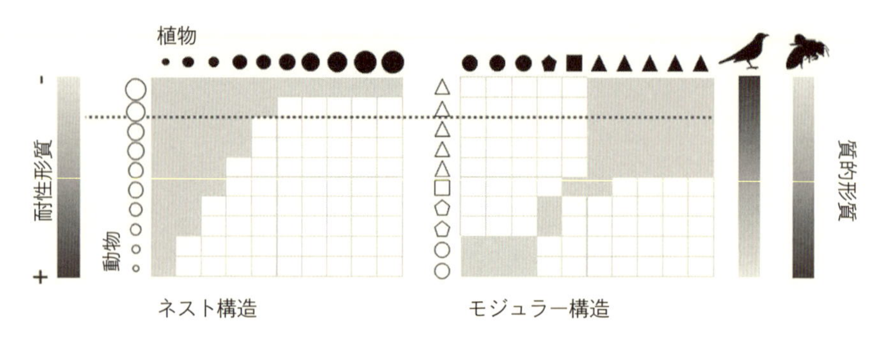

図 10.5 環境応答形質（非生物的条件への耐性形質など）、マッチング形質、質的形質間の相関関係の例示。動物（白抜き）と植物（塗りつぶし）のマッチング形質は相互作用ネットワーク構造を決定する。動物が行、植物が列の二つの相互作用行列において、灰色が相互作用のある部分を示している。破線は非常に敏感な動物種（破線より上）のみが絶滅するという環境変動シナリオを示している。これにより、二つのネットワークの結果は対照的なものとなる。ネスト構造のネットワークでは、敏感な動物種の喪失が植物群集に強い影響を与える。一方、モジュラー構造のネットワークではモジュール内の冗長性とモジュール間の相補性によって敏感な種の絶滅に対してより耐性がある。Schleuningら（2015）から着想を得た図。

と統合するための基礎となる。これらの分析ツールは、形質構造を検証するために使用できる。例えば、図10.5で仮定されているように、ネットワークモジュール内では種の形質の類似度は高く、異なるモジュール間では類似度が低いという具合である。相互作用ネットワークを形作る上で、マッチング形質には周知の通り直接的な役割がある。一方で応答形質も、相互作用しうる種の発生やタイミング、およびアバンダンスを決定することでネットワーク構造に間接的に影響する。まず、生物季節性が重複することは、相互作用が起こる必要条件である。次に、種のアバンダンスは相手との遭遇確率と相互作用の頻度に影響を及ぼすことで、ネットワークの形状と相互作用の強さを決定する（Blüthgen 2010; Bartomeus et al. 2016）。そのようなアバンダンスに起因する効果は、相互作用ネットワークを構成する重要な要因として長い間認識されており（Blüthgen 2010）、しばしば中立メカニズム（neutral mechanism）とよばれる（Krishna et al. 2008）。一つの群集内での種のマッチングに厳密に注目するときは、アバンダンスに起因する効果は中立とみなすことができるが、種の出現とアバンダンスは、環境の状況に応答した種の形質によって大きく左右される。したがって、種の出現とアバンダンスは、ニッチの分化に依存している（Schleuning et al. 2015）。このより広い視点は、相互作用ネットワークと形質生態学を統合する上で重要である。

環境と資源の傾度に沿ったネットワークを比較する手法は急速に進歩しており

(Pellissier et al. 2018)、種間相互作用の形成における形質の役割を解明する上で大きな可能性を秘めている。ネットワーク間の非類似度は、二つの要素に分けることができる。一つは、種組成の変化によるもので、もう一つは相互作用の変化によるものである（Poisot et al. 2012）。これら二つの要素における形質の役割を解明することで、研究者は環境変動という文脈で相互作用を推定できるようになる。そのためには、以下のステップを踏む必要がある。(1) 群集集合と種のアバンダンスのパターンを決定する種の応答形質を特定する、(2) 相互作用の頻度とネットワークの形状に対する、種のアバンダンスとマッチング形質の相対的寄与を分割する、(3) 相互作用の結果の定量的要素および定性的要素をそれぞれ決定するマッチング形質と質的（効果）形質を特定し、最終的に栄養段階間の相互作用を通じて提供されるサービスの規模を説明する、そして最後に（4）これら異なるタイプの形質間のつながりを特定する。上記のように、応答形質、マッチング形質、効果形質の間のつながりを特定することで、環境の変化に直面したときの生態系サービスを提供する群集の安定性を推定できるはずである。

10.4　展望

前節で示したように、形質生態学の枠組みは、種の栄養段階間の相互作用とそれが生態系プロセスに与える影響を理解するのに役立つ。しかし、多くの動物種では、個体ごとに異なる活動をしたり（摂食や休息など）、生活サイクルの一部を異なる生態系で過ごしたりすることも多い（つまり、生態系が閉鎖的ではなく開放的である）。これにより、ある生態系での栄養段階間の相互作用が別の生態系での相互作用やプロセスに影響を与えるという、より複雑な状況が生じることがある。1960 年代に Margalef (1963) は、遷移のより初期段階にある生態系は「搾取」されるという仮説をすでに立てていた。なぜなら、成熟した生態系の消費者は近くの初期遷移段階の生態系に採餌のために移動し、遷移初期の生態系から後期遷移の生態系に向かって養分やエネルギーを選択的に流すからである。最近では、メタ生態系の観点（Loreau et al. 2003）において、生態系の境界を超えた養分とエネルギーの獲得および喪失の双方を考慮することの重要性が強調されている。森林と渓流の境界面では、そのような相互の補助（水域から陸上の生態系へ、もしくはその逆）が、鳥類の年間のエネルギー量の最大 25.6％を、魚類の年間のエネルギー量の 44％を占めることがある（Nakano & Murakami 2001）。さらに、ある生態系における捕食は、近傍の生態系の種のアバンダンスを制限し、それによって、生態系間の栄養段階カスケードを促進しうる（Sabo & Power 2002; Knight et al. 2005; 図10.6の例を参照）。生態系の境界を超えた栄養段階間の相互作用の研究を拡張するために、さらに重要な問いに答える必要がある。それは、「生態系間の相互作用は、いつどこで発生する可能性が高いのか？」あるいは「生態系の物質などの流れを促進する種の形質はどれか？」といったものである。

完全変態をする複雑な生活史をもつ種は多くの場合、個体発生ニッチと生息地が大きく変化する（水生から陸生へ、地下部から地上部へ、植食者から捕食者の生活様式へ）。そのような種は、生態系をまたぐ連鎖的な相互作用の主体となりうる。個体発生過程を区分し、各生活史段階の食性ギルドを分類することは、このプロセスに貢献する種を検出するための大切な最初のステップである（Moretti

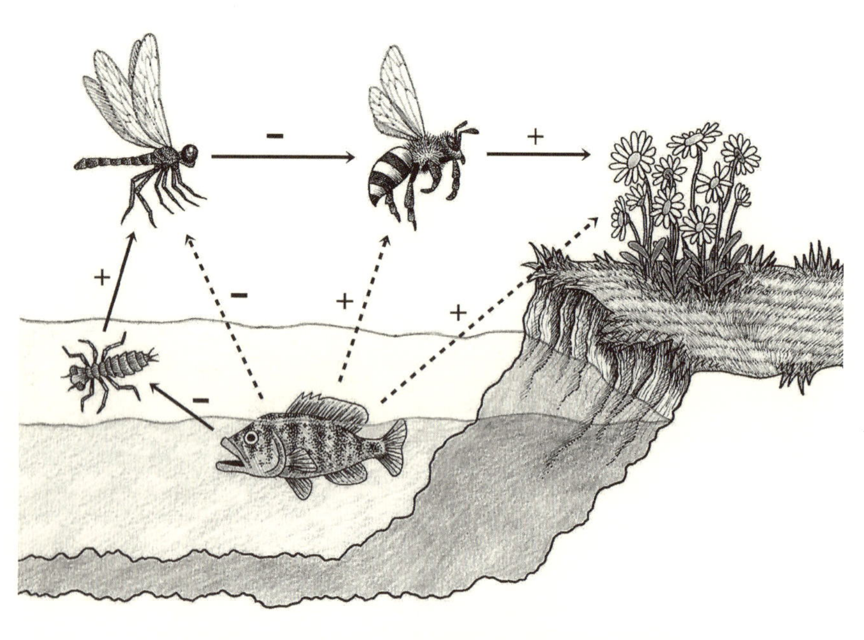

図10.6 Knightら（2005）が実験池で定量した水域と陸上生態系間の種の相互作用を示す図。トンボは個体発生に伴う生息場所の変化があるので、水中の栄養段階の相互作用が陸上の栄養段階に連鎖し、植物と送粉者の相互作用に影響を及ぼす。魚がヤゴを捕食すると、トンボ成虫の個体数が減少する。結果として、魚の存在する池の周りでは、送粉者のアバンダンスが増加し、訪花数が増加する。実線の矢印は直接的な相互作用を、破線の矢印は間接的な相互作用を示している。Knightら（2005）の図1をもとに、Luís Gustavo Barrettoが作画。ただし、オリジナルはS. WhiteとC. Stierwaltが作成した。Copyright © 2005, Springer Nature；調整、再作画版はRightsLink permissionと、追加でe-mailにより許諾を得た。

et al. 2017)。日常的な移動パターンや移住に関連する行動形質も、生態系間の相互作用を促進する可能性がある。異なる生態系を利用する種の移動のパターンがランダムであっても、排出物や死体を介して、より豊かな生態系からより貧しい生態系へかなりの量の養分が輸送されることがある（Doughty et al. 2013; Wolf et al. 2013)。異なる生態系の様々な利用における行動形質を考慮することで、生態系全体にわたるカスケード効果を促進する種を特定することができる（Stevenson & Guzmán-Caro 2010)。種の相互作用と移動を介して生態系を相互に接続する形質を特定したり検証することは、景観生態系生態学をさらに進歩させるための重要な次のステップである。

我々が直面しているもう一つの課題は、形質がどのようにして栄養段階と無関係の相互作用を決定するかを理解することである。種間相互作用の研究の多くは、競争や栄養段階間の相互作用に注目している。一方、促進、共生、生態系エンジニアリングなどの別のタイプの相互作用は、生物多様性の維持や生態系機能に大きな影響を与えうる（Wilby 2002; Brooker et al. 2008; Powell & Rillig 2018)。応答形質と効果形質の枠組みを栄養段階と無関係の相互作用（競争以外、第 7 章参照）に拡張することで、環境変動が生態系機能に与える影響を予測する能力を高めることができる。

まとめ

- Lavorel and Garnier（2002）によってはじめて提案された応答形質と効果形質の枠組みは、異なる栄養段階間に対して拡張することができるため、機能形質が種間相互作用をどのように制御するか、そしてこれらの相互作用が生態系機能にどのような影響を及ぼすかを評価することができる。
- 「栄養段階間効果形質と栄養段階間応答形質」の概念が、ある栄養段階内の形質がどのように別の栄養段階に影響するかを評価するために導入されている。
- 形質生態学の概念を植物と動物の相互作用ネットワークに組み込むことは、相互作用ネットワークとその結果としての生態系サービスを駆動するニッチメカニズムと中立メカニズムの両方を特定するのに役立つ。
- 種内の形質変動によって、種間相互作用とそれらから生じる生態系プロセスが変化することがある。これは、相互作用に関係する形質（生物季節、体サイズ、食物の好みなど）が環境の変化により大幅に変化（可塑性や選択によって）する場合に、特に重要になる可能性がある。

11 形質サンプリング戦略

機能形質に関する研究を計画する上で最も重要な側面の一つは、形質データの取得である。第2章では、文献と形質データベースの使用など、形質の選択と取得の方法について紹介した。しかし、常にデータベースに頼れるわけではない。対象種の多くがどのデータベースにも含まれていないときや、種内の形質変動（ITV; 第6章参照）を考慮する必要があるときは、データベースが使えない。別の言い方をすれば、たとえデータベースが対象種の有益な形質の情報を含んでいても、研究の文脈によっては不十分なことがある。データベースの形質情報は、特定の場所において測定された形質情報をよく反映している場合もあるし、していない場合もある（Cordlandwehr et al. 2013）。これは第6章で説明したように、形質値は種内で固定されておらず、遺伝的変異や表現型の可塑性によって、ある種の個体の形質値が異なることが頻繁に起こるためである。データベースで形質が計測された地理的、環境的もしくは生物的状況が自分自身の研究の状況と異なるときは、データベースの形質値を使用することが問題になる可能性がある。

形質値（のデータベース等）が存在しないとき、もしくは研究地域内のITVを考慮したいときは、その場の形質を計測する必要がある。実際、対象形質を決定し、その形質の計測と標準化の方法に習熟した後でも、ある問いに対応した形質値を得るために、各種のどの個体を何個体計測する必要があるのかという問題に頻繁に直面する。本章では、最適サンプリング戦略を探求しながら、これらの問題を取り上げる。ここで示される例のほとんどは植物である。別の分類群にも同じ原則が当てはまるが、個体の生活サイクルの中での表現型の違いや大きな雌雄差などさらに複雑な問題を伴う場合もある。形質のサンプリングの重要な側面を示すために、我々が学生とよく「プレイ」する「ゲーム」から本章を始めたい。

11.1 「野心的な指導教官」の演習

我々は、形質サンプリング戦略の設計に親しむために「野心的な指導教官の演習」をよく学生達と行う。あなたの指導教官が、標高傾度に沿った植物の形質の変化を調べ、植物の組成に対する気候変動の影響の可能性を評価する助成金を得ていると想定しよう。このプロジェクトの狙いは、低標高と高標高の群集間の種と形質の違いを調べるだけでなく、種内の変化も調べることである（そのような科学的目的を理解するには第4章から第7章と関連する問いを参照せよ）。具体的には、第6章で見たように、標高傾度に沿った種のターンオーバーとITVの双方によって生じる形質値の変化を観察することを期待している（Lepš et al. 2011）。つまり前者では、種がある特定の標高で経験する環境条件に適応して入れ替わり、後者では種内の個体が標高に適応していると考える。

あなたの指導教官は、以前のプロジェクトですでに群集組成のデータを得ている。そのため、標高傾度に沿った種組成の変化はわかっている。では、この以前のサンプリングの特徴について見てみよう。このサンプリングは、第7章の帰無モデルについて説明したものと同様の方式で行なっている。ここでのサンプリング計画は、一つのプロットが5 × 5 mの大きさで、各植生ベルトに5個のプロット（繰り返し）があり、合計40プロットである（図11.1）。異なる標高に8個の植生ベルトがあるとしよう（海抜でおよそ、1300, 1500, 1700, 1900, 2100, 2300, 2500, 2700 mとする）。種の被度のデータが40プロットのそれぞれで利用でき、合計150種が存在する。簡単にするために、プロットごとに約20種が存在し、各プロットの被度の上位6種が全被度の80%以上を占めているとする。また、それぞれの植生ベルト内で（それぞれの標高内で）の種のターンオーバーは少なく、各ベルトには合計約30種が存在するようにする。標高傾度に沿って、ある種は一つの植生ベルトのみに存在するが、この例では、50種が二つ以上のベルトに存在する。これは現実的な例とみなすこともできるが、多くの場合、環

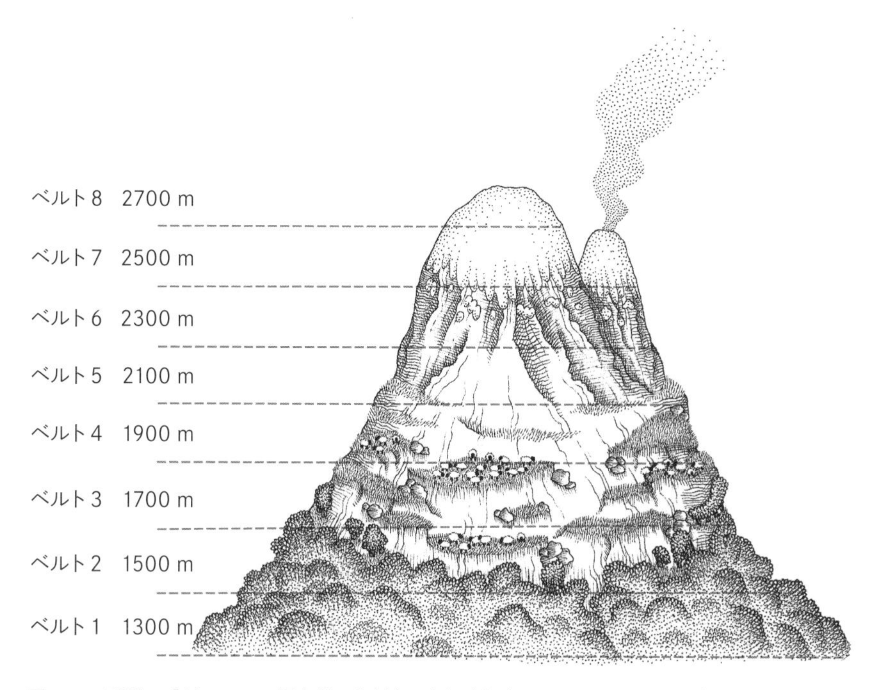

図 11.1 形質の「ゲーム」: 8標高帯に分割された標高傾度にわたる形質のサンプリング。それぞれの標高帯で、五つのプロット内の種組成を調査した。Luís Gustavo Barretto が作画。

境傾度全体および同じ環境条件の繰り返し全体で種が増えるにつれて、サンプリング計画にははるかに多くの変動が含まれることに注意してほしい。

話を簡単にするために、あなたの指導教官は本書を読んでいないとする。指導教官は、プロジェクトのために形質情報を集めるサンプリング計画を提示するようあなたに求めている。ただし、指導教官は、どの形質を測定するべきかについては、ある程度のアイデアをもっている（第2章）。これらの形質の測定には、控えめに見積もって計測対象の個体につき（野外と室内の時間を含めて）合計20分かかるとしよう。例えば、植物の研究でよく計測される比葉面積の測定には、植物一個体あたり約10分かかる（葉を採取し、それを輸送のために保管し、スキャナーにかけて、その画像の葉面積を計測し、葉の乾燥の準備をして、乾燥した葉の重量を量り、データをコンピューターに入力する）。多くの形質では、計測にさらに時間がかかる。

これで、すべての要素が整ったので、ゲームをプレイする準備ができた。あなたは指導教官にどんなサンプリング計画を提案するだろうか？ プロジェクトの目的を達成し、優れた論文を発表し、一方で自由時間も充実したバランス良い生活も送れるようにして、このサンプリング戦略をどのように実施するだろうか？ しばらく考えてみよう。この本を閉じるか脇に置いて、紙を一枚取り、選択肢を書き留めて、測定したい種数と個体数を計算してみよう。5～10分かけて、シナリオをいくつか考えてから、次のテキストを読んでみよう。このゲームのルールがよくわからない場合は、この後に出てくる最初の例から読みはじめて、課題のところに来たら、本を閉じてもう一度プレイしてみよう。

では、様々なオプションを見ていこう。あなたの指導教官を喜ばせるための一つのオプションとして、「すべての場所のすべて」をサンプリングすることが考えられる。これはいくつサンプリングすることを意味するのだろうか？ 平均で1プロットあたり20種生息することがわかっている。そこで、比葉面積などの形質についてサンプリングすると、以下のようになる。

「すべての場所のすべて」戦略＝20種×5プロット×8標高×10個体
＝8000個体（8000×20分≈2700人・時間）

ここでは、標準化された調査方式に従い（第2章）、種ごとに10個体をサンプリングすることを提案している。しかし、計測する個体数は一種あたりもっと多くなる可能性もある。

このサンプリング戦略はあなたの指導教官に好印象を与えるだろうが、あなたと一緒に働く人々はあまり喜ばないかもしれない。人手、輸送手段、技術者などの豊富な資源（したがって十分な資金）がない限り、1シーズンに8000個体をサンプリングするのはあまり現実的ではない。我々の経験では、4人のチームが容易にサンプリングできるのは、一日あたり100～150個体くらいである。さらに、サンプリングは最初のステップにすぎず、比葉面積を計測する前には、いくつかの手順（保管、洗浄、再吸湿など）が後に続く。もちろん、それは生物のタイプ、計測する形質の数とタイプ、研究サイトへのアクセスの良さ等によって異なるが、最終的にはすべて時間の制約に行き着くことになる。

この問題点の一つの解決策は、気候の極端さに焦点を当てて、標高ベルトの数を減らすことだろう。しかし、あなたの指導教官はすでに各標高の植生を調査してしまっているので、標高のスキームは尊重する必要があるとする。より妥当な解決策は、標高ごとの五つの繰り返しを忘れて、**「環境段階別」**、つまり標高ごとに植物をサンプリングすることである。これにより、あなたのプロジェクトはあまり野心的なものでなくなる（このため実行可能になる）が、それでも質の高い形質データを生み出せる。上述のように、このプロジェクトの主な目的は、気候（つまり標高）に伴う形質の変化を調べることであり、同様の環境条件内の種内の変動にはあまり重きを置いていない。このため、同じ標高内では大きな形質の変動はなく、形質の変動の主な要因は標高であると仮定できる（もしくは、同じ標高内の変動は現在取り組んでいる課題の一部ではないといえる）。したがって、各標高の繰り返しプロットで各種をサンプリングする必要はないが、代わりに各標高で少なくとも1回は各種をサンプリングする。標高ごとに少なくとも5か所のプロットのうちの1か所で（例えばランダムに選択して）各種をサンプリングするとして、標高ごとに平均30種存在するので（上記参照）、次のような式になる。

「**環境段階別**」戦略 = 30種 × 8標高 × 10個体
= 2400個体（2400 × 20分 ≈ 800人・時間）

これははるかに手頃な数である！　それでも、1シーズンに2400個体というのは、中小規模の研究グループにとってはかなりの作業量である。この戦略は、実行可能であるが、比葉面積を計測するのに数週間をかける専任の研究者グループが必要である（場合によっては、特定の種に、何らかの許容できない生物季節的変化が加わることさえある）。

作業量を削減するために、他にどんな解決策が考えられるだろうか？　各ステップで、サンプリング方式を単純にすることは、何かを諦める必要があることを意味する。例えば、すべての種をサンプリングする必要はなく、最も優占する植物種「のみ」をサンプリングすればよいと、指導教官を説得するのはどうだろうか。ここでは以下を仮定する。(i) 形質フィルタリングは主に優占種に作用する（第4章、第5章）。(ii) ある種が他のレアな種に対して優占するのは、その種の形質がレア種よりも特定の環境条件によく適合しているためである（Shipley et al. 2016）。(iii) 集合プロセスは優占種間の相互作用の結果である（第7章）。(iv) 生態系機能とサービスは主に最も優占する種に依存している（第9章）。優占種に基づくサンプリング戦略は、Pakeman and Quested (2007)、Pakeman (2014)、Majeková (2016a) などの研究で支持されている。それらの研究は、プロット内の**総アバンダンスの80％**を占める植物種の形質がわかれば、そのプロットの機能構造を比較的正確に近似できることを示唆している。さらに、この戦略と上述の「**環境段階ごとの**」サンプリングを組み合わせることもできる。つまり、標高ごとの30種のうち、各標高ベルトで優占するのが約10種とする（上位6種が各プロットの被度のほとんどを占めていることを思い出そう）。この場合、サンプリング戦略は以下のようになる。

「**環境段階ごとの優占種**」戦略 = 10種 × 8標高 × 10個体
= 800個体（800 × 20分 ≈ 270人・時間）

これで比葉面積を計測する作業が大幅に軽減された！　現状、欠点となるのは、「**環境段階ごとの優占種**」戦略では、この地域の合計150種の植物種のうち、実際には「わずか」40種程度しかサンプリングしない可能性が高いということである。なぜなら、二つの隣接した標高の優占種が同じになる可能性があるからである。優占種以外の種に何が起こっているかを気にしない場合には、このサンプリング戦略は魅力的である。しかし、特に種間で環境フィルタリングがどのように生じているかを評価したい場合には、非優占種が研究対象となることもある。

そのときは、より多くの種をサンプリングするとよいだろう。そのためには、同様のサンプリングサイズを保つ一方で、何かを犠牲にせねばならない。犠牲になるのは、おそらく形質の種内変動だろう（この点は「**環境段階ごとの優占種**」のシナリオの中で間接的に評価されている。なぜなら、ある単一の種が複数の標高で優占することがあるからである）。したがって、標高間での種内の形質の変化は、種組成の変化と比べてあまり重要ではないことを指導教官に納得してもらうように説得することができる。種組成の変化（ターンオーバー、第6章）の効果に注目したい場合には、できるだけ多くの種を考慮する必要がある。種組成の変化の効果は、標高間で種のターンオーバーが多く見られるときに重要となる。続いて、例えば、各種を一つの標高ベルトのみで（例えば、最も優占する標高ベルトで）サンプリングすることもできるだろう。このサンプリング戦略は実際に文献でも頻繁に見かけるもので、一つの種内の形質値は「固定」され（Lepš et al. 2011）、種内の違いは種間の違いほど重要ではない（Garnier et al. 2001）と想定されている。言い換えれば、形質の種間の相違がITVに対して優先されている。このサンプリング方式を適用すると、例えばよりアバンダンスが多い一つの植生ベルト（標高）のみで種をサンプリングするという方法がとれる。この場合、最大150種すべてをサンプリングすることが可能である。以上をまとめると次のようになる。

「**種固定**」戦略 = 150種 × 10個体
= 1500個体（1500 × 20分 ≈ 500人・時間；
さらに150種のうち80種を選択すると、ほぼ半分になる）

この「種固定」戦略はまだ少し野心的すぎるため、最終的には上述のように優占種のみをサンプリングするアプローチと組み合わせて、サンプリングの労力を抑えながら、できる限り多くの種をサンプリングするという妥協点を探ることもできる。次に、「種固定」アプローチを用いて、「環境段階ごとの優占種」戦略のように800個体をサンプリングし、少なくともより多くの種、この場合は80種をカバーするというやり方もできる。

しかし今度は、指導教官が「種固定」アプローチや、優占種にサンプリングを限定するという考えに満足しないケースを考えてみよう。指導教官はITVも考慮しつつ、より多くの種をサンプリングする必要があると主張する。このため、我々は種数を増やす必要があるが、形質測定の数を妥当な範囲内に抑えるために、何か他のものを減らす必要がある。一つの選択肢は、各植生ベルト（標高）内のそれぞれの種についてサンプリングする個体数を減らすことである。例えば、10個体ではなく5個体をサンプリングすることにする。以下で説明するように、この戦略では推定の精度（次節参照）が低下するが、植生ベルト（標高）内の種の情報は維持されるため、正確性は向上する。

「環境段階ごとの削減型」戦略 = 30種 × 8標高 × 5個体
= 1200個体（1200 × 20分 ≈ 400人・時間）

もちろん、これまでの戦略を組み合わせることもできる。優占種は群集の機能構造の主要な決定因子となりえるので、植生ベルト内でもう少し集中的にサンプリングすることもできる（例えば、植生ベルトごとに優占種の一種あたり5個体）。同時に、さらに各植生ベルト内の非優占種を少数採集することもできる（例えば3個体）。サンプリング戦略は以下のようになる。

「少ない労力で多くの成果」戦略
= (10優占種 × 8標高 × 5個体) + (20非優占種 × 8標高 × 3個体)
= 880個体（880 × 20分 ≈ 300人・時間）

ご覧の通り、この手法ではITVを考慮に入れつつ多くの種をサンプリングできるが、特に非優占種ではあまり正確ではない可能性がある。

全体的に、この演習の中で示した例は、我々が講義の中で学生や同僚と行った多くの議論を反映している。これらの例は、決して網羅的なものではないが、様々な選択肢を反映している。これらの選択肢は、一見単純なサンプリングを計画する際にもいくつかの極端な戦略が含まれることを示している。実際、形質をサンプリングする上では様々な戦略が存在する。その戦略は、指導教官や査読者を満足させる必要がある。それと同時に、最も重要なこととして、種の分化を理解するという自身の生物学的関心を満たす必要がある。原則的に他のどの戦略よりも優れた戦略というものはない。しかし、他の戦略よりも形質の「真の」変化をよりよく反映する戦略は存在し、それは研究の注目点やデータのタイプに依存している。上記の演習ではサンプリングを系統学的に編成したり（例えば、同属の種を傾度に沿って比較する；第8章の検定とDefossez et al. 2018を参照）、機能グループ、機能タイプ内（間）で編成したりすることもできる（Wright et al. 2004）が、言及しなかった。こうしたサンプリング手法を用いて、形質のトレードオフに関する多くの興味深い研究が生み出されている。

11.2　正確性と精度

様々なサンプリング戦略の概念を示したところで、これらのアイデアの背後にある理論について説明しよう。機能形質の研究では通常、生物群集（第5章）もしくは個体群（第6章）の形質構造を推定することに関心をもつ。このために、群集や個体群を構成する個体の形質値の信頼性の高い推定値が必要である。研究するシステム内に存在するすべての個体の形質を計測できるのであれば、形質構造の「完全な記述」を達成できる。しかし、ごくわずかな例外（例えばBaraloto et al. 2010; Paine et al. 2015）を除いて、時間と資源の制限があるので、ほとんどの研究グループやプロジェクトでは、そのようなレベルの高いサンプリングは実行できない。したがって、前節の推定の問題に再び直面することになる。あるサンプリング努力(つまり、計測できると合理的に予測される個体数)に対して、我々の目標は推定した形質構造と「実際」の形質構造の類似度を最大にすることになる。

本章で扱う形質サンプリングの概念的枠組みは、統計的推定の重要な二つの概念、すなわち正確性と精度に基づいている。**正確性**(*accuracy*)は、変数の推定値(つまり対象形質の値）がモデルシステム内の変数の実際の値にどれほど近いかということである。**精度**（*precision*）は、変数の様々な測定値がそれらの間でどれだけ異なるかという程度である（図11.2)。一般的な規則として、計測システムは、その正確性と精度が高い方が優れているといえる。例えば、ある局所の植物個体群の平均樹高を推定したいが、すべての個体は計測できないとしよう。形質計測の目的は、最高レベルの正確性と精度で平均樹高を近似することである。この場

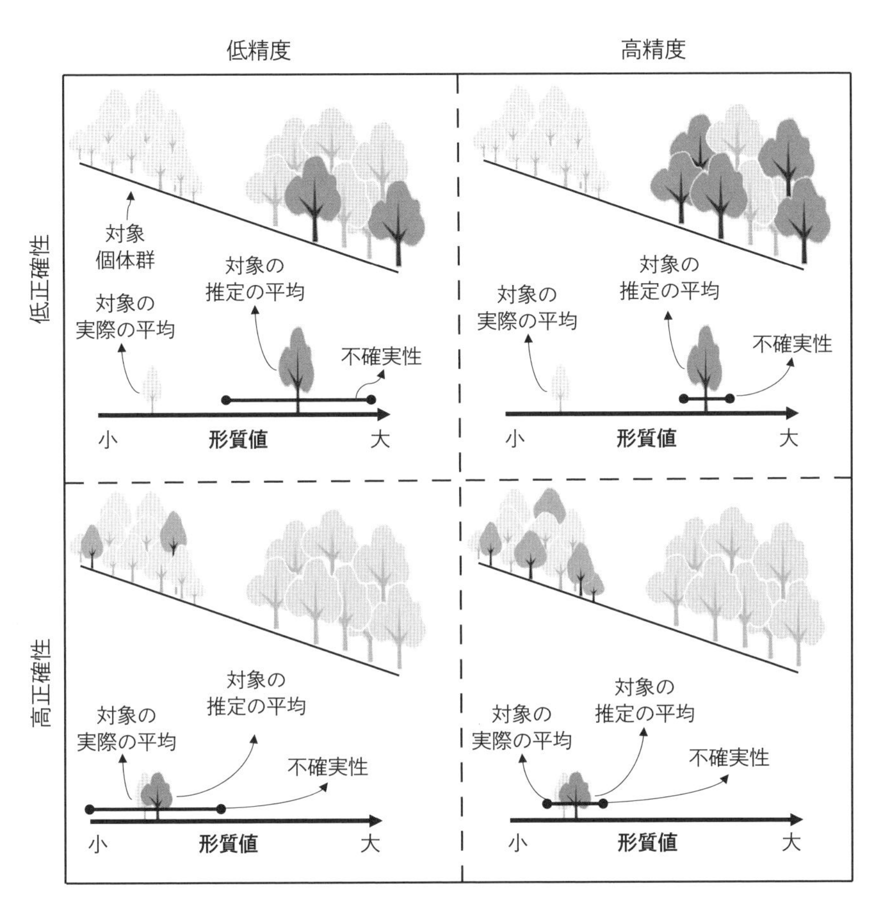

図 11.2　精度（precision）と正確性（accuracy）の概念図。研究目的は、斜面上部の対象個体群の平均樹高を推定することである。樹高は環境要因に応答して異なる値をとる。このため、同種でも個体群が異なれば平均樹高も異なる（斜面下部の個体群は対象個体群よりも樹高の高い個体を含む）。対象個体群の樹高の推定平均値は、樹高を計測した選択個体（色の濃い木）の平均に基づいている。正確性のレベルは、樹高の推定値が実際の対象個体群の平均値からどのくらい離れているかを示している。樹高の推定値の正確性は、高さを計測する際に対象個体群と同じ条件で成長する個体を正確に選択することで向上できる（上の図と比較して下の図の正確性が向上していることがわかる）。樹高の推定の精度は、推定しようとしている平均形質値の確かさの指標である。より多くの個体を計測すれば精度は向上する（左側の図に比べて右側の図で精度が向上していることがわかる）。正確性と精度は独立しており、対象個体群の個体と大きく異なる個体を選択した場合、多くの個体を計測すると精度は向上するが正確性は向上しない。

合、どこの個体を選べばよいかは非常に簡単である。着目する個体群のところにいる個体であり、そこに行って樹高を測るだけである。しかし例えば、土壌肥沃度のはるかに高い別の個体群からの個体（通常はより樹高が高い個体）を計測してしまうと（または別の個体群で計測されたデータを使用すると）、対象としている個体群の樹高の推定は不正確になるだろう（図 11.2）。したがって、最初の結論は、着目する局所個体群で形質を計測すれば、異なる環境条件下で生育する個体群から得た形質データを使用する際に生じるバイアスを回避できるということである。

そして、もちろん、たとえ一つのサイトのみで形質を測定したとしても、対象となる個体群内にはある程度の樹高の種内変動も存在するだろう。したがって、単一個体の計測によって個体群の平均樹高を推定するならば、信頼性の低い推定値になる可能性がある（しかし、局所個体群での計測値がないときには、この方法の方が推奨される場合もあることを、後に説明する）。このため、より多くの個体の樹高を計測することで、平均樹高の推定値の精度が向上する。つまり、サンプルサイズが大きくなると推定値の精度が上がる。注意すべきは、精度と正確性は独立している点である。先の例では、実際に対象としている集団以外の個体群（例えば、肥沃な条件の樹高の高い個体群）で、非常に多くの個体を計測することもできる。このとき、結果として得られる推定値は、精度は高くなるが、正確性は低くなる。

11.3 異なるスケールでの形質の変動

正確性と精度の概念を表す図 11.2 の例は、意図的に単純化しており、単一種の個体群の形質を推定する問題のみを扱っている。理屈に合わないような数の個体が含まれるはずはないので、これはたいした問題ではないと考えるかもしれない。しかし、この認識は誤解を招く可能性がある。なぜなら、形質の変動は複数の空間スケールと環境条件にわたって種内で生じるからである。例えば、Albert ら（2010）は、形質値の変動を三つの階層的な生態学的スケールに分割した。三つのスケールは、サブプロット（1 ～ 10 m^2 の中に 3 個体）、プロット（2500 m^2 の中に 3 サブプロット）、傾度（大きな標高傾度の間に 16 種、7 ～ 18 個体群）である。Albert ら（2010）は、植物の種内の形質値が個体群間で大きく変動するだけでなく、同じ局所条件を共有する個体群内や、さらには個体内ですら大きく変動することを示している。葉の形質値は単一の個体内で大きく異なることがある。特に、樹冠の層位間もしくは、陰葉と陽葉を比較するときに、葉の形質値の違いがみられる（Messier et al. 2010）。第6章では様々な手法を用いてこれらのスケール間で分散を分割する方法について説明した。高い精度を求めると、形質の計測がエスカレートする方向に進んで､研究が実行できなくなる可能性がある。特に複数の種を同時に検討する場合には、詳細さのレベル（最小レベルは枝、個体、個体群のどれとみなされるだろうか？）と、全体のサンプリング作業量（各レベルでの繰り返しの数）の間に、必然的にトレードオフが生じる。

しかし、希望が完全に失われたわけではない。標準化した方法で形質を計測するための**プロトコルハンドブック**が存在する（Cornelissen et al. 2003; Pérez-Harguindeguy et al. 2013; Moretti et al. 2017; 第2章参照)。これらのハンドブックは、形質を計測する条件を揃えることを目的とした推奨事項を示すことで、この問題を解決しようとしている。このハンドブックが意義深いのは、多くの生態学上の問いに答えるためにどの個体を採集し、何個体を計測する必要があるかの選択に関する標準化を行っている点である。代表的な推奨事項の一つは、成熟した健康な個体を選ぶことで、これには個体発生もしくは天敵による種内変動を取り除く目的がある。植物の場合、葉の形質（比葉面積など）を計測する際に、林冠の様々な領域から葉を採集することがある。このとき、葉によって日照への露出が異なり､その結果､葉の形質値に影響する可能性がある。この場合､ハンドブックでは、直接日光にさらされた損傷のない成熟した葉を選ぶことを推奨している(Cornelissen et al. 2003; Pérez-Harguindeguy et al. 2013)｡これらの推奨事項により、種内と個体内の繰り返しの必要性が減り､より多くの種を測定することができる。我々は、可能な限りハンドブックに従うことを推奨する。しかし、研究目的が、例えば樹冠内の葉の位置（Messier et al. 2010）や、個体発生に伴う変動（Moretti et al. 2017）など、種内の形質の変動の全範囲を定量することであるならば、当然ながらハンドブックの内容は適用されない。

個体群内の形質の変動には関心がないとしよう。標準化した場合でも、個体群間には依然として大きな種内変動が存在する。これは、局所の平均形質値に対して、信頼性のある（つまり正確で精度が高い）推定値を得るためには、ある地点内で複数の個体を計測する必要があることを意味する。条件の異なる場所間で、各個体群内の複数の個体の形質を計測すると（一部のハンドブックで示されているように；植物に対しては Pérez-Harguindeguy et al. 2013 の Appendix 1 を参照)、膨大な数の個体をサンプリングして計測することになるかもしれない。しかし、サンプリング計画によっては、そんなに多くの個体の形質を計測することが常に実行可能とは限らない。それでは、どのように進めればよいのだろうか？

11.4　サンプリング戦略

ここでは、先の演習のアイデアをさらに拡張し、新しい概念も発展させる。利用可能な形質データベースがないとすると、たとえ一形質のみであっても、その形質を群集で記述するために、何千もの個体の形質の計測が必要になる可能性がある。これは検討中の形質、種、環境条件の数に応じて急速に増加する（場合によっては指数関数的に増加する：Carmona et al. 2016; Blonder et al. 2018）。したがって、群集の機能構造を明らかにするために群集の機能形質を計測することは、一種もしくは数種の個体をサンプリングするよりはるかに困難な場合がある。ここからは、主にこのタイプのサンプリングを設計する方法に注目する。

念頭に置くべきは、サンプリング戦略は**研究の目的**に依存するということである。残念ながら、考慮すべき側面や可能性のある場面があまりにも多いために、サンプリング戦略の選択においてすべてのケースで従うべき一般的で確実な推奨事項を示すことは事実上不可能である。しかし、単純で直感的な概念を一つ挙げることはできる。それは環境条件全体でITVを検討したいならば、各環境条件で各種の個体を計測する必要があるだろうということだ（つまり、「環境段階ごとの」戦略）。これは、（様々な環境条件において計測された形質値を代入しないことによって）正確性の向上を試みることを意味する。しかし、正確性の向上を行えば精度の面で犠牲をはらうことになる（より多くの環境条件下で形質測定の総数を増やす必要があるため、種および高度ごとに測定される個体数が減少する）。種が生育する環境条件の中でITVを考慮したいならば、種と環境あたりの個体数はより多くなるだろう。これに加えて、群集の種数が非常に多い場合、個別の種ごとの計測数をさらに減らす必要がある。その結果、形質の推定値の精度がさらに低下する可能性がある。

我々ができる最善の助言は、「判断力を働かせろ」ということである。すなわち、形質の計測を始める前に研究システムについて可能な限り多くの情報を得ること（例えば上記の演習では、群集の構造を事前に把握すること）、サンプリング計画とその代替案について同僚と話し合うことである。以下では、有効なサンプリング計画に到達するための段階的アプローチをさらに提案する。

11.4.1　出発点：限界の設定

形質に基づく研究はすべて、研究上の課題を適切に記述することから始まる。この研究上の課題は、どの形質を、どこで、どのくらいの頻度で計測すべきかを決定するのに役立つ必要がある（第2章）。この時点で、実行可能なサンプリング戦略を設計する上で重要なのは、形質値をできる限り高精度かつ正確に推定するために、各種のどの個体を何個体計測するか決定することである。戦略を計画するときには、いくつかの要因を考慮しなければならない。まず、どの形質を計測するべきか？　形質の選択は本章の目的ではないが（第2章参照）、サンプリング戦略を発展させる上で重要なステップである。一部の形質は比較的迅速かつ安価に計測できるが、そうでないものもあり、それが研究内で計測できる個体の最大数に大きな影響を与えることがある。一部の形質が他の形質より変動が大きいとわかっていることもある（Cornelissen et al. 2003; Siefert et al. 2015）。このとき、種内の繰り返しを増やす必要があるかもしれない。望まぬサプライズを避けるために、計測時間と形質の変動を事前に考慮しておくべきである。使える合計時間（もしくは合計資源）を、各個体の計測に費やす平均時間（もしくは平均資源）で割ると、計測可能な個体数を認識できる。予測できない出来事を考慮して、計測可能な個体数を一定の割合減らしておくのが賢明である。備えあれば憂いなし！

ある形質に対して計測できる最大の個体数がわかれば、次のステップに進む準備は完了である。先に進む前に、ある重要な質問に答えなければならない。それは、計測する個体数は研究の問いに答えるのに十分か？というものである。もし答えが「いいえ」であれば、いくつかの選択肢がある。最初の選択肢は、特定の形質に基づく研究を行うというアイデアを放棄するか、少ない個体数で答えられるものに問いを再構成することである。もう一つの選択肢は形質計測の最大数を決定する要因を再検討することである。研究の問いに対して慎重に形質を選んだならば、その研究は総利用時間もしくは資源を増加させなければ実行できない（例えば、形質を計測するために新しい人手を得られれば実行できる）。このプロセスはサンプリングする個体数に満足するまで繰り返す必要がある。次に、サンプリング戦略を決定する。先の演習と同様に、基本的にサンプリング戦略は種間と種内で個体数をどのように分配するか、サンプリング単位を決めることで構成されている。

11.4.2　サンプリング戦略に関する文献

最適形質サンプリングは比較的新しいトピックであり、形質生態学ではまだ十分には研究されていないが、関連する興味深い文献は存在する。これらの研究では、シミュレーション手法を用いて様々なサンプリング戦略の長所と短所を見つけだす。理想的には、あるシステムで最適なサンプリング戦略を比較する問題を扱う研究では、最適サンプリング戦略を評価するために群集の実際の形質構造を（ほぼ）完全に推定する必要がある。完全な形質構造の推定は、各研究プロットで各種の個体を多数サンプリングすることを（資源が無制限の場合の）最適サンプリングとみなすことで行われる。その後、様々な現実的な形質サンプリング戦略（それぞれは個体の総数のほんの一部のみを考慮する）がシミュレートされる。これらの戦略のうち、あるものは**地域のデータベースを作ることから始まる**。ここでのデータベースとは、研究地域全体もしくは、種の個体数が最大になるプロットにおいて、各種の一部の個体の形質を測定したものである（「種固定」戦略）。次に、選んだ個体の平均形質値をデータセットの同種すべてに対する値として指定する。また別の戦略では、形質を推定するために、異なる数の個体をランダムに選んでいる（「少ない労力で多くの成果」戦略）。さらに、種の区別を必要としない**非分類**戦略も存在する。これらのシミュレーションを実行する目的は、形質を計測する特定の個体を選んだときにその結果がどうなるかを把握することである。次に、シミュレーション戦略ごとに、群集の機能に関する特徴を示す様々な値（第5章）を、（すべての個体を考慮して推定した）「実際の」値と比較する。このプロセスは、計測学におけるキャリブレーションと似ている。つまり、各サンプリング戦略によって得られる計測値の正確性と精度を推定しようとしている。ここで取り上げたアイデアを説明するために、図11.2に戻ってみよう。完全なサンプリングを行えば、個体群の実際の植物の高さを知ることができる。実際の値は、ほとんどの現実の場面ではわからない。次に、この図では、選択された個体の数と場所という二つの要因に基づいて四つの戦略を提案している。個体数が多いほど精度が高まり、関心のある個体群内の個体を計測すると正確性が高まる。実際、現実のサンプリング戦略において考えられる選択肢の数は、図11.2の単純化した例よりはるかに多い。それが、このタイプの研究をおもしろくしている。

考えられるサンプリング戦略の範囲と、より詳しい説明を知りたいならば、Lavorel ら（2008）、Baraloto ら（2010）、Gross ら（2013）、Carmona ら（2015a）、Paine ら（2015）を読むことをお勧めする。いずれにせよ、これらの演習では、実際の機能形質構造との類似性、およびそれぞれに必要なサンプリング労力に応じて、サンプリング戦略を順位付けすることができる。残念ながら、これらの論文は特定のケースしかカバーしておらず、多様な研究の問いや生息地は含まれていない。また、各ケースで最適なサンプリング戦略を決定するような様々な相互作用する側面も含めることはできない。そのため、一般的な結論やガイドラインに到達することは困難である。これらの研究はケーススタディであり、特定の問いに対してある程度しか関連性がないことに注意すべきである。これらの論文での解析を様々な条件（と生物）に拡張する研究は大いに必要である。最適なサンプリング設計のアイデアを得るために研究システムと近い設定の文献を探すことも推奨する。いずれにせよ、これらの論文からは、いくつかの有益な教訓を引き出すことができる。次節では様々な基準に注目して、要約していく。

11.4.3　環境傾度の「長さ」

第 6 章で述べたように、群集の機能構造の環境傾度に沿った変化は、二つの異なるプロセス、つまり、**種のターンオーバー**と**種内の形質変動**によって生じる (Lepš et al. 2011)。環境の変動がほとんどない場合には種のターンオーバーが少ないと仮定すれば、一般的に、種内の形質を局所生息地条件に適応させることが重要になると予測できる（Auger & Shipley 2013）。言い換えれば、空間的スケールが増加するにつれて環境の変動も増加するため、種のターンオーバーによる種間の形質の変動と比べて ITV の相対的重要性は低下する可能性がある（Albert et al. 2011）。これは、サンプリング戦略に大きく影響する。一方で、(空間の範囲や環境の不均一性の点で）環境傾度が十分に長い場合には、傾度の両端に異なる群集が成立する場合もあるだろう。傾度の両端に生じる種は、その平均の形質値が大きく異なる可能性が高い（図 11.3）。つまり、群集間の形質構造の違いの大部分が種のターンオーバーによるものである。したがって、種間の形質の違いは群集間の機能の違いのほとんどを説明するだろう。ここで重要なのは、**形質値をサンプリングする前に**、傾度に沿った種のターンオーバーの程度を推定することである。種のターンオーバーが激しい場合は、上記の「**種固定**」戦略のように、種内の形質変動は影響が小さいので無視できると想定されるだろう。一方、傾度の空間的範囲が小さく、環境の不均一性がほとんどない場合（またはそのいずれかの場合)、群集の種組成が大きく変わる可能性は低い。しかし、この場合でも、傾度に沿った群集の機能の違いが観察されることもあり、その大部分は種内の形質値の変化によるものだろう。言い換えれば、種のターンオーバーが制限されて

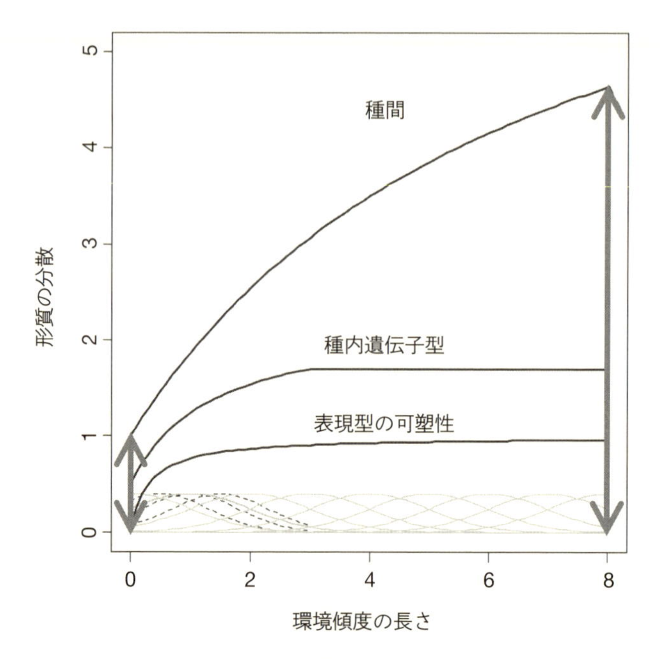

図 11.3 種内の形質変動（ITV）の重要性と、環境傾度に沿った種組成の変化の効果（種間の変動）の比較。ITV は表現型の可塑性と種内の遺伝型間の相違の組み合わせによって構成される。形質値は環境傾度に沿って変化するため、x 軸が環境傾度の長さと種の形質の両方を表している（各種の形質値は正規分布で示されている）。一般に、考慮される環境傾度（x 軸）が長いほど、総形質変動に対する ITV の寄与は小さくなる。x 軸は、例えば除歪対応分析（DCA）などの解析における第一軸の長さで表すことができる。環境傾度が非常に短い場合は、総形質変動の大部分は ITV によるものだろうと予測できる（左矢印）。一方、着目している環境傾度が長い場合（右矢印）、ITV の相対的寄与は減少するはずである。Wiley の許諾を得て、Auger and Shipley（2013）の図を調整した。

いても、異なる環境条件間で ITV が群集の形質構造の変化を引き起こすことがある（図 11.3）。つまり、研究が局所スケールで行われるとき（例えば施肥後の群集の変化を調べるとき）、種内の差が大きな役割を果たすと予想されるので、それを考慮すべきである。

形質値を局所条件に合わせることによる種内の形質変動が、種のターンオーバーによる種間の形質変動に対してどの程度影響するかを事前に知ることは難しい。群集の形質変動の二つの原因の相対的重要性を知るための選択肢の一つは、以下のような**見積もりサンプリング**を行うことである。例えば、群集をサンプリングする際に、最初に傾度に沿った最も極端な条件のみで形質を収集する。そうすれば、種内の形質変動の大きさ、および種のターンオーバーの大きさを確認できる。種のターンオーバーが大きい場合、もしくは、傾度の両端に存在する種の形質値があまり変化しない場合は、傾度全体にわたって各種の形質を単一の値にしても安全であるはずだ。この見積もりサンプリングが実行できないときは、研究対象のシステムと類似した既存研究を調べて最適サンプリング戦略のアイデアを得ることを推奨する。

考えられるケースをもう少し詳しく見てみよう。生態学的観点から想像しうる最大の空間スケールは世界全体である。このスケールで機能パターンを明らかにしようと試みている研究がある。例えば Díaz ら（2016）は、植物の高さ、葉面積、種子重など、いくつかの植物の形質の地球規模の変動を解析し、多次元形質空間内にまとまる種のグループに分けた。この解析では、TRY データベースから 46,000 種以上の形質情報を収集した（Kattge et al. 2011）。そのようなあらゆる種類の生息地からの膨大な数の種を選ぶことは、地球規模の空間スケールで考えられる形質の変動のほとんどが検討対象であることを意味する。彼らの研究の課題は種間の形質の相違に焦点を当てており、この空間スケールであれば、種間の差異が形質の変動の主な原因であると予測されるので（Albert et al. 2011）、種内の形質情報を含めてもほとんど違いは生じなかっただろう。したがって、著者らは、それぞれの種に対して固定した形質値を使用した。ただし、地球規模の形質パターンを考慮する研究であっても、種や形質に対して複数の値をあてることが有益な場合もある。特に形質値をその計測された特定の環境条件と結びつけることができる場合にはそれが当てはまる。幸いなことに、形質データベースには、個体がサンプリングされた地理的位置情報が含まれていることが多い。その場合、位置情報を利用して気候の情報を取得したり、ときには他のパラメータに関するより詳細な計測値を得たりすることができる。Wright ら（2017）は、この情報を利用して、気候が地球規模で植物の葉のサイズにどのように影響するかを解析した。彼らは、種ごとに単一の形質値を使用するのではなく、サイトに応じた形質値を使用した。つまり、ある種の葉のサイズが複数の場所で利用可能であれば、これらの場所の局所の気候条件と形質の計測値を組み合わせた。焦点を種から群集に移せば、大陸全体のような大規模な空間スケールでの機能的多様性のパターンの変化を解析する研究がある（Lamanna et al. 2014）。この場合も非常に多様な環境条件が含まれており、それによってデータセット内の種間で形質値が大きく変動する。大陸全体のような長い緯度傾度に沿った群集では共有する種がほとんどないので、ITV を考慮してもメリットがない。より小さいながらも比較的大きな空間範囲では、傾度に沿った種の形質値の種内変動を無視する戦略をとっても、機能構造の主な変化を捉えることができる。しかしながら、これは形質によって異なる。例えばGrossら（2013）の研究では、広範囲に及ぶ乾燥傾度では種内の形質変動を無視する方法は葉面積と葉の厚さに対しては適切だったが、比葉面積や植物の高さに対しては不適切だった。この研究では、形質値を種内で固定したものとみなすと、傾度に沿った比葉面積や植物の高さの変動パターンは十分に捉えられなかった。

局所レベルのような、より細かいスケールでの研究の場合、ITVが重要になることがよくある。これは重要なポイントである。というのは、ITVが重要かどうかで、データベースから収集した形質値を使用して、サイトにおける機能構造を記述できるかどうかが決まるからである。例えば、研究サイトが亜寒帯に位置しているが、データベースから得た形質値が温帯や地中海地域で採集された個体に基づいている場合、実際の形質値と（データベースから得て）使用された計測値の間に食い違いがあることは想像に難くない。局所の形質値を用いるかデータベースから抽出した形質値を用いるかに関係なく、形質値による種の順位付けは大幅には変化しないという証拠がいくつかある（Kazakou et al. 2014）。しかし、これは形質によって異なり、おそらくサンプルが採集された群集にも依存する。局所で得られた形質値とデータベースの形質値とで種の順位付けがあまり変わらないという仮定は、データベースから抽出した形質値が同じ緯度帯で収集された種のものである場合のみ有効である可能性がある。しかし、別の研究ではその点に関してより懐疑的である（Cordlandwehr et al. 2013）。上記の通り、空間スケールはITVを含むか除くかの決定に重要な役割を果たす。スケールが細かくなるほど、データベースから得た固定した形質値を用いて機能構造を推定することの信頼性は低くなる。さらに、種レベルで形質値を平均化すること、つまり、データセット内の種の単一の平均形質値を使用することさえ、場合によっては必ずしも最善の選択肢とはならない。例えば、植物の高さや葉のサイズなどの形質値は、一つの牧草地内の刈り取りや施肥の処理によって変化し、大きな種内の形質変動を生み出すことがある（Lepš et al. 2011）。局所スケールでは、環境条件の変化に関連するITVを無視すると、群集の機能構造の推定を大幅に誤る可能性がある（Carmona et al. 2015a）。共存する種間の機能の相違を解析する研究では、特に局所で収集された形質データを用いることが有益だろう（Mason et al. 2011; Albert et al. 2012; Le Bagousse-Pinguet et al. 2014）。

プロットスケールで個体をサンプリングし、各種の形質を計測するという方法は、最も厳しいシナリオである（上述のゲームにおける「**すべての場所のすべて**」

のケースを思い出そう)。先に見たように、プロットの平均の形質値を適切に把握するために、各プロットで各種の多くの個体をサンプリングする必要がある場合、計測しなければならない総個体数に大きな影響を与えるだろう。この場合、全体の形質値の変動と比較して、プロットスケールでの種内の形質変動の重要性を評価することができる。そのような評価は、Violle ら (2012; 図 11.4) が提案したアプローチによって実行できる。このアプローチでは、第 6 章で説明したように、全体の変動が種間の成分と種内の成分に分割され、後者は種内の形質の分散と総分散の比として定義される。サンプリング単位内の形質の総分散に対する種内の形質変動が種間の差違と比較して大きく寄与する場合 (図 11.4(a)の上のパネル)、適切に局所の平均形質値を推定するためには、通常、種ごとに非常に多くの個体数を選ぶ必要がある (Albert et al. 2015)。これは、サンプリング計画に対してどういう意味をもつのだろうか？ 例として、Carmona ら (2015a) のデー

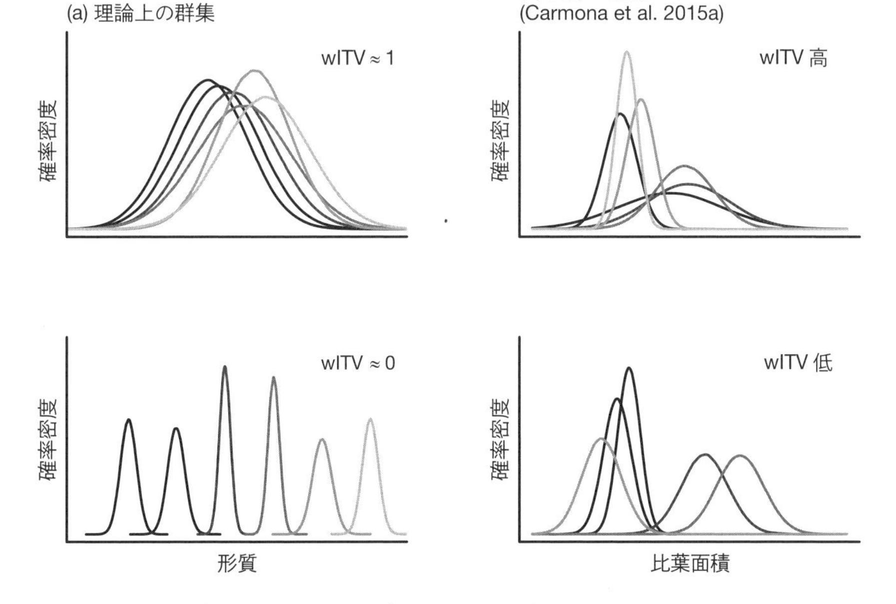

図 11.4　形質サンプリングにおけるサンプリング単位内の全分散に対する単一種内の分散の平均値の影響 (wITV；第 6 章参照) を示す模式図。(a) 種内の変動が大きいサンプリング単位 (高い種内形質変動のために wITV が 1 に近い；上図) の機能構造を正確に記述するためには、種内変動が小さいサンプリング単位 (wITV が 0 に近い；下図) よりも多くの個体をサンプリングする必要があるだろう。(b) Carmona ら (2015a) の二つの群集の例。ここでは比葉面積の wITV の値が対照的である。wITV の値に反映されているように、下図の種間の重複は非常に小さい。

タを調べてみよう（図11.4(b)）。このデータでは、局所的な環境傾度に沿って草原の種がサンプリングされ、優占種の形質が傾度に沿ったいくつかのプロットで計測されている。各プロット内で、形質値の分散の合計に対する種内の形質値の分散の割合を計算できる（Le Bagousse-Pinguet et al. 2014）。データセット内の植物の高さ、葉面積、比葉面積の全分散のうち、種内の形質の分散は、それぞれ平均で33%、29%、37%を占めている（ただしプロット間の変動はかなりある）。つまり、Carmonaら（2015a）の研究は、種間の形質分散に対する種内の形質分散の割合が比較的高いケースを提示していることを意味している。そのような場合、各プロットで各種の個体を比較的多くサンプリングする必要があることになる。最後に、形質値の確率密度関数を用いる研究（例えばMason et al. 2011; de Bello et al. 2013a; Micó et al. 2020; 第6章参照）では、一般に種およびプロットごとに比較的多くの個体数をサンプリングする必要がある。

11.5 種のアバンダンスと欠損値

本節では、群集内での種のアバンダンスの分布の問題と、これが形質のサンプリングにどのように影響するかを取り上げる。さらに、解析する種の形質値が欠損している場合の問題も扱う。

まず、形質生態学の研究の中には種の違いに注目せず、すべての個体を同じ種として扱うものがあることに注意しよう。このような分類群に依存しないサンプリング戦略では、種の違いに関係なく個体がランダムに収集され、群集の機能形質構造を記述するために用いられる（Lavorel et al. 2008）。分類群に依存しないサンプリング戦略には、種に基づくサンプリングと比較して明らかな利点がある。つまり、この戦略では、種を認識する能力を必要としない。これは、種がわからない場合には重要な利点である。したがって、このアプローチはより迅速で経済的であり、分類学の訓練をほとんど受けていない人でも参加できる。分類群に依存しないサンプリング戦略により、群集平均形質値（Ricotta & Moretti 2011）、形質値の範囲、群集が占める機能形質空間の割合（Carmona et al. 2016; Blonder et al. 2018）、時空間スケール全体での機能的多様性の分割（de Bello et al. 2009; Lamanna et al. 2014）、形質のベータ多様性のネスト構造による要素とターンオーバーによる要素への分解（Villéger et al. 2013; Martello et al. 2018）など、機能形質構造の多くの側面を記述することができる。しかし、これらの戦略にはトレードオフが伴う。種組成のデータがなければ、一般的に使用される種の多様性指数を適用できない。ここでは、種の違いや種の豊富さに関連するすべての問いを暗黙のうちに放棄している。その問いとは、例えば、種の共存や群集集合に影響する要因、種の機能的冗長性、種間の非類似度、種の機能の独自性、機能的多様性と分類学的多様性の間の関係、またはいくつかの環境条件下での種の違いおよび／または種のアバンダンスの予測の試みなどである。さらに、分類群に依存しない形質情報は**公共の形質データベース**に含むことができないため、科学コミュニティ全体に対する価値が低下する。したがって、データに限界が生じうることを考えれば、設定した問いについては分類群に依存しないアプローチを使用できる場合でも、実際に採用するかは慎重に検討する必要がある。

先のサンプリング計画のゲームでも説明したように、群集内の種のアバンダンスの分布もしくは**アバンダンスの順位付け**は、最適なサンプリング戦略を決める上で重要である。例えば、Baraloto ら (2010) と Paine ら (2015) は熱帯雨林プロット内の樹木の完全な種の記述を行った。そこでは、9 つの 1 ha のプロット内の胸高直径 10 cm 以上のすべての樹木で 10 個の形質を計測している。次に、彼らは様々なサンプリング戦略に基づいたシミュレーションによって計算した形質の平均と分散と、各プロットで計測して得た各形質の平均と分散を比較した。興味深いことに、彼らは、分類群に依存しないサンプリング戦略の方が、データベースから形質を得たり、最優占種のみをサンプリングしたりといった種に基づく戦略よりも効率的に群集の形質構造を記述できることを観察した（Paine et al. 2015）。さらに、各プロットの各種の単一の個体をサンプリングする戦略は、一般的に良好な結果を示した。対照的に、Carmona ら（2015a）は、群集間での種の違いがあまり大きくない地中海の草原において、急峻な地形傾度で得られたデータを解析した。この研究では、二つの関連する問いについて検討した。一つ目は、どのサンプリング戦略が、群集の平均形質値と機能的多様性（Rao の二次エントロピーを使用）の最も正確で偏りのない推定値をもたらすか。二つ目は、どのサンプリング戦略が、傾度に沿った群集の機能構造の変化のパターンを最もよく検出するかである。この研究では、各プロットにおいて種ごとにランダムに個体を選択し、プロット単位で平均した形質値を用いるのが最良の戦略であることを示す結果となった。サンプリングする個体の数が同程度の場合、この戦略は他のサンプリング戦略よりも優れており、形質構造の偏りのない推定値をもたらした。

研究間で最適サンプリング戦略が異なるのは、各研究でサンプリングされる群集のアバンダンス分布が異なっていることが、いくつかの要因と比較してもかなりの程度影響している。Paine ら（2015）の研究では、分類群に依存しないサンプリング戦略が、種の相対アバンダンスに基づく戦略（「環境段階ごとの優占種」戦略など）と、完全にアバンダンスを無視した戦略（「種とプロットごとに一個体」戦略など）の双方よりも優れていた。これは、サンプリングされた群集が特に**種が豊富**であったためかもしれない。局所スケールで種が豊富な群集を扱う場合、サンプリング戦略の相対的な効率を決めてしまいそうな状況が二通りある。一つ目は、種の豊富なシステムでは、優占種でさえ群集内の相対アバンダンスが小さくなる状況である。これは、各種の形質値がプロットレベルで合計した群集の形質値に対して、あまり強力な決定因子にならないことを意味する。二つ目は対照的に、多くの種が一つもしくは非常に少ない個体数しか存在しないので、プロットあたりにそれぞれの種を１個体サンプリングするということは、実質的にプロット内のすべての個体をサンプリングすることに近いという状況である。しかし、ほとんどの生態系においては、群集内のほんの少数の種のみが群集内で優占している。例えば、種数の豊富な草原ですら、総アバンダンスの大部分をいくつかの**優占種**が占める（例えば Lavorel et al. 2008; Carmona et al. 2015a)。こうした生態系においては、最もアバンダンスの多い種について少数の個体をサンプリングすることで、プロットの形質構造の信頼性の高い推定値を得られるだろう（Majeková et al. 2016a)。

種のアバンダンスはまた、欠損のある種の形質データや機能形質の尺度と複雑に絡み合っている。形質値の群集加重平均（CWM）を例にとると、群集内の単一の優占種が全アバンダンスの80％を占め、その種の形質値を正しく記述できるならば、CWMの推定値はかなり信頼できるだろう。この場合の問いは、「群集の機能構造の信頼できる推定値を得るには群集内に存在する種の何パーセントを記述する必要があるのか？」ということである。その答えは、質的か量的かといった形質のタイプによって異なるようである。Pakeman and Quested（2007）は質的形質のCWMが量的形質のCWMより、欠損のある形質データに対して頑健性が低いことを示した。彼らは、各群集の総アバンダンスの少なくとも80％を占める種の形質値を取得することを推奨している。しかし彼らの結果は、用いた指数（CWM）と、分類群（植物)、および群集のタイプ（草原と樹林のサイト）において、限られた条件から得られたものである。別の研究ではこの問いをより広範な状況にわたって探っている。例えばMajekováら（2016a）は、形質データの欠損に対して、指数ごとに感受性はかなり変動し、さらに分類群間でも感受性が異なる可能性があることを見出した。実際、機能の豊かさのような種の相対アバンダンスを考慮しない多様性指数は、RaoのQや機能的分散のような相対アバンダンスを含む指数と比べて、データの欠損に対してはるかに敏感な（影響を受けやすい）のは驚くべきことではない(Pakeman 2014)。これらの結果は､形質データが欠損していることに対して非常に敏感な指数（FRic, FEve, FDiv など；第 5 章参照、Pakeman 2014; Majeková et al. 2016a）を使用する場合は、より多くの種の形質を計測する必要があることを意味している。一般に形質の極端な値や外れ値の影響を受けやすい指数は、欠損データにも敏感であるようだ。この問題の解決策の一つは、データの変換によって形質分布の正規性を高め、欠損データに対する指数の耐性を向上させることである（Majeková et al. 2016a）。ただし、考慮すべきアバンダンスの閾値は分類群間（Majeková et al. 2016a）や、単一の分類群内のデータセット間（Pakeman and Quested 2007）でも異なるため、明確な値を示すのは難しい。そのため、実験の設計段階でこの閾値を決定することが重要である。実験の設計では、以下のような問題を検討すべきである。すなわち、形質情報が必要な種の割合はどれだけか？　形質値を対数変換するべきか？　種のアバンダンスを変換するべきか？　どの多様性指数を用いるべきか？　などである。R パッケージ ***traitor***（Majeková et al. 2016a）は、これらの問題に答えるのに役立つ（‘R material Ch2’ 参照)。この R パッケージでは、例えば、どのくらいの割合の種の形質データが利用可能か（プロットごとおよびデータセット全体）を示し、その割合を増加させるため（CWM と FD の推定の質を高めるため）に、どの種をサンプリングするのが効果的かを特定するのに役立つ。残念ながら、このパッケージを使うには（図 11.1 の形質ゲームのように）群集のアバンダンスの情報が必要である。つまり、形質データの取得の前に、種のアバンダンスを調査するためにフィールドを訪れる必要がある。

欠損データに対する魅力的な解決策は、利用可能な形質データから欠損値を補完することである。データの補完は様々な手段で行える。非常にシンプルで有益な方法は、進化的に近縁な種の平均形質値を単純に割り当てることである（例えば、当該の種と同属の種の平均値を割り当てる；Pakeman et al. 2011)。本章の範囲外ではあるが、より洗練された統計的手法については、Taugourdeau ら（2014）や Penone ら（2014）を参照することをおすすめする。これらの計算アプローチは魅力的であるが、慎重に使用する必要がある。なぜなら、系統的に近縁な種間では形質値が非常に似ていることが多いが（ニッチ保守性（niche conservatism)）、適応によって近縁種間で形質値の差が大きくなることもある（ニッチ分化（niche divergence)）ためである。系統と形質の関係は第 8 章を参照。

ここまでの二つの重要な教訓をまとめる。一つ目は、できるだけ多くの種の形質情報を取得する必要があること。二つ目は、それが不可能な場合は、最もアバンダンスの多い種を優先するべきということである。特に数少ない優占種がいる生態系においてはこの教訓が役立つだろう。多くの場合、存在するすべての種の機能形質を正確に記述することは不可能であるが、すべての種を同じ程度の正確性で記述する理由はない。一般に、アバンダンスの少ない種の形質値の推定があまりうまくいかなくても、全く推定しないよりはましだろう。したがって、Carmona ら（2015a）は、各プロットで最もアバンダンスの多い種の個体数を多く計測するサンプリング戦略の方が、すべての種について同じ個体数をサンプリングする戦略よりも効果的であるとしている。このアプローチは実際には、種に関係なくランダムに個体をサンプリングする分類群に依存しない戦略と、すべての種について同じ個体数を計測するサンプリング戦略の間の妥協案である。このアプローチの良い例は、Le Bagousse-Pinguet ら（2014）に見ることができる。著者らは、プロット内の種の頻度に応じて、サイトごと、および種ごとに 1 〜 5 個体を選択し、これらの個体を用いて種の平均形質値を推定した。

11.6 サンプリング戦略を選ぶためのビジュアルガイド

過剰に形質データを収集することは非効率に思えるかもしれないが、一般には、形質サンプリングの個数等の決定は慎重に行うことが望ましい。というのは、形質の情報が不十分だと、生態学的な問いに答えるのに使用される解析の力が低下する可能性が高いためである。我々は、形質データを取得する最適な方法を決定する際に役立つフローチャートを作成した（図 11.5）。ただし、繰り返すが、絶対的に確実なサンプリング戦略はないので、考えずにこれに頼らないようにしてほしい。本章の重要なメッセージは、どのサンプリング戦略が自分の研究に最も適しているかを決定する際には、判断力を最大限働かせるべきであり、サンプリング戦略を問いや資源に合わせて調整することに細心の注意を払う必要があるということだ。

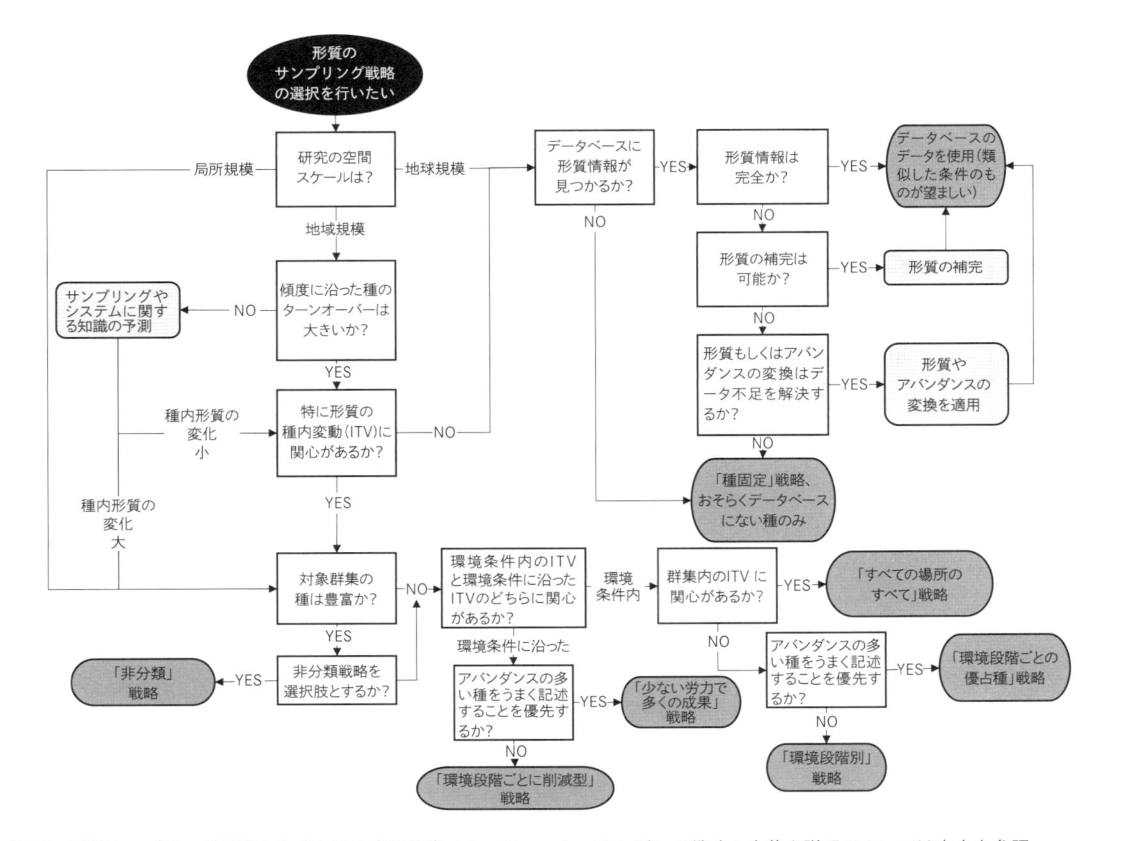

図 11.5 最適な形質サンプリング戦略を選ぶための意思決定フローチャート。それぞれの戦略の定義や説明については本文を参照。

まとめ

- 形質データベースは便利である。しかし、できる限り、着目しているシステムにおいて計測された形質を用いることが推奨される（特に、データベース内の形質が、着目しているのとは大きく異なるシステムで計測された場合）。
- 生態学的な問いに答えるために、正確で精度の高い形質値の推定に努めるべきである。ただし、サンプリング作業量とのバランスもとる必要がある。
- 個体群内の大部分の個体の形質や、ある地域のすべての個体群の形質を計測するのは事実上不可能である。したがって、形質の変動の何らかの側面を犠牲にするサンプリング方式を慎重に計画する必要がある。
- サンプリング方式の選択は、多数の要因に依存する。あるサンプリング作業量に対し、サンプリング方式は二つの極端なケースの間のトレードオフに沿って構成できる。一方の極端な例では、種ごとに単一の個体群から複数の個体をサンプリングする。もう一方の極端な例では、種が生息する各環境条件で、種ごとに1個体サンプリングする。このトレードオフには複数の組み合わせが存在する。
- 一般に環境条件間で、環境の変動と種のターンオーバーが大きいほど、サンプリング方式における種内の形質変動の相対的影響は小さくなる（そのため、この状況に合ったサンプリング方式をとることができる）。

12 形質と応用生態学

自然の仕組みを理解することは、環境問題を効果的に解決するために重要である。これには多くの人が賛同するだろう。第11章までは、様々な生態学的問いに対する、形質生態学のアプローチを見てきた。そのアプローチとは、個体、個体群、群集の環境変動への応答の仕組み（第4章）、群集集合プロセスによる生物多様性の形成パターン（第7章）、生態系機能とサービスに対する形質の影響（第9章、第10章）といった問いに取り組む方法であった。形質生態学のアプローチは、応用研究においても使用される場面が増えており、様々な環境課題に対する解決への見通しを得るのに役立っている。実際、基礎研究と応用研究は、解析ツール、野外および室内での技術、概念モデルやデータを通して、互いに影響しあうことがよくある。例えば、生物地球化学に対する植物の影響の研究は農業系で始まり（Liebig 1842; Silvertown et al. 2006b）、後に野生植物にまで拡大した（Chapin 1980）。植物の形質と生物地球化学をつなぐ概念のうち、そもそもは野生植物のために開発された概念が、今では農業生態系で栽培されている近縁種の影響を理解するのに用いられていることもある（García-Palacios et al. 2013）。この知識の循環は、Cornwell and Cornelissen（2013）が説明したように、応用生態学と基礎生態学の間での利益の相互交換を表している（Lawton 1996）。本章で

は、形質生態学のアプローチが環境問題の解決策の発見に役立ち、応用環境科学の範囲を拡大させていることを示す。具体的には、形質を使って基礎生態学と応用生態学の間の橋渡しを行い、生態学的理論を用いて環境問題を解決する方法に焦点を当てる。

12.1　生物モニタリング：生物多様性と生態系の健全性

人類が前例のない形で生物多様性を変化・損失させていることで、将来の生態系は非常に不確実になってしまった。急速な環境変動は攪乱状況の悪化、養分投入量の増加、連続的な生息域の減少を招き、これらの新たな条件に対処できない種を特に危機にさらしている（種の応答の観点）。次に、群集の種組成の変化が、生態系プロセスとサービスの提供に強い影響を与える可能性がある（種の効果の観点）。このため、生物多様性のモニタリングは、今後数十年にわたって不可欠である。なぜなら、生物多様性のモニタリングは、最近提案された政治的目標（例えば、2020年に向けた愛知ターゲット、生物多様性条約、パリ協定、国連2030年のための持続的発展のためのゴール）を達成するためだけでなく、人類の幸福に影響を与える生態系サービスの提供を確保するためにも必要だからである（Díaz et al. 2015）。生物多様性のモニタリングのためには、生態系の状態と健全性を評価し、追跡することができる重要な生物多様性の変数（Branquinho et al. 2019）を見つける必要がある。生物多様性モニタリングは新しい概念ではないが、その興味の対象は種を中心にしたものから機能的なアプローチへと移りつつある（Vandewalle et al. 2010; Pfestorf et al. 2013）。この傾向は、生態学や保全に関する他の分野と同様である。しかし、多くの問いが未解決のままである。その問いとは、分類に基づく尺度の代わりに形質に基づく尺度を使用する方法はどのようなもので、タイミングはいつなのか？　形質に基づく尺度は、種間あるいは種内の相違のどちらに注目すべきか？　ある環境変動に対して種が応答する場合、それに関係する重要な形質のセットを定義する方法はどのようなものか？　こうした形質のセットは異なる分類群でも容易に計測や使用ができるのか？　といったものである。

形質を用いることで、上記のような問いを解明するためのモニタリングアプローチが可能になる（Lindenmayer & Likens 2010）。そのアプローチは、要因と生物多様性（および結果として生じる生態系プロセス）の間の因果関係を基本単位として使用し、予測の生成と検証を可能にする強力な枠組みを提供する。生物多様性の指標を選択する際に、最初に考慮すべき重要な事項の一つは、生物多様性以外の変数について、何らかの追加情報が必要であるということである。したがって、効果的に**生物多様性の変化の指標**を選ぶためには、まず、調査したい生物多様性の変化の要因を明らかにする必要がある。これは、（第4章で議論したように）環境条件とその変化に関連する適切な種の応答形質を選ぶときの考え方と同じである。Branquinho ら（2019）が提案した概念の枠組みは、生物多様性の変化の要因の性質と強度に応じて、生物多様性の様々な側面が影響を受ける可能性を示唆している。つまり、個別の生物のパフォーマンスから群集の機能や分類上の構成に至るまでが階層的に多様性の変化の影響を受けることになる（図12.1）。低強度の要因は、個々の生物のパフォーマンスには影響を与えるものの、必ずしも種のアバンダンスや組成に検出可能な痕跡を残すわけではない。しかし、低強度の要因のパフォーマンスへの影響は、同じ種の個体間でも異なることがあ

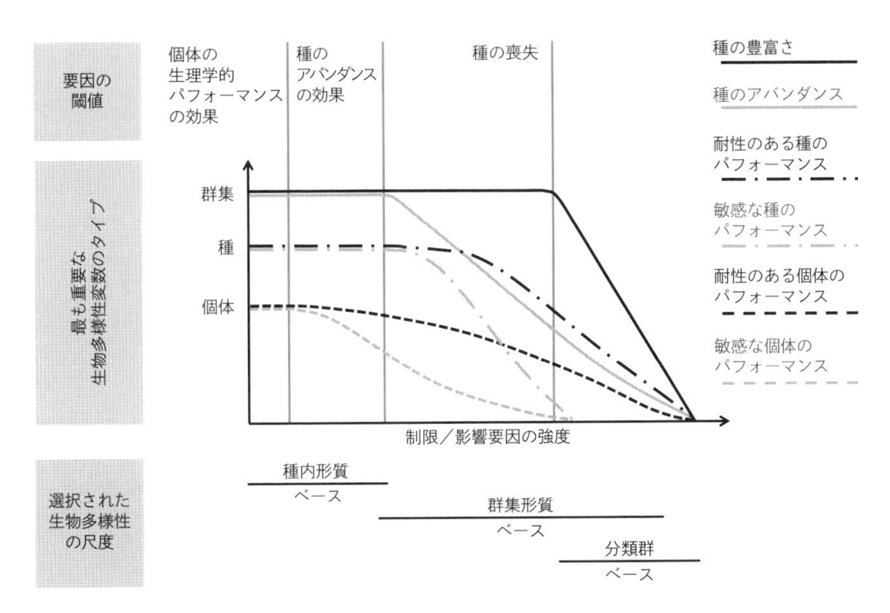

図 12.1 生物多様性の変化の指標に対する制限／影響要因の効果を示す概念図。ここでは個体のパフォーマンスから群集の種組成までの階層について示されている。低強度の要因は、種内の形質に基づく尺度に反映されている。要因の強度が増加すると群集の形質に基づく尺度に反映されるはずである。というのは、感受性の高い種が耐性のある種よりも先にアバンダンスを減少させるため、結果的に群集の形質のアバンダンス分布を変化させるからである。さらに高強度の要因の場合、種の喪失が生じ、分類群に基づく尺度に反映されるはずである。Creative Commons Attribution License（CC BY）http://creativecommons.org/licenses/by/4.0/ のもとで配布された Branquinho ら（2019）より調整。© The Author(s) 2019; Open Access.

る（種内の形質変動によって、要因に対して耐性のある個体と敏感な個体が生じる；第6章参照）。したがって、種内形質に基づく尺度は、種のアバンダンスや組成の尺度と比べて、低強度の要因に対してより敏感であるはずだ。例えば、同じ植物個体で葉面積に対する辺材面積の比率を経時的に計測したときに、その比率が減少したならば、水の利用可能性が低下している可能性がある。なぜなら、植物は水をより節約して利用した（水経済性が向上した）場合に、この比率が低下することがあるからである。しかし、生理生態学的形質は、群集の機能組成の変化を反映することもある。要因の影響の強さが増していくと、耐性のある種よりも先に感受性の高い種に影響が及び、種の相対アバンダンスが変化する。結果として群集機能組成が変化して、群集の形質に基づく尺度が変化する。このとき、種の豊富さの尺度は変化しない。先の例にならって乾燥期間が長くなれば、最終的には、このストレスを避けるもしくはそれに耐える戦略（およびそれに関連する形質）をもたない種の個体の死亡率が増加することになる。このため、形質の群集加重平均（CWM）や機能的多様性（FD）などの群集の形質に基づく尺度にその痕跡が残る。最後に、影響の強い要因は最終的には種の喪失を招く。これは、分類に基づく尺度と形質に基づく尺度の双方に強い影響のパターンを表す。

生物多様性モニタリングの従来の考え方では、種のアバンダンスのパターンは、いくつかの重要な環境要因によって決まることが多いと仮定している。そのため、種組成の変化は、環境要因の変化を示す優れた指標である。ある環境要因に対して敏感だとわかっているモニタリング種（もしくは種群）は、環境条件の変化を示すのに用いられる。環境条件の変化は、例えば汚染、富栄養化、土地利用の変化などの人為的攪乱と関係していることがある。そのような種もしくは種群は、一般に「生物指標」とよばれる。例えば、地衣類は大気の質の指標となり、特定の水生無脊椎動物（例えば貝類やカワゲラ）は水質の指標となる（Metcalfe 1989; Conti & Cecchetti 2001）。このアプローチは、人為的影響が短期間で変化するときに特に有効である。河川（家庭の下水、農地や埋め立て地からの排水など）や大気（化石燃料の燃焼、微粒子物質など）への汚染物質の排出は断続的に生じる。したがって、生態系への人間活動の影響を適切に記述するためには、生物が経験するこれらのイベントが生じる期間中、非生物的条件（汚染物質の濃度など）を継続的に計測する必要がある。ときおり排出される汚染物質など散発的に起こるイベントに対して、生物はより長期的な種組成パターンの変化として応答することが多い。つまり、生物指標は環境変動を種組成のより緩やかな変動へと変換することを意味している。このように、生物指標は環境条件の平均値と生態系プロセスへの影響を推定することにも利用できる。例えば、湿地の植物の種組成とメタンの排出量はどちらも地下水位の変化という同じ要因によって決まる。このため、植物の種組成を調べることで、湿地からのメタンの年間排出量が推定できる（Dias et al. 2010）。メタンの年間の排出量を直接調べるには、より費用と時間がかかる。これらの生物種に基づくアプローチは非常に効果的であるが、場所や地域によって植物相、動物相が異なるので一般性がない。したがって、新たな環境ではどの種の感受性が高く、どの種に耐性があるのかを再度調べる必要がある。ただし、要因に対する感受性がより高次の分類レベルで維持されている場合は除く（例えば、水質の指標として昆虫の目、トビケラ目、カワゲラ目、カゲロウ目）。さらに、Branquinho ら（2019）が述べたように、種に基づくアプローチは、低強度の要因を検出するときには効果がないこともある。では、従来の種を中心としたモニタリングに対して、形質を利用することでどんな利点があるのだろうか？

生物多様性モニタリングと生態系サービスの調査のツールに形質の尺度を含めるように最初に明確に呼びかけたのは、Díaz ら（2007）であった。要因と生態系の特性および生態系サービスのつながりを検証するためには、非常に複雑なモデルが必要となるが、彼らはそのモデルを構成する概念的および方法論的枠組みを提案した。第 9 章で見たように、これらのモデルは非生物要因を考慮することから始まり、次に形質の群集加重平均（CWM）、機能的多様性、種特異的な影響を追加して、最適な予測モデルを見つける。それ以来、数多くの研究が概念的・方法論的アプローチを提案している。そうしたアプローチでは、複数のストレス要因と駆動要因に生物多様性が応答するときには、種の機能的側面が重要であることが強調されている（とりわけ、Vandewalle et al. 2010; Pfestorf et al. 2013）。これらのアイデアは、環境条件に何らかの変化があると（多くは劣化すると）、群集の機能的な構成要素の変化が見られるという、様々な分類群にわたる調査結果に基づいている。例えば、水質に対して、ワムシの機能群組成は、その種組成よりも強い応答を示す（Oh et al. 2017）。同様に、南アフリカの沿岸砂丘にある森林の鳥群集では、鳥の分類的多様性ではなく機能グループを用いることで群集の回復状況を示すことができた（Rolo et al. 2017）。また Nunes ら（2017）は、地中海の乾燥が進むにつれて、植生の形質の CWM と植物の機能的多様性は双方とも応答するが、種の多様性には予測可能な変化が見られなかったことを示した。地衣類（Giordani et al. 2012）や、有殻アメーバ（Fournier et al. 2012）のような古くに確立された生物指標を用いる場合でも、分類群や場所が異なる状況での予測性や一般性を向上させるために、形質情報を追加することが推奨されている。このように、形質に基づく尺度は、種の豊富さなどの既存の生物多様性指標を補完するものとみなされるべきである（Feld et al. 2009; Vandewalle et al. 2010; Matos et al. 2017）。

形質に基づく尺度が既存の生物多様性指標を補完するものだとして、次の重要な問題は、形質に基づく尺度を使用する際に、分類に基づく尺度をどのように組み合わせるのかということである。機能の指標は要因に対する群集の応答を予測するのに適しているかもしれないが、対象としているシステムから失われる危険性がある種はどれかといった分類に関する情報を提供しない。例えば、高さのある植生は養分供給量の増加や攪乱の減少の指標になり得る。したがって、植物の高さなどの単純な指標は、異なる場所間で得られた結果を一般化するのに有効だろう。しかし、この植物の高さを用いた方法では、特定の絶滅危惧種や固有の分類群が失われる危険性を判断できないだろう。そのため、機能的指標が分類学的指標を補完することで、複数のモニタリングの目標を達成できると考えられている（de Bello & Mudrák 2013; 図 12.2）。異なる分類群において、多様性の分類学的、機能的、系統的側面に基づく尺度は、空間的に一致しないことがよくある（Devictor et al. 2010; Monnet et al. 2014; Cadotte & Tucker 2018）。これらの多様性の尺度が一致しないことは、それぞれが要因の影響に関する補完的情報を提供していることを示唆している。したがって、（半）自然生態系を管理したり、保全対象の地域に優先順位をつけたりする際に、単一の多様性の尺度のみを用いると、不適切な決定を下す可能性がある（Cadotte & Tucker 2018）。つまり、群集と生態系の機能形質の構造は、分類学的あるいはその他の指標に取って代わるものではなく、むしろ従来の指標とは異なる情報（多くの場合、因果関係の根底にあるメカニズムの情報）を提供するような補完的な追加要素として位置付けられる。この結論から、より統合的な保全戦略を達成するために、生物多様性モニタリングにおけるこれらの補完的側面を組み合わせる様々な方法が提案された（Devictor et al. 2010; Pardo et al. 2017; Cadotte & Tucker 2018）。

生物多様性指標が有用であるための重要な基準の一つは、様々な生息地で適用できること、そして実践者にとって使いやすいことである。実際のモニタリングにあたる保全従事者は、学術的な環境で指標を作成し提案する人物とは異なることが多い。したがって、指標が容易に計測もしくはアクセスでき、標準化された計測プロトコルがあることが必須である（第2章参照）。そのため、異なる地域やバイオームで同じ形質が指標として使えるかどうかを検討することは重要で

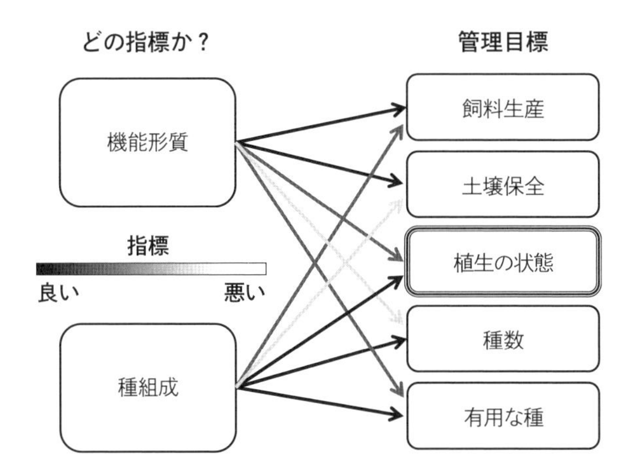

図 12.2　管理目標に応じた生物多様性指標を提案する枠組みの例。管理目標によって機能的尺度と分類学的尺度のどちらがより適しているかは変わるため、両者は相補的といえるだろう。Wiley の許諾により、de Bello and Mudrák（2013）より取得。© 2013 International Association for Vegetation Science.

ある。機能生態学に期待されることの一つは、種組成に比較的依存しない一般的なモデルを提供することである（第 1 章、第 4 章）。これによって地理的な適用範囲が広がる。しかし、おそらく様々な気候条件が介在することにより、特定の環境変動に対する形質の応答は地域間で異なる可能性がある（Vesk & Westoby 2001; Pakeman 2004; Hatfield et al. 2018; Thornhill et al. 2018）。環境による圧力の例として放牧を取り上げよう。放牧に対する応答に一貫性がない場合、それはサイト間で異なる形質戦略が存在するためかもしれない。したがって、土地利用の変化の影響は、種プール内で実際に利用可能な生態学的戦略にどのようなものがあるのかに依存している（de Bello et al. 2005）。例えば、乾燥条件下では放牧が一年生の植物種の生育を促進するかもしれないが、湿潤な温帯の生息地では短命な一年生植物は比較的少ないので、寿命は一般的な予測因子としては使用できない。類似した種プールをもつ生息地域内では、形質の応答は一貫したものになる可能性はある。例えば Majeková ら（2016b）は、ある地域内の牧草地全体にわたって、生産性や土壌湿度が大幅に変動するにもかかわらず、土地利用の強度に対する単一の種および群集全体の機能的応答は一貫していることを示した。

草地のモニタリングでは、形質生態学のアプローチを使用してモニタリング方式の一般性を高め、同時に実践者との良好なコミュニケーションも可能にする好例が示されている（Garnier et al. 2016）。例えば、Herb'type© は、草地の生態系サービス、特に生産性、発育時間、栄養価をモニタリングするためのツールを含んでいる（Duru et al. 2010）。このツールは、はじめにイネ科草本の種類を、その成長速度、生物季節性、6つの形質（SLA、LDMC、葉の寿命、葉の構造的耐性、開花日、最大植物高）に従って、5つのグループに分ける（種のタイプ分けアプローチの詳細は、第3章と'R material Ch3'参照）。このグループでは、植物の資源獲得もしくは維持の戦略および発育のタイミングに基づいて分けている。このツールを使用することで、ヨーロッパと南米では草原の生産性をうまく予測することができた(Duru et al. 2008; Cruz et al. 2010)。Herb'type©を実行するためには、イネ科草本、マメ科植物、その他の双子葉植物の各機能グループの相対アバンダンスを把握するための調査が必要である。この調査は、小さなプロット内で優占種のスコアをつけるという簡単な方法で行えるので、実践者は容易に実施することができる。このツールを利用して、生態系サービスの観点から草原の価値を評価し、最良の管理手法を知らせ、サービスの提供に関連する生物多様性の変化のモニタリングを支援することができる。

本節で紹介される例は、生物多様性モニタリングに形質を含めることで、環境や管理の変化に対する生態系の応答を検出し、理解する能力がどのように向上するかを示している。形質をモニタリングに含めることは、生物多様性の変化の要因が種の喪失を引き起こすほど強力ではなく、種に基づく尺度ではシグナルが弱い場合に特に重要になる可能性がある（Branquinho et al. 2019）。しかし、第9章で学んだように、種の相対アバンダンスが変化することで、効果形質の値の分布も変化し、その結果、生態系プロセスの大きな変化をもたらす可能性がある。このように形質を使用することで、応答形質と効果形質の枠組みを介して、生物多様性の変化と、生態系機能とサービスの提供への影響を関連づけることもできる(Suding et al. 2008)。

12.2 農業系の形質

現代の農業は、増加する人口を支えると同時に、経済コストと環境への影響を同時に削減する必要に迫られるという恐るべき課題に直面している。この課題を達成するために、広い意味で二つの異なる方法がとられている。従来型の方法では、単一栽培の生産性の向上が達成された。そこでは、農業における肥料や農薬などの投入量が増加され、管理技術や機械が改善されるとともに、さらに最近では遺伝子組み換え生物（GMO）のようなハイテク手法が用いられた。こうしたハイテク手法ではしばしば農薬の投入量の増加を招くことになり、潜在的に環境や健康面に大きな影響を与えることがよくある。もう一つの方法では、空間と時間の両面で作物の多様性を高めること（輪作）が、環境の変動に直面した際に収穫を増やし、リスクを軽減するために重要な戦略であると認識されている。従来の農業研究は作物の収穫量に重点を置いていた。一方、形質生態学のアプローチは、農業生態系の構造と機能の変化の原因と結果を調べることで、農業生態系をより広い視点で捉えて利用することができる。こうした広い視点は、農業生態系の動態が非作物の生物多様性の維持に与える影響や、さらには農業生態系の収穫と安定性に非作物の生物多様性がどのように影響するのか、また農業生態系が地球規模の一次生産やその他の生物地球化学的循環にどのように貢献するのかといった課題を含んでいる（Martin & Isaac 2015）。

形質生態学のアプローチを農業生態系に適用するには、形質の変動の原因を考える必要がある。変動の最も重要な原因の一つは、栽培種化（家畜化）による表現型の変化の影響である。博物学者や生態学者は栽培種化が表現型に及ぼす影響について永らく関心を抱いてきた（例えば Darwin 1859）。農業生態系の機能を理解し、予測する上で、栽培種化によって生じる表現型の変化に応答形質と効果形質の枠組み（第 9 章、第 10 章参照）を適用することは有用である（Garnier & Navas 2012; Damour et al. 2018）。植物の種は、多くの特徴に基づいて選抜されてきた。いくつかの形質（例えば、大型もしくは小型の種子、大型の果実、成長速度）は、様々な目的（例えば、耐塩性、格好の良さ、生産性）で選択できるが、形質は独立して変化することはなく、様々なトレードオフがあることに注意が必要である。ある形質を選択することは、別の誰かが最適化したいと思う別の形質に対しては良くない結果を与える可能性もある。こうした事実は、栽培化シンドロームという概念につながる（Milla et al. 2015）。栽培化シンドロームとは、ある特定の形質に働く選択が、関連する形質の値の変化をもたらすという概念である。例えば、ライフサイクルの短い栽培品種を選択すれば、資源獲得速度を高めるのに有利な形質も意図せず選択することにもなる（Milla et al. 2015; Roucou et al. 2018）。こうした形質の選択は、生態系の機能に重要な影響を与える。García-Palacios ら（2013）が示したところによると、栽培品種は非栽培の近縁種に比べて分解速度が速い。こうした分解速度の違いによって、農業生態系の養分循環がより開放的になり、システムの外部への漏出が多くなる可能性がある。

オリジナルの応答形質と効果形質の枠組み（Lavorel & Garnier 2002）では、応答形質と効果形質に基づく生態系の生物物理学的機能を説明している（「生物物理学的モジュール」)。最近 Damour ら（2018）はこの枠組みを農業生態系に拡張し、生物物理学的モジュールと意思決定モジュールを含むようにした。農業生態系において「生物物理学的モジュール」は植栽種と自生種の双方を考慮する必要があり——植栽種と自生種の多様性はそれぞれ計画（planned）生物多様性、随伴（associated）生物多様性とよぶ；Altieri 1999——、それぞれがどの程度の制御を受けるかは異なる（図 12.3)。植栽種は農業者によって直接的に選択され、管理されるが、自生種は一般にあまり注意が払われず、管理方法によって自生種が環境へうまく適合するかどうかは変化しうる。「決定モジュール」は一連のルールに従う農業者の選択で構成されている。ここでのルールは、生産目標、生物物理学的制約、市場の需要、社会的および文化的嗜好、農業者の技術的知識に関連する制約から生じる（Damour et al. 2018)。決定には、特定の生態系サービス（作物生産、窒素固定など）を提供する効果形質と、環境条件のセットに対応できる応答形質に基づいた種の選択が含まれる（Martin & Isaac 2015)。従来の農業形質アプローチは作物収量に焦点を当てているが、機能アプローチは、種の形質に基

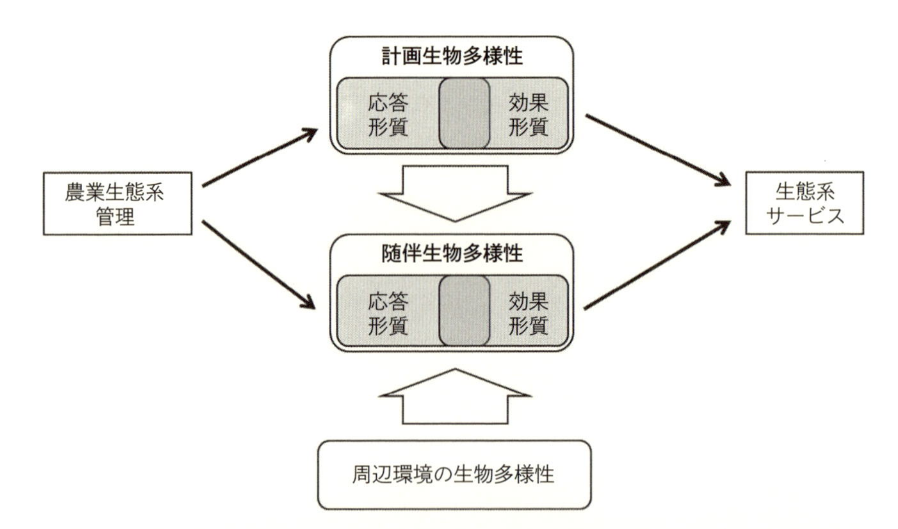

図 12.3 農業生態系における生物多様性の駆動要因を示す図解。植栽種——つまり「計画（planned）生物多様性」——と、自生種——「随伴（associated）生物多様性」——の双方がその応答形質を通じて管理施業に応答する。植物種は農業システムの主要な生物要素であり、強力な生物フィルターとなることが多い。随伴生物多様性は、種の供給源として機能する周辺環境の生物多様性の影響と、植栽種との相互作用による影響を同時に受ける。計画生物多様性と随伴生物多様性の双方の効果形質が、農業生態系で提供される生態系サービスを決定する。Elsevier の許諾により、Altieri（1999）から改変。Copyright © 1999 Elsevier Science B. V. All rights reserved; adapted version, permission via RightsLink and additional email communication.

づいて農業者の決定の範囲を拡大するのに役立つ。例えば Isaac et al.（2018）は、農業者が主要な管理上の懸念について診断し、少なくとも部分的には植物の経済スペクトル（Wright et al. 2004）に関連する形質の種内の変動に応じて、その施業を調整しているという証拠を見つけ出した。ここでの植物の経済スペクトルとは、植物を光環境と土壌の肥沃度の好みに応じてランクづけするものである。適切な形質の選択は、望ましい生態系サービスをもたらす種を特定するのに役立つ。それ以外にも、適切な形質の選択は、農業生態系の生産性を向上させ、また多機能性を高めるような作物の混植を設計する上でも有用である。こうした効果はニッチ相補性仮説（Malézieux et al. 2009; Blesh 2018）から予測される。

先の段落での話から考えるならば、作物の間に生える雑草は農業生態系における生物多様性の主要な構成要素である（Altieri 1999）。雑草は主に作物へ悪影響を及ぼし、生産性を大幅に低下させることが知られているが、雑草の肯定的な効果が再発見されたことで、この否定的な見方に疑問符がつきつつある（Gunton et al. 2011）。農業生態系における雑草の役割の認識が変化することによって、総合的管理手法を開発することが重要であることがわかってきた。総合的管理手法では、雑草がシステムにとって不可欠な（ときには望ましい）部分とみなしている（Garnier et al. 2016）。形質生態学のアプローチを作物の間に生える雑草に適用するためには、階層的フィルターを考慮する必要がある。階層的フィルターは、気候と土壌の条件が背景となり、背景は管理施業によって大幅に修正されることもある。さらに、農業生態系において圧倒的に優占する生物要素である作物自身が、環境に対して雑草が適応できるかどうかに強く影響する可能性がある。問題となる雑草は、多くの場合、作物と類似した形質を示すことがわかっている（Storkey 2006; Gunton et al. 2011）。すなわち、成長速度が速く、一年生で、荒地戦略をもつ雑草は（C-S-R 方式による分類に従う。第 3 章を参照）、除草剤が散布されても回避することができる。そうした性質によって、雑草はいわゆる「雑草的性質」をもつことになる。雑草と作物の間の相互作用が、最終的に生産性と経済的損失を決定する。研究によると、作物の発育の初期段階に計測された雑草と栽培植物の葉面積と植物の高さの違いが、双方の競争的相互作用の強さと、その結果として生じる収穫量の減少の良い指標となる（Booth & Swanton 2002; McDonald et al. 2010）。葉面積と植物の高さは資源獲得に関連する形質であり、競争における階層を示すことができる。しかし、作物の間に生える雑草が提供できる重要なサービスは、（資源と生息地を提供することによって）生物多様性全体を支えることである。例えば、花の形質（花冠の長さ、報酬の種類など）と開花季節は、送粉者への資源供給に大きな影響を与える。また、花の形質と開花季節は補助的な植物の資源に依存することが多い植食者の天敵に対する資源提供にも影響しうる（Perović et al. 2018）[訳注 12-1]。こうした雑草の働きは、農業生態系における送粉と生物学的防除などの重要な生態系サービスを提供し、雑草と作物の間の資源競争による悪影響を潜在的に打ち消す可能性がある。

12.3 生態系に基づく解決策

生態系管理の分野は、科学、政策、実践の交差点にあり、これらの異なる知識分野を結びつけようとする新しいアイデアや用語に常に直面する。最近策定された自然に基づく解決策（nature-based solutions: NbS）の概念は、環境問題の解決法を提供する手段として自然の力を促進することを目指している（Nesshöver et al. 2017）。自然に基づく解決策は、自然と人類の幸福を結びつけるための多くの生態系に基づくアプローチを網羅する包括的な用語と考えることができる。それは例えば、生態系に基づく適応、グリーン（とブルー）インフラ、生態系サービス、自然資本（表12.1）といったものである。ここでは、人類に利益をもたらす戦略として自然の要素（種や生態系）を使用する取り組みを指す言葉として、自然に基づく解決策という用語を使用する。以下では、形質生態学の観点が景観内の自然要素の管理の上でいかに有用であり、それによって自然要素が提供するサービスを最大限に活用できることを説明する。

12.3.1 グリーンインフラ

都市は自然の対極にあるとみなされることが多い。都市化は景観を強力に形作り、広大な自然生態系を人為環境に変えてきた一方で、都市景観に見られる生物は、依然として関連する生態学的プロセスをこなしている。都市社会の人類の幸福に貢献する生態系サービスを提供する上で、近年、自然の要素が重要であると認識されたことにより、都市生態学の研究が推進された（Luederitz et al. 2015; Ziter 2016）。生態系サービスを提供することで、グリーンインフラ（green urban infrastructures：樹木、公園、庭園、芝生、屋上緑化など）は、都市をより持続可能にするための必須の要素と考えられている。グリーンインフラは都市

訳注 12-1. ここでの花による補助的資源の提供とは、花の蜜と花粉が天敵の代替的あるいは補助的な餌となることを意味すると考えられる。

表 12.1 自然に基づく解決策（NbS）に関連する概念の例。Creative Commons Attribution License（CC BY）のもとで配布された Nesshöver ら（2017）より改変。Copyright © 2017, Elsevier.

	概念			
	グリーン／ブルーインフラ	生態系に基づく適応／緩和	生態系サービス	自然資本
定義	計画され、管理された、空間的に相互につながった多機能の自然、半自然、人工のグリーン（陸地ベース）とブルー（水中に関連）の特性のネットワーク。これには、農地、緑の回廊、緑の屋根、都市の樹木、都市公園、森林保護区、湿地、河川、海岸砂丘、人工水路、池、都市排水ネットワーク、その他の水界生態系が含まれる。	気候変動に対する社会の脆弱性に適応し、それを緩和、削減する上での生態系サービスの役割を考慮した政策、措置。そのような政策には、異なる規模で関連する可能性のある、生態系サービスへの様々な圧力に対処するために、国や地域政府、地域社会、民間企業、NGO が関与する可能性がある。	生態系の構造、プロセスから直接的または間接的に得られる人間の便益。これには、供給サービス（食物、水、建築資材など）、文化サービス（レクレーション、ツーリズム、場所に対する特別な意味など）、基盤サービス（洪水や侵食からの防御、土壌形成、養分循環など）が含まれる。自然資本は、資産のストックと理解でき、これらの資産から得られる便益の流れとして生態系サービスを理解できる。	人類に直接的、間接的に便益（つまり生態系サービス）をもたらす生態系の生物、非生物的要素の蓄積。
概念を採用する目的	自然による解決策から得られる生態学的、社会的、経済的便益を強調する。それらは、自然の要素が人間社会に供給する便益の価値を理解し、その便益を保護し、強化するための投資を奨励するのに役立つ。洪水流量、洪水のリスク、気温、温室効果ガスを調整し、環境全体の質を向上させることを目的とする。	災害や気候変動に対する社会の脆弱性を減少する上での自然的、半自然的特性の重要性を認識すること。これにより、自然がより安価で耐久性のある解決法を提供できる場合、建設に費用がかかるインフラのみに依存することを避けることができる。	自然が人類にどのような便益をもたらすかを理解し、説明することで、社会的、政治的プロセスに情報を与え、改善し、生態系の管理と統制を改善することに貢献する。	自然システムを他の形態の資本（財務、人材、社会、製造）と同様に評価し、管理できるようにすることで、自然資本を考慮することが様々な分野の意思決定の改善に役立つと期待される。

表 12.1 （つづき）

	概念			
	グリーン／ブルーインフラ	生態系に基づく適応／緩和	生態系サービス	自然資本
NbSとの潜在的な関連性	ある領域ではNbSと類似しており、同義なこともある。あるいは、グリーン／ブルーインフラがNbSを達成するための手段またはツールと考えることもできる。	生態系に基づく適応は、解決策が気候に適応していることを保証するために、NbSの一部である必要がある。	生態系サービスの概念はNbSの設計と評価中に解決策を検討する優れた方法であるが、その使用は、単一または少数の生態系サービスとその受益者に限定すべきではない。	自然資本の概念は、人類の必要性を満たす上での自然の役割、そしてNbSとその他のタイプのものが介在する場合とを比較検討することの価値を実証するのに役立つ。

が気候変動に適応するのを助け、災害のリスク（洪水や土砂崩れなど）を軽減するのに役立つ（Brink et al. 2016; Nesshöver et al. 2017）。従来のグレーインフラ（grey infrastructures）は単一の目的のために設計されており、例えば排水路と雨水貯留システムは、洪水リスクの軽減のみを提供する。対照的に、グリーンインフラは複数の生態系サービスを提供する（図 12.4 参照）。例えば、屋上緑化と都市の樹木は、一時的な水の貯留や蒸散によって洪水のリスクを軽減すると同時に、温度快適性、美的価値、空気浄化、生物多様性も促進する。この例は、異なる複数のグリーンインフラが同じ生態系サービスに貢献でき、それらを組み合わせることで、サービスを最大限に提供する戦略を計画できることも示している（Demuzere et al. 2014）。

グリーンインフラによる利益は、都市景観内にグリーンインフラが存在するかあるいはその被度の関数によって表現されるが（Demuzere et al. 2014）、いくつかの研究から種によって生態系サービスを供給する能力が大きく異なることが示

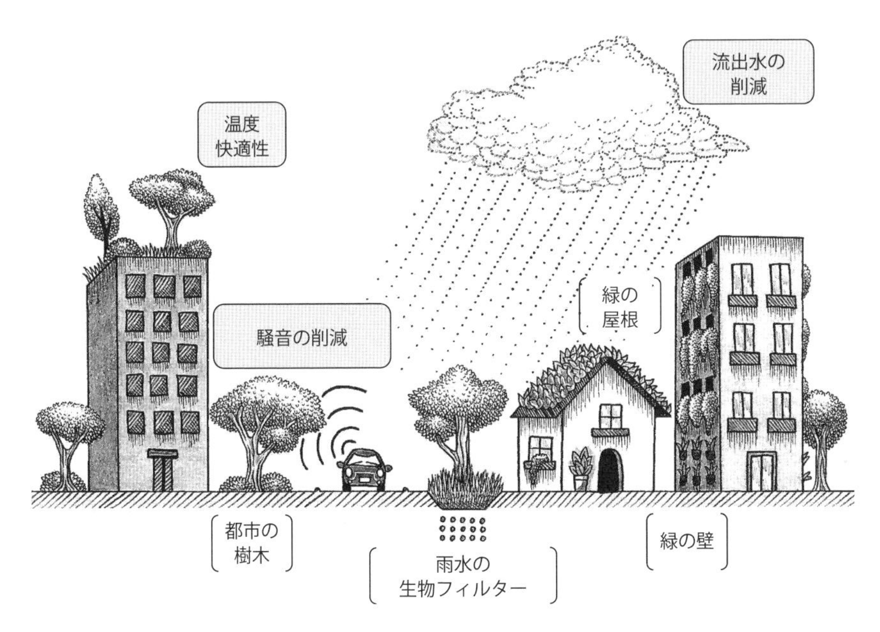

図 12.4　様々なグリーンインフラから提供される相乗便益(co-benefit)。生態系サービス（灰色のボックス）と関連するグリーンインフラ（括弧内）が示されている。例えば、植物に覆われた緑の屋根、雨水の生物フィルター、都市の樹木は、相補的なメカニズム（雨水の貯留、浸透と蒸散の促進など）によって流出水を削減できる。また、グリーンインフラは複数の生態系サービスも提供する。例えば、都市の樹木は流出水を減少させ、温度快適性を提供し、騒音公害を減少させる。作画：Luís Gustavo Barretto.

されている（Read et al. 2010; Grote et al. 2016）。そのため、これらのシステムにおいて様々なサービスを最大に提供する最適の形質はどれか、また群集の機能組成が都市環境の生態系サービスの提供をどのように仲介するのかといった問いが生じる（Livesley et al. 2016; Schwarz et al. 2017）。生態系サービスや生態系ディスサービス（障害）の原因となる生態学的プロセスに関与する形質を特定することにより、効率的なグリーンインフラを計画する能力が大幅に向上する。それと同時に、都市に植栽する特定の樹種に対する嗜好など、社会文化的側面との相互作用についても情報が得られる（Conway 2016）。

都市の樹木は重要なグリーンインフラであり、住民に多くのサービスを提供するが、一方で不利益ももたらす（von Döhren & Haase 2015）。Grote ら（2016）は、西ヨーロッパの都市で最も一般的に見られる樹種は種間でその形質が大きく異なっており、結果的に提供するサービスや不利益も大きく異なることを示した。大気汚染の緩和に最も重要だと考えられる樹木の形質は、樹冠密度、葉の寿命、水利用戦略である。一方、繁殖形質は花粉の生産とつながっており、ある種が人間に対してアレルギーを誘発するかどうかと関連をもつ。しかし、樹種に対する住民の嗜好を扱った研究では、好まれる樹木は必ずしもサービスを提供したり強化したりする形質をもっていないことが示された（Pataki et al. 2013; Conway 2016）。例えば、文化的背景に大きく依存することがある美的理由は、人々が種を選択する動機の上位にランクされる。この文化的サービスは、美しい花や、場所によっては秋の紅葉等と関連していると考えられる。ゆっくり成長し、落葉落枝の生産が少ないなどの、いくつかの望ましい形質は、温度快適性や炭素貯留などの他のサービスの提供を妨げる可能性がある。つまり、都市の樹木の形質の選択に社会・文化的側面を追加すると、異なる生態系サービス間でトレードオフが生じる可能性がある。

雨水の生物フィルターは、別のタイプの多機能グリーンインフラである。このフィルターは、一時的な池として機能するように設計されており、降雨量のピーク時に洪水リスクを軽減し、流出水から汚染物質を濾過し、都市環境に美的価値を付け加える（Levin & Mehring 2015）。Read ら（2010）は、いくつかの根の形質（最長根の長さ、根の全長、根の総重量）が、特に高い成長速度と組み合わさることで、雨水から窒素とリンを効果的に取り除く能力をもつ種になることを示している。Winfrey ら（2018）は、雨水の生物フィルターは時間の経過とともに種の豊富さを減少させるが、機能的多様性を低下させないことが多いことを示した。こうした性質は、生物フィルターとして植えられた初期の種の組成は機能的な冗長性をもっており、環境や種組成が変化しても機能的には安定であることを示唆している。機能的多様性が高まると、ニッチの相補性が増加し、様々な養分や銅のような汚染物質の保持などのサービスの提供が強化されると期待される（Levin & Mehring 2015）。また、生態系エンジニア種、すなわち、物理的環境に対して強い影響を示す形質をもつ種（Jones et al. 1994）を導入することで、機能を強化した生物フィルターを設計することができる。例えば、ミミズは土壌の多孔性を高め、水の浸透速度を速めることができ、適切な根の形質をもつ植物と組み合わせると、最適なサービスを提供できる可能性がある。

12.3.2　機能的目標を伴う復元

復元は、劣化した生態系の回復を支援する施業として広く定義されている。伝統的に、復元の専門家は生態系を攪乱前の安定した状態に戻すことを主な目的としてきた。復元の成功は基準の生態系（つまり撹乱されていない類似の生態系）を手本とし、適切に機能していると想定される非撹乱状態の群集組成と比較して評価されることが多い（Perring et al. 2015）。より機能的な観点からすれば、特定の種組成ではなく、好ましい生態系プロセスやサービスの提供を目標とするべきである。この目的のためには、異なる種の組成でも同じ結果を提供するように、種の選択は形質によってなされるべきである。形質に基づいて基準種（reference species）と同様の機能をもつ種を選択することは、現在と未来の環境ストレスに対処できる群集を構築する上で特に重要だろう。

これを念頭に置いた上で、人為的な環境変動が広範かつ前例のない速度で進行していることから、最近では、過去の生態系の状態を復元の基準や目標とすることに疑問を呈する研究者もいる（Harris et al. 2006）。例えば、大気中の二酸化炭素濃度は、サヴァンナの生態系の草本と木本のバランスを決定する重要な要因である（Bond et al. 2003）。また、気候変動は土壌と大気の間の炭素フラックスのバランスを変化させ（Dorrepaal et al. 2009）、土壌炭素濃度を低下させることがある（Bellamy et al. 2005）。急速に変化する世界においては、上述の生態系の特性のように過去を基準にしても、復元の目標にする価値が限定される可能性がある。このため、研究者は未来志向の復元目標について考えるようになった。それは、二つの異なるモード、すなわち対応型目標と積極型目標に分類できる（Harris et al. 2006）。対応型目標は、未来の変化に対して弾力性のある生態系を復元し、構築しようとする。この目標では、群集が環境変動に対処できる可能性を高める方法として、多様性の機能的・系統的側面を考慮する（Elmqvist et al. 2003）。また、復元のプロジェクトに景観の観点を取り入れることで、連結性が強化または復元されるべき重要な特性となる（Perring et al. 2015）。つまり、環境変動の要因に直接関連する形質や生態系サービスを定義する形質だけでなく、分散能力に関する形質にも注目する必要があるということである。積極型目標は、環境変動の原因を緩和もしくは逆転させることを目指す。例えば、炭素貯留や局所気候に影響を与えるような復元を実践しようと計画する（Harris et al. 2006）。

復元生態学におけるこのパラダイムの転換により、復元専門家は複数の目標を取り入れ、復元プログラムで機能的な目標を目指すようになった（Laughlin 2014a; Perring et al. 2015）。この意味で、機能的目標を伴う復元プロジェクトは、NbS の中に組み入れることもできる。というのは、そうした復元プロジェクトは、特定の生態系サービス（例えば、炭素貯留、侵食制御、洪水防止、水浄化；Keesstra et al. 2018）の提供を促進するように設計できるからである。機能生態学は、特定の機能特性（回復力や特定のサービスの提供など）を増強した生態系を設計する上での概念的・方法論的枠組みとして特に重要となるだろう。ある機能特性の原因となる形質がわかっていれば、復元の目標を機能形質の目標、つまり「適した形質値をもつ種を選択すること」にできる。この意味で、形質は生態学的理論を復元プロジェクトの設計に持ち込む上で重要である。例えば、生物による侵入への圧力が高い状態の生態系の復元は、管理者がその侵入種を駆逐する在来種のアバンダンスを増やすことで実行できる（Funk et al. 2008）。その方法には、侵入種と機能的に類似している在来種を選択する、もしくは高い競争能力を提供する形質をもつ在来種のアバンダンスを増加させることがある。前者の方法は類似限界理論（limiting similarity theory; Conti et al. 2018）によって、後者は競争序列理論（competitive hierarchy theory; Keddy 1992a）によって、その実現が予測される。さらに、環境変動が急速なシナリオでは、回復力のある群集が構築されるように復元を図る必要がある。保険仮説による予測では、回復力のある群集の構築は、群集にとって重要な機能を提供する種の多様性（つまり、Lavorel & Garnier 2002 による応答形質の多様性、第9章も参照）を向上させることで達成される（Elmqvist et al. 2003）。例えば、渡りをしない鳥の種に冬期に資源（果実もしくは花など）を提供するなどによって、重要な機能を提供する種の多様性を向上させることができる。生態系プロセスに対する種の効果に注目するとき、どの機能があるのか（優占するのか、重量比仮説；Grime 1998）と機能の多様性（多様性仮説；Díaz et al. 2007）の双方が重要になるだろう。生態学の理論を用いて復元方法を改善するという要望は新しいものではなく（Palmer et al. 2016）、特に機能アプローチは理論と実践を結びつけるのに有用だろう（Perring et al. 2015）。

ある機能組成をもつ群集を設計するとして、どのように実践できるのだろうか？　ある範囲の形質値内で種を選択するのは非常に簡単な方法である。例えば、ストレスの多い条件の生息地での生存率を最大にするために、SLA の低い種を選択できる。しかし、実践者が複数の形質（例えば、材密度、葉面積、生活型）に基づいて種を選択したい場合や、群集の機能構造の要素（例えば、群集加重平均（CWM）と機能的多様性）を考慮したい場合には、非常に複雑な仕事になる可能性がある。これは、形質が複雑な相互関係をもつことが多く（Messier et al. 2017; Kleyer et al. 2019）、機能構造の要素の変化は独立ではない（Dias et al. 2013b）からである。Laughlin（2014a, b）は、形質に基づく群集集合モデルを用いて、形質で表現された目標を種のアバンダンスの範囲に変換することで、複数の形質や機能構造を扱うことができると提案した。最大エントロピーモデル（maximum entropy model: Maxent）や、形質選択モデルによる群集集合（community assembly by trait selection model: CATS; Shipley et al. 2006）はエントロピーの最大化を用いて、形質と群集の機能構造に基づいた種の相対アバンダンスの分布を予測する。形質空間モデル（Laughlin et al. 2012）は種内の形質変動を組み込んだ付加的なアプローチとして提案されている。例えば Rosenfield and Müller（2017）は、形質空間モデルを使用して、復元プロジェクトの軌跡が基準地域に基づく機能目標に向かっているか、あるいは機能目標から離れているかを追跡した。さらに、侵入種への抵抗性を高めることを目的として（Funk et al. 2008）、これらのモデルを用い、計画された群集内の複数の形質値の CWM と侵入種の形質値の間の類似度を最大にすることもできる（Laughlin 2014a）。

12.4　生態系への外来種の影響

侵入種は生物多様性への大きな脅威であるとみなされており、また同時に環境的・経済的な問題の主な原因でもある（Vilà et al. 2011）。多くの研究は、形質生態学のアプローチが侵入種の制御のための管理施業の実施に有用であることを示唆している。外来種が在来種と機能的に類似していれば、外来種は同じ資源をめぐって競争すると予測されるので、外来種の侵入に対して在来種の群集は抵抗力をもつはずであり、また在来種と比べて外来種の形質の競争力が弱い場合にも在来種の群集の抵抗力は強いはずである（Price & Pärtel 2013; Conti et al. 2018)。上述のように、種の形質に関する知識は、侵入に対する局所群集の抵抗力を高めることを目的とした復元と増強のプロジェクトに用いることができる。外来種の侵入は自然保護に対して有害である可能性があり、生物的均質化が進み、あるいは自然群集の独自性を失うことにつながる。外来種が生態系機能にどういう影響を与えているのか？という問題は重要であり、未だに文献上で激しく議論されている。もちろん、生態系プロセスやその特性に外来種が強い影響を与えていることを示す例もある（Vilà et al. 2011)。しかし、これらの影響が一見してそれほど明らかでない場合、外来種の影響は定量化されずに、ただ存在すると仮定されることが多い。これは Didham ら（2005）によってよく説明されている。Didham ら（2005）は、外来種が生態学的変化の原動力であるのか、それとも単にそのような変化に「乗り合わせているだけの客」であるのかという刺激的な問題を提起した。外来種は、場合によっては強い環境変動を促進する可能性があるが、別の場合には攪乱の後に生態系に侵入し、実際のところはその環境変動で「得をしているだけ」という場合もある。

生態系プロセスに対する外来種の効果を予測したい場合は、外来種と侵入される可能性のある群集の双方の効果形質を考慮しなければならない（Finerty et al. 2016)。侵入種の影響を理解するための従来の枠組みでは、侵入種のアバンダンスと個体（もしくはバイオマス）の効果のみを考慮している（Parker et al. 1999)。しかし、侵入種が在来群集に存在しているのと同じ形質を持ち込むのか、あるいは逆に、侵入種が群集の効果形質の組成を変更する可能性があるかどうかを理解したい場合には、従来の枠組みは役に立たない。Finerty ら（2016）は、落葉の分解への種の効果は、落葉の種が外来種か在来種かによるのではなく、その形質によって予測できることを示した。さらに、複数種の落葉を混合させたときの分解に外来種が影響を与えるのは、群集の機能組成（CWM や機能的多様性）を変えるのに十分なほどにアバンダンスが多いときのみであった。このことは、生態系プロセスに対する外来種と在来種の（バイオマスあたりの）潜在的効果を単純に比較するだけでは、特定の外来種が生態系に大きな影響を与えるかを予測できるかどうかについて、限られた情報しか得られないことを示している（Liao et al. 2008; Jo et al. 2016)。

外来種の影響については、その外来種の原産地がどこかではなく、その外来種が何者で何をするのかによって判断すべきである（Davis et al. 2011)。このためには、外来種が存在する群集の形質組成を考慮する必要がある。しかし、侵入種の生物地理学的起源も軽視するべきではない（Buckley & Catford 2016; Prescott & Zukswert 2016）。実際、外来種の生物地理学的起源は、その外来種が新たに接触する在来種との相互作用に大きな影響を与えることがある（Buckley & Catford 2016 のレビューを参照）。これは、天敵との相互作用にとって特に重要になる可能性がある。例えば、外来植物種が新しい場所の土壌条件で生育した場合、原産地域の土壌条件と比べると、植物と土壌の負のフィードバックが小さくなることが示されている（Callaway et al. 2004; Diez et al. 2010）。また、植物と土壌の負のフィードバックは、定着以降の時間経過とともに増加する傾向がある。これは、十分な時間があれば、外来種を摂食する天敵が蓄積する傾向があることを示している（Diez et al. 2010）。つまり、進化的プロセスが種の相互作用に介在し、外来種の侵入しやすさを変化させる可能性がある。

分散に関する形質の進化も、種の侵入と分布域の拡大において重要な役割を果たすことがある。これは、「ランナウェイ」進化（'runaway' evolution）と空間選択の理論において定式化された（Phillips et al. 2010）。この理論によれば、種の分布域の端にいる個体群は分散能力の高い個体で構成されるはずである。分散形質が遺伝性であれば、個体間の交配により、さらに高い分散能力をもつ表現型が生まれる可能性がある。これは、気候条件などの別の要因が分布域の拡大を制限しない場合によく当てはまる。このシナリオは、定着に好適な気候条件を備えた新たな広大な地域にめぐりあう多くの導入種に生じるだろう。例えば Phillips ら（2006）は、侵入種であるオオヒキガエル（*Bufo marinus*）の個体は、分布域拡大の前線部分において、分散能力に関する形質である相対的な脚の長さの値が大きくなることを示した。また、Monty and Mahy（2010）は、侵入種のキク科の一種 *Senecio inaequidens* について、散布体の冠毛の直径の相対値が増加したことを示した。一方、現在オーストラリアに侵入している近縁種 *Senecio madagascariensis* のランナウェイ進化の証拠を見つけることはできなかった（Bartle et al. 2013）。アリー効果（個体群密度と個体の平均適応度の間の正の相関があること；例えば、個体群密度が低いために送粉の成功率が低い）や環境フィルタリングのような、分布域の端でのランナウェイ進化を制限する可能性のある要因を理解するには、分散に関する形質以外の形質も考慮する必要がある。

12.5 生態学のリテラシー

自然の概念は、生態学者の間で変化してきている。急速な変化と人類の影響が大きな世界において、自然と人工を分けるのは意味のないことになりつつある（Cronon 1996）。「手つかず」の自然保護区を保護することは、種の保全や重要な気候および生物地球化学的プロセスの調節にとって間違いなく重要である。しかし、持続可能な社会・経済システムを設計する際には、都市、農村、自然システム内でのサービス提供において、自然が果たす役割を考慮することも重要である。この考えは、McDonald ら（2016）が提案した復元連続体（restorative continuum）によってよく説明されている。復元連続体では、持続可能性に貢献できる連続的な活動を理想としている。それは､再生可能エネルギーを選んだり、生物多様性の支援が強化される都市を建設したりすることで、自然生態系全体の復元と保全に至る活動を含む。

この観点からは、「生態系で種は何をするのか？」（Lawton 1994）が、基礎生態学、応用生態学の双方の中心的な問いになりつつある。形質生態学のアプローチは、種が環境変動にどのように応答し、生態系機能にどのように影響するかを理解する上で大きく貢献している（第9章、第10章）。また、形質生態学のアプローチは、本章で説明したように、効果的な生物多様性モニタリング、保全管理、サービスの提供を助けるだろう。こうした可能性にもかかわらず、形質を用いて環境問題を解決、防止もしくは軽減するための方針を作成することは依然として困難である。最近、概念の枠組み（Andrés et al. 2012; Branquinho et al. 2019）とデータの標準化と管理（Pérez-Harguindeguy et al. 2013; Moretti et al. 2017; Kissling et al. 2018）が進歩しており、応用科学において形質生態学のアプローチを幅広く使用する道筋が整ってきている。しかし、形質の概念とその機能との関係は、一般の人々にも専門家にもあまり普及していない。機能生態学に関するこのようなリテラシーの欠如は、意思決定者とのコミュニケーションを大いに妨げ、形質生態学のアプローチを環境政策に取り入れることの障害となる可能性がある。さらに、生物学者、農学者、環境科学者のような、より専門的な学者でさえ、形質生態学の概念を完全には理解していないことがある。生態学の教科書には、まだ機能生態学の章はなく、それが多くの実務担当者が形質生態学の概念や手法に未だ慣れていない理由かもしれない。形質生態学の概念とともに、理論的根拠と方法論を教育し広めるために使用できる教科書も不足している（例えば、Swenson 2014a; Garnier et al. 2016）。本書が、形質生態学のリテラシーを向上するのに貢献し、それが究極的には、環境問題に取り組む際に形質生態学のアプローチを採用するのに役立つことを願っている。加えて、一般の人々にとっての生態学のリテラシーを促進する行動（Jordan et al. 2009）には、形質と機能の関係に関する基本原則も含まれる必要がある。

まとめ

- 形質に基づく尺度は生物多様性モニタリングのツールとして利用でき、分類に基づく尺度よりも環境変動に対して感受性が高いことがよくある。これは、特に環境要因の強度が弱い場合に重要だろう。なぜなら、低強度の環境要因は、種のアバンダンスや種組成に検出可能な痕跡を必ずしも残さずに、個々の生物のパフォーマンスに影響を与えると予測されるからである。
- 形質生態学のアプローチは応用環境科学の範囲を広げるのに役立ち、環境問題解決のために生態学理論を利用する際の助けになる。
- 応答形質と効果形質を考慮することにより、環境変動に対してより回復力があり、望ましい生態系サービスを強化する新しい生態学的群集を復元し、作り出すことができる。
- 機能生態学に関するリテラシーが低いと、それが意思決定者とのコミュニケーションの妨げになり、環境政策に形質生態学のアプローチを組み込む上での障害となる可能性がある。

参考文献

Abrams, P. (1983) The theory of limiting similarity. *Annual Review of Ecology and Systematics*, 14, 359–376.

Ackerly, D. D. & Monson, R. K. (2003) Waking the sleeping giant: the evolutionary foundations of plant function. *International Journal of Plant Sciences*, 164, S1–S6.

Ackerly, D. D., Knight, C. A., Weiss, S. B., Barton, K. & Starmer, K. P. (2002) Leaf size, specific leaf area and microhabitat distribution of chaparral woody plants: contrasting patterns in species level and community level analyses. *Oecologia*, 130, 449–457.

Adler, P. B., HilleRisLambers, J. & Levine, J. M. (2007) A niche for neutrality. *Ecology Letters*, 10, 95–104.

Adler, P. B., Salguero-Gómez, R., Compagnoni, A., Hsu, J. S., Ray-Mukherjee, J., Mbeau-Ache, C. & Franco, M. (2014) Functional traits explain variation in plant life history strategies. *Proceedings of the National Academy of Sciences of the United States of America*, 111, 740–745.

Albert, C. H. (2015) Intraspecific trait variability matters. *Journal of Vegetation Science*, 26, 7–8.

Albert, C. H., de Bello, F., Boulangeat, I., Pellet, G., Lavorel, S. & Thuiller, W. (2012) On the importance of intraspecific variability for the quantification of functional diversity. *Oikos*, 121, 116–126.

Albert, C. H., Grassein, F., Schurr, F. M., Vieilledent, G. & Violle, C. (2011) When and how should intraspecific variability be considered in trait-based plant ecology? *Perspectives in Plant Ecology, Evolution and Systematics*, 13, 217–225.

Albert, C. H., Thuiller, W., Yoccoz, N. G., Douzet, R., Aubert, S. & Lavorel, S. (2010) A multi-trait approach reveals the structure and the relative importance of intra- vs. interspecific variability in plant traits. *Functional Ecology*, 24, 1192–1201.

Albouy, C., Leprieur, F., Le Loc'h, F., Mouquet, N., Meynard, C. N., Douzery, E. J. P. & Mouillot, D. (2014) Projected impacts of climate warming on the functional and phylogenetic components of coastal Mediterranean fish biodiversity. *Ecography*, 38, 681–689.

Ali, A. & Yan, E. R. (2017) Relationships between biodiversity and carbon stocks in forest ecosystems: a systematic literature review. *Tropical Ecology*, 58, 1–14.

Alonso, C. (2005) Pollination success across an elevation and sex ratio gradient in gynodioecious *Daphne laureola*. *American Journal of Botany*, 92, 1264–1269

Altermatt, F., Fronhofer, E. A., Garnier, A., Giometto, A., Hammes, F., Klecka, J., Legrand, D., Maechler, E., Massie, T. M., Pennekamp, F., Plebani, M., Pontarp, M., Schtickzelle, N., Thuillier, V. & Petchey, O. L. (2015) Big answers from small worlds: a user's guide for protist microcosms as a model system in ecology and evolution. *Methods in Ecology and Evolution*, 6, 218–231.

Altieri, M. A. (1999) The ecological role of biodiversity in agroecosystems. *Agriculture, Ecosystems and Environment*, 74, 19–31.

Andrés, S. M., Calvet Mir, L., van den Bergh, J. C. J. M., Ring, I. & Verburg, P. H. (2012) Ineffective biodiversity policy due to five rebound effects. *Ecosystem Services*, 1, 101–110.

Aqueel, M. A. & Leather, S. R. (2011) Effect of nitrogen fertilizer on the growth and survival of *Rhopalosiphum padi* (L.) and *Sitobion avenae* (F.) (Homoptera: Aphididae) on different wheat cultivars. *Crop Protection*, 30, 216–221.

Armbruster, P., Hutchinson, R. A. & Cotgreave, P. (2002) Factors influencing community structure in a South American tank bromeliad fauna. *Oikos*, 96, 225–234.

Arnold, S. J. (1983) Morphology, performance and fitness. *American Zoologist*, 23, 347–361.

Aubin, I., Messier, C., Gachet, S., Lawrence, K., McKenney, D., Arseneault, A., Bell, W., De Grandpré, L., Shipley, B., Ricard, J. P. & Munson, A. D. (2012) *TOPIC – Traits of Plants in Canada*. Sault Ste Marie, Ontario: Natural Resources Canada, Canadian Forest Service.

Auger, S. & Shipley, B. (2013) Inter-specific and intra-specific trait variation along short environmental gradients in an old-growth temperate forest. *Journal of Vegetation Science*, 24, 419–428.

Austin, M. P. & Smith, T. M. (1989) A new model for the continuum concept. *Vegetatio*, 83, 35–47.

Baraloto, C., Paine, C. E. T., Patino, S., Bonal, D., Herault, B. & Chave, J. (2010) Functional trait variation and sampling strategies in species-rich plant communities. *Functional Ecology*, 24, 208–216.

Bardgett, D. R. & Wardle, A. D. (2010) *Aboveground–belowground linkages: biotic interactions, ecosystem processes, and global change*. Oxford University Press. Oxford, UK.

Bardgett, R. D., Mommer, L. & De Vries, F. T. (2014) Going underground: root traits as drivers of ecosystem processes. *Trends in Ecology & Evolution*, 29, 692–699.

Barluenga, M., Stolting, K. N., Salzburger, W., Muschick, M. & Meyer, A. (2006) Sympatric speciation in Nicaraguan crater lake cichlid fish. *Nature*, 439, 719–723.

Bartle, K., Moles, A. T. & Bonser, S. P. (2013) No evidence for rapid evolution of seed dispersal ability in range edge populations of the invasive species *Senecio madagascariensis*. *Austral Ecology*, 38, 915–920.

Bartomeus, I., Gravel, D., Tylianakis, J. M., Aizen, M. A., Dickie, I. A. & Bernard-Verdier, M. (2016) A common framework for identifying linkage rules across different types of interactions. *Functional Ecology*, 30, 1894–1903.

Bascompte, J. & Jordano, P. (2007) Plant–animal mutualistic networks: the architecture of biodiversity. *Annual Review of Ecology, Evolution, and Systematics*, 38, 567–593.

Bastazini, V. A. G., Ferreira, P. M. A., Azambuja, B. O., Casas, G., Debastiani, V. J., Guimarães, P. R. & Pillar, V. D. (2017) Untangling the tangled bank: a novel method for partitioning the effects of phylogenies and traits on ecological networks. *Evolutionary Biology*, 44, 312–324.

Beier, C. M., Patterson, T. M. & Chapin, F. S. (2008) Ecosystem services and emergent vulnerability in managed ecosystems: a geospatial decision-support tool. *Ecosystems*, 11, 923–938.

Bellamy, P. H., Loveland, P. J., Bradley, R. I., Lark, R. M. & Kirk, G. J. D. (2005) Carbon losses from all soils across England and Wales 1978–2003. *Nature*, 437, 245–248.

Benard, M. F. (2006) Survival trade-offs between two predator-induced phenotypes in Pacific treefrogs (Pseudacris regilla). *Ecology*, 87, 340–346.

Bennett, J. A. & Pärtel, M. (2017) Predicting species establishment using absent species and functional neighborhoods. *Ecology and Evolution*, 7, 2223–2237.

Bennett, J. A., Lamb, E. G., Hall, J. C., Cardinal-McTeague, W. M. & Cahill, J. F. (2013) Increased competition does not lead to increased phylogenetic overdispersion in a native grassland. *Ecology Letters*, 16, 1168–1176.

Berg, M. P. & Bengtsson, J. (2007) Temporal and spatial variability in soil food web structure. *Oikos*, 116, 1789–1804.

Berg, M. P. & Ellers, J. (2010) Trait plasticity in species interactions: a driving force of community dynamics. *Evolutionary Ecology*, 24, 617–629.

Berg, M. P., Kiers, E. T., Driessen, G., van der Heijden, M., Kooi, B. W., Kuenen, F., Liefting, M., Verhoef, H. A. & Ellers, J. (2010) Adapt or disperse: understanding species persistence in a changing world. *Global Change Biology*, 16, 587–598.

Bernard-Verdier, M., Navas, M. L., Vellend, M., Violle, C., Fayolle, A. & Garnier, E. (2012) Community assembly along a soil depth gradient: contrasting patterns of plant trait convergence and divergence in a Mediterranean rangeland. *Journal of Ecology*, 100, 1422–1433.

Bertelsmeier, C., Luque, G. M., Confais, A. & Courchamp, F. (2013) Ant Profiler – a database of ecological characteristics of ants (Hymenoptera: Formicidae). *Myrmecological News*, 18, 73–76.

Bezzel, E. (1985) *Kompendium der Vögel mitteleuropas: Nonpasseriformes-Nichtsingvögel*. Wiesbaden: Aula-Verlag.

Bijlsma, R. & Loeschcke, V. (2005) Environmental stress, adaptation and evolution: an overview. *Journal of Evolutionary Biology*, 18, 744–749.

Bílá, K., Moretti, M., Bello, F., Dias, A. T. C., Pezzatti, G. B., Van Oosten, A. R. & Berg, M. P. (2014) Disentangling community functional components in a litter – macrodetritivore model system reveals the predominance of the mass ratio hypothesis. *Ecology and Evolution*, 4, 408–416.

Bimler, M. D., Stouffer, D. B., Lai, H. R. & Mayfield, M. M. (2018) Accurate predictions of coexistence in natural systems require the inclusion of facilitative interactions and environmental dependency. *Journal of Ecology*, 106, 1839–1852.

Blanck, A. & Lamouroux, N. (2007) Large-scale intraspecific variation in life-history traits of European freshwater fish. *Journal of Biogeography*, 34, 862–875.

Blanquart, F., Kaltz, O., Nuismer, S. L. & Gandon, S. (2013) A practical guide to measuring local adaptation. *Ecology Letters*, 16, 1195–1205.

Blesh, J. (2018) Functional traits in cover crop mixtures: biological nitrogen fixation and multi-functionality. *Journal of Applied Ecology*, 55, 38–48.

Blomberg, S. P., Garland, T. & Ives, A. R. (2003) Testing for phylogenetic signal in comparative data: behavioral traits are more labile. *Evolution*, 57, 717–745.

Blonder, B. (2016) Do hypervolumes have holes? *American Naturalist*, 187, E93–E105.

Blonder, B., Lamanna, C., Violle, C. & Enquist, B. J. (2014) The n-dimensional hypervolume. *Global Ecology and Biogeography*, 23, 595–609.

Blonder, B., Morrow, C. B., Maitner, B., Harris, D. J., Lamanna, C., Violle, C., Enquist, B. J. & Kerkhoff, A. J. (2018) New approaches for delineating n-dimensional hypervolumes. *Methods in Ecology and Evolution*, 9, 305–319.

Blüthgen, N. (2010) Why network analysis is often disconnected from community ecology: a critique and an ecologist's guide. *Basic and Applied Ecology*, 11, 185–195.

Bolnick, D. I. & Fitzpatrick, B. M. (2007) Sympatric speciation: models and empirical evidence. *Annual Review of Ecology Evolution and Systematics*, 38, 459–487.

Bolnick, D. I., Amarasekare, P., Araujo, M. S., Burger, R., Levine, J. M., Novak, M., Rudolf, V.
H. W., Schreiber, S. J., Urban, M. C. & Vasseur, D. A. (2011) Why intraspecific trait variation matters in community ecology. *Trends in Ecology & Evolution*, 26, 183–192.

Bommarco, R., Biesmeijer, J. C., Meyer, B., Potts, S. G., Poyry, J., Roberts, S. P. M., Steffan-Dewenter, I. & Ockinger, E. (2010) Dispersal capacity and diet breadth modify the response of wild bees to habitat loss. *Proceedings of the Royal Society B – Biological Sciences*, 277, 2075–2082.

Bond, W. J., Midgley, G. F. & Woodward, F. I. (2003) The importance of low atmospheric CO2 and fire in promoting the spread of grasslands and savannas. *Global Change Biology*, 9, 973–982.

Booth, B. D. & Swanton, C. J. (2002) Assembly theory applied to weed communities. *Weed Science*, 50, 2–13.

Borgy, B., Violle, C., Choler, P., Garnier, E., Kattge, J., Loranger, J., Amiaud, B., Cellier, P., Debarros, G., Denelle, P., Diquelou, S., Gachet, S., Jolivet, C., Lavorel, S., Lemauviel-Lavenant, S., Mikolajczak, A., Munoz, F., Olivier, J. & Viovy, N. (2017) Sensitivity of community-level trait–environment relationships to data representativeness: a test for functional biogeography. *Global Ecology and Biogeography*, 26, 729–739.

Bossdorf, O., Richards, C. L. & Pigliucci, M. (2008) Epigenetics for ecologists. *Ecology Letters*, 11, 106–115.

Botta-Dukat, Z. (2005) Rao's quadratic entropy as a measure of functional diversity based on multiple traits. *Journal of Vegetation Science*, 16, 533–540.

Botta-Dukat, Z. (2018) The generalized replication principle and the partitioning of functional diversity into independent alpha and beta components. *Ecography*, 41, 40–50.

Botta-Dukat, Z. & Czucz, B. (2016) Testing the ability of functional diversity indices to detect trait convergence and divergence using individual-based simulation. *Methods in Ecology and Evolution*, 7, 114–126.

Bouget, C., Brustel, H. & Zagatti, P. (2008) The French information system on saproxylic beetle ecology (frisbee): an ecological and taxonomical database to help with the assessment of forest conservation status. *Revue d'Ecologie (Terre Vie)*, 10, 33–36.

Bowman, R. (1961) Morphological differentiation and adaptation in the Galápagos finches. Diferenciación morfológica y adaptación en los pinzones de las Galápagos. *University of California Publications in Zoology*, 58, 1–302.

Branquinho, C., Serrano, H. C., Nunes, A., Pinho, P. & Matos, P. (2019) *Essential biodiversity change indicators for evaluating the effects of Anthropocene in ecosystems at a global scale. From assessing to conserving biodiversity* (eds. Casetta, E., da Silva, J. M., Vecchi, D., Casetta, E., da Silva, J. M. & Vecchi, D.), pp. 137–166. Cham: Springer.

Brathen, K. A., Ims, R. A., Yoccoz, N. G., Fauchald, P., Tveraa, T. & Hausner, V. H. (2007) Induced shift in ecosystem productivity? Extensive scale effects of abundant large herbivores. *Ecosystems*, 10, 773–789.

Brink, E., Aalders, T., Ádám, D., Feller, R., Henselek, Y., Hoffmann, A., Ibe, K., Matthey-Doret, A., Meyer, M., Negrut, N. L., Rau, A. L., Riewerts, B., von Schuckmann, L., Törnros, S., von Wehrden, H., Abson, D. J. & Wamsler, C. (2016) Cascades of green: a review of ecosystem-based adaptation in urban areas. *Global Environmental Change*, 36, 111–123.

Brooker, R. W., Maestre, F. T., Callaway, R. M., Lortie, C. L., Cavieres, L. A., Kunstler, G., Liancourt, P., Tielbörger, K., Travis, J. M. J., Anthelme, F., Armas, C., Coll, L., Corcket, E., Delzon, S., Forey, E., Kikvidze, Z., Olofsson, J., Pugnaire, F., Quiroz, C. L., Saccone, P., Schiffers, K., Seifan, M., Touzard, B. & Michalet, R. (2008) Facilitation in plant communities: the past, the present, and the future. *Journal of Ecology*, 96, 18–34.

Brousseau, P. M., Gravel, D. & Handa, I. T. (2018) On the development of a predictive functional trait approach for studying terrestrial arthropods. *Journal of Animal Ecology*, 87, 1209–1220.

Brown, J. J., Mennicken, S., Massante, J. C., Dijoux, S., Telea, A., Benedek, A. M., Götzenberger, L., Majeková, M., Lepš, J., Smilauer, P., Hrcek, J. & de Bello, F. (2019) A novel method to predict dark diversity using unconstrained ordination analysis. *Journal of Vegetation Science*, 30, 610–619.

Brown, R. (1828) A brief account of microscopical observations made on the particles contained in the pollen of plants. *Philosophical Magazine*, 4, 161–173.

Brun, P., Payne, M. R. & Kiørboe, T. (2016) *A trait database for marine copepods*. Pangea https://doi.pangaea.de/10.1594/PANGAEA.862968.

Bruno, J. F., Stachowicz, J. J. & Bertness, M. D. (2003) Inclusion of facilitation into ecological theory. *Trends in Ecology & Evolution*, 18, 119–125.

Bu, W., Huang, J., Xu, H., Zang, R., Ding, Y., Li, Y., Lin, M., Wang, J. & Zhang, C. (2019) Plant functional traits are the mediators in regulating effects of abiotic site conditions on aboveground carbon stock – evidence from a 30 ha tropical forest plot. *Frontiers in Plant Science*, 9, 1958.

Buckley, Y. M. & Catford, J. (2016) Does the biogeographic origin of species matter? Ecological effects of native and non-native species and the use of origin to guide management. *Journal of Ecology*, 104, 4–17.

Budrys, E., Budriene, A. & Orlovskyte, S. (2014) Cavity-nesting wasps and bees database. http:// scales.ckff.si/scaletool/?menu=6&submenu=3.

Buisson, L., Grenouillet, G., Villéger, S., Canal, J. & Laffaille, P. (2013) Toward a loss of functional diversity in stream fish assemblages under climate change. *Global Change Biology*, 19, 387–400.

Bulleri, F., Bruno, J. F., Silliman, B. R. & Stachowicz, J. J. (2016) Facilitation and the niche: implications for coexistence, range shifts and ecosystem functioning. *Functional Ecology*, 30, 70–78.

Burns, M., Hedin, M. & Tsurusaki, N. (2018) Population genomics and geographical parthenogenesis in Japanese harvestmen (Opiliones, Sclerosomatidae, *Leiobunum*). *Ecology and Evolution*, 8, 36–52.

Bush, G. L. (1969) Sympatric host race formation and speciation in frugivorous flies of genus *Rhagoletis* (Diptera, Tephritidae). *Evolution*, 23, 237–251.

Butterfield, B. J. & Suding, K. N. (2013) Single-trait functional indices outperform multi-trait indices in linking environmental gradients and ecosystem services in a complex landscape. *Journal of Ecology*, 101, 9–17.

Cadotte, M. W. (2017) Functional traits explain ecosystem function through opposing mechanisms. *Ecology Letters*, 20, 989–996.

Cadotte, M. W. & Tucker, C. M. (2017) Should environmental filtering be abandoned? *Trends in Ecology & Evolution*, 32, 429–437.

Cadotte, M. W. & Tucker, C. M. (2018) Difficult decisions: strategies for conservation prioritization when taxonomic, phylogenetic and functional diversity are not spatially congruent. *Biological Conservation*, 225, 128–133.

Cadotte, M. W., Albert, C. H. & Walker, S. C. (2013) The ecology of differences: assessing community assembly with trait and evolutionary distances. *Ecology Letters*, 16, 1234–1244.

Cadotte, M. W., Carboni, M., Si, X. & Tatsumi, S. (2019) Do traits and phylogeny support congruent community diversity patterns and assembly inferences? *Journal of Ecology*, 107, 2065–2077.

Cadotte, M. W., Carscadden, K. & Mirotchnick, N. (2011) Beyond species: functional diversity and the maintenance of ecological processes and services. *Journal of Applied Ecology*, 48, 1079–1087.

Cadotte, M. W., Cavender-Bares, J., Tilman, D. & Oakley, T. H. (2009) Using phylogenetic, functional and trait diversity to understand patterns of plant community productivity. *PLOS ONE*, 4, e5695.

Cadotte, M. W., Mai, D. V., Jantz, S., Collins, M. D., Keele, M. & Drake, J. A. (2006) On testing the competition–colonization trade-off in a multispecies assemblage. *American Naturalist*, 168, 704–709.

Callaway, R. M., Thelen, G. C., Rodriguez, A. & Holben, W. E. (2004) Soil biota and exotic plant invasion. *Nature*, 427, 731–733.

Carboni, M., Münkemüller, T., Lagergne, S., Choler, P., Borge, B., Violle, C., Essl, F., Roquet, C., Munoz, F., DivGrass Consortium & Thuiller, W. (2016) What it takes to invade grassland ecosystems: traits, introduction history and filtering processes. *Ecology Letters*, 19, 219–229.

Cardinale, B. J., Duffy, J. E., Gonzalez, A., Hooper, D. U., Perrings, C., Venail, P., Narwani, A., Mace, G. M., Tilman, D., Wardle, D. A., Kinzig, A. P., Daily, G. C., Loreau, M., Grace, J. B., Larigauderie, A., Srivastava, D. S. & Naeem, S. (2012) Biodiversity loss and its impact on humanity. *Nature*, 486, 59–67.

Carmona, C. P., Azcarate, F. M., de Bello, F., Ollero, H. S., Lepš, J. & Peco, B. (2012) Taxonomical and functional diversity turnover in Mediterranean grasslands: interactions between grazing, habitat type and rainfall. *Journal of Applied Ecology*, 49, 1084–1093.

Carmona, C. P., de Bello, F., Mason, N. W. H. & Lepš, J. (2016) Traits without borders: integrating functional diversity across scales. *Trends in Ecology & Evolution*, 31, 382–394.

Carmona, C. P., de Bello, F., Mason, N. W. H. & Lepš, J. (2019) Trait probability density (TPD): measuring functional diversity across scales based on TPD with R. *Ecology*, 100, e08276.

Carmona, C. P., de Bello, F., Sasaki, T., Uchida, K. & Partel, M. (2017a) Towards a common toolbox for rarity: a response to Violle et al. *Trends in Ecology & Evolution*, 32, 889–891.

Carmona, C. P., Guerrero, I., Morales, M. B., Onate, J. J. & Peco, B. (2017b) Assessing vulnerability of functional diversity to species loss: a case study in Mediterranean agricultural systems. *Functional Ecology*, 31, 427–435.

Carmona, C. P., Mason, N. W. H., Azcarate, F. M. & Peco, B. (2015b) Inter-annual fluctuations in rainfall shift the functional structure of Mediterranean grasslands across gradients of productivity and disturbance. *Journal of Vegetation Science*, 26, 538–551.

Carmona, C. P., Rota, C., Azcarate, F. M. & Peco, B. (2015a) More for less: sampling strategies of plant functional traits across local environmental gradients. *Functional Ecology*, 29, 579–588.

Carpenter, S. R., Mooney, H. A., Agard, J., Capistrano, D., DeFries, R. S., Díaz, S., Dietz, T., Duraiappah, A. K., Oteng-Yeboah, A., Pereira, H. M., Perrings, C., Reid, W. V., Sarukhan, J., Scholes, R. J. & Whyte, A. (2009) Science for managing ecosystem services: beyond the Millennium Ecosystem Assessment. *Proceedings of the National Academy of Sciences of the United States of America*, 106, 1305–1312.

Cernansky, R. (2017) The biodiversity revolution. *Nature*, 546, 22–24.

Chalmandrier, L., Münkemüller, T., Colace, M. P., Renaud, J., Aubert, S., Carlson, B. Z., Clement, J. C., Legay, N., Pellet, G., Saillard, A., Lavergne, S. & Thuiller, W. (2017) Spatial scale and intraspecific trait variability mediate assembly rules in alpine grasslands. *Journal of Ecology*, 105, 277–287.

Champely, S. & Chessel, D. (2002) Measuring biological diversity using Euclidean metrics. *Environmental and Ecological Statistics*, 9, 167–177.

Chapin, F. S. (1980) The mineral nutrition of wild plants. *Annual Review of Ecology and Systematics*, 11, 233–260.

Chase, J. M. & Leibold, M. A. (2003) *Ecological niches: linking classical and contemporary approaches*. University of Chicago Press. Chicago, IL.

Chesson, P. (2000) Mechanisms of maintenance of species diversity. *Annual Review of Ecology and Systematics*, 31, 343–366.

Chesson, P. & Huntly, N. (1997) The roles of harsh and fluctuating conditions in the dynamics of ecological communities. *American Naturalist*, 150, 519–553.

Chiu, C.-H. & Chao, A. (2014) Distance-based functional diversity measures and their decomposition: a framework based on Hill numbers. *PLOS ONE*, 9, e113561.

Chollet, S., Rambal, S., Fayolle, A., Hubert, D., Foulquie, D. & Garnier, E. (2014) Combined effects of climate, resource availability, and plant traits on biomass produced in a Mediterranean rangeland. *Ecology*, 95, 737–748.

Chown, S. L. (2012) Trait-based approaches to conservation physiology: forecasting environmental change risks from the bottom up. *Philosophical Transactions of the Royal Society B – Biological Sciences*, 367, 1615–1627.

Chuang, A. & Peterson, C. R. (2016) Expanding population edges: theories, traits, and trade-offs. *Global Change Biology*, 22, 494–512.

Cianciaruso, M. V., Batalha, M. A., Gaston, K. J. & Petchey, O. L. (2009) Including intraspecific variability in functional diversity. *Ecology*, 90, 81–89.

Cingolani, A. M., Cabido, M., Gurvich, D. E., Renison, D. & Díaz, S. (2007) Filtering processes in the assembly of plant communities: are species presence and abundance driven by the same traits? *Journal of Vegetation Science*, 18, 911–920.

Clausen, J., Keck, D. D. & Hiesey, W. M. (1948) Experimental studies on the nature of species. III. Environmental responses of climatic races of *Achillea*. Washington, DC: Carnegie Institution.

Concepción, E. D., Götzenberger, L., Nobis, M. P., de Bello, F., Obrist, M. K. & Moretti, M. (2017) Contrasting trait assembly patterns in plant and bird communities along environmental and human-induced land-use gradients. *Ecography*, 40, 753–763.

Connor, E. F. & Simberloff, D. (1979) The assembly of species communities: chance or competition? *Ecology*, 60, 1132–1140.

Conti, G. & Díaz, S. (2013) Plant functional diversity and carbon storage – an empirical test in semi-arid forest ecosystems. *Journal of Ecology*, 101, 18–28.

Conti, L., Block, S., Parepa, M., Münkemüller, T., Thuiller, W., Acosta, A. T. R., van Kleunen, M., Dullinger, S., Essl, F., Dullinger, I., Moser, D., Klonner, G., Bossdorf, O. & Carboni, M. (2018)

Functional trait differences and trait plasticity mediate biotic resistance to potential plant invaders. *Journal of Ecology*, 106, 1607–1620.

Conti, M. E. & Cecchetti, G. (2001) Biological monitoring: lichens as bioindicators of air pollution assessment – a review. *Environmental Pollution*, 114, 471–492.

Conway, T. M. (2016) Tending their urban forest: residents' motivations for tree planting and removal. *Urban Forestry and Urban Greening*, 17, 23–32.

Cordlandwehr, V., Meredith, R. L., Ozinga, W. A., Bekker, R. M., van Groenendael, J. M. & Bakker, J. P. (2013) Do plant traits retrieved from a database accurately predict on-site measurements? *Journal of Ecology*, 101, 662–670.

Cornelissen, J. H. C., Lang, S. I., Soudzilovskaia, N. A. & During, H. J. (2007) Comparative cryptogam ecology: a review of bryophyte and lichen traits that drive biogeochemistry. *Annals of Botany*, 99, 987–1001.

Cornelissen, J. H. C., Lavorel, S., Garnier, E., Díaz, S., Buchmann, N., Gurvich, D. E., Reich, P. B., ter Steege, H., Morgan, H. D., van der Heijden, M. G. A., Pausas, J. G. & Poorter, H. (2003) A handbook of protocols for standardised and easy measurement of plant functional traits worldwide. *Australian Journal of Botany*, 51, 335–380.

Cornelissen, J. H. C., Pérez -Harguindeguy, N., Díaz, S., Grime, J. P., Marzano, B., Cabido, M., Vendramini, F. & Cerabolini, B. (1999) Leaf structure and defence control litter decomposition rate across species and life forms in regional floras on two continents. *New Phytologist*, 143, 191–200.

Cornell, H. V. & Harrison, S. P. (2014) What are species pools and when are they important? *Annual Review of Ecology, Evolution, and Systematics*, 45, 45–67.

Cornwell, W. K. & Ackerly, D. D. (2009) Community assembly and shifts in plant trait distributions across an environmental gradient in coastal California. *Ecological Monographs*, 79, 109–126.

Cornwell, W. K. & Cornelissen, J. H. C. (2013) A broader perspective on plant domestication and nutrient and carbon cycling. *New Phytologist*, 198, 331–333.

Cornwell, W. K. & Habacuc (2018, 11 April) traitecoevo/fungaltraits v0.0.3 (Version v0.0.3). Zenodo. http://doi.org/10.5281/zenodo.1216257.

Cornwell, W. K., Cornelissen, J. H. C., Amatangelo, K., Dorrepaal, E., Eviner, V. T., Godoy, O., Hobbie, S. E., Hoorens, B., Kurokawa, H., Pérez-Harguindeguy, N., Quested, H. M., Santiago, L. S., Wardle, D. A., Wright, I. J., Aerts, R., Allison, S. D., van Bodegom, P., Brovkin, V., Chatain, A., Callaghan, V. T., Díaz, S., Garnier, E., Gurvich, D. E., Kazakou, E., Klein, J. A., Read, J., Reich, P. B., Soudzilovskaia, N. A., Vaieretti, M. V. & Westoby, M. (2008) Plant species traits are the predominant control on litter decomposition rates within biomes worldwide. *Ecology Letters*, 11, 1065–1071.

Cornwell, W. K., Schwilk, D. W. & Ackerly, D. D. (2006) A trait-based test for habitat filtering: convex hull volume. *Ecology*, 87, 1465–1471.

Correa, S. B., Arujo, J. K., Penha, J., Nunes da Cunha, C., Bobier, K. E. & Anderson, J. T. (2016) Stability and generalization in seed dispersal networks: a case study of frugivorous fish in Neotropical wetlands. *Proceedings of the Royal Society B – Biological Sciences*, 283, 20161267.

Cosendai, A. C., Wagner, J., Ladinig, U., Rosche, C. & Horandl, E. (2013) Geographical parthenogenesis and population genetic structure in the alpine species *Ranunculus kuepferi* (Ranunculaceae). *Heredity*, 110, 560–569.

Craine, J. M. (2005) Reconciling plant strategy theories of Grime and Tilman. *Journal of Ecology*, 93, 1041–1052.

Craven, D., Eisenhauer, N., Pearse, W. D., Hautier, Y., Isbell, F., Roscher, C., Bahn, M., Beierkuhnlein, C., Bönisch, G., Buchmann, N., Byun, C., Catford, J. A., Cerabolini, B. E. L., Cornelissen, J. H. C., Craine, J. M., De Luca, E., Ebeling, A., Griffin, J. N., Hector, A., Hines, J., Jentsch, A., Kattge, J., Kreyling, J., Lanta, V., Lemoine, N., Meyer, S. T., Minden, V., Onipchenko, V., Polley, H. W., Reich, P. B., van Ruijven, J., Schamp, B., Smith, M. D., Soudzilovskaia, N. A., Tilman, D., Weigelt, A., Wilsey, B. &

Manning, P. (2018) Multiple facets of biodiversity drive the diversity stability relationship. *Nature Ecology & Evolution*, 2, 1579–1587.

Crisp, M. D. & Cook, L. G. (2012) Phylogenetic niche conservatism: what are the underlying evolutionary and ecological causes? *New Phytologist*, 196, 681–694.

Cronon, W. (1996) *Uncommon ground: rethinking the human place in nature*. New York: Norton & Company.

Cruz, P., De Quadros, F. L. F., Theau, J. P., Frizzo, A., Jouany, C., Duru, M. & Carvalho, P. C. F. (2010) Leaf traits as functional descriptors of the intensity of continuous grazing in native grasslands in the South of Brazil. *Rangeland Ecology and Management*, 63, 350–358.

Damour, G., Navas, M. L. & Garnier, E. (2018) A revised trait-based framework for agroecosystems including decision rules. *Journal of Applied Ecology*, 55, 12–24.

Darwin, C. (1859) *On the origin of species by means of natural selection, or the preservation of favoured races in the struggle for life*. London: John Murray.

David, J. F. (2014) The role of litter-feeding macroarthropods in decomposition processes: a reappraisal of common views. *Soil Biology and Biochemistry*, 76, 109–118.

Davis, M. A., Chew, M. K., Hobbs, R. J., Lugo, A. E., Ewel, J. J., Vermeij, G. J., ... Briggs, J. C. (2011) Don't judge species on their origins. *Nature*, 474, 153–154.

Dawson, S. K., Boddy, L., Halbwachs, H., Bassler, C., Andrew, C., Crowther, T. W., Heilmann-Clausen, J., Norden, J., Ovaskainen, O. & Jonsson, M. (2019) Handbook for the measurement of macrofungal functional traits: a start with basidiomycete wood fungi. *Functional Ecology*, 33, 372–387.

de Bello, F. (2012) The quest for trait convergence and divergence in community assembly: are null-models the magic wand? *Global Ecology and Biogeography*, 21, 312–317.

de Bello, F. & Mudrák, O. (2013) Plant traits as indicators: loss or gain of information? *Applied Vegetation Science*, 16, 353–354.

de Bello, F., Berg, M. P., Dias, A. T. C., Diniz-Filho, J. A. F., Götzenberger, L., Hortal, J., Ladle, R. J. & Lepš, J. (2015) On the need for phylogenetic 'corrections' in functional trait-based approaches. *Folia Geobotanica*, 50, 349–357.

de Bello, F., Carmona, C. P., Lepš, J., Szava-Kovats, R. & Partel, M. (2016a) Functional diversity through the mean trait dissimilarity: resolving shortcomings with existing paradigms and algorithms. *Oecologia*, 180, 933–940.

de Bello, F., Carmona, C. P., Mason, N. W. H., Sebastià, M. T. & Lepš, J. (2013a) Which trait dissimilarity for functional diversity: trait means or trait overlap? *Journal of Vegetation Science*, 24, 807–819.

de Bello, F., Fibich, P., Zelený, D., Kopecky, M., Mudrak, O., Chytry, M., Pysek, P., Wild, J., Michalcova, D., Sadlo, J., Smilauer, P., Lepš, J. & Partel, M. (2016b) Measuring size and composition of species pools: a comparison of dark diversity estimates. *Ecology and Evolution*, 6, 4088–4101.

de Bello, F., Lavergne, S., Meynard, C. N., Lepš, J. & Thuiller, W. (2010b) The partitioning of diversity: showing Theseus a way out of the labyrinth. *Journal of Vegetation Science*, 21, 992–1000.

de Bello, F., Lavorel, S., Albert, C. H., Thuiller, W., Grigulis, K., Dolezal, J., Janecek, S. & Lepš, J. (2011) Quantifying the relevance of intraspecific trait variability for functional diversity. *Methods in Ecology and Evolution*, 2, 163–174.

de Bello, F., Lavorel, S., Díaz, S., Harrington, R., Cornelissen, J. H. C., Bardgett, R. D., Berg, M. P., Cipriotti, P., Feld, C. K., Hering, D., Martins da Silva, P., Potts, S. G., Sandin, L., Sousa, J. P., Storkey, J., Wardle, D. A. & Harrison, P. A. (2010a) Towards an assessment of multiple ecosystem processes and services via functional traits. *Biodiversity and Conservation*, 19, 2873–2893.

de Bello, F., Lavorel, S., Lavergne, S., Albert, C. H., Boulangeat, I., Mazel, F. & Thuiller, W. (2013b) Hierarchical effects of environmental filters on the functional structure of plant communities: a case study in the French Alps. *Ecography*, 36, 393–402.

de Bello, F., Lepš, J., Lavorel, S. & Moretti, M. (2007) Importance of species abundance for assessment of trait composition: an example based on pollinator communities. *Community Ecology*, 8, 163–170.

de Bello, F., Lepš, J. & Sebastià, M. T. (2005) Predictive value of plant traits to grazing along a climatic gradient in the Mediterranean. *Journal of Applied Ecology*, 42, 824–833.

de Bello, F., Price, J. N., Münkemüller, T., Liira, J., Zobel, M., Thuiller, W., Gerhold, P., Götzenberger, L., Lavergne, S., Lepš, J., Zobel, K. & Pärtel, M. (2012) Functional species pool framework to test for biotic effects on community assembly. *Ecology*, 93, 2263–2273.

de Bello, F., Šmilauer, P., Diniz-Filho, J. A. F., Carmona, C. P., Lososová, Z., Herben, T. & Götzenberger, L. (2017) Decoupling phylogenetic and functional diversity to reveal hidden signals in community assembly. *Methods in Ecology and Evolution*, 8, 1200–1211.

de Bello, F., Thuiller, W., Lepš, J., Choler, P., Clement, J. C., Macek, P., Sebastià, M. T. & Lavorel, S. (2009) Partitioning of functional diversity reveals the scale and extent of trait convergence and divergence. *Journal of Vegetation Science*, 20, 475–486.

de Bello, F., Vandewalle, M., Reitalu, T., Lepš, J., Prentice, H. C., Lavorel, S. & Sykes, M. T. (2013c) Evidence for scale- and disturbance-dependent trait assembly patterns in dry semi-natural grasslands. *Journal of Ecology*, 101, 1237–1244.

De Groot, R. S., Wilson, M. A. & Boumans, R. M. (2002) A typology for the classification, description and valuation of ecosystem functions, goods and services. *Ecological Economics*, 41, 393–408.

De Oliveira, T., Hättenschwiler, S. & Handa, I. T. (2010) Snail and millipede complementarity in decomposing Mediterranean forest leaf litter mixtures. *Functional Ecology*, 24, 937–946.

de Ruiter, P., Neutel, A.-M. & Moore, J. (1998) Biodiversity in soil ecosystems: the role of energy flow and community stability. *Applied Soil Ecology*, 10, 217–228.

Defossez, E., Pellissier, L. & Rasmann, S. (2018) The unfolding of plant growth form-defence syndromes along elevation gradients. *Ecology Letters*, 21, 609–618.

Dell, A. I., Pawar, S. & Savage, V. M. (2013) The thermal dependence of biological traits. *Ecology*, 94, 1205–1206.

Demuzere, M., Orru, K., Heidrich, O., Olazabal, E., Geneletti, D., Orru, H., Bhave, A. G., Mittal, N., Feliu, E. & Faehnle, M. (2014) Mitigating and adapting to climate change: multi-functional and multi-scale assessment of green urban infrastructure. *Journal of Environmental Management*, 146, 107–115.

Deraison, H., Badenhausser, I., Loeuille, N., Scherber, C. & Gross, N. (2015) Functional trait diversity across trophic levels determines herbivore impact on plant community biomass. *Ecology Letters*, 18, 1346–1355.

Desdevises, Y., Legendre, P., Azouzi, L. & Morand, S. (2003) Quantifying phylogenetically structured environmental variation. *Evolution*, 57, 2647–2652.

Devictor, V., Julliard, R., Couvet, D. & Jiguet, F. (2008) Birds are tracking climate warming, but not fast enough. *Proceedings of the Royal Society B – Biological Sciences*, 275, 2743–2748.

Devictor, V., Mouillot, D., Meynard, C., Jiguet, F., Thuiller, W. & Mouquet, N. (2010) Spatial mismatch and congruence between taxonomic, phylogenetic and functional diversity: the need for integrative conservation strategies in a changing world. *Ecology Letters*, 13, 1030–1040.

DeWitt, T. J. & Scheiner, S. M. (eds.) (2004) *Phenotypic plasticity: functional and conceptual approaches*. Oxford University Press. Oxford, UK.

Diamond, J. M. (1975) Assembly of species communities. In: *Ecology and Evolution of Communities* (eds. Cody, M. L. & Diamond, J. M.), pp. 342–444. Cambridge, MA: Harvard University Press.

Dias, A. T. C., Berg, M. P., de Bello, F., Van Oosten, A. R., Bila, K. & Moretti, M. (2013b) An experimental framework to identify community functional components driving ecosystem processes and services delivery. *Journal of Ecology*, 101, 29–37.

Dias, A. T. C., Hoorens, B., Logtestijn, R. S. P., Vermaat, J. E. & Aerts, R. (2010) Plant species composition can be used as a proxy to predict methane emissions in peatland ecosystems after land-use changes. *Ecosystems*, 13, 526–538.

Dias, A. T. C., Krab, E. J., Marien, J., Zimmer, M., Cornelissen, J. H., Ellers, J., Wardle, D. A. & Berg, M. P. (2013a) Traits underpinning desiccation resistance explain distribution patterns of terrestrial isopods. *Oecologia*, 172, 667–77.

Dias, A. T. C., Rosado, B. H., de Bello, F., Pistón, N. & de Mattos, E. A. (2020) Alternative plant designs: consequences for community assembly and ecosystem functioning. *Annals of Botany*, 125, 391–398.

Díaz, S. & Cabido, M. (2001) Vive la difference: plant functional diversity matters to ecosystem processes. *Trends in Ecology & Evolution*, 16, 646–655.

Díaz, S., Cabido, M. & Casanoves, F. (1998) Plant functional traits and environmental filters at a regional scale. *Journal of Vegetation Science*, 9, 113–122.

Díaz, S., Demissew, S., Joly, C., Lonsdale, W. M. & Larigauderie, A. (2015) A Rosetta Stone for nature's benefits to people. *PLOS Biology*, 13, 1–8.

Díaz, S., Fargione, J., Chapin, F. S., III & Tilman, D. (2006) Biodiversity loss threatens human well-being. *PLOS Biology*, 4, e277.

Díaz, S., Hodgson, J. G., Thompson, K., Cabido, M., Cornelissen, J. H. C., Jalili, A., Montserrat-Martí, G., Grime, J. P., Zarrinkamar, F., Asri, Y., Band, S. R., Basconcelo, S., Castro-Díez, P., Funes, G., Hamzehee, B., Khoshnevi, M., Pérez-Harguindeguy, N., Pérez-Rontomé, M. C., Shirvany, F. A., Vendramini, F., Yazdani, S., Abbas-Azimi, R., Bogaard, A., Boustani, S., Charles, M., Dehghan, M., de Torres-Espuny, L., Falczuk, V., Guerrero-Campo, J., Hynd, A., Jones, G., Kowsary, E., Kazemi-Saeed, F., Maestro-Martínez, M., Romo-Díez, A., Shaw, S., Siavash, B., Villar-Salvador, P. & Zak, M. R. (2004) The plant traits that drive ecosystems: evidence from three continents. *Journal of Vegetation Science*, 15, 295–304.

Díaz, S., Kattge, J., Cornelissen, J. H. C., Wright, I. J., Lavorel, S., Dray, S., Reu, B., Kleyer, M., Wirth, C., Prentice, I. C., Garnier, E., Bonisch, G., Westoby, M., Poorter, H., Reich, P. B., Moles, A. T., Dickie, J., Gillison, A. N., Zanne, A. E., Chave, J., Wright, S. J., Sheremet'ev, S. N., Jactel, H., Baraloto, C., Cerabolini, B., Pierce, S., Shipley, B., Kirkup, D., Casanoves, F., Joswig, J. S., Gunther, A., Falczuk, V., Ruger, N., Mahecha, M. D. & Gorne, L. D. (2016) The global spectrum of plant form and function. *Nature*, 529, 167–171.

Díaz, S., Lavorel, S., de Bello, F., Quetier, F., Grigulis, K. & Robson, M. (2007) Incorporating plant functional diversity effects in ecosystem service assessments. *Proceedings of the National Academy of Sciences of the United States of America*, 104, 20684–20689.

Díaz, S., Noy-Meir, I. & Cabido, M. (2001) Can grazing response of herbaceous plants be predicted from simple vegetative traits? *Journal of Applied Ecology*, 38, 497–508.

Díaz, S., Pascual, U., Stenseke, M., Martín-López, B., Watson, R. T., Molnár, Z., Hill, R., Chan, K. M. A., Baste, I. A., Brauman, K. A., Polasky, S., Church, A., Lonsdale, M., Larigauderie, A., Leadley, P. W., van Oudenhoven, A. P. E., van der Plaat, F., Schröter, M., Lavorel, S., Aumeeruddy-Thomas, Y., Bukvareva, E., Davies, K., Demissew, S., Erpul, G., Failler, P., Guerra, C. A., Hewitt, C. L., Keune, H., Lindley, S. & Shirayama, Y. (2018) Assessing nature's contributions to people. *Science*, 359, 270–272.

Díaz, S., Purvis, A., Cornelissen, J. H. C., Mace, G. M., Donoghue, M. J., Ewers, R. M., Jordano, P. & Pearse, W. D. (2013) Functional traits, the phylogeny of function, and ecosystem service vulnerability. *Ecology and Evolution*, 3, 2958–2975.

Didham, R. K., Tylianakis, J. M., Hutchison, M. A., Ewers, R. M. & Gemmell, N. J. (2005) Are invasive species the drivers of ecological change? *Trends in Ecology and Evolution*, 20, 470–474.

Diez, J. M., Dickie, I., Edwards, G., Hulme, P. E., Sullivan, J. J. & Duncan, R. P. (2010) Negative soil feedbacks accumulate over time for non-native plant species. *Ecology Letters*, 13, 803–809.

Diniz-Filho, J. A. F., Bini, L. M., Rangel, T. F. L. V. B., Morales-Castilla, I., Olalla-Tárraga, M. Á., Rodríguez, M. Á. & Hawkins, B. A. (2012) On the selection of phylogenetic eigenvectors for ecological analyses. *Ecography*, 35, 239–249.

Donatti, C. I., Guimarães, P. R., Galetti, M., Pizo, M. A., Marquitti, F. M. D. & Dirzo, R. (2011) Analysis of a hyper-diverse seed dispersal network: modularity and underlying mechanisms. *Ecology Letters*, 14, 773–781.

Dorrepaal, E., Toet, S., Van Logtestijn, R. S. P., Swart, E., Van De Weg, M. J., Callaghan, V. T. & Aerts, R. (2009) Carbon respiration from subsurface peat accelerated by climate warming in the subarctic. *Nature*, 460, 616–619.

Doughty, C. E., Wolf, A. & Malhi, Y. (2013) The legacy of the Pleistocene megafauna extinctions on nutrient availability in Amazonia. *Nature Geoscience*, 6, 761–764.

Dray, S. & Legendre, P. (2008) Testing the species traits–environment relationships: the fourth-corner problem revisited. *Ecology*, 89, 3400–3412.

Duru, M., Cruz, P., Jouany, C. & Theau, J. P. (2010) Herb'type©: un nouvel outil pour évaluer les services de production fournis par les prairies permanentes. *Productions Animales*, 23, 319–332.

Duru, M., Cruz P., Raouda, A. H. K., Ducourtieux, C. & Theau, J. P. (2008) Relevance of plant functional types based on leaf dry matter content for assessing digestibility of native grass species and species-rich grassland communities in spring. *Agronomy Journal*, 100, 1622–1630.

Dwyer, J. M. & Laughlin, D. C. (2017) Constraints on trait combinations explain climatic drivers of biodiversity: the importance of trait covariance in community assembly. *Ecology Letters*, 20, 872–882.

Eggenberger, H., Frey, D., Pellissier, L., Ghazoul, J., Fontana, S. & Moretti, M. (2019) Urban bumblebees are smaller and more phenotypically diverse than their rural counterparts. *Journal of Animal Ecology*, 88, 1522–1533.

Eisenhauer, N., Sabais, A. C. W. & Scheu, S. (2011) Collembola species composition and diversity effects on ecosystem functioning vary with plant functional group identity. *Soil Biology & Biochemistry*, 43, 1697–1704.

Ellenberg, H. (1974) Zeigerwerte der Gefäßpflanzen mitteleuropas. *Scripta Geobotanica*, 9, 3–122

Ellers, J., Berg, M. P., Dias, A. T., Fontana, S., Ooms, A. & Moretti, M. (2018) Diversity in form and function: vertical distribution of soil fauna mediates multidimensional trait variation. *Journal of Animal Ecology*, 87, 933–944.

Ellers, J., Rog, S., Braam, C. & Berg, M. P. (2011) Genotypic richness and phenotypic dissimilarity enhance population performance. *Ecology*, 92, 1605–1615.

Ellison, C. E., Hall, C., Kowbel, D., Welch, J., Brem, R. B., Glass, N. L. & Taylor, J. W. (2011) Population genomics and local adaptation in wild isolates of a model microbial eukaryote. *Proceedings of the National Academy of Sciences of the United States of America*, 108, 2831–2836.

Elmqvist, T., Folke, C., Nystrom, M., Peterson, G., Bengtsson, J., Walker, B. & Norberg, J. (2003) Response diversity, ecosystem change, and resilience. *Frontiers in Ecology and the Environment*, 1, 488–494.

Elser, J. J., Fagan, W. F., Kerkhoff, A. J., Swenson, N. G. & Enquist, B. J. (2010) Biological stoichiometry of plant production: metabolism, scaling and ecological response to global change. *New Phytologist*, 186, 593–608.

Elton, C. S. (1946) Competition and the structure of ecological communities. *Journal of Animal Ecology*, 15, 54–68.

Elzinga, J. A., Atlan, A., Biere, A., Gigord, L., Weis, A. E. & Bernasconi, G. (2007) Time after time: flowering phenology and biotic interactions. *Trends in Ecology & Evolution*, 22, 432–439.

Falkner, G., Obrdlik, P., Castella, E. & Speight, M. C. D. (2001) *Shelled Gastropoda of Western Europe*. Munich: Friedrich-Held-Gesellschaft.

Farwig, N., Schabo, D. G. & Albrecht, J. (2017) Trait-associated loss of frugivores in fragmented forest does not affect seed removal rates. *Journal of Ecology*, 105, 20–28.

Feld, C. K., Da Silva, P. M., Sousa, J. P., De Bello, F., Bugter, R., Grandin, U., Hering, D., Lavorel, S., Mountford, O., Pardo, I., Pärtel, M., Römbke, J., Sandin, L., Bruce Jones, K. & Harrison, P. (2009) Indicators of biodiversity and ecosystem services: a synthesis across ecosystems and spatial scales. *Oikos*, 118, 1862–1871.

Felsenstein, J. (1985) Phylogenics and the comparative method. *American Naturalist*, 125, 1–15.

Felten, D. & Emmerling, C. (2009) Earthworm burrowing behaviour in 2D terraria with single- and multi-species assemblages. *Biology and Fertility of Soils*, 45, 789–797.

Finegan, B., Pena-Claros, M., de Oliveira, A., Ascarrunz, N., Bret-Harte, M. S., Carreno-Rocabado, G., Casanoves, F., Díaz, S., Velepucha, P. E., Fernandez, F., Licona, J. C., Lorenzo, L., Negret, B. S., Vaz, M. & Poorter, L. (2015) Does functional trait diversity predict above-ground biomass and productivity of tropical forests? Testing three alternative hypotheses. *Journal of Ecology*, 103, 191–201.

Finerty, G. E., de Bello, F., Bílá, K., Berg, M. P., Dias, A. T. C., Pezzatti, G. B. & Moretti, M. (2016) Exotic or not, leaf trait dissimilarity modulates the effect of dominant species on mixed litter decomposition. *Journal of Ecology*, 104, 1400–1409.

Fontana, S., Berg, M. P. & Moretti, M. (2019) Intraspecific niche partitioning in macrodetritivores enhances mixed leaf litter decomposition. *Functional Ecology*, 33, 2391–2401.

Fontana, S., Petchey, O. L. & Pomati, F. (2015) Individual-level trait diversity concepts and indices to comprehensively describe community change in multidimensional trait space. *Functional Ecology*, 30, 808–818.

Forsman, A. (2014) Effects of genotypic and phenotypic variation on establishment are important for conservation, invasion, and infection biology. *Proceedings of the National Academy of Sciences of the United States of America*, 111, 302–307.

Forsman, A. & Hagman, M. (2009) Association of coloration mode with population declines and endangerment in Australian frogs. *Conservation Biology*, 23, 1535–1543.

Forsman, A. & Wennersten, L. (2016) Inter-individual variation promotes ecological success of populations and species: evidence from experimental and comparative studies. *Ecography*, 39, 630–648.

Fournier, B., Malysheva, E., Mazei, Y., Moretti, M. & Mitchell, E. A. D. (2012) Toward the use of testate amoeba functional traits as indicator of floodplain restoration success. *European Journal of Soil Biology*, 49, 85–91.

Franken, O., Huizinga, M., Ellers, J. & Berg, M. P. (2018) Heated communities: large inter- and intraspecific variation in heat tolerance across trophic levels of a soil arthropod community. *Oecologia*, 186, 311–322.

Franzen, M. & Betzholtz, P. E. (2012) Species traits predict island occupancy in noctuid moths. *Journal of Insect Conservation*, 16, 155–163.

Freckleton, R. P. (2009) The seven deadly sins of comparative analysis. *Journal of Evolutionary Biology*, 22, 1367–1375.

Freschet, G. T., Aerts, R. & Cornelissen, J. H. C. (2012) A plant economics spectrum of litter decomposability. *Functional Ecology*, 26, 56–65.

Froese, R. & Pauly, D. (2018) *FishBase*. World Wide Web electronic publication.

Fukami, T., Bezemer, T. M., Mortimer, S. R. & van der Putten, W. H. (2005) Species divergence and trait convergence in experimental plant community assembly. *Ecology Letters*, 8, 1283–1290.

Funk, J. L. & Wolf, A. A. (2016) Testing the trait-based community framework: do functional traits predict competitive outcomes? *Ecology*, 97, 2206–2211.

Funk, J. L., Cleland, E. E., Suding, K. N. & Zavaleta, E. S. (2008) Restoration through reassembly: plant traits and invasion resistance. *Trends in Ecology and Evolution*, 23, 695–703.

Galetti, M., Guevara, R., Côrtes, M. C., Fadini, R., Von Matter, S., Leite, A. B., Labecca, F., Ribeiro, T., Carvalho, C. S., Collevatti, R. G., Pires, M. M. G., Brancalion, P. H. S., Ribeiro, M. C. & Jordano, P. (2013) Functional extinction of birds drives rapid evolutionary changes in seed size. *Science*, 340, 1086–1090.

Galland, T., Adeux, G., Dvořáková, H., E-Vojtkó, A., Orbán, I., Lussu, M., Puy, J., Blažek, P., Lanta, V., Lepš, J., de Bello, F., Pérez Carmona, C., Valencia, E. & Götzenberger, L. (2019) Colonization resistance and establishment success along gradients of functional and phylogenetic diversity in experimental plant communities. *Journal of Ecology*, 107, 2090–2104.

Garamszegi, L. Z. (ed.) (2014) *Modern phylogenetic comparative methods and their application in evolutionary biology*. Berlin: Springer.

García-Palacios, P., Milla, R., Delgado-Baquerizo, M., Martín-Robles, N., Álvaro-Sánchez, M. & Wall, D. H. (2013) Side-effects of plant domestication: ecosystem impacts of changes in litter quality. *New Phytologist*, 198, 504–513.

Garnier, E. & Navas, M. L. (2012) A trait-based approach to comparative functional plant ecology: concepts, methods and applications for agroecology. A review. *Agronomy for Sustainable Development*, 32, 365–399.

Garnier, E., Cortez, J., Billes, G., Navas, M. L., Roumet, C., Debussche, M., Laurent, G., Blanchard, A., Aubry, D., Bellmann, A., Neill, C. & Toussaint, J. P. (2004) Plant functional markers capture ecosystem properties during secondary succession. *Ecology*, 85, 2630–2637.

Garnier, E., Laurent, G., Bellmann, A., Debain, S., Berthelier, P., Ducout, B., Roumet, C. & Navas, M. L. (2001) Consistency of species ranking based on functional leaf traits. *New Phytologist*, 152, 69–83.

Garnier, E., Lavorel, S., Ansquer, P., Castro, H., Cruz, P., Dolezal, J., Eriksson, O., Fortunel, C., Freitas, H., Golodets, C., Grigulis, K., Jouany, C., Kazakou, E., Kigel, J., Kleyer, M., Lehsten, V., Lepš, J., Meier, T., Pakeman, R., Papadimitriou, M., Papanastasis, V. P., Quested, H., Quetier, F., Robson, M., Roumet, C., Rusch, G., Skarpe, C., Sternberg, M., Theau, J. P., Thebault, A., Vile, D. & Zarovali, M. P. (2007) Assessing the effects of land-use change on plant traits, communities and ecosystem functioning in grasslands: a standardized methodology and lessons from an application to 11 European sites. *Annals of Botany*, 99, 967–985.

Garnier, E., Navas, M. L. & Grigulis, K. (2016) *Plant functional diversity: organism traits, community structure, and ecosystem properties*. Oxford University Press. Oxford, UK.

Garnier, E., Stahl, U., Laporte, M. A., Kattge, J., Mougenot, I., Kühn, I., Laporte, B., Amiaud, B., Ahrestani, F. S., Bönisch, G., Bunker, D. E., Cornelissen, J. H. C., Díaz, S., Enquist, B. J., Gachet, S., Jaureguiberry, P., Kleyer, M., Lavorel, S., Maicher, L., Pérez-Harguindeguy, N., Poorter, H., Schildhauer, M., Shipley, B., Violle, C., Weiher, E., Wirth, C., Wright, I. J. & Klotz, S. (2017) Towards a thesaurus of plant characteristics: an ecological contribution. *Journal of Ecology*, 105, 298–309.

Gaston, K. J. (1996) Biodiversity – congruence. *Progress in Physical Geography*, 20, 105–112.

Gause, G. F. (1934) *The struggle for existence*. Baltimore: The Williams & Wilkins Company.

Geange, S. W., Pledger, S., Burns, K. C. & Shima, J. S. (2011) A unified analysis of niche overlap incorporating data of different types. *Methods in Ecology and Evolution*, 2, 175–184.

Geber, M. A. & Griffen, L. R. (2003) Inheritance and natural selection on functional traits. *International Journal of Plant Sciences*, 164, S21–S42.

Gerhold, P., Cahill, J. F., Winter, M., Bartish, I. V. & Prinzing, A. (2015) Phylogenetic patterns are not proxies of community assembly mechanisms (they are far better). *Functional Ecology*, 29, 600–614.

Germain, R. M., Mayfield, M. M. & Gilbert, B. (2018a) The 'filtering' metaphor revisited: competition and environment jointly structure invasibility and coexistence. *Biology Letters*, 14, 20180460.

Germain, R. M., Williams, J. L., Schluter, D. & Angert, A. L. (2018b) Moving character displacement beyond characters using contemporary coexistence theory. *Trends in Ecology & Evolution*, 33, 74–84.

Gerz, M., Bueno, C. G., Ozinga, W. A., Zobel, M. & Moora, M. (2018) Niche differentiation and expansion of plant species are associated with mycorrhizal symbiosis. *Journal of Ecology*, 106, 254–264.

Gilchrist, G. W., Huey, R. B. & Serra, L. (2001) Rapid evolution of wing size clines in Drosophila subobscura. *Genetica*, 112–113, 273–286.

Giordani, P., Brunialti, G., Bacaro, G. & Nascimbene, J. (2012) Functional traits of epiphytic lichens as potential indicators of environmental conditions in forest ecosystems. *Ecological Indicators*, 18, 413–420.

Goberna, M. & Verdú, M. (2015) Predicting microbial traits with phylogenies. *ISME J*, 10, 959–967.

Godoy, O., Stouffer, D. B., Kraft, N. J. B. & Levine, J. M. (2017) Intransitivity is infrequent and fails to promote annual plant coexistence without pairwise niche differences. *Ecology*, 98, 1193–1200.

Gohli, J. & Voje, K. L. (2016) An interspecific assessment of Bergmann's rule in 22 mammalian families. *BMC Evolutionary Biology*, 16, 222.

Goncalves, F., Bovendorp, R. S., Beca, G., Bello, C., Costa-Pereira, R., Muylaert, R. L., Rodarte, R. R., Villar, N., Souza, R., Graipel, M. E., Cherem, J. J., Faria, D., Baumgarten, J., Alvarez, M. R., Vieira, E. M., Caceres, N., Pardini, R., Leite, Y. L. R., Costa, L. P., Mello, M. A. R., Fischer, E., Passos, F. C., Varzinczak, L. H., Prevedello, J. A., Cruz-Neto, A. P., Carvalho, F., Percequillo, A. R., Paviolo, A., Nava, A., Duarte, J. M. B., de la Sancha, N. U., Bernard, E., Morato, R. G., Ribeiro, J. F., Becker, R. G., Paise, G., Tomasi, P. S., Velez-Garcia, F., Melo, G. L., Sponchiado, J., Cerezer, F., Barros, M. A. S., de Souza, A. Q. S., dos Santos, C. C., Gine, G. A. F., Kerches-Rogeri, P., Weber, M. M., Ambar, G., Cabrera-Martinez, L. V., Eriksson, A., Silveira, M., Santos, C. F., Alves, L., Barbier, E., Rezende, G. C., Garbino, G. S. T., Rios, E. O., Silva, A., Nascimento, A. T. A., de Carvalho, R. S., Feijo, A., Arrabal, J., Agostini, I., Lamattina, D., Costa, S., Vanderhoeven, E., de Melo, F. R., Laroque, P. D., Jerusalinsky, L., Valenca-Montenegro, M. M., Martins, A. B., Ludwig, G., de Azevedo, R. B., Anzoategui, A., da Silva, M. X., Moraes, M. F. D., Vogliotti, A., Gatti, A., Puttker, T., Barros, C. S., Martins, T. K., Keuroghlian, A., Eaton, D. P., Neves, C. L., Nardi, M. S., Braga, C., Goncalves, P. R., Srbek-Araujo, A. C., Mendes, P., de Oliveira, J. A., Soares, F. A. M., Rocha, P. A., Crawshaw, P., Ribeiro, M. C. & Galetti, M. (2018) Atlantic mammal traits: a data set of morphological traits of mammals in the Atlantic Forest of South America. *Ecology*, 99, 498.

Gonzalez-Suarez, M. & Revilla, E. (2013) Variability in life-history and ecological traits is a buffer against extinction in mammals. *Ecology Letters*, 16, 242–251.

Gossner, M. M., Simons, N. K., Achtziger, R., Blick, T., Dorow, W. H. O., Dziock, F., Kohler, F., Rabitsch, W. & Weisser, W. W. (2015) A summary of eight traits of Coleoptera, Hemiptera, Orthoptera and Araneae, occurring in grasslands in Germany. *Scientific Data*, 2, 150013.

Gotelli, N. J. & Graves, G. R. (1996) *Null models in ecology*. Washington, DC: Smithsonian Institution Press.

Gotelli, N. J. & McCabe, D. J. (2002) Species co-occurrence: a meta-analysis of J. M. Diamond's assembly rules model. *Ecology*, 83, 2091–2096.

Götzenberger, L., Botta-Dukat, Z., Lepš, J., Pärtel, M., Zobel, M. & de Bello, F. (2016) Which randomizations detect convergence and divergence in trait-based community assembly? A test of commonly used null models. *Journal of Vegetation Science*, 27, 1275–1287.

Götzenberger, L., de Bello, F., Bråthen, K. A., Davison, J., Dubuis, A., Guisan, A., Lepš, J., Lindborg, R., Moora, M., Pärtel, M., Pellissier, L., Pottier, J., Vittoz, P., Zobel, K. & Zobel, M. (2012) Ecological assembly rules in plant communities – approaches, patterns and prospects. *Biological Reviews of the Cambridge Philosophical Society*, 87, 111–27.

Gower, J. C. (1971) A general coefficient of similarity and some of its properties. *Biometrics*, 27, 623–637.

Grandcolas, P., Nattier, R., Legendre, F. & Pellens, R. (2011) Mapping extrinsic traits such as extinction risks or modelled bioclimatic niches on phylogenies: does it make sense at all? *Cladistics*, 27, 181–185.

Grant, P. R. & Grant, B. R. (2006) Evolution of character displacement in Darwin's finches. *Science*, 313, 224–226.

Greenleaf, S. S., Williams, N. M., Winfree, R. & Kremen, C. (2007) Bee foraging ranges and their relationship to body size. *Oecologia*, 153, 589–596.

Grigulis, K., Lavorel, S., Krainer, U., Legay, N., Baxendale, C., Dumont, M., Kastl, E., Arnoldi, C., Bardgett, R. D., Poly, F., Pommier, T., Schloter, M., Tappeiner, U., Bahn, M. & Clément, J. C. (2013) Relative contributions of plant traits and soil microbial properties to mountain grassland ecosystem services. *Journal of Ecology*, 101, 47–57.

Grime, J. P. (1979) *Plant strategies and vegetation processes*. Chichester: John Wiley & Sons.

Grime, J. P. (1998) Benefits of plant diversity to ecosystems: immediate, filter and founder effects. *Journal of Ecology*, 86, 902–910.

Grime, J. P. (2006) Trait convergence and trait divergence in herbaceous plant communities: mechanisms and consequences. *Journal of Vegetation Science*, 17, 255–260.

Grime, J. P. & Pierce, S. (2012) *The evolutionary strategies that shape ecosystems*. Chichester: Wiley-Blackwell.

Grime, J. P., Hodgson, J. G. & Hunt, R. (1988) *Comparative plant ecology: a functional approach to common British species*. Dordrecht: Springer.

Grimm, A., Prieto Ramírez, A. M., Moulherat, S., Reynaud, J. & Henle, K. (2014) Life-history trait database of European reptile species. *Nature Conservation*, 9, 45–67.

Gross, N., Borger, L., Soriano-Morales, S. I., Le Bagousse-Pinguet, Y., Quero, J. L., Garcia-Gomez, M., Valencia-Gomez, E. & Maestre, F. T. (2013) Uncovering multiscale effects of aridity and biotic interactions on the functional structure of Mediterranean shrublands. *Journal of Ecology*, 101, 637–649.

Gross, N., Le Bagousse-Pinguet, Y., Liancourt, P., Berdugo, M., Gotelli, N. J. & Maestre, F. T. (2017) Functional trait diversity maximizes ecosystem multifunctionality. *Nature Ecology & Evolution*, 1, 0132.

Gross, N., Robson, T. M., Lavorel, S., Albert, C., LeBagusse-Pinguet, Y. & Guillemin, R. (2008) Plant response traits mediate the effects of subalpine grasslands on soil moisture. *New Phytologist*, 180, 652–662.

Grote, R., Samson, R., Alonso, R., Amorim, J. H., Cariñanos, P., Churkina, G., Fares, S., Thiec, L. D., Niinemets, Ü., Mikkelsen, T. N., Paoletti, E., Tiwary, A. & Calfapietra, C. (2016) Functional traits of urban trees: air pollution mitigation potential. *Frontiers in Ecology and the Environment*, 14, 543–550.

Guisan, A. & Zimmermann, N. E. (2000) Predictive habitat distribution models in ecology. *Ecological Modelling*, 135, 147–186.

Guisan, A., Thuiller, W. & Zimmermann, N. E. (2017) *Habitat suitability and distribution models: with applications in R*. Cambridge University Press. Cambridge, UK.

Gunton, R. M., Petit, S. & Gaba, S. (2011) Functional traits relating arable weed communities to crop characteristics. *Journal of Vegetation Science*, 22, 541–550.

Hadfield, J. D. & Nakagawa, S. (2010) General quantitative genetic methods for comparative biology: phylogenies, taxonomies and multi-trait models for continuous and categorical characters. *Journal of Evolutionary Biology*, 23, 494–508.

Handa, I. T., Aerts, R., Berendse, F., Berg, M. P., Bruder, A., Butenschoen, O., Chauvet, E., Gessner, M. O., Jabiol, J., Makkonen, M., McKie, B. G., Malmqvist, B., Peeters, E. T. H. M., Scheu, S., Schmid, B., van Ruijven, J., Vos, V. C. A. & Hättenschwiler, S. (2014) Consequences of biodiversity loss for litter decomposition across biomes. *Nature*, 509, 218–221.

Handa, T., Raymond-Léonard, L., Boisvert-Marsh, L., Dupuch, A. & Aubin, I. (2017) *CRITTER: Canadian repository of invertebrate traits and trait-like ecological records*. Sault Ste Marie, Ontario: Natural Resources Canada, Canadian Forest Service

Hanisch M., Schweiger O., Cord A. F., Volk M. & Knapp S. (2020) Plant functional traits shape multiple ecosystem services, their trade-offs and synergies in grasslands. *Journal of Applied Ecology*. https://doi.org/10.1111/1365-2664.13644.

Hanski, I. & Gaggiotti, O. (2004) Metapopulation biology: past, present, and future. In *Ecology, genetics and evolution of metapopulations* (eds. Hanski, I. & Gaggiotti, O.), pp. 3–22. New York: Academic Press.

Hardy, O. J. (2008) Testing the spatial phylogenetic structure of local communities: statistical performances of different null models and test statistics on a locally neutral community. *Journal of Ecology*, 96, 914–926.

Harris, J. A., Hobbs, R. J., Higgs, E. & Aronson, J. (2006) Ecological restoration and global climate change. *Restoration Ecology*, 14, 170–176.

Harrison, P. A., Berry, P. M., Simpson, G., Haslett, J. R., Blicharska, M., Bucur, M., Dunford, R., Egoh, B., Garcia-Llorente, M., Geamănă, N., Geertsema, W., Lommelen, E., Meiresonne, L. & Turkelboom, F. (2014) Linkages between biodiversity attributes and ecosystem services: a systematic review. *Ecosystem Services*, 9, 191–203.

Harvey, P. H. & Pagel, M. D. (1991) *The comparative method in evolutionary ecology*. Oxford University Press. Oxford, UK.

Harvey, P. H., Read, A. F. & Nee, S. (1995) Why ecologists need to be phylogenetically challenged. *Journal of Ecology*, 83, 535–536.

Hatfield, J. H., Orme, C. D. L., Tobias, J. A. & Banks-Leite, C. (2018) Trait-based indicators of bird species sensitivity to habitat loss are effective within but not across data sets. *Ecological Applications*, 28, 28–34.

Hättenschwiler, S. & Gasser, P. (2005) Soil animals alter plant litter diversity effects on decomposition. *Proceedings of the National Academy of Sciences of the United States of America*, 102, 1519–1524.

Hättenschwiler, S., Tiunov, A. V. & Scheu, S. (2005) Biodiversity and litter decomposition in terrestrial ecosystems. *Annual Review of Ecology Evolution and Systematics*, 36, 191–218.

Hawkins, B. A., Leroy, B., Rodríguez, M. Á., Singer, A., Vilela, B., Villalobos, F., Wang, X. & Zelený, D. (2017) Structural bias in aggregated species-level variables driven by repeated species co-occurrences: a pervasive problem in community and assemblage data. *Journal of Biogeography*, 44, 1199–1211.

He, Q., Bertness, M. D. & Altieri, A. H. (2013) Global shifts towards positive species interactions with increasing environmental stress. *Ecology Letters*, 16, 695–706.

Heemsbergen, D. A., Berg, M. P., Loreau, M., van Haj, J. R., Faber, J. H. & Verhoef, H. A. (2004) Biodiversity effects on soil processes explained by interspecific functional dissimilarity. *Science*, 306, 1019–1020.

Herman, J. J. & Sultan, S. E. (2016) DNA methylation mediates genetic variation for adaptive transgenerational plasticity. *Proceedings of the Royal Society B – Biological Sciences*, 283, 20160988.

Hevia, V., Martín-López, B., Palomo, S., García-Llorente, M., de Bello, F. & González, J. A. (2017) Trait-based approaches to analyze links between the drivers of change and ecosystem services: synthesizing existing evidence and future challenges. *Ecology and Evolution*, 7, 831–844.

Hijmans, R. J. & Graham, C. H. (2006) The ability of climate envelope models to predict the effect of climate change on species distributions. *Global Change Biology*, 12, 2272–2281.

HilleRisLambers, J., Adler, P. B., Harpole, W. S., Levine, J. M. & Mayfield, M. M. (2012) Rethinking community assembly through the lens of coexistence theory. *Annual Review of Ecology, Evolution, and Systematics*, 43, 227–248.

Hintze, C., Heydel, F., Hoppe, C., Cunze, S., König, A. & Tackenberg, O. (2013) D3: The Dispersal and Diaspore Database – baseline data and statistics on seed dispersal. *Perspectives in Plant Ecology, Evolution and Systematics*, 15, 180–192.

Hochkirch, A., Deppermann, J. & Groning, J. (2008) Phenotypic plasticity in insects: the effects of substrate color on the coloration of two ground-hopper species. *Evolution & Development*, 10, 350–359.

Holyoak, M., Leibold, M. A. & Holt, R. D. (2005) *Metacommunities: spatial dynamics and ecological communities*. University of Chicago Press. Chicago, IL.

Homburg, K., Homburg, N., Schäfer, F., Schuldt, A., Assmann, T., Dytham, C. & Ewers, R. (2014) Carabids.org – a dynamic online database of ground beetle species traits (Coleoptera, Carabidae). *Insect Conservation and Diversity*, 7, 195–205.

Hooper, D. U., Chapin, F. S., Ewel, J. J., Hector, A., Inchausti, P., Lavorel, S., Lawton, J. H., Lodge, D. M., Loreau, M., Naeem, S., Schmid, B., Setala, H., Symstad, A. J., Vandermeer, J. & Wardle, D. A. (2005) Effects of biodiversity on ecosystem functioning: a consensus of current knowledge. *Ecological Monographs*, 75, 3–35.

Hortal, J., de Bello, F., Diniz-Filho, J. A. F., Lewinsohn, T. M., Lobo, J. M. & Ladle, R. J. (2015) Seven shortfalls that beset large-scale knowledge of biodiversity. *Annual Review of Ecology, Evolution, and Systematics*, 46, 523–549.

Hubbell, S. P. (2001) *The unified neutral theory of biodiversity and biogeography*. Princeton University Press. Princeton, NJ.

Huber, S. K., De Leon, L. F., Hendry, A. P., Bermingham, E. & Podos, J. (2007) Reproductive isolation of sympatric morphs in a population of Darwin's finches. *Proceedings of the Royal Society B – Biological Sciences*, 274, 1709–1714.

Hughes, A. R., Inouye, B. D., Johnson, M. T. J., Underwood, N. & Vellend, M. (2008) Ecological consequences of genetic diversity. *Ecology Letters*, 11, 609–623.

Hulshof, C. M., Violle, C., Spasojevic, M. J., McGill, B., Damschen, E., Harrison, S. & Enquist, B. J. (2013) Intra-specific and inter-specific variation in specific leaf area reveal the importance of abiotic and biotic drivers of species diversity across elevation and latitude. *Journal of Vegetation Science*, 24, 921–931.

Hutchinson, G. E. (1959) Homage to Santa Rosalia or why are there so many kinds of animals? *American Naturalist*, 93, 149–159.

Hutchinson, G. E. (1961) The paradox of the plankton. *American Naturalis*, 95, 137–145.

Ibanez, S. (2012) Optimizing size thresholds in a plant–pollinator interaction web: towards a mechanistic understanding of ecological networks. *Oecologia*, 170, 233–242.

Ibanez, S., Lavorel, S., Puijalon, S. & Moretti, M. (2013) Herbivory mediated by coupling between biomechanical traits of plants and grasshoppers. *Functional Ecology*, 27, 479–489.

IPBES (2019) Summary for policymakers of the global assessment report on biodiversity and ecosystem services of the Intergovernmental Science-Policy Platform on Biodiversity and Ecosystem Services. IPBES secretariat.

Isaac, M. E., Cerda, R., Rapidel, B., Martin, A. R., Dickinson, A. K. & Sibelet, N. (2018) Farmer perception and utilization of leaf functional traits in managing agroecosystems. *Journal of Applied Ecology*, 55, 69–80.

Iversen, C. M., McCormack, M. L., Powell, A. S., Blackwood, C. B., Freschet, G. T., Kattge, J., Roumet, C., Stover, D. B., Soudzilovskaia, N. A., Valverde-Barrantes, O. J., Bodegom, P. M. & Violle, C. (2017) A global Fine-Root Ecology Database to address below-ground challenges in plant ecology. *New Phytologist*, 215, 15–26.

Jablonski, N. G. & Chaplin, G. (2010) Human skin pigmentation as an adaptation to UV radiation. *Proceedings of the National Academy of Sciences of the United States of America*, 107, 8962–8968.

Jakobsson, A. & Eriksson, O. (2000) A comparative study of seed number, seed size, seedling size and recruitment in grassland plants. *Oikos*, 88, 494–502.

Jamil, T., Ozinga, W. A., Kleyer, M. & ter Braak, C. J. F. (2013) Selecting traits that explain species–environment relationships: a generalized linear mixed model approach. *Journal of Vegetation Science*, 24, 988–1000.

Jo, I., Fridley, J. D. & Frank, D. A. (2016) More of the same? In situ leaf and root decomposition rates do not vary between 80 native and nonnative deciduous forest species. *New Phytologist*, 209, 115–122.

Johnson, S. D. & Steiner, K. E. (1997) Long-tongued fly pollination and evolution of floral spur length in the *Disa draconis* Complex (Orchidaceae). *Evolution*, 51, 45–53.

Jonas, C. S. & Geber, M. A. (1999) Variation among populations of *Clarkia unguiculata* (Onagraceae) along altitudinal and latitudinal gradients. *American Journal of Botany*, 86, 333–343.

Jones, C. G., Lawton, J. H. & Shachak, M. (1994) Organisms as ecosystem engineers. *Oikos*, 69, 373–386.

Jordan, R., Singer, F., Vaughan, J. & Berkowitz, A. (2009) What should every citizen know about ecology? *Frontiers in Ecology and the Environment*, 7, 495–500.

Jost, L. (2007) Partitioning diversity into independent alpha and beta components. *Ecology*, 88, 2427–

2439.

Jung, V., Violle, C., Mondy, C., Hoffmann, L. & Muller, S. (2010) Intraspecific variability and trait-based community assembly. *Journal of Ecology*, 98, 1134–1140.

Junker, R. R., Kuppler, J., Bathke, A. C., Schreyer, M. L. & Trutschnig, W. (2016) Dynamic range boxes – a robust nonparametric approach to quantify size and overlap of n-dimensional hypervolumes. *Methods in Ecology and Evolution*, 7, 1503–1513.

Kaldhusdal, A., Brandl, R., Müller, J., Möst, L. & Hothorn, T. (2014) Spatio-phylogenetic multispecies distribution models. *Methods in Ecology and Evolution*, 6, 187–197.

Karger, D. N., Cord, A. F., Kessler, M., Kreft, H., Kuehn, I., Pompe, S., Sandel, B., Cabral, J. S., Smith, A. B., Svenning, J. C., Tuomisto, H., Weigelt, P. & Wesche, K. (2016) Delineating probabilistic species pools in ecology and biogeography. *Global Ecology and Biogeography*, 25, 489–501.

Kattge, J., Díaz, S., Lavorel, S., Prentice, C., Leadley, P., Bonisch, G., Garnier, E., Westoby, M., Reich, P. B., Wright, I. J., Cornelissen, J. H. C., Violle, C., Harrison, S. P., van Bodegom, P. M., Reichstein, M., Enquist, B. J., Soudzilovskaia, N. A., Ackerly, D. D., Anand, M., Atkin, O., Bahn, M., Baker, T. R., Baldocchi, D., Bekker, R., Blanco, C. C., Blonder, B., Bond, W. J., Bradstock, R., Bunker, D. E., Casanoves, F., Cavender-Bares, J., Chambers, J. Q., Chapin, F. S., Chave, J., Coomes, D., Cornwell, W. K., Craine, J. M., Dobrin, B. H., Duarte, L., Durka, W., Elser, J., Esser, G., Estiarte, M., Fagan, W. F., Fang, J., Fernandez-Mendez, F., Fidelis, A., Finegan, B., Flores, O., Ford, H., Frank, D., Freschet, G. T., Fyllas, N. M., Gallagher, R. V., Green, W. A., Gutierrez, A. G., Hickler, T., Higgins, S. I., Hodgson, J. G., Jalili, A., Jansen, S., Joly, C. A., Kerkhoff, A. J., Kirkup, D., Kitajima, K., Kleyer, M., Klotz, S., Knops, J. M. H., Kramer, K., Kuhn, I., Kurokawa, H., Laughlin, D., Lee, T. D., Leishman, M., Lens, F., Lenz, T., Lewis, S. L., Lloyd, J., Llusia, J., Louault, F., Ma, S., Mahecha, M. D., Manning, P., Massad, T., Medlyn, B. E., Messier, J., Moles, A. T., Muller, S. C., Nadrowski, K., Naeem, S., Niinemets, U., Nollert, S., Nuske, A., Ogaya, R., Oleksyn, J., Onipchenko, V. G., Onoda, Y., Ordonez, J., Overbeck, G., Ozinga, W. A., et al. (2011) TRY – a global database of plant traits. *Global Change Biology*, 17, 2905–2935.

Kazakou, E., Violle, C., Roumet, C., Navas, M. L., Vile, D., Kattge, J. & Garnier, E. (2014) Are trait-based species rankings consistent across data sets and spatial scales? *Journal of Vegetation Science*, 25, 235–247.

Keane, R. M. & Crawley, M. J. (2002) Exotic plant invasions and the enemy release hypothesis. *Trends in Ecology & Evolution*, 17, 164–170.

Keck, F., Rimet, F., Bouchez, A. & Franc, A. (2016) phylosignal: an R package to measure, test, and explore the phylogenetic signal. *Ecology and Evolution*, 6, 2774–2780.

Keddy, P. A. (1992a) A pragmatic approach to functional ecology. *Functional Ecology*, 6, 621–626.

Keddy, P. A. (1992b) Assembly and response rules: two goals for predictive community ecology. *Journal of Vegetation Science*, 3, 157–164.

Keesstra, S., Nunes, J., Novara, A., Finger, D., Avelar, D., Kalantari, Z. & Cerdà, A. (2018) The superior effect of nature based solutions in land management for enhancing ecosystem services. *Science of the Total Environment*, 610–611, 997–1009.

Kichenin, E., Wardle, D. A., Peltzer, D. A., Morse, C. W. & Freschet, G. F. (2013) Contrasting effects of plant inter- and intraspecific variation on community-level trait measures along an environmental gradient. *Functional Ecology*, 27, 1254–1261.

Kingston, T. & Rossiter, S. J. (2004) Harmonic-hopping in Wallacea's bats. *Nature*, 429, 654–657.

Kissling, W. D., Walls, R., Bowser, A., Jones, M. O., Kattge, J., Agosti, D., Amengual, J., Basset, A., van Bodegom, P. M., Cornelissen, J. H. C., Denny, E. G., Deudero, S., Egloff, W., Elmendorf, S. C., Alonso García, E., Jones, K. D., Jones, O. R., Lavorel, S., Lear, D., Navarro, L. M., Pawar, S., Pirzl, R., Rüger, N., Sal, S., Salguero-Gómez, R., Schigel, D., Schulz, K. S., Skidmore, A. & Guralnick, R. P. (2018) Towards global data products of Essential Biodiversity Variables on species traits. *Nature Ecology and*

Evolution, 2, 1531–1540.

Klaiber, J., Altermatt, F., Birrer, S., Chittaro, Y., Dziock, F., Gonseth, Y., Hoess, R., Keller, D., Köchler, H., Luka, H., Manzke, U., Müller, A., Pfeifer, M. A., Roesti, C., Schlegel, J., Schneider, K., Sonderegger, P., Walter, T., Holderegger, R. & Bergamini, A. (2017) *Fauna Indicativa*. Birmensdorf: Eidgenössische Forschungsanstalt für Wald, Schnee und Landschaft WSL.

Klaus, V. H., Kleinebecker, T., Boch, S., Muller, J., Socher, S. A., Prati, D., Fischer, M. & Holzel, N. (2012) NIRS meets Ellenberg's indicator values: prediction of moisture and nitrogen values of agricultural grassland vegetation by means of near-infrared spectral characteristics. *Ecological Indicators*, 14, 82–86.

Kleyer, M., Bekker, R. M., Knevel, I. V., Bakker, J. P., Thompson, K., Sonnenschein, M., Poschlod, P., van Groenendael, J. M., Klimes, L., Klimešová, J., Klotz, S., Rusch, G. M. et al. (2008) The LEDA Traitbase: a database of life-history traits of the Northwest European flora. *Journal of Ecology*, 96, 1266–1274.

Kleyer, M., Dray, S., Bello, F., Lepš, J., Pakeman, R. J., Strauss, B., Thuiller, W. & Lavorel, S. (2012) Assessing species and community functional responses to environmental gradients: which multivariate methods? *Journal of Vegetation Science*, 23, 805–821.

Kleyer, M., Trinogga, J., Cebrián-Piqueras, M. A., Trenkamp, A., Fløjgaard, C., Ejrnæs, R., Bouma, T. J., Minden, V., Maier, M., Mantilla-Contreras, J., Albach, D. C. & Blasius, B. (2019) Trait correlation network analysis identifies biomass allocation traits and stem specific length as hub traits in herbaceous perennial plants. *Journal of Ecology*, 107, 829–842.

Klimešová, J., Danihelka, J., Chrtek, J., de Bello, F. & Herben, T. (2017) CLO-PLA: a database of clonal and bud-bank traits of the Central European flora. *Ecology*, 98, 1179.

Klotz, S., Kühn, I., Durka, W. & Briemle, G. (2002) *BIOLFLOR: eine Datenbank mit biologisch-ökologischen Merkmalen zur Flora von Deutschland (vol. 38)*. Bundesamt für naturschutz Bonn.

Klumpp, K. & Soussana, J. F. (2009) Using functional traits to predict grassland ecosystem change: a mathematical test of the response-and-effect trait approach. *Global Change Biology*, 15, 2921–2934.

Knight, T. M., McCoy, M. W., Chase, J. M., McCoy, K. A. & Holt, R. D. (2005) Trophic cascades across ecosystems. *Nature*, 437, 880–883.

Koide, R. T., Fernandez, C. & Malcolm, G. (2014) Determining place and process: functional traits of ectomycorrhizal fungi that affect both community structure and ecosystem function. *New Phytologist*, 201, 433–439.

Kostikova, A., Litsios, G., Salamin, N. & Pearman, P. B. (2013) Linking life-history traits, ecology, and niche breadth evolution in North American eriogonoids (Polygonaceae). *American Naturalist*, 182, 760–774.

Kotowska, A. M., Cahill, J. F. & Keddie, B. A. (2010) Plant genetic diversity yields increased plant productivity and herbivore performance. *Journal of Ecology*, 98, 237–245.

Kraft, N. J. B. & Ackerly, D. D. (2010) Functional trait and phylogenetic tests of community assembly across spatial scales in an Amazonian forest. *Ecological Monographs*, 80, 401–422.

Kraft, N. J. B., Adler, P. B., Godoy, O., James, E. C., Fuller, S., Levine, J. M. & Fox, J. (2015) Community assembly, coexistence and the environmental filtering metaphor. *Functional Ecology*, 29, 592–599.

Kraft, N. J. B., Cornwell, W. K., Webb, C. O. & Ackerly, D. D. (2007) Trait evolution, community assembly, and the phylogenetic structure of ecological communities. *The American Naturalist*, 170, 271–283.

Krasnov, B. R., Shenbrot, G. I., Khokhlova, I. S. & Degen, A. A. (2016) Trait-based and phylogenetic associations between parasites and their hosts: a case study with small mammals and fleas in the Palearctic. *Oikos*, 125, 29–38.

Kremen, C., Williams, N. M., Aizen, M. A., Gemmill-Herren, B., LeBuhn, G., Minckley, R., Packer, L., Potts, S. G., Roulston, T. A., Steffan-Dewenter, I., Vázquez, D. P., Winfree, R., Adams, L., Crone, E. E., Greenleaf, S. S., Keitt, T. H., Klein, A. M., Regetz, J. & Ricketts, T. H. (2007) Pollination and other ecosystem services produced by mobile organisms: a conceptual framework for the effects of land-use change. *Ecology Letters*, 10, 299–314.

Krishna, A., Guimarães, P. R., Jordano, P. & Bascompte, J. (2008) A neutral-niche theory of nestedness in mutualistic networks. *Oikos*, 117, 1609–1618.

Kurokawa, H., Peltzer, D. A. & Wardle, D. A. (2010) Plant traits, leaf palatability and litter decomposability for co-occurring woody species differing in invasion status and nitrogen fixation ability. *Functional Ecology*, 24, 513–523.

Laliberté, E. & Legendre, P. (2010) A distance-based framework for measuring functional diversity from multiple traits. *Ecology*, 91, 299–305.

Laliberté, E., Wells, J. A., DeClerck, F., Metcalfe, D. J., Catterall, C. P., Queiroz, C., Aubin, I., Bonser, S. P., Ding, Y., Fraterrigo, J. M., McNamara, S., Morgan, J. W., Merlos, D. S., Vesk, P. A. & Mayfield, M. M. (2010) Land-use intensification reduces functional redundancy and response diversity in plant communities. *Ecology Letters*, 13, 76–86.

Lamanna, C., Blonder, B., Violle, C., Kraft, N. J. B., Sandel, B., Simova, I., Donoghue, J. C., Svenning, J. C., McGill, B. J., Boyle, B., Buzzard, V., Dolins, S., Jørgensen, P. M., Marcuse-Kubitza, A., Morueta-Holme, N., Peet, R. K., Piel, W. H., Regetz, J., Schildhauer, M., Spencer, N., Thiers, B., Wiser, S. K. & Enquist, B. J. (2014) Functional trait space and the latitudinal diversity gradient. *Proceedings of the National Academy of Sciences of the United States of America*, 111, 13745–13750.

Lanta, V. & Lepš, J. (2008) Effect of plant species richness on invasibility of experimental plant communities. *Plant Ecology*, 198, 253–263.

Larsen, T. H., Williams, N. M. & Kremen, C. (2005) Extinction order and altered community structure rapidly disrupt ecosystem functioning. *Ecology Letters*, 8, 538–547.

Laughlin, D. C. (2011) Nitrification is linked to dominant leaf traits rather than functional diversity. *Journal of Ecology*, 99, 1091–1099.

Laughlin, D. C. (2014a) Applying trait-based models to achieve functional targets for theory-driven ecological restoration. *Ecology Letters*, 17, 771–784.

Laughlin, D. C. (2014b) The intrinsic dimensionality of plant traits and its relevance to community assembly. *Journal of Ecology*, 102, 186–193.

Laughlin, D. C. (2018) Rugged fitness landscapes and Darwinian demons in trait-based ecology. *New Phytologist*, 217, 501–503.

Laughlin, D. C. & Laughlin, D. E. (2013) Advances in modeling trait-based plant community assembly. *Trends in Plant Science*, 18, 584–593.

Laughlin, D. C. & Messier, J. (2015) Fitness of multidimensional phenotypes in dynamic adaptive landscapes. *Trends in Ecology & Evolution*, 30, 487–496.

Laughlin, D. C., Joshi, C., Richardson, S. J., Peltzer, D. A., Mason, N. W. H. & Wardle, D. A. (2015) Quantifying multimodal trait distributions improves trait-based predictions of species abundances and functional diversity. *Journal of Vegetation Science*, 26, 46–57.

Laughlin, D. C., Joshi, C., van Bodegom, P. M., Bastow, Z. A. & Fulé, P. Z. (2012) A predictive model of community assembly that incorporates intraspecific trait variation. *Ecology Letters*, 15, 1291–1299.

Lavania, U. C., Srivastava, S., Lavania, S., Basu, S., Misra, N. K. & Mukai, Y. (2012) Autopolyploidy differentially influences body size in plants, but facilitates enhanced accumulation of secondary metabolites, causing increased cytosine methylation. *Plant Journal*, 71, 539–549.

Lavorel, S. (2013) Plant functional effects on ecosystem services. *Journal of Ecology*, 101, 4–8.

Lavorel, S. & Garnier, E. (2002) Predicting changes in community composition and ecosystem functioning from plant traits: revisiting the Holy Grail. *Functional Ecology*, 16, 545–556.

Lavorel, S. & Grigulis, K. (2012) How fundamental plant functional trait relationships scale-up to trade-offs and synergies in ecosystem services. *Journal of Ecology*, 100, 128–140.

Lavorel, S., Grigulis, K., Lamarque, P., Colace, M.-P., Garden, D., Girel, J., Pellet, G. & Douzet, R. (2011)

Using plant functional traits to understand the landscape distribution of multiple ecosystem services. *Journal of Ecology*, 99, 135–147.

Lavorel, S., Grigulis, K., McIntyre, S., Williams, N. S. G., Garden, D., Dorrough, J., Berman, S., Quetier, F., Thebault, A. & Bonis, A. (2008) Assessing functional diversity in the field – methodology matters! *Functional Ecology*, 22, 134–147.

Lavorel, S., McIntyre, S., Landsberg, J. & Forbes, T. D. A. (1997) Plant functional classifications: from general groups to specific groups based on response to disturbance. *Trends in Ecology & Evolution*, 12, 474–478.

Lavorel, S., Storkey, J., Bardgett, R. D., de Bello, F., Berg, M. P., Le Roux, X., Moretti, M., Mulder, C., Pakeman, R. J., Díaz, S. & Harrington, R. (2013) A novel framework for linking functional diversity of plants with other trophic levels for the quantification of ecosystem services. *Journal of Vegetation Science*, 24, 942–948.

Lawton, J. H. (1994) What do species do in ecosystems? *Oikos*, 71, 367–374.

Lawton, J. H. (1996) Corncrake pie and prediction in ecology. *Oikos*, 76, 3–4.

Le Bagousse-Pinguet, Y., Borger, L., Quero, J. L., Garcia-Gomez, M., Soriano, S., Maestre, F. T. & Gross, N. (2015) Traits of neighbouring plants and space limitation determine intraspecific trait variability in semi-arid shrublands. *Journal of Ecology*, 103, 1647–1657.

Le Bagousse-Pinguet, Y., de Bello, F., Vandewalle, M., Lepš, J. & Sykes, M. T. (2014) Species richness of limestone grasslands increases with trait overlap: evidence from within- and between-species functional diversity partitioning. *Journal of Ecology*, 102, 466–474.

Le Bagousse-Pinguet, Y., Gross, N., Maestre, F. T., Maire, V., de Bello, F., Fonseca, C. R., Kattge, J., Valencia, E., Lepš, J. & Liancourt, P. (2017) Testing the environmental filtering concept in global drylands. *Journal of Ecology*, 105, 1058–1069.

Le Bagousse-Pinguet, Y., Soliveres, S., Gross, N., Torices, R., Berdugo, M. & Maestre, F. T. (2019) Phylogenetic, functional, and taxonomic richness have both positive and negative effects on ecosystem multifunctionality. *Proceedings of the National Academy of Sciences of the United States of America*, 116, 8419–8424.

Le Lann, C., Visser, B., Meriaux, M., Moiroux, J., van Baaren, J., van Alphen, J. J. M. & Ellers, J. (2014) Rising temperature reduces divergence in resource use strategies in coexisting parasitoid species. *Oecologia*, 174, 967–977.

Lecerf, A. & Chauvet, E. (2008) Intraspecific variability in leaf traits strongly affects alder leaf decomposition in a stream. *Basic and Applied Ecology*, 9, 598–605.

Lefcheck, J. S. & Duffy, J. E. (2015) Multitrophic functional diversity predicts ecosystem functioning in experimental assemblages of estuarine consumers. *Ecology*, 96, 2973–2983.

Lefcheck, J. S., Byrnes, J. E. K., Isbell, F., Gamfeldt, L., Griffin, J. N., Eisenhauer, N., Hensel, M. J. S., Hector, A., Cardinale, B. J. & Duffy, J. E. (2015) Biodiversity enhances ecosystem multifunctionality across trophic levels and habitats. *Nature Communications*, 6, 7.

Lennon, J. T. & Lehmkuhl, B. K. (2016) A trait-based approach to bacterial biofilms in soil. *Environmental Microbiology*, 18, 2732–2742.

Lepš, J., de Bello, F., Lavorel, S. & Berman, S. (2006) Quantifying and interpreting functional diversity of natural communities: practical considerations matter. *Preslia*, 78, 481–501.

Lepš, J., de Bello, F., Šmilauer, P. & Dolezal, J. (2011) Community trait response to environment: disentangling species turnover vs. intraspecific trait variability effects. *Ecography*, 34, 856–863.

Letten, A. D., Keith, D. A. & Tozer, M. G. (2014) Phylogenetic and functional dissimilarity does not increase during temporal heathland succession. *Proceedings of the Royal Society B – Biological Sciences*, 281, 20142102.

Levin, L. A. & Mehring, A. S. (2015) Optimization of bioretention systems through application of ecological theory. *Wiley Interdisciplinary Reviews: Water*, 2, 259–270.

Levine, J. M., Adler, P. B. & Yelenik, S. G. (2004) A meta-analysis of biotic resistance to exotic plant invasions. *Ecology Letters*, 7, 975–989.

Levine, J. M., Bascompte, J., Adler, P. B. & Allesina, S. (2017) Beyond pairwise mechanisms of species coexistence in complex communities. *Nature*, 546, 56–64.

Lewinsohn, T. M., Prado, P. I., Jordano, P., Bascompte, J. & Olesen, J. M. (2006) Structure in plant–animal interaction assemblages. *Oikos*, 113, 174–184.

Liancourt, P., Callaway, R. M. & Michalet, R. (2005) Stress tolerance and competitive-response ability determine the outcome of biotic interactions. *Ecology*, 86, 1611–1618.

Liao, C., Peng, R., Luo, Y., Zhou, X., Wu, X., Fang, C., Chen, J. & Li, B. (2008) Altered ecosystem carbon and nitrogen cycles by plant invasion: a meta-analysis. *New Phytologist*, 177, 706–714.

Liebig, J. (1842) *Chemistry in its application to agriculture and physiology*. 2nd ed. London: Taylor and Walton.

Liefting, M., Weerenbeck, M., van Dooremalen, C. & Ellers, J. (2010) Temperature-induced plasticity in egg size and resistance of eggs to temperature stress in a soil arthropod. *Functional Ecology*, 24, 1291–1298.

Lindenmayer, D. B. & Likens, G. E. (2010) The science and application of ecological monitoring. *Biological Conservation*, 143, 1317–1328.

Liow, L. H. (2007) Does versatility as measured by geographic range, bathymetric range and morphological variability contribute to taxon longevity? *Global Ecology and Biogeography*, 16, 117–128.

Lislevand, T., Figuerola, J. & Székely, T. (2007) Avian body sizes in relation to fecundity, mating system, display behavior, and resource sharing. *Ecology*, 88, 1605.

Liu, G. F., Freschet, G. T., Pan, X., Cornelissen, J. H. C., Li, Y. & Dong, M. (2010) Coordinated variation in leaf and root traits across multiple spatial scales in Chinese semi-arid and arid ecosystems. *New Phytologist*, 188, 543–553.

Livesley, S. J., McPherson, G. M. & Calfapietra, C. (2016) The urban forest and ecosystem services: impacts on urban water, heat, and pollution cycles at the tree, street, and city scale. *Journal of Environmental Quality*, 45, 119–124.

Livingston, G., Matias, M., Calcagno, V., Barbera, C., Combe, M., Leibold, M. A. & Mouquet, N. (2012) Competition–colonization dynamics in experimental bacterial metacommunities. *Nature Communications*, 3, 1234.

Loiola, P. P., de Bello, F., Chytry, M., Götzenberger, L., Carmona, C. P., Pysek, P. & Lososova, Z. (2018) Invaders among locals: alien species decrease phylogenetic and functional diversity while increasing dissimilarity among native community members. *Journal of Ecology*, 106, 2230–2241.

Loreau, M. & Hector, A. (2001) Partitioning selection and complementarity in biodiversity experiments. *Nature*, 412, 72–76.

Loreau, M. & Hector, A. (2019) Not even wrong: comment by Loreau and Hector. *Ecology*, 100, e02794.

Loreau, M., Mouquet, N. & Holt, R. D. (2003) Meta-ecosystems: a theoretical framework for a spatial ecosystem ecology. *Ecology Letters*, 6, 673–679.

Loring, P. A., Chapin, F. S. & Gerlach, S. C. (2008) The services-oriented architecture: ecosystem services as a framework for diagnosing change in social ecological systems. *Ecosystems*, 11, 478–489.

Lortie, C. J., Brooker, R. W., Choler, P., Kikvidze, Z., Michalet, R., Pugnaire, F. I. & Callaway, R. M. (2004) Rethinking plant community theory. *Oikos*, 107, 433–438.

Losos, J. B. (2008) Phylogenetic niche conservatism, phylogenetic signal and the relationship between phylogenetic relatedness and ecological similarity among species. *Ecology Letters*, 11, 995–1003.

Lososová, Z., de Bello, F., Chytrý, M., Kühn, I., Pyšek, P., Sádlo, J., Winter, M. & Zelený, D. (2015). Alien plants invade more phylogenetically clustered community types and cause even stronger clustering. *Global Ecology and Biogeography*, 24, 786–794.

Lotka, A. J. (1925) *Elements of physical biology*. Baltimore: Williams and Wilkins.

Lu, Z.-X., Yu, X.-P., Heong, K.-L.. & Hu, C. (2007) Effect of nitrogen fertilizer on herbivores and its stimulation to major insect pests in rice. *Rice Science*, 14, 56–66.

Luck, G. W., Harrington, R., Harrison, P. A., Kremen, C., Berry, P. M., Bugter, R., Dawson, T. P., de Bello, F., Díaz, S., Feld, C. K., Haslett, J. R., Hering, D., Kontogianni, A., Lavorel, S., Rounsevell, M., Samways, M. J., Sandin, L., Settele, J., Sykes, M. T., van den Hove, S., Vandewalle, M. & Zobel, M. (2009) Quantifying the contribution of organisms to the provision of ecosystem services. *Bioscience*, 59, 223–235.

Luck, G. W., Lavorel, S., McIntyre, S. & Lumb, K. (2012) Improving the application of vertebrate trait-based frameworks to the study of ecosystem services. *Journal of Animal Ecology*, 81, 1065–1076.

Luederitz, C., Brink, E., Gralla, F., Hermelingmeier, V., Meyer, M., Niven, L., Panzer, L., Partelow, S., Rau, A. L., Sasaki, R., Abson, D. J., Lang, D. J., Wamsler, C. & von Wehrden, H. (2015) A review of urban ecosystem services: six key challenges for future research. *Ecosystem Services*, 14, 98–112.

MacArthur, R. & Levins, R. (1967) Limiting similarity convergence and divergence of coexisting species. *American Naturalist*, 101, 377–385.

MacArthur, R. H. & Wilson, E. O. (1967) *The theory of island biogeography*. Princeton University Press. Princeton, NJ.

Madin, J. S., Anderson, K. D., Andreasen, M. H., Bridge, T. C. L., Cairns, S. D., Connolly, S. R., Darling, E. S., Díaz, M., Falster, D. S., Franklin, E. C., Gates, R. D., Harmer, A. M. T., Hoogenboom, M. O., Huang, D., Keith, S. A., Kosnik, M. A., Kuo, C.-Y., Lough, J. M., Lovelock, C. E., Luiz, O., Martinelli, J., Mizerek, T., Pandolfi, J. M., Pochon, X., Pratchett, M. S., Putnam, H. M., Roberts, T. E., Stat, M., Wallace, C. C., Widman, E. & Baird, A. H. (2016) The Coral Trait Database, a curated database of trait information for coral species from the global oceans. *Scientific Data*, 3, 160017.

Maestre, F. T., Callaway, R. M., Valladares, F. & Lortie, C. J. (2009) Refining the stress-gradient hypothesis for competition and facilitation in plant communities. *Journal of Ecology*, 97, 199–205.

Majeková, M., Janeček, Š, Mudrák, O., Horník, J., Janečçková, P., Bartoš, M., Fajmon, K., Jirášká, Š., Götzenberger, L., Šmilauer, P., Lepš, J. & de Bello, F. (2016b) Consistent functional response of meadow species and communities to land-use changes across productivity and soil moisture gradients. *Applied Vegetation Science*, 19, 196–205.

Majeková, M., Paal, T., Plowman, N. S., Bryndova, M., Kasari, L., Norberg, A., Weiss, M., Bishop, T. R., Luke, S. H., Sam, K., Le Bagousse–Pinguet, Y., Lepš, J., Götzenberger, L. & de Bello, F. (2016a) Evaluating functional diversity: missing trait data and the importance of species abundance structure and data transformation. *PLOS ONE*, 11., e0149270

Makkonen, M., Berg, M. P., van Hal, J. R., Callaghan, V. T., Press, M. C. & Aerts, R. (2011) Traits explain the responses of a sub-arctic Collembola community to climate manipulation. *Soil Biology and Biochemistry*, 43, 377–384.

Malézieux, E., Crozat, Y., Duparz, C., Laurans, M., Makowski, D., Ozier-Lafontaine, H., Rapidel, B., de Tourdonnet, S. & Valantin-Morison, M. (2009) Mixing plant species in cropping systems: concepts, tools and models. A review. *Agronomy for Sustainable Development*, 29, 43–62.

Manly, B. F. J. (1995) A note on the analysis of species cooccurrences. *Ecology*, 76, 1109–1115.

Margalef, R. (1963) On certain unifying principles in ecology. *American Naturalist*, 97, 357–374.

Marichal, R., Praxedes, C., Decaens, T., Grimaldi, M., Oszwald, J., Brown, G. G., Desjardins, T., da Silva, M. L., Martinez, A. F., Oliveira, M. N. D., Velasquez, E. & Lavelle, P. (2017) Earthworm functional traits, landscape degradation and ecosystem services in the Brazilian Amazon deforestation arc. *European Journal of Soil Biology*, 83, 43–51.

Martello, F., de Bello, F., Morini, M. S. D., Silva, R. R., de Souza-Campana, D. R., Ribeiro, M. C. & Carmona, C. P. (2018) Homogenization and impoverishment of taxonomic and functional diversity of ants in Eucalyptus plantations. *Scientific Reports*, 8, 3266

Martin, A. R. & Isaac, M. E. (2015) Plant functional traits in agroecosystems: a blueprint for research.

Journal of Applied Ecology, 52, 1425–1435.

Mason, N. W. H., de Bello, F., Dolezal, J. & Lepš, J. (2011) Niche overlap reveals the effects of competition, disturbance and contrasting assembly processes in experimental grassland communities. *Journal of Ecology*, 99, 788–796.

Mason, N. W. H., de Bello, F., Mouillot, D., Pavoine, S. & Dray, S. (2013) A guide for using functional diversity indices to reveal changes in assembly processes along ecological gradients. *Journal of Vegetation Science*, 24, 794–806.

Mason, N. W. H., Lanoiselee, C., Mouillot, D., Wilson, J. B. & Argillier, C. (2008) Does niche overlap control relative abundance in French lacustrine fish communities? A new method incorporating functional traits. *Journal of Animal Ecology*, 77, 661–669.

Mason, N. W. H., Mouillot, D., Lee, W. G. & Wilson, J. B. (2005) Functional richness, functional evenness and functional divergence: the primary components of functional diversity. *Oikos*, 111, 112–118.

Matos, P., Geiser, L., Hardman, A., Glavich, D., Pinho, P., Nunes, A., Soares, A. M. V. M. & Branquinho, C. (2017) Tracking global change using lichen diversity: towards a global-scale ecological indicator. *Methods in Ecology and Evolution*, 8, 788–798.

Mayfield, M. M. & Levine, J. M. (2010) Opposing effects of competitive exclusion on the phylogenetic structure of communities. *Ecology Letters*, 13, 1085–1093.

Mayfield, M. M. & Stouffer, D. B. (2017) Higher-order interactions capture unexplained complexity in diverse communities. *Nature Ecology & Evolution*, 1, 0062.

McCann, K. S. (2000) The diversity–stability debate. *Nature*, 405, 228–233.

McDonald, A. J., Riha, S. J. & Ditommaso, A. (2010) Early season height differences as robust predictors of weed growth potential in maize: new avenues for adaptive management? *Weed Research*, 50, 110–119.

McDonald, T., Gann, G. D., Jonson, J. & Dixon, K. W. (2016) *International standards for the practice of ecological restoration – including principles and key concepts*. Washington, DC: Society for Ecological Restoration.

McGill, B. J., Enquist, B. J., Weiher, E. & Westoby, M. (2006) Rebuilding community ecology from functional traits. *Trends in Ecology & Evolution*, 21, 178–185.

McGuire, K. L. (2007) Common ectomycorrhizal networks may maintain monodominance in a tropical rain forest. *Ecology*, 88, 567–574.

Meier, C. L. & Bowman, W. D. (2008) Links between plant litter chemistry, species diversity, and below-ground ecosystem function. *Proceedings of the National Academy of Sciences of the United States of America*, 105, 19780–19785.

Memmott, J., Waser, N. M. & Price, V. M. (2004) Tolerance of pollination networks to species extinctions. *Proceedings of the Royal Society B: Biological Sciences*, 271, 2605–2611.

Messier, J., Lechowicz, M. J., McGill, B. J., Violle, C. & Enquist, B. J. (2017) Interspecific integration of trait dimensions at local scales: the plant phenotype as an integrated network. *Journal of Ecology*, 105, 1775–1790.

Messier, J., McGill, B. J. & Lechowicz, M. J. (2010) How do traits vary across ecological scales? A case for trait-based ecology. *Ecology Letters*, 13, 838–848.

Metcalfe, J. L. (1989) Biological water quality assessment of running waters based on macroinvertebrate communities: history and present status in Europe. *Environmental Pollution*, 60, 101–139.

Metz, J., Liancourt, P., Kigel, J., Harel, D., Sternberg, M. & Tielborger, K. (2010) Plant survival in relation to seed size along environmental gradients: a long-term study from semi-arid and Mediterranean annual plant communities. *Journal of Ecology*, 98, 697–704.

Micó, E., Ramilo, P., Thorn, S., Müller, J., Galante, E. & Carmona, C. P. (2020) Contrasting functional structure of saproxylic beetle assemblages associated to different microhabitats. *Scientific Reports*, 10, 1520.

Milla, R., Osborne, C. P., Turcotte, M. M. & Violle, C. (2015) Plant domestication through an ecological lens. *Trends in Ecology and Evolution*, 30, 463–469.

Minden, V. & Kleyer, M. (2011) Testing the effect–response framework: key response and effect traits determining above-ground biomass of salt marshes. *Journal of Vegetation Science*, 22, 387–401.

Miner, B. G., Sultan, S. E., Morgan, S. G., Padilla, D. K. & Relyea, R. A. (2005) Ecological consequences of phenotypic plasticity. *Trends in Ecology and Evolution*, 20, 685–692.

Mitchell, N., Carlson, J. E. & Holsinger, K. E. (2018) Correlated evolution between climate and suites of traits along a fast–slow continuum in the radiation of *Protea*. *Ecology and Evolution*, 8, 1853–1866.

Möbius, K. A. (1877) *Die Auster und die Austernwirthschaft*. Berlin: Verlag von Wiegandt, Hemple & Parey.

Mody, K., Unsicker, S. B. & Linsenmair, K. E. (2007) Fitness related diet-mixing by intraspecific host-plant-switching of specialist insect herbivores. *Ecology*, 88, 1012–1020.

Mokany, K., Ash, J. & Roxburgh, S. (2008) Functional identity is more important than diversity in influencing ecosystem processes in a temperate native grassland. *Journal of Ecology*, 96, 884–893.

Moles, A. T. & Westoby, M. (2004) Seedling survival and seed size: a synthesis of the literature. *Journal of Ecology*, 92, 372–383.

Moles, A. T., Gruber, M. A. M. & Bonser, S. P. (2008) A new framework for predicting invasive plant species. *Journal of Ecology*, 96, 13–17.

Mols, C. M. M. & Visser, M. E. (2002) Great tits can reduce caterpillar damage in apple orchards. *Journal of Applied Ecology*, 39, 888–899.

Monnet, A. C., Jiguet, F., Meynard, C. N., Mouillot, D., Mouquet, N., Thuiller, W. & Devictor, V. (2014) Asynchrony of taxonomic, functional and phylogenetic diversity in birds. *Global Ecology and Biogeography*, 23, 780–788.

Monty, A. & Mahy, G. (2010) Evolution of dispersal traits along an invasion route in the wind-dispersed *Senecio inaequidens* (Asteraceae). *Oikos*, 119, 1563–1570.

Moore, B. D., Andrew, R. L., Kulheim, C. & Foley, W. J. (2014) Explaining intraspecific diversity in plant secondary metabolites in an ecological context. *New Phytologist*, 201, 733–750.

Morales-Castilla, I., Davies, T. J., Pearse, W. D. & Peres-Neto, P. (2017) Combining phylogeny and co-occurrence to improve single species distribution models. *Global Ecology and Biogeography*, 26, 740–752

Moretti, M., de Bello, F., Ibanez, S., Fontana, S., Pezzatti, G. B., Dziock, F., Rixen, C. & Lavorel, S. (2013) Linking traits between plants and invertebrate herbivores to track functional effects of land-use changes. *Journal of Vegetation Science*, 24, 949–962.

Moretti, M., Dias, A. T. C., de Bello, F., Altermatt, F., Chown, S. L., Azcarate, F. M., Bell, J. R., Fournier, B., Hedde, M., Hortal, J., Ibanez, S., Ockinger, E., Sousa, J. P., Ellers, J. & Berg, M. P. (2017) Handbook of protocols for standardized measurement of terrestrial invertebrate functional traits. *Functional Ecology*, 31, 558–567.

Mouchet, M., Guilhaumon, F., Villéger, S., Mason, N. W. H., Tomasini, J. A. & Mouillot, D. (2008) Towards a consensus for calculating dendrogram-based functional diversity indices. *Oikos*, 117, 794–800.

Mouillot, D., Bellwood, D. R., Baraloto, C., Chave, J., Galzin, R., Harmelin-Vivien, M., Kulbicki, M., Lavergne, S., Lavorel, S., Mouquet, N., Paine, C. E. T., Renaud, J. & Thuiller, W. (2013a) Rare species support vulnerable functions in high-diversity ecosystems. *PLOS Biology*, 11, 1001569.

Mouillot, D., Graham, N. A. J., Villéger, S., Mason, N. W. H. & Bellwood, D. R. (2013b) A functional approach reveals community responses to disturbances. *Trends in Ecology & Evolution*, 28, 167–177.

Mouillot, D., Mason, W. H. N., Dumay, O. & Wilson, J. B. (2005) Functional regularity: a neglected aspect of functional diversity. *Oecologia*, 142, 353–359.

Mouillot, D., Villéger, S., Scherer-Lorenzen, M. & Mason, N. W. (2011) Functional structure of biological communities predicts ecosystem multifunctionality. *PLOS ONE*, 6, e17476.

Mudrák, O., Doležal, J., Vitová, A. & Lepš, J. (2019) Variation in plant functional traits is best explained by the species identity: stability of trait-based species ranking across meadow management regimes. *Functional Ecology*, 33, 746–755.

Münkemüller, T., Lavergne, S., Bzeznik, B., Dray, S., Jombart, T., Schiffers, K. & Thuiller, W. (2012) How to measure and test phylogenetic signal. *Methods in Ecology and Evolution*, 3, 743–756.

Muñoz, M. C., Schaefer, H. M., Böhning-Gaese, K. & Schleuning, M. (2017) Importance of animal and plant traits for fruit removal and seedling recruitment in a tropical forest. *Oikos*, 126, 823–832.

Myhrvold, N. P., Baldridge, E., Chan, B., Sivam, D., Freeman, D. L. & Morgan Ernest, S. K. (2015) An amniote life-history database to perform comparative analyses with birds, mammals, and reptiles. *Ecology*, 96, 3109.

Naeem, S. & Wright, J. P. (2003) Disentangling biodiversity effects on ecosystem functioning: deriving solutions to a seemingly insurmountable problem. *Ecology Letters*, 6, 567–579.

Nakano, S. & Murakami, M. (2001) Reciprocal subsidies: dynamic interdependence between terrestrial and aquatic food webs. *Proceedings of the National Academy of Sciences of the United States of America*, 98, 166–170.

Nesshöver, C., Assmuth, T., Irvine, K. N., Rusch, G. M., Waylen, K. A., Delbaere, B., Haase, D., Jones-Walters, L., Keune, H., Kovacs, E., Krauze, K., Külvik, M., Rey, F., van Dijk, J., Vistad, O. I., Wilkinson, M. E. & Wittmer, H. (2017) The science, policy and practice of nature-based solutions: an interdisciplinary perspective. *Science of the Total Environment*, 579, 1215–1227.

Nguyen, N. H., Song, Z., Bates, S. T., Branco, S., Tedersoo, L., Menke, J., Schilling, J. S. & Kennedy, P. G. (2016) FUNGuild: an open annotation tool for parsing fungal community datasets by ecological guild. *Fungal Ecology*, 20, 241–248.

Nickel, H. & Remane, R. (2002) Artenliste der Zikaden Deutschlands, mit Angaben zu Nährpflanzen, Nahrungsbreite, Lebenszyklen, Areal und Gefährdung (Hemiptera). *Beiträge zur Zikandenkunde*, 5, 27–64.

Nunes, A., Köbel, M., Pinho, P., Matos, P., de Bello, F., Correia, O. & Branquinho, C. (2017) Which plant traits respond to aridity? A critical step to assess functional diversity in Mediterranean drylands. *Agricultural and Forest Meteorology*, 239, 176–184.

Nyffeler, M., Olson, E. J. & Symondson, W. O. C. (2016) Plant-eating by spiders. *Journal of Arachnology*, 44, 15–27.

Oh, H. J., Jeong, H. G., Nam, G. S., Oda, Y., Dai, W., Lee, E. H., Kong, D., Hwang, S. J. & Chang, K. H. (2017) Comparison of taxon-based and trophi-based response patterns of rotifer community to water quality: applicability of the rotifer functional group as an indicator of water quality. *Animal Cells and Systems*, 21, 133–140.

Olesen, J. M., Bascompte, J., Dupont, Y. L., Elberling, H., Rasmussen, C. & Jordano, P. (2011) Missing and forbidden links in mutualistic networks. *Proceedings of the Royal Society B – Biological Sciences*, 278, 725–732.

Oliveira, B. F., Sao-Pedro, V. A., Santos-Barrera, G., Penone, C. & Costa, G. C. (2017) Data Descriptor: AmphiBIO, a global database for amphibian ecological traits. *Scientific Data*, 4, 170123.

Ostenfeld, C. H. (1908) *The land-vegetation of the Færöes, with special reference to the higher plants.* In: Botany of the Faeroes, Part III (ed. Warming, E.), pp. 867–1026. Copenhagen and Christiania: Gylendalske Boghandel, Nordisk Forlag.

Ovaskainen, O., Roy, D. B., Fox, R., Anderson, B. J. & Orme, D. (2015) Uncovering hidden spatial structure in species communities with spatially explicit joint species distribution models. *Methods in Ecology and Evolution*, 7, 428–436.

Pagel, M. D. (1999) Inferring the historical patterns of biological evolution. *Nature*, 401, 877–884.

Paine, C. E. T., Baraloto, C. & Díaz, S. (2015) Optimal strategies for sampling functional traits in species-rich forests. *Functional Ecology*, 29, 1325–1331.

Pakeman, R. J. (2004) Consistency of plant species and trait responses to grazing along a productivity gradient: a multi-site analysis. *Journal of Ecology*, 92, 893–905.

Pakeman, R. J. (2011) Multivariate identification of plant functional response and effect traits in an agricultural landscape. *Ecology*, 92, 1353–1365.

Pakeman, R. J. (2014) Functional trait metrics are sensitive to the completeness of the species' trait data? *Methods in Ecology and Evolution*, 5, 9–15.

Pakeman, R. J. & Quested, H. M. (2007) Sampling plant functional traits: what proportion of the species need to be measured? *Applied Vegetation Science*, 10, 91–96.

Pakeman, R. J., Lennon, J. J. & Brooker, R. W. (2011) Trait assembly in plant assemblages and its modulation by productivity and disturbance. *Oecologia*, 167, 209–218.

Paliy, O. & Shankar, V. (2016) Application of multivariate statistical techniques in microbial ecology. *Molecular Ecology*, 25, 1032–1057.

Palkovacs, E. P., Marshall, M. C., Lamphere, B. A., Lynch, B. R., Weese, D. J., Fraser, D. F., Reznick, D. N., Pringle, C. M. & Kinnison, M. T. (2009) Experimental evaluation of evolution and coevolution as agents of ecosystem change in Trinidadian streams. *Philosophical Transactions of the Royal Society B – Biological Sciences*, 364, 1617–1628.

Palmer, M. A., Zedler, J. B. & Falk, D. A. (2016) *Foundations of restoration ecology*. 2nd ed. Washington, DC: Island Press.

Paradis, E. (2012) *Analysis of phylogenetics and evolution with R*. Berlin: Springer.

Pardo, I., Roquet, C., Lavergne, S., Olesen, J. M., Gómez, D. & García, M. B. (2017) Spatial congruence between taxonomic, phylogenetic and functional hotspots: true pattern or methodological artefact? *Diversity and Distributions*, 23, 209–220.

Parker, I. M., Simberloff, D., Lonsdale, W. M., Goodell, K., Wonham, M., Kareiva, P. M., Williamson, M. H., Von Holle, B., Moyle, P. B., Byers, J. E. & Goldwasser, L. (1999) Impact: toward a framework for understanding the ecological effects of invader. *Biological Invasions*, 1, 3–19.

Parmesan, C. & Yohe, G. (2003) A globally coherent fingerprint of climate change impacts across natural systems. *Nature*, 421, 37–42.

Parr, C. L., Dunn, R. R., Sanders, N. J., Weiser, M. D., Photakis, M., Bishop, T. R., Fitzpatrick, M. C., Arnan, X., Baccaro, F., Brandão, C. R. F., Chick, L., Donoso, D. A., Fayle, T. M., Gómez, C., Grossman, B., Munyai, T. C., Pacheco, R., Retana, J., Robinson, A., Sagata, K., Silva, R. R., Tista, M., Vasconcelos, H., Yates, M. & Gibb, H. (2017) GlobalAnts: a new database on the geography of ant traits (Hymenoptera: Formicidae). *Insect Conservation and Diversity*, 10, 5–20.

Pärtel, M., Szava-Kovats, R. & Zobel, M. (2011) Dark diversity: shedding light on absent species. *Trends in Ecology & Evolution*, 26, 124–128.

Pascual, M. & Dunne, J. A. (2006) *Ecological networks: linking structure to dynamics in food webs*. Oxford University Press. Oxford, UK.

Pataki, D. E., McCarthy, H. R., Gillespie, T., Jenerette, G. D. & Pincetl, S. (2013) A trait-based ecology of the Los Angeles urban forest. *Ecosphere*, 4, 1–20.

Pausas, J. G. & Verdú, M. (2010) The jungle of methods for evaluating phenotypic and phylogenetic structure of communities. *BioScience*, 60, 614–625.

Pavoine, S. & Bonsall, M. B. (2011) Measuring biodiversity to explain community assembly: a unified approach. *Biological Reviews*, 86, 792–812.

Pavoine, S., Gasc, A., Bonsall, M. B. & Mason, N. W. H. (2013) Correlations between phylogenetic and functional diversity: mathematical artefacts or true ecological and evolutionary processes? *Journal of Vegetation Science*, 24, 781–793.

Pavoine, S., Marcon, E. & Ricotta, C. (2016) 'Equivalent numbers' for species, phylogenetic or functional diversity in a nested hierarchy of multiple scales. *Methods in Ecology and Evolution*, 7, 1152–1163.

Pavoine, S., Vallet, J., Dufour, A. B., Gachet, S. & Daniel, H. (2009) On the challenge of treating various types of variables: application for improving the measurement of functional diversity. *Oikos*, 118, 391–402.

Pavoine, S., Vela, E., Gachet, S., de Bélair, G. & Bonsall, M. B. (2011) Linking patterns in phylogeny, traits, abiotic variables and space: a novel approach to linking environmental filtering and plant community assembly. *Journal of Ecology*, 99, 165–175.

Pearman, P. B., Lavergne, S., Roquet, C., Wüest, R., Zimmermann, N. E. & Thuiller, W. (2014) Phylogenetic patterns of climatic, habitat and trophic niches in a European avian assemblage. *Global Ecology and Biogeography*, 23, 414–424.

Peay, K. G. (2016) The mutualistic niche: mycorrhizal symbiosis and community dynamics. *Annual Review of Ecology, Evolution, and Systematics*, 47, 143–164.

Peco, B., Navarro, E., Carmona, C. P., Medina, N. G. & Marques, M. J. (2017) Effects of grazing abandonment on soil multifunctionality: the role of plant functional traits. *Agriculture Ecosystems & Environment*, 249, 215–225.

Pellissier, L., Albouy, C., Bascompte, J., Farwig, N., Graham, C., Loreau, M., Maglianesi, M. A., Melián, C. J., Pitteloud, C., Roslin, T., Rohr, R., Saavedra, S., Thuiller, W., Woodward, G., Zimmermann, N. E. & Gravel, D. (2018) Comparing species interaction networks along environmental gradients. *Biological Reviews*, 93, 785–800.

Pennell, M. W. & Harmon, L. J. (2013) An integrative view of phylogenetic comparative methods: connections to population genetics, community ecology, and paleobiology. *Annals of the New York Academy of Sciences*, 1289, 90–105.

Pennell, M. W., FitzJohn, R. G., Cornwell, W. K. & Harmon, L. J. (2015) Model adequacy and the macroevolution of angiosperm functional traits. *American Naturalist*, 186, E33–E50.

Penone, C., Davidson, A. D., Shoemaker, K. T., Di Marco, M., Rondinini, C., Brooks, T. M., Young, B. E., Graham, C. H. & Costa, G. C. (2014) Imputation of missing data in life-history trait datasets: which approach performs the best? *Methods in Ecology and Evolution*, 5, 961–970.

Peres-Neto, P. R., Dray, S. & ter Braak, C. J. F. (2017) Linking trait variation to the environment: critical issues with community-weighted mean correlation resolved by the fourth-corner approach. *Ecography*, 40, 806–816.

Pérez-Harguindeguy, N., Díaz, S., Garnier, E., Lavorel, S., Poorter, H., Jaureguiberry, P., Bret-Harte, M. S., Cornwell, W. K., Craine, J. M., Gurvich, D. E., Urcelay, C., Veneklaas, E. J., Reich, P. B., Poorter, L., Wright, I. J., Ray, P., Enrico, L., Pausas, J. G., de Vos, A. C., Buchmann, N., Funes, G., Quétier, F., Hodgson, J. G., Thompson, K., Morgan, H. D., ter Steege, H., Sack, L., Blonder, B., Poschlod, P., Vaieretti, M. V., Conti, G., Staver, A. C., Aquino, S. & Cornelissen, J. H. C. (2013) New handbook for standardised measurement of plant functional traits worldwide. *Australian Journal of Botany*, 61, 167–234.

Perez-Ramos, I. M., Matias, L., Gomez-Aparicio, L. & Godoy, O. (2019) Functional traits and phenotypic plasticity modulate species coexistence across contrasting climatic conditions. *Nature Communications*, 10, 2555.

Perović, D. J., Gïmez-Virués, S., Landis, D. A., Wäckers, F., Gurr, G. M., Wratten, S. D., You, M. S. & Desneux, N. (2018) Managing biological control services through multi-trophic trait interactions: review and guidelines for implementation at local and landscape scales. *Biological Reviews*, 93, 306–321.

Perring, M. P., Standish, R. J., Price, J. N., Craig, M. D., Erickson, T. E., Ruthrof, K. X., Whiteley, A. S., Valentine, L. E. & Hobbs, R. J. (2015) Advances in restoration ecology: rising to the challenges of the coming decades. *Ecosphere*, 6, art131.

Petchey, O. L. & Gaston, K. J. (2002) Functional diversity (FD), species richness and community composition. *Ecology Letters*, 5, 402–411.

Petchey, O. L. & Gaston, K. J. (2006) Functional diversity: back to basics and looking forward. *Ecology*

Letters, 9, 741–758.

Petchey, O. L., Hector, A. & Gaston, K. J. (2004) How do different measures of functional diversity perform? *Ecology*, 85, 847–857.

Petersen, H. & Luxton, M. (1982) A comparative-analysis of soil fauna populations and their role in decomposition processes. *Oikos*, 39, 287–388.

Pey, B., Laporte, B. & Hedde, M. (2014) BETSI. https://portail.betsi.cnrs.fr/.

Pfennig, D. W. & McGee, M. (2010) Resource polyphenism increases species richness: a test of the hypothesis. *Philosophical Transactions of the Royal Society B – Biological Sciences*, 365, 577–591.

Pfestorf, H., Weiß, L., Müller, J., Boch, S., Socher, S. A., Prati, D., Schöning, I., Weisser, W., Fischer, M. & Jeltsch, F. (2013) Community mean traits as additional indicators to monitor effects of land-use intensity on grassland plant diversity. *Perspectives in Plant Ecology, Evolution and Systematics*, 15, 1–11.

Phillips, B. L., Brown, G. P. & Shine, R. (2010) Life-history evolution in range-shifting populations. *Ecology*, 91, 1617–1627.

Phillips, B. L., Brown, G. P., Webb, J. K. & Shine, R. (2006) Invasion and the evolution of speed in toad. *Nature*, 439, 803.

Piccini, I., Nervo, B., Forshage, M., Celi, L., Palestrini, C., Rolando, A. & Roslin, T. (2018) Dung beetles as drivers of ecosystem multifunctionality: are response and effect traits interwoven? *Science of the Total Environment*, 616, 1440–1448.

Pickett, S. T. A. & Bazzaz, F. A. (1978) Organization of an assemblage of early successional species on a soil moisture gradient. *Ecology*, 59, 1248–1255.

Pierce, S., Negreiros, D., Cerabolini, B. E. L., Kattge, J., Díaz, S., Kleyer, M., Shipley, B., Wright, S. J., Soudzilovskaia, N. A., Onipchenko, V. G., van Bodegom, P. M., Frenette-Dussault, C., Weiher, E., Pinho, B. X., Cornelissen, J. H. C., Grime, J. P., Thompson, K., Hunt, R., Wilson, P. J., Buffa, G., Nyakunga, O. C., Reich, P. B., Caccianiga, M., Mangili, F., Ceriani, R. M., Luzzaro, A., Brusa, G., Siefert, A., Barbosa, N. P. U., Chapin, F. S., III, Cornwell, W. K., Fang, J., Fernandes, G. W., Garnier, E., Le Stradic, S., Penuelas, J., Melo, F. P. L., Slaviero, A., Tabarelli, M. & Tampucci, D. (2017) A global method for calculating plant CSR ecological strategies applied across biomes world-wide. *Functional Ecology*, 31, 444–457.

Pillai, P. & Gouhier, T. C. (2019) Not even wrong: the spurious measurement of biodiversity's effects on ecosystem functioning. *Ecology*, 100, e02645.

Pistón, N., de Bello, F., Dias, A. T. C., Götzenberger, L., Rosado, B. H. P., de Mattos, E. A., Salguero-Gómez, R. & Carmona, C. P. (2019) Multidimensional ecological analyses demonstrate how interactions between functional traits shape fitness and life history strategies. *Journal of Ecology*, 107, 2317–2328.

Piton, G., Legay, N., Arnoldi, C., Lavorel, S., Clément, J. C. & Foulquier, A. (2020) Using proxies of microbial community-weighted means traits to explain the cascading effect of management intensity, soil and plant traits on ecosystem resilience in mountain grasslands. *Journal of Ecology*, 108, 876–893.

Pizzatto, L. & Dubey, S. (2012) Colour-polymorphic snake species are older. *Biological Journal of the Linnean Society*, 107, 210–218.

Poisot, T., Canard, E., Mouillot, D., Mouquet, N. & Gravel, D. (2012) The dissimilarity of species interaction networks. *Ecology Letters*, 15, 1353–1361.

Pollock, L. J., Morris, W. K. & Vesk, P. A. (2012) The role of functional traits in species distributions revealed through a hierarchical model. *Ecography*, 35, 716–725.

Post, D. M. & Palkovacs, E. P. (2009) Eco-evolutionary feedbacks in community and ecosystem ecology: interactions between the ecological theatre and the evolutionary play. *Philosophical Transactions of the Royal Society of London B – Biological Sciences*, 364, 1629–1640.

Powell, J. R. & Rillig, M. C. (2018) Biodiversity of arbuscular mycorrhizal fungi and ecosystem function.

New Phytologist, 220, 1059–1075.

Prescott, C. E. & Zukswert, J. M. (2016) Invasive plant species and litter decomposition: time to challenge assumptions. *New Phytologist*, 209, 5–7.

Price, J. N. & Pärtel, M. (2013) Can limiting similarity increase invasion resistance? A meta-analysis of experimental studies. *Oikos*, 122, 649–656.

Prinzing, A. (2016) On the opportunity of using phylogenetic information to ask evolutionary questions in functional community ecology. *Folia Geobotanica*, 51, 69–74.

Prinzing, A., Reiffers, R., Braakhekke, W. G., Hennekens, S. M., Tackenberg, O., Ozinga, W. A., Schaminée, J. H. J. & Van Groenendael, J. M. (2008) Less lineages – more trait variation: phylogenetically clustered plant communities are functionally more diverse. *Ecology Letters*, 11, 809–819.

Puy, J., Dvorakova, H., Carmona, C. P., de Bello, F., Hiiesalu, I. & Latzel, V. (2018) Improved demethylation in ecological epigenetic experiments: testing a simple and harmless foliar demethylation application. *Methods in Ecology and Evolution*, 9, 744–753.

Pyron, R. A., Costa, G. C., Patten, M. A. & Burbrink, F. T. (2015) Phylogenetic niche conservatism and the evolutionary basis of ecological speciation. *Biological Reviews*, 90, 1248–1262.

Rafferty, N. E. & Ives, A. R. (2013) Phylogenetic trait-based analyses of ecological networks. *Ecology*, 94, 2321–2333.

Raunkiær, C. C. (1934) *The life forms of plants and statistical plant geography*. Oxford: Clarendon Press.

Read, J., Fletcher, T. D., Wevill, T. & Deletic, A. (2010) Plant traits that enhance pollutant removal from stormwater in biofiltration systems. *International Journal of Phytoremediation*, 12, 34–53.

Rees, M. (1995) EC-PC comparative analyses? *Journal of Ecology*, 83, 891.

Reich, P. B. (2014) The world-wide 'fast–slow' plant economics spectrum: a traits manifesto. *Journal of Ecology*, 102, 275–301.

Relyea, R. A. & Yurewicz, K. L. (2002) Predicting community outcomes from pairwise interactions: integrating density- and trait-mediated effects. *Oecologia*, 131, 569–579.

Renner, S. C. & van oesel, W. (2017) Ecological and functional traits in 99 bird species over a large-scale gradient in Germany. *Data*, 2, 12.

Richardson, S. J., Press, M. C., Parsons, A. N. & Hartley, S. E. (2002) How do nutrients and warming impact on plant communities and their insect herbivores? A 9-year study from a sub-Arctic heath. *Journal of Ecology*, 90, 544–556.

Ricklefs, R. E. (2004) A comprehensive framework for global patterns in biodiversity. *Ecology Letters*, 7, 1–15.

Ricotta, C. & Moretti, M. (2011) CWM and Rao's quadratic diversity: a unified framework for functional ecology. *Oecologia*, 167, 181–188.

Ricotta, C., de Bello, F., Moretti, M., Caccianiga, M., Cerabolini, B. E. L. & Pavoine, S. (2016) Measuring the functional redundancy of biological communities: a quantitative guide. *Methods in Ecology and Evolution*, 7, 1386–1395.

Riibak, K., Reitalu, T., Tamme, R., Helm, A., Gerhold, P., Znamenskiy, S., Bengtsson, K., Rosen, E., Prentice, H. C. & Pärtel, M. (2015) Dark diversity in dry calcareous grasslands is determined by dispersal ability and stress-tolerance. *Ecography*, 38, 713–721.

Rolo, V., Olivier, P. I. & van Aarde, R. (2017) Tree and bird functional groups as indicators of recovery of regenerating subtropical coastal dune forests. *Restoration Ecology*, 25, 788–797.

Rosado, B. H. P., Dias, A. T. C. & de Mattos, E. (2013) Going back to basics: importance of ecophysiology when choosing functional traits for studying communities and ecosystems. *Natureza & Conservação*, 11, 15–22.

Roscher, C., Schumacher, J., Gubsch, M., Lipowsky, A., Weigelt, A., Buchmann, N., Schmid, B. & Schulze, E.-D. (2012) Using plant functional traits to explain diversity–productivity relationships. *PLOS ONE*, 7, e36760.

Rosenfield, M. F. & Müller, S. C. (2017) Predicting restored communities based on reference ecosystems using a trait-based approach. *Forest Ecology and Management*, 391, 176–183.

Rosenthal, G. A. & Berenbaum, M. R. (2012) *Herbivores: their interactions with secondary plant metabolites: ecological and evolutionary processes*. New York: Academic Press.

Rota, C., Manzano, P., Carmona, C. P., Malo, J. E. & Peco, B. (2017) Plant community assembly in Mediterranean grasslands: understanding the interplay between grazing and spatio-temporal water availability. *Journal of Vegetation Science*, 28, 149–159.

Roucou, A., Violle, C., Fort, F., Roumet, P., Ecarnot, M. & Vile, D. (2018) Shifts in plant functional strategies over the course of wheat domestication. *Journal of Applied Ecology*, 55, 25–37.

Rudman, S. M., Kreitzman, M., Chan, K. M. A. & Schluter, D. (2017) Evosystem services: rapid evolution and the provision of ecosystem services. *Trends in Ecology and Evolution*, 32, 403–415.

Sabo, J. L. & Power, M. E. (2002) River–watershed exchange: effects of riverine subsidies on riparian lizards and their terrestrial prey. *Ecology*, 83, 1860–1869.

Salguero-Gómez, R., Jones, O. R., Archer, C. R., Bein, C., de Buhr, H., Farack, C., Gottschalk, F., Hartmann, A., Henning, A., Hoppe, G., Römer, G., Ruoff, T., Sommer, V., Wille, J., Voigt, J., Zeh, S., Vieregg, D., Buckley, Y. M., Che-Castaldo, J., Hodgson, D., Scheuerlein, A., Caswell, H. & Vaupel, J. W. (2016) COMADRE: a global data base of animal demography. *Journal of Animal Ecology*, 85, 371–384.

Salguero-Gómez, R., Jones, O. R., Archer, C. R., Buckley, Y. M., Che-Castaldo, J., Caswell, H., Hodgson, D., Scheuerlein, A., Conde, D. A., Brinks, E., de Buhr, H., Farack, C., Gottschalk, F., Hartmann, A., Henning, A., Hoppe, G., Römer, G., Runge, J., Ruoff, T., Wille, J., Zeh, S., Davison, R., Vieregg, D., Baudisch, A., Altwegg, R., Colchero, F., Dong, M., de Kroon, H., Lebreton, J.-D., Metcalf, C. J. E., Neel, M. M., Parker, I. M., Takada, T., Valverde, T., Vélez-Espino, L. A., Wardle, G. M., Franco, M., Vaupel, J. W. & Rees, M. (2015) The COMPADRE plant matrix database: an open online repository for plant demography. *Journal of Ecology*, 103, 202–218.

Sanford, G. M., Lutterschmidt, W. I. & Hutchison, V. H. (2002) The comparative method revisited. *BioScience*, 52, 830.

Sasaki, T., Katabuchi, M., Kamiyama, C., Shimazaki, M., Nakashizuka, T. & Hikosaka, K. (2014) Vulnerability of moorland plant communities to environmental change: consequences of realistic species loss on functional diversity. *Journal of Applied Ecology*, 51, 299–308.

Schaffers, A. P. & Sykora, K. V. (2000) Reliability of Ellenberg indicator values for moisture, nitrogen and soil reaction: a comparison with field measurements. *Journal of Vegetation Science*, 11, 225–244.

Scherer-Lorenzen, M., Palmborg, C., Prinz, A. & Schulze, E. D. (2003) The role of plant diversity and composition for nitrate leaching in grasslands. *Ecology*, 84, 1539–1552.

Schimper, A. F. W. (1903) *Plant-geography upon a physiological basis*. Oxford: Clarendon Press.

Schleuning, M., Fründ, J. & García, D. (2015) Predicting ecosystem functions from biodiversity and mutualistic networks: an extension of trait-based concepts to plant–animal interactions. *Ecography*, 38, 380–392.

Schlichting, C. D. & Levin, D. A. (1986) Phenotypic plasticity – an evolving plant character. *Biological Journal of the Linnean Society*, 29, 37–47.

Schloss, C. A., Nunez, T. A. & Lawler, J. J. (2012) Dispersal will limit ability of mammals to track climate change in the Western Hemisphere. *Proceedings of the National Academy of Sciences of the United States of America*, 109, 8606–8611.

Schluter, D. & McPhail, J. D. (1992) Ecological character displacement and speciation in sticklebacks. *American Naturalist*, 140, 85–108.

Schmera, D., Eros, T. & Podani, J. (2009) A measure for assessing functional diversity in ecological communities. *Aquatic Ecology*, 43, 157–167.

Schmera, D., Heino, J., Podani, J., Erös, T. & Dolédec, S. (2017) Functional diversity: a review of methodology and current knowledge in freshwater macroinvertebrate research. *Hydrobiologia*, 787, 27–44.

Schmidt-Kloiber, A. & Hering, D. (2015) www.freshwaterecology.info – An online tool that unifies, standardises and codifies more than 20,000 European freshwater organisms and their ecological preferences. *Ecological Indicators*, 53, 271–282.

Schmitz, O. J. (2008) Effects of predator grassland hunting mode on grassland ecosystem function. *Science*, 319, 952–954.

Schmitz, O. J. (2010) *Resolving ecosystem complexity*. Princeton University Press. Princeton, NJ.

Schmitz, O. J., Buchkowski, R. W., Burghardt, K. T. & Donihue, C. M. (2015) Functional traits and trait-mediated interactions. Connecting community–level interactions with ecosystem functioning. *Advances in Ecological Research*, 52, 319–343.

Schneider, F. D., Fichtmueller, D., Gossner, M. M., Güntsch, A., Jochum, M., König-Ries, B., Le Provost, G., Manning, P., Ostrowski, A., Penone, C. & Simons, N. K. (2019) Towards an ecological trait-data standard. *Methods in Ecology and Evolution*, 10, 2006–2019.

Schoener, T. W. (2011) The Newest Synthesis: understanding ecological dynamics. *Science*, 331, 426–429.

Schouw, J. F. (1823) *Grundzüge einer allgemeinen Pflanzengeographie*. De Gruyter, Incorporated.

Schumacher, J. & Roscher, C. (2009) Differential effects of functional traits on aboveground biomass in semi-natural grasslands. *Oikos*, 118, 1659–1668.

Schwarz, N., Moretti, M., Bugalho, M. N., Davies, Z. G., Haase, D., Hack, J., Hof, A., Melero, Y., Pett, T. J. & Knapp, S. (2017) Understanding biodiversity-ecosystem service relationships in urban areas: a comprehensive literature review. *Ecosystem Services*, 27, 161–171.

Schweiger, O., Settele, J., Kudrna, O., Klotz, S. & Kühn, I. (2008) Climate change can cause spatial mismatch of trophically interacting species. *Ecology*, 89, 3472–3479.

Schweitzer, J. A., Bailey, J. K., Rehill, B. J., Martinsen, G. D., Hart, S. C., Lindroth, R. L., Keim, P. & Whitham, T. G. (2004) Genetically based trait in a dominant tree affects ecosystem processes. *Ecology Letters*, 7, 127–134.

Seabloom, E. W., Harpole, W. S., Reichman, O. J. & Tilman, D. (2003) Invasion, competitive dominance, and resource use by exotic and native California grassland species. *Proceedings of the National Academy of Sciences of the United States of America*, 100, 13384–13389.

Sebastián-González, E. (2017) Drivers of species' role in avian seed-dispersal mutualistic networks. *Journal of Animal Ecology*, 86, 878–887.

Semper, C. (1881) *Animal life as affected by the natural conditions of existence*. New York: D. Appleton and Co.

Sengupta, S., Ergon, T. & Leinaaa, H. P. (2016) Genotypic differences in embryonic life history traits of *Folsomia quadrioculata* (Collembola: Isotomidae) across a wide geographical range. *Ecological Entomology*, 41, 72–84.

Sgrò, C. M., Terblanche, J. S. & Hoffmann, A. A. (2016) What can plasticity contribute to insect responses to climate change? *Annual Review of Entomology*, 61, 433–451.

Shipley, B. (2000) *Cause and correlation in biology: a user's guide to path analysis, structural equations and causal inference*. Cambridge University Press. Cambridge, UK.

Shipley, B. (2012) *From plant traits to vegetation structure*. Cambridge University Press. Cambridge, UK.

Shipley, B., Belluau, M., Kühn, I., Soudzilovskaia, N. A., Bahn, M., Penuelas, J., Kattge, J., Sack, L., Cavender-Bares, J., Ozinga, W. A., Blonder, B., van Bodegom, P. M., Manning, P., Hickler, T., Sosinski, E., Pillar, V. D. P., Onipchenko, V. & Poschlod, P. (2017) Predicting habitat affinities of plant species using commonly measured functional traits. *Journal of Vegetation Science*, 28, 1082–1095.

Shipley, B., de Bello, F., Cornelissen, J. H. C., Lalibertée, E., Laughlin, D. C. & Reich, P. B. (2016) Reinforcing loose foundation stones in trait-based plant ecology. *Oecologia*, 180, 923–931.

Shipley, B., Paine, C. E. T. & Baraloto, C. (2012) Quantifying the importance of local niche-based and stochastic processes to tropical tree community assembly. *Ecology*, 93, 760–769.

Shipley, B., Vile, D. & Garnier, E. (2006) From plant traits to plant communities: a statistical mechanistic approach to biodiversity. *Science*, 314, 812–814.

Shurin, J. B. (2000) Dispersal limitation, invasion resistance, and the structure of pond zooplankton communities. *Ecology*, 81, 3074–3086.

Siefert, A., Violle, C., Chalmandrier, L., Albert, C. H., Taudiere, A., Fajardo, A., Aarssen, L. W., Baraloto, C., Carlucci, M. B., Cianciaruso, M. V., Dantas, V. D., de Bello, F., Duarte, L. D. S., Fonseca, C. R., Freschet, G. T., Gaucherand, S., Gross, N., Hikosaka, K., Jackson, B., Jung, V., Kamiyama, C., Katabuchi, M., Kembel, S. W., Kichenin, E., Kraft, N. J. B., Lagerstrom, A., Le Bagousse-Pinguet, Y., Li, Y. Z., Mason, N., Messier, J., Nakashizuka, T., McC Overton, J., Peltzer, D. A., Perez-Ramos, I. M., Pillar, V. D., Prentice, H. C., Richardson, S., Sasaki, T., Schamp, B. S., Schob, C., Shipley, B., Sundqvist, M., Sykes, M. T., Vandewalle, M. & Wardle, D. A. (2015) A global meta-analysis of the relative extent of intraspecific trait variation in plant communities. *Ecology Letters*, 18, 1406–1419.

Silvertown, J., Dodd, M., Gowing, D. J. G., Lawson, C. S. & McConway, K. J. (2006a) Phylogeny and the hierarchical organization of plant diversity. *Ecology*, 87, S39–S49.

Silvertown, J., Poulton, P., Johnston, E., Edwards, G., Heard, M. & Biss, P. M. (2006b) The Park Grass Experiment 1856–2006: its contribution to ecology. *Journal of Ecology*, 94, 801–814.

Simberloff, D. S. (1970) Taxonomic diversity of island biotas. *Evolution*, 24, 23–47.

Šmilauer, P. & Lepš, J. (2014) *Multivariate analysis of ecological data using CANOCO 5*. 2nd ed. Cambridge University Press. Cambridge, UK.

Smith, A. B., Godsoe, W., Rodríguez-Sánchez, F., Wang, H. H. & Warren, D. (2018) Niche estimation above and below the species level. *Trends in Ecology & Evolution*, 34, 260–273.

Smith, T. M., Shugart, H. H. & Woodward, F. I. (1997) (eds.) *Plant functional types: their relevance to ecosystem properties and global change*. Cambridge University Press. Cambridge, UK.

Solé-Senan, X. O., Juárez-Escario, A., Robleño, I., Conesa, J. A. & Recasens, J. (2017) Using the response–effect trait framework to disentangle the effects of agricultural intensification on the provision of ecosystem services by Mediterranean arable plants. *Agriculture, Ecosystems & Environment*, 247, 255–264.

Soliveres, S., Lehmann, A., Boch, S., Altermatt, F., Carrara, F., Crowther, T. W., Delgado-Baquerizo, M., Kempel, A., Maynard, D. S., Rillig, M. C., Singh, B. K., Trivedi, P. & Allan, E. (2018) Intransitive competition is common across five major taxonomic groups and is driven by productivity, competitive rank and functional traits. *Journal of Ecology*, 106, 852–864.

Spasojevic, M. J. & Suding, K. N. (2012) Inferring community assembly mechanisms from functional diversity patterns: the importance of multiple assembly processes. *Journal of Ecology*, 100, 652–661.

Speight, M. C. D. (2014) *Syrph the Net: the database of European Syrphidae (Diptera)*. Species accounts of European Syrphidae (Diptera). Syrph the Net Publications.

Spielman, D., Brook, B. W. & Frankham, R. (2004) Most species are not driven to extinction before genetic factors impact them. *Proceedings of the National Academy of Sciences of the United States of America*, 101, 15261–15264.

Spitz, J., Ridoux, V. & Brind'Amour, A. (2014) Let's go beyond taxonomy in diet description: testing a trait-based approach to prey–predator relationships. *Journal of Animal Ecology*, 83, 1137–1148.

Stavert, J. R., Linan-Cembrano, G., Beggs, J. R., Howlett, B. G., Pattemore, D. E. & Bartomeus, I. (2016) Hairiness: the missing link between pollinators and pollination. *Peerj*, 4, 18.

Sterk, M., Gort, G., Klimkowska, A., van Ruijven, J., van Teeffelen, A. J. A. & Wamelink, G. W. W. (2013) Assess ecosystem resilience: linking response and effect traits to environmental variability. *Ecological Indicators*, 30, 21–27.

Stevenson, P. R. & Guzmán-Caro, D. C. (2010) Nutrient transport within and between habitats through seed dispersal processes by woolly monkeys in North-Western Amazonia. *American Journal of*

Primatology, 72, 992–1003.

Storkey, J. (2006) A functional group approach to the management of UK arable weeds to support biological diversity. *Weed Research*, 46, 513–522.

Stubbs, W. J. & Wilson, J. B. (2004) Evidence for limiting similarity in a sand dune community. *Journal of Ecology*, 92, 557–567

Suding, K. N., Lavorel, S., Chapin, F. S., Cornelissen, J. H. C., Díaz, S., Garnier, E., Goldberg, D., Hooper, D. U., Jackson, S. T. & Navas, M. L. (2008) Scaling environmental change through the community-level: a trait-based response-and-effect framework for plants. *Global Change Biology*, 14, 1125–1140.

Sultan, S. E. (1996) Phenotypic plasticity for offspring traits in *Polygonum persicaria*. *Ecology*, 77, 1791–1807.

Sultan, S. E. (2000) Phenotypic plasticity for plant development, function and life history. *Trends in Plant Science*, 5, 537–542.

Swan, C. M. & Palmer, M. A. (2006) Composition of speciose leaf litter alters stream detritivore growth, feeding activity and leaf breakdown. *Oecologia*, 147, 469–478.

Swanson, H. K., Lysy, M., Power, M., Stasko, A. D., Johnson, J. D. & Reist, J. D. (2015) A new probabilistic method for quantifying n-dimensional ecological niches and niche overlap. *Ecology*, 96, 318–324.

Swenson, N. G. (2014a) *Functional and phylogenetic ecology in R*. Berlin: Springer.

Swenson, N. G. (2014b) Phylogenetic imputation of plant functional trait databases. *Ecography*, 37, 105–110.

Swenson, N. G. & Enquist, B. J. (2009) Opposing assembly mechanisms in a Neotropical dry forest: implications for phylogenetic and functional community ecology. *Ecology*, 90, 2161–2170.

Swenson, N. G., Enquist, B. J., Pither, J., Thompson, J. & Zimmerman, J. K. (2006) The problem and promise of scale dependency in community phylogenetics. *Ecology*, 87, 2418–2424.

Swenson, N. G., Enquist, B. J., Thompson, J. & Zimmerman, J. K. (2007) The influence of spatial and size scale on phylogenetic relatedness in tropical forest communities. *Ecology*, 88, 1770–1780.

Tacutu R., Thornton D., Johnson E., Budovsky A., Barardo D., Craig T., Diana E., Lehmann G., Toren D., Wang J., Fraifeld V. E., de Magalhaes J. P. (2018) Human Ageing Genomic Resources: new and updated databases. *Nucleic Acids Research* 46, D1083–D1090.

Tamme, R., Götzenberger, L., Zobel, M., Bullock, J. M., Hooftman, D. A. P., Kaasik, A. & Pärtel, M. (2014) Predicting species' maximum dispersal distances from simple plant traits. *Ecology*, 95, 505–513.

Taugourdeau, S., Villerd, J., Plantureux, S., Huguenin-Elie, O. & Amiaud, B. (2014) Filling the gap in functional trait databases: use of ecological hypotheses to replace missing data. *Ecology and Evolution*, 4, 944–958.

Tavşanoğlu, Ç. & Pausas, J. G. (2018) A functional trait database for Mediterranean Basin plants. *Scientific Data*, 5, 180135.

Taylor, A. R., Lenoir, L., Vegerfors, B. & Persson, T. (2019) Ant and earthworm bioturbation in cold–temperate ecosystems. *Ecosystems*, 22, 981–994.

Thomas, C. D., Bodsworth, E. J., Wilson, R. J., Simmons, A. D., Davies, Z. G., Musche, M. & Conradt, L. (2001) Ecological and evolutionary processes at expanding range margins. *Nature*, 411, 577–581.

Thompson, K., Askew, A. P., Grime, J. P., Dunnett, N. P. & Willis, A. J. (2005) Biodiversity, ecosystem function and plant traits in mature and immature plant communities. *Functional Ecology*, 19, 355–358.

Thornhill, I. A., Biggs, J., Hill, M. J., Briers, R., Gledhill, D., Wood, P. J., Gee, J. H. R., Ledger, M. & Hassall, C. (2018) The functional response and resilience in small waterbodies along land-use and environmental gradients. *Global Change Biology*, 24, 3079–3092.

Thorpe, R. S., Reardon, J. T. & Malhotra, A. (2005) Common garden and natural selection experiments support ecotypic differentiation in the Dominican anole (*Anolis oculatus*). *American Naturalist*, 165, 495–504.

Thuiller, W., Guéguen, M., Georges, D., Bonet, R., Chalmandrier, L., Garraud, L., Renaud, J., Roquet,

C., Van Es, J., Zimmermann, N. E. & Lavergne, S. (2014) Are different facets of plant diversity well protected against climate and land cover changes? A test study in the French Alps. *Ecography*, 37, 1254–1266.

Thuiller, W., Lavorel, S. & Araujo, M. B. (2005) Niche properties and geographical extent as predictors of species sensitivity to climate change. *Global Ecology and Biogeography*, 14, 347–357.

Tilman, D., Wedin, D. & Knops, J. (1996) Productivity and sustainability influenced by biodiversity in grassland ecosystems. *Nature*, 379, 718–720.

Tobner, C. M., Paquette, A., Gravel, D., Reich, P. B., Williams, L. J. & Messier, C. (2016) Functional identity is the main driver of diversity effects in young tree communities. *Ecology Letters*, 19, 638–647.

Trochet, A., Moulherat, S., Calvez, O., Stevens, V. M., Clobert, J. & Schmeller, D. S. (2014) A database of life-history traits of European amphibians. *Biodiversity Data Journal*, 2, e4123. https://doi.org/10.3897/BDJ.2.e4123

Turcotte, M. M., Reznick, D. N. & Hare, J. D. (2011) The impact of rapid evolution on population dynamics in the wild: experimental test of eco-evolutionary dynamics. *Ecology Letters*, 14, 1084–1092.

Umana, M. N., Mi, X. C., Cao, M., Enquist, B. J., Hao, Z. Q., Howe, R., Iida, Y., Johnson, D., Lin, L. X., Liu, X. J., Ma, K. P., Sun, I. F., Thompson, J., Uriarte, M., Wang, X. G., Wolf, A., Yang, J., Zimmerman, J. K. & Swenson, N. G. (2017) The role of functional uniqueness and spatial aggregation in explaining rarity in trees. *Global Ecology and Biogeography*, 26, 777–786.

USDA & NRCS (2018) *The PLANTS Database*. Greensboro, NC: National Plant Data Team.

Uyeda, J. C., Zenil-Ferguson, R. & Pennell, M. W. (2018) Rethinking phylogenetic comparative methods. *Systematic Biology*, 67, 1091–1109.

Valencia, E., Gross, N., Quero, J. L., Carmona, C. P., Ochoa, V., Gozalo, B., Delgado-Baquerizo, M., Dumack, K., Hamonts, K., Singh, B. K., Bonkowski, M. & Maestre, F. T. (2018) Cascading effects from plants to soil microorganisms explain how plant species richness and simulated climate change affect soil multifunctionality. *Global Change Biology*, 24, 5642–5654.

Valencia, E., Maestre, F. T., Le Bagousse-Pinguet, Y., Quero, J. L., Tamme, R., Börger, L., García-Gómez, M. & Gross, N. (2015) Functional diversity enhances the resistance of ecosystem multifunctionality to aridity in Mediterranean drylands. *New Phytologist*, 206, 660–671.

van Kleunen, M., Weber, E. & Fischer, M. (2010) A meta-analysis of trait differences between invasive and non-invasive plant species. *Ecology Letters*, 13, 235–245.

van Klink, R., Lepš, J., Vermeulen, R. & de Bello, F. (2019) Functional differences stabilize beetle communities by weakening interspecific temporal synchrony. *Ecology*, 100, e02748.

Vandewalle, M., de Bello, F., Berg, M. P., Bolger, T., Dolédec, S., Dubs, F., Feld, C. K., Harrington, R., Harrison, P. A. & Lavorel, S. (2010) Functional traits as indicators of biodiversity response to land use changes across ecosystems and organisms. *Biodiversity and Conservation*, 19, 2921–2947.

Vellend, M. (2010) Conceptual synthesis in community ecology. *Quarterly Review of Biology*, 85, 183–206.

Vellend, M. (2016) *The theory of ecological communities*. Princeton University Press. Princeton, NJ.

Verdú, M., Rey, P. J., Alcántara, J. M., Siles, G. & Valiente-Banuet, A. (2009) Phylogenetic signatures of facilitation and competition in successional communities. *Journal of Ecology*, 97, 1171–1180.

Vesk, P. A. & Westoby, M. (2001) Predicting plant species' responses to grazing. *Journal of Applied Ecology*, 38, 897–909.

Via, S. (1999) Reproductive isolation between sympatric races of pea aphids. I. Gene flow restriction and habitat choice. *Evolution*, 53, 1446–1457.

Via, S. (2001) Sympatric speciation in animals: the ugly duckling grows up. *Trends in Ecology & Evolution*, 16, 381–390.

Vilà, M., Espinar, J. L., Hejda, M., Hulme, P. E., Jarošík, V., Maron, J. L., Pergl, J., Schaffner, U., Sun, Y. & Pyšek, P. (2011) Ecological impacts of invasive alien plants: a meta-analysis of their effects on species, communities and ecosystems. *Ecology Letters*, 14, 702–708.

Villéger, S., Grenouillet, G. & Brosse, S. (2013) Decomposing functional diversity reveals that low functional diversity is driven by low functional turnover in European fish assemblages. *Global Ecology and Biogeography*, 22, 671–681.

Villéger, S., Mason, N. W. H. & Mouillot, D. (2008) New multidimensional functional diversity indices for a multifaceted framework in functional ecology. *Ecology*, 89, 2290–2301.

Violle, C., Enquist, B. J., McGill, B. J., Jiang, L., Albert, C. H., Hulshof, C., Jung, V. & Messier, J. (2012) The return of the variance: intraspecific variability in community ecology. *Trends in Ecology & Evolution*, 27, 244–252.

Violle, C., Navas, M. L., Vile, D., Kazakou, E., Fortunel, C., Hummel, I. & Garnier, E. (2007) Let the concept of trait be functional! *Oikos*, 116, 882–892.

Violle, C., Nemergut, D. R., Pu, Z. C. & Jiang, L. (2011) Phylogenetic limiting similarity and competitive exclusion. *Ecology Letters*, 14, 782–787.

Violle, C., Thuiller, W., Mouquet, N., Munoz, F., Kraft, N. J. B., Cadotte, M. W., Livingstone, S. W. & Mouillot, D. (2017) Functional rarity: the ecology of outliers. *Trends in Ecology & Evolution*, 32, 356–367.

Visser, M. E. & Holleman, L. J. M. (2001) Warmer springs disrupt the synchrony of oak and winter moth phenology. *Proceedings of the Royal Society B – Biological Sciences*, 268, 289–294.

Visser, M. E., Noordwijk, A. V., Tinbergen, J. M. & Lessells, C. M. (1998) Warmer springs lead to mistimed reproduction in great tits (*Parus major*). *Proceedings of the Royal Society B – Biological Sciences*, 265, 1867–1870.

Volterra, V. (1926) Variazioni e fluttuazioni del numero d'individui in specie animali conviventi. Memoria della Reale Accademia. *Nazionale dei Lincei*, 2, 31–113.

von Döhren, P. & Haase, D. (2015) Ecosystem disservices research: a review of the state of the art with a focus on cities. *Ecological Indicators*, 52, 490–497.

von Liebig, J. (1843) Die Wechselwirthschaft. *Justus Liebigs Annalen DerChemie*, 46, 58–97.

Vos, V. C. A., van Ruijven, J., Berg, M. P., Peeters, E. & Berendse, F. (2011) Macro-detritivore identity drives leaf litter diversity effects. *Oikos*, 120, 1092–1098.

Walker, B., Kinzig, A. & Langridge, J. (1999) Plant attribute diversity, resilience, and ecosystem function: the nature and significance of dominant and minor species. *Ecosystems*, 2, 95–113.

Walther, G. R., Post, E., Convey, P., Menzel, A., Parmesan, C., Beebee, T. J. C., Fromentin, J. M., Hoegh-Guldberg, O. & Bairlein, F. (2002) Ecological responses to recent climate change. *Nature*, 416, 389–395.

Wardle, D. A., Bardgett, R. D., Klironomos, J. N., Setala, H., van der Putten, W. H. & Wall, D. H. (2004) Ecological linkages between aboveground and belowground biota. *Science*, 304, 1629–1633.

Warming, E. (1909) *Oecology of plants – an introduction to the study of plant-communities*. Oxford: Clarendon Press.

Watson, H. C. (1847–1859) *Cybele Britannica: or British plants and their geographical relations*. London: Longman & Company.

Webb, C. O., Ackerly, D. D., McPeek, M. A. & Donoghue, M. J. (2002) Phylogenies and community ecology. *Annual Review of Ecology and Systematics*, 33, 475–505.

Weiher, E. & Keddy, P. A. (1995) Assembly rules, null models, and trait dispersion: new questions from old patterns. *Oikos*, 74, 159.

Weiher, E., Clarke, G. D. P. & Keddy, P. A. (1998) Community assembly rules, morphological dispersion, and the coexistence of plant species. *Oikos*, 81, 309–322.

Westoby, M. (1998) A leaf-height-seed (LHS) plant ecology strategy scheme. *Plant and Soil*, 199, 213–227.

Westoby, M., Falster, D. S., Moles, A. T., Vesk, P. A. & Wright, I. J. (2002) Plant ecological strategies: some leading dimensions of variation between species. *Annual Review of Ecology and Systematics*, 33, 125–159.

Westoby, M., Leishman, M. R. & Lord, J. M. (1995) On misinterpreting the 'phylogenetic correction'. *Journal of Ecology*, 83, 531.

Whitham, T. G., Bailey, J. K., Schweitzer, J. A., Shuster, S. M., Bangert, R. K., Leroy, C. J., Lonsdorf, E. V., Allan, G. J., DiFazio, S. P., Potts, B. M., Fischer, D. G., Gehring, C. A., Lindroth, R. L., Marks, J. C., Hart, S. C., Wimp, G. M. & Wooley, S. C. (2006) A framework for community and ecosystem genetics: from genes to ecosystems. *Nature Reviews Genetics*, 7, 510–523.

Whittaker, R. H. (1956) Vegetation of the Great Smoky Mountains. *Ecological Monographs*, 26, 1–80.

Whittaker, R. J. & Fernández-Palacios, J. M. (2007) *Island biogeography: ecology, evolution, and conservation*. Oxford University Press. Oxford, UK.

Wilby, A. (2002) Ecosystem engineering: a trivialized concept? *Trends in Ecology and Evolution*, 17, 307–308.

Wildi, O. (2016) Why mean indicator values are not biased. *Journal of Vegetation Science*, 27, 40–49.

Wilman, H., Belmaker, J., Simpson, J., de la Rosa, C., Rivadeneira, M. M. & Jetz, W. (2014) EltonTraits 1.0: species-level foraging attributes of the world's birds and mammals. *Ecology*, 95, 2027.

Wilson, J. B. (2007) Trait-divergence assembly rules have been demonstrated: limiting similarity lives! A reply to Grime. *Journal of Vegetation Science*, 18, 451–452.

Winfrey, B. K., Hatt, B. E. & Ambrose, R. F. (2018) Biodiversity and functional diversity of Australian stormwater biofilter plant communities. *Landscape and Urban Planning*, 170, 112–137.

Wisz, M. S., Pottier, J., Kissling, W. D., Pellissier, L., Lenoir, J., Damgaard, C. F., Dormann, C. F., Forchhammer, M. C., Grytnes, J. A., Guisan, A., Heikkinen, R. K., Høye, T. T., Kühn, I., Luoto, M., Maiorano, L., Nilsson, M. C., Normand, S., Öckinger, E., Schmidt, N. M., Termansen, M., Timmermann, A., Wardle, D. A., Aastrup, P. & Svenning, J.-C. (2013) The role of biotic interactions in shaping distributions and realised assemblages of species: implications for species distribution modelling. *Biological Reviews*, 88, 15–30.

Wittmann, M. E., Barnes, M. A., Jerde, C. L., Jones, L. A. & Lodge, D. M. (2016) Confronting species distribution model predictions with species functional traits. *Ecology and Evolution*, 6, 873–879.

Wolf, A., Doughty, C. E. & Malhi, Y. (2013) Lateral diffusion of nutrients by mammalian herbivores in terrestrial cosystems. *PLOS ONE*, 8, 1–10.

Wong, B. B. M. & Candolin, U. (2015) Behavioral responses to changing environments. *Behavioral Ecology*, 26, 665–673.

Wright, I. J. & Westoby, M. (2002) Leaves at low versus high rainfall: coordination of structure, lifespan and physiology. *New Phytologist*, 155, 403–416.

Wright, I. J., Dong, N., Maire, V., Prentice, I. C., Westoby, M., Díaz, S., Gallagher, R. V., Jacobs, B. F., Kooyman, R., Law, E. A., Leishman, M. R., Niinemets, U., Reich, P. B., Sack, L., Villar, R., Wang, H. & Wilf, P. (2017) Global climatic drivers of leaf size. *Science*, 357, 917–921.

Wright, I. J., Reich, P. B., Westoby, M., Ackerly, D. D., Baruch, Z., Bongers, F., Cavender-Bares, J., Chapin, T., Cornelissen, J. H. C., Diemer, M., Flexas, J., Garnier, E., Groom, P. K., Gulias, J., Hikosaka, K., Lamont, B. B., Lee, T., Lee, W., Lusk, C., Midgley, J. J., Navas, M. L., Niinemets, U., Oleksyn, J., Osada, N., Poorter, H., Poot, P., Prior, L., Pyankov, V. I., Roumet, C., Thomas, S. C., Tjoelker, M. G., Veneklaas, E. J. & Villar, R. (2004) The worldwide leaf economics spectrum. *Nature*, 428, 821–827.

Yang, L. H. & Rudolf, V. H. W. (2010) Phenology, ontogeny and the effects of climate change on the timing of species interactions. *Ecology Letters*, 13, 1–10.

Yang, N., Butenschoen, O., Rana, R., Kohler, L., Hertel, D., Leuschner, C., Scheu, S., Polle, A. & Pena, R. (2019) Leaf litter species identity influences biochemical composition of ectomycorrhizal fungi. *Mycorrhiza*, 29, 85–96.

Yu, Q. & Pulkkinen, P. (2003) Genotype–environment interaction and stability in growth of aspen hybrid clones. *Forest Ecology and Management*, 173, 25–35.

Zelený, D. (2018) Which results of the standard test for community-weighted mean approach are too optimistic? *Journal of Vegetation Science*, 29, 953–966.

Zelený, D. & Schaffers, A. P. (2012) Too good to be true: pitfalls of using mean Ellenberg indicator values in vegetation analyses. *Journal of Vegetation Science*, 23, 419–431.

Zimmer, M., Pennings, S. C., Buck, T. L. & Carefoot, T. H. (2002) Species-specific patterns of litter processing by terrestrial isopods (Isopoda: Oniscidea) in high intertidal salt marshes and coastal forests. *Functional Ecology*, 16, 596–607.

Ziter, C. (2016) The biodiversity–ecosystem service relationship in urban areas: a quantitative review. *Oikos*, 125, 761–768.

Zizzari, Z. V. & Ellers, J. (2014) Rapid shift in thermal resistance between generations through maternal heat exposure. *Oikos*, 123, 1365–1370.

Zobel, M. (1997) The relative role of species pools in determining plant species richness: an alternative explanation of species coexistence? *Trends in Ecology & Evolution*, 12, 266–269.

Zobel, M. (2016) The species pool concept as a framework for studying patterns of plant diversity. *Journal of Vegetation Science*, 27, 8–18.

索　引

英字

ア行

カ行

Memorandum

Memorandum

Memorandum

〈原著者紹介〉

Francesco de Bello は、スペイン国立研究機構（CSIC）の研究員であり、チェコ共和国の南ボヘミア大学の助教である。彼は、機能的多様性の指標の計算や、群集集合メカニズムを調べるために、広く用いられているツールの開発やその適用を行っている。

Carlos P. Carmona は、エストニアのタルトゥ大学の准教授である。彼は現在、種内の形質変動を取り入れながら、スケール横断的に機能的多様性を評価するツールの開発に取り組んでいる。

André T. C. Dias は、ブラジルのリオデジャネイロ連邦大学（UFRJ）の助教である。彼の研究は、環境条件に対する種の応答とその生態系プロセスに与える影響を理解するために、形質生態学のアプローチを用いている。

Lars Götzenberger は、チェコ共和国のチェコ科学アカデミー植物学研究所と、南ボヘミア大学の研究員である。彼の研究は、様々な空間、時間スケールにおいて形質がどのように進化し、そしてそれが種の共存にどのような影響を与えるかに注目している。

Marco Moretti は、スイスのビルメンスドルフにある、スイス連邦研究所（WSL）の研究主幹である。彼は、特定の栄養段階内あるいは複数段階にまたがる群集が、どのように地球規模のストレス要因に応答し、そして生態系プロセスにどのような影響を及ぼすのかを研究するために形質生態学のアプローチを用いている。

Matty P. Berg は、オランダのアムステルダム自由大学の准教授であり、フローニンヘン大学の客員教授である。彼は、関連する事項の中でも土壌動物の群集集合を研究するために形質生態学のアプローチを用いている。

〈訳者紹介〉

長谷川元洋（はせがわ　もとひろ）

1997年　京都大学大学院農学研究科博士課程 単位取得退学
現　在　同志社大学理工学部 教授
　　　　博士（農学）
専　門　群集生態学、土壌動物学
主　著　『土の中の生き物たちのはなし』（共編、朝倉書店、2022）
　　　　『シリーズ群集生態学 1　生物群集を理解する』（分担執筆、京都大学学術出版会、2020）

松岡俊将（まつおか　しゅんすけ）

2016年　京都大学理学研究科生物科学専攻博士後期課程 修了
現　在　京都大学フィールド科学教育研究センター 講師
　　　　博士（理学）
専　門　生物多様性科学、群集生態学、菌類生態学
主　著　『生物群集の理論―4 つのルールで読み解く生物多様性』（共訳、共立出版、2019）
　　　　『森林科学シリーズ 10　森林と菌類』（分担執筆、共立出版、2018）

形質生態学入門
種と群集の機能をとらえる理論とRによる実践

Handbook of Trait-Based Ecology: From Theory to R Tools

2025 年 3 月 20 日　初版 1 刷発行

原著者　Francesco de Bello（フランチェスコ・デ・ベロ）
　　　　Carlos P. Carmona（カルロス・P・カルモナ）
　　　　André T. C. Dias（アンドレ・T・C・ディアス）
　　　　Lars Götzenberger（ラース・ゲッツェンベルガー）
　　　　Marco Moretti（マルコ・モレッティ）
　　　　Matty P. Berg（マッティ・P・ベルク）

訳　者　長谷川元洋・松岡俊将　© 2025

発行者　南條光章

発行所　**共立出版株式会社**
　　　　郵便番号 112-0006
　　　　東京都文京区小日向 4 丁目 6 番 19 号
　　　　電話 (03) 3947-2511（代表）
　　　　振替口座 00110-2-57035 番
　　　　www.kyoritsu-pub.co.jp

印　刷　加藤文明社

製　本　ブロケード

一般社団法人
自然科学書協会
会員

検印廃止
NDC 468

ISBN 978-4-320-05844-6

Printed in Japan